全国高等院校应用型创新规划教材·计算机系列

Java 课程设计案例精编

(第 3 版)

张建军　吴启武　主　编

清华大学出版社
北　京

内容简介

Java语言已成为软件设计开发者应掌握的一门基础语言。本书为Java课程设计指导用书，共分11章，具体内容包括：Java环境的安装与配置、Java语言编程的基础知识、Java语言中最重要的类与对象、网页浏览器案例、成绩查询APP设计案例、消息推送APP设计案例、端口扫描器案例、聊天程序案例、中国象棋对弈系统案例、资产管理系统案例和人事管理系统案例。

本书以案例带动知识点的讲解，展示实际项目的设计思想和设计理念，使读者可以举一反三。本书每个实例各有侧重点，避免了实例罗列和知识点重复。本书选择目前流行的APP设计及高校课程设计的典型项目，并注重切合实际应用，使读者能够真正做到学以致用。

本书适合作为高等院校学生学习Java课程设计的教材，也可作为Java语言程序开发人员及Java编程爱好者的指导用书。

本书封面贴有清华大学出版社防伪标签，无标签者不得销售。
版权所有，侵权必究。举报：010-62782989，beiqinquan@tup.tsinghua.edu.cn。

图书在版编目(CIP)数据

Java课程设计案例精编/张建军，吴启武主编. --3版. --北京：清华大学出版社，2016(2024.9重印)
(全国高等院校应用型创新规划教材·计算机系列)
ISBN 978-7-302-43587-7

Ⅰ. ①J… Ⅱ.①张… ②吴… Ⅲ.①JAVA语言—程序设计—课程设计—高等学校—教学参考资料
Ⅳ.①TP312-41

中国版本图书馆CIP数据核字(2016)第082144号

责任编辑：孟　攀　杨作梅
装帧设计：杨玉兰
责任校对：王　晖
责任印制：刘海龙
出版发行：清华大学出版社

网　　址：https://www.tup.com.cn，https://www.wqxuetang.com
地　　址：北京清华大学学研大厦A座　　**邮　　编：**100084
社 总 机：010-83470000　　**邮　　购：**010-62786544
投稿与读者服务：010-62776969, c-service@tup.tsinghua.edu.cn
质量反馈：010-62772015, zhiliang@tup.tsinghua.edu.cn
课件下载：https://www.tup.com.cn, 010-62791865

印 装 者：三河市人民印务有限公司
经　　销：全国新华书店
开　　本：185mm×260mm　　**印　张：**31　　**字　数：**737千字
版　　次：2006年12月第1版　2016年5月第3版　　**印　次：**2024年9月第5次印刷
定　　价：59.00元

产品编号：064617-01

前　言

Java 语言的出现迎合了人们对应用程序跨平台运行的需求，已成为软件设计开发者应掌握的一门基础语言，很多新的技术领域都涉及 Java 语言。目前无论是高校的计算机专业还是 IT 培训学校都将 Java 语言作为主要的教学内容之一，这对于培养学生的计算机应用能力具有重要的意义，掌握 Java 语言已经成为人们的共识。

在掌握了 Java 语言的基本知识之后，如何快速有效地提高 Java 语言编程技术成为大家普遍关注的问题。实践证明，案例教学是计算机语言教学最有效的方法之一。好的案例对理解知识和掌握应用方法十分重要。本书语言通俗，简明实用，并通过实例来解释相关的概念和方法，有助于读者理解和掌握 Java 语言编程方法。书中各个案例相互独立，均给出了详细的设计步骤，包括功能描述、理论基础、总体设计、代码实现、程序运行与发布等，而且代码都有详细的注释，便于读者阅读。

本书自 2010 年第 2 版出版以来，受到了广大读者的一致好评，有很多热心读者来电讨论书中的相关技术问题，并询问第 3 版的信息。应广大读者的要求，作者于 2015 年对本书又进行了第 3 版修订。为了满足广大读者对当前流行的 APP 设计开发的需求，新版书中更新了原第 5 章(蜘蛛纸牌)和第 6 章(吃豆子游戏)两个案例，将其分别改为成绩查询 APP 和消息推送 APP。其中，成绩查询 APP 设计结合当前校园信息化建设实际需求，详细讲解了如何利用移动客户端 APP 来查询学生的考试成绩；消息推送 APP 则结合当前常用的向移动客户端推送消息的实际应用需求，对如何利用第三方推送平台，从移动客户端“接收消息”、“打开链接”、“管理消息”等进行了详尽分析，对关键代码重点讲解。作者希望借助新增的案例，向读者讲解 APP 的设计方式与功能实现的方式，以达到举一反三的目的。

在此，再次感谢广大读者对本书的支持，也感谢热心读者对本书再版提出的意见和建议，希望大家今后一如既往地提出宝贵意见。谢谢！

本书所有案例程序都在 JDK 1.6 运行环境下及 AndroidStudio(Android 4.0.3)环境下调试通过。本书代码仅供学习 Java 语言使用，欢迎读者对不妥之处提出批评和建议。

本书由张建军、吴启武主编，同时参与编写的人员还有张广彬、王小宁、高静、张红朝、余健。由于作者水平有限，书中难免存在疏漏和不足，恳请读者提出宝贵意见，使本书再版时得以改进和完善。

编　者

目录

第 1 章

Java 概述

本章主要介绍 Java 语言的发展历史、安装环境及程序的编译与运行。Java 语言简介部分主要介绍 Java 语言的发展历史及其特点；Java 平台简介部分主要介绍 Java 平台发展历史及 Java 虚拟机；Java 运行环境部分主要介绍 Java 软件开发包(JDK)的安装、运行环境设置、常用工具及 JDK 的特性；最后介绍 Java 程序的编译与运行。

1.1 Java 语言简介

1.1.1 Java 语言的历史

Java 的诞生主要得益于对家用电器芯片的研制。开始时，开发者想用 C++语言来开发电器的芯片，但由于芯片的种类各不相同，因此程序要进行多次编译。尤其是 C++语言中的指针操作，稍有不慎，就会引起问题。程序可以出错，但是家用电器不能出错。于是开发者将 C++语言进行简化，去掉指针操作、运算符重载和多重继承，得到了 Java 语言，将它变为一种解释执行的语言，并在每个芯片上安装一个 Java 语言虚拟机。刚开始时，Java 语言被称为 Oak 语言(橡树语言)。

WWW(万维网)的发展则进一步促进了 Java 语言的应用。起初 WWW 的发展比较缓慢，每个网页都是静态的画面，不能与用户进行动态交互操作。即使是后来的 CGI(Common Gateway Interface，通用网关接口)，也只是在服务器端运行，速度很慢，人们迫切需要能够在浏览器端与用户进行交互，并且使画面动起来。但是，WWW 上的计算机各种各样，操作系统也是千差万别，后来人们想到了 Oak 语言，它是解释型执行语言，只要每台计算机的浏览器能够有它的虚拟机，Oak 语言就可以运行，因此 Oak 语言得以发展，后来改名为 Java 语言，成为当前流行的网络开发语言。

Java 语言现已逐渐成熟，它的类已接近上千个，而且还可以通过第三方购买中间件，为 Java 语言的发展提供了良好的前景。同时 Java 也是跨平台的语言，因此许多软件开发商及硬件开发商争先恐后地想搭上 Java 语言的快车，都声称支持 Java 语言，它对微软发起了有力的挑战，而且 Sun 公司正努力开发 Java 芯片。

1.1.2 Java 语言的特点

Java 是一种简单的、面向对象的、分布式的、健壮的、安全的、与平台无关的、多线程的、高性能的、动态的程序设计语言。

1. 简单易学

Java 语言虽然起源于 C++语言，但是去掉了 C++语言中难以掌握的指针操作，内存管理非常简单。如果要释放内存资源，只需要让其对象的引用等于 null，这样就使操作变得异常简单。

2. 面向对象

Java 是面向对象的编程语言。面向对象技术较好地解决了当今软件开发过程中新出现的种种传统面向过程语言所不能处理的问题，包括软件开发的规模扩大、升级加快、维护量增大以及开发分工日趋细化、专业化和标准化等。面向对象技术的核心是以更接近于人类思维的方式建立计算机模型，它利用类和对象的机制将数据与其上的操作封装在一起，并通过统一的接口与外界交互，使反映现实世界实体的各个类在程序中能够独立、自治和继承。

3. 分布式

Java 包括一个支持 HTTP(超文本传输协议)和 FTP(文件传输协议)等基于 TCP/IP 协议的子库，因此 Java 应用程序可凭借 URL(统一资源定位符)打开并访问网络上的对象，其访问方式与访问本地文件系统几乎完全相同。为分布环境尤其是 Internet 提供动态内容无疑是一项非常宏大的工程，但 Java 语言的语法特性却很容易地实现了这个目标。

4. 健壮性

Java 致力于检查程序在编译和运行时的错误。类型检查可以检查出许多早期开发出现的错误。Java 自行操纵内存，减少了内存出错的可能性。Java 还实现了真数组，避免了覆盖数据的可能性。这些功能特征大大缩短了 Java 应用程序的开发周期。Java 提供 Null 指针检测数组边界，进行异常出口字节代码校验。

5. 安全稳定

对网络上应用程序的另一个要求是较高的安全可靠性。用户通过网络获取并在本地运行的应用程序必须是可信赖的，不会充当病毒或其他恶意操作的传播者而攻击本地的资源，同时它还应该是稳定的，轻易不会产生死机等错误，使得用户乐于使用。

6. 平台无关性

Java 语言独特的运行机制使得它具有良好的二进制级的可移植性。利用 Java，开发人员可以编写出与具体平台无关，普遍适用的应用程序，大大降低了开发、维护和管理的开销。

7. 支持多线程

多线程是当今软件开发技术的又一重要成果，已成功应用在操作系统和应用开发等多个领域。多线程技术允许同一个程序有两个或两个以上的执行线索，即同时做两件或多件事情，满足了一些复杂软件的需求。Java 不但内置多线程功能，而且定义了一些用于建立、管理多线程的类和方法，使得开发具有多线程功能的程序变得简单、容易和有效。

8. 高性能

如果解释器的速度不慢，Java 可以在运行时直接将目标代码翻译成机器指令。Sun 公司开发的 Java 直接解释器一秒钟内可调用 300 000 个过程。Java 语言翻译目标代码的速度与 C/C++语言的性能没什么区别。

9. 动态性

Java 的动态特性是其面向对象设计方法的扩展，它允许程序动态地装入运行过程中所需要的类。Java 编译器将符号引用信息在字节码中保存下来并传递给解释器，再由解释器在完成动态连接类后，将符号引用信息转换为数值偏移量。在存储器生成的对象不在编译过程中决定，而是延迟到运行时由解释器确定，这样对类中的变量和方法进行更新时就不至于影响现存的代码。解释执行字节码时，这种符号信息的查找和转换过程仅在一个新的名字出现时才进行一次，随后代码便可以全速执行。在运行时确定引用的好处是可以使用已被更新的类，而不必担心会影响原有的代码。

1.2 Java 平台

1.2.1 Java 平台简介

1998 年 12 月，Sun 发布了 Java 2 平台，同时发布了开发工具包 JDK 1.2，这是 Java 发展史上的里程碑。1999 年 6 月，Sun 公司重新组织 Java 平台的集成方法，并将 Java 企业级应用平台作为发展方向。2004 年，Sun 发布 JDK 1.5，并正式更名为 JDK 5.0。2006 年底，Sun 再度推出 JDK 1.6(JDK 6.0)。如今，Java 家族已经有四个主要成员：

- J2SE(Java 2 Standard Edition)为用于工作站、PC 的 Java 标准平台，从 JDK 5.0 开始，改名为 Java SE。
- J2EE(Java 2 Enterprise Edition)为可扩展的企业级应用 Java 平台，从 JDK 5.0 开始，改名为 Java EE。
- J2ME(Java 2 Micro Edition)为嵌入式电子设备 Java 应用平台，从 JDK 5.0 开始，改名为 Java ME。
- Java FX(JavaFX Script™)为一种声明式的静态类型编程语言，专为喜欢可视化编程的 Web 脚本人员和应用程序开发人员量身定做，是 Java 的新成员。

本书是基于 J2SE 的教程，利用 J2SE 可以开发 Java 小程序(Java Applet)、Java 应用程序(Java Application)、服务器端小程序(Servlet)和 JSP 程序(Java Server Page)。Applet 是嵌入在 HTML 文件中的 Java 程序，相当于嵌入在页面中的脚本。Applet 的大小和复杂性没有限制，但由于 Internet 网速的限制，通常 Applet 会很小。对于 Java 开发工具(JDK)而言，应用程序可以理解为从命令行运行的程序。Java 应用程序在最简单的环境中的唯一外部输入就是在启动应用程序时所使用的命令行参数。Servlet 和 JSP 都主要工作在服务器端，为 HTTP 服务提供动态的处理。所不同的是，Servlet 是 Java 程序，而 JSP 是 HTML 文件里嵌入了 Java 代码。

1.2.2 Java 虚拟机

Java 程序要想运行，必须有 Java 虚拟机(Java Virtual Machine，JVM)。Java 虚拟机是编译后的 Java 程序和硬件系统之间的接口，我们可以把 Java 虚拟机看成是一个虚拟的处理器，它可以执行编译后的 Java 指令，还可以进行安全检查。Java 虚拟机是在真正的计算机上用软件方式实现的一台假想机，其使用的代码存储在.class 文件中。这样一来，利用 Java 虚拟机就实现了与平台无关的特点，因此 Java 语言在不同平台上运行时不需要重新编译。Java 虚拟机在执行字节码时，将其解释为具体平台上的机器指令执行。

1.3 Java 运行环境的建立

1.3.1 JDK 简介

JDK(Java Development Kit，Java 软件开发工具包)，与 Java SDK(Java Software Development Kit)的含义通常是一样的，都是 Java 的开发环境。Sun 公司(目前已被 Oracle 公司收购)的 Java SDK 是免费的工具，可以到 Sun 公司网站或提供相关下载的网站下载。不同的版本适合不同的操作系统，读者可以根据自己所使用的操作系统下载相应的版本。本书均以 Windows XP 中文版操作系统为例进行运行环境的搭建，所使用的 JDK 版本为 JDK 1.6 Update 22。

1.3.2 JDK 的安装

首先要下载 JDK 开发工具，可以从 http://java.sun.com 下载最新的版本，笔者使用的是 Windows 操作系统，所以下载后的软件名称是 jdk-6u22-windows-i586.exe。下载完成之后运行 jdk-6u22-windows-i586.exe 就可以进行开发工具的安装。安装过程非常简单，选择默认安装就可以了。

需要指明的是，安装过程分为开发工具的安装和运行环境的安装两部分，并且默认的安装路径为 C:\Program Files\Java。其中，开发工具的默认安装路径是 C:\Program Files\Java\jdk1.6.0_22，运行环境的默认安装路径是 C:\Program Files\Java\jre6。本书选用默认路径进行安装。

提示： 本书用<Java-Home>来代替 JDK 所安装的目录。比如读者将 JDK 安装在 C:\Program Files\Java，则<Java-Home>所代表的路径即为 C:\Program Files\Java。

1.3.3 JDK 运行环境的设置

JDK 运行的环境配置主要有两个方面，即 Path 和 ClassPath 的设置。Path 的设置主要是为了能够在命令行下找到 Java 编译与运行所用的程序；而 ClassPath 的设置主要是为了能让 Java 虚拟机找到所需的类库。下面均以 Windows XP 为例，分别讲解 Path 和 ClassPath 的设置方法。

1. Path 的设置

在 Windows XP 中，Path 的设置方法如下。

(1) 在 Windows XP 中用鼠标右击【我的电脑】图标，在弹出的快捷菜单中选择【属性】命令，打开【系统属性】对话框，单击【高级】标签，切换到【高级】选项卡，如图 1.1 所示。

(2) 在【高级】选项卡内单击【环境变量】按钮，弹出如图 1.2 所示的【环境变量】对话框。

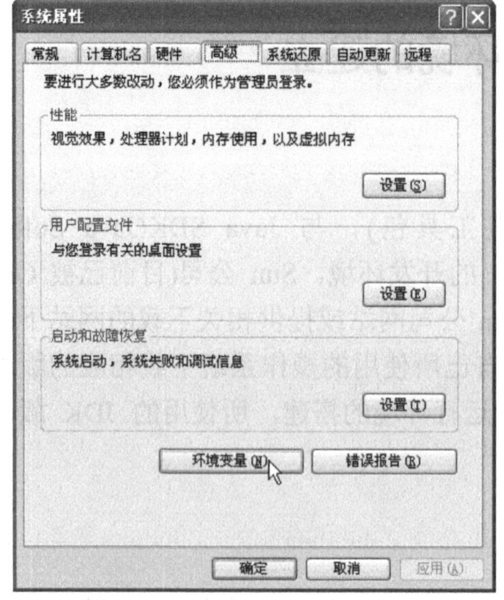

图 1.1 【系统属性】对话框

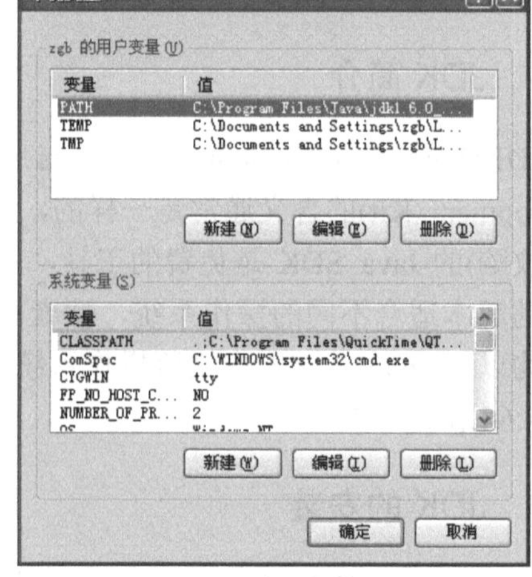

图 1.2 【环境变量】对话框

该对话框中有用户变量和系统变量两项内容，它们的具体区别是使用范围不同。用户变量是指针对当前用户所设置的变量，当你用其他用户登录时，该变量将不会影响其他用户；而系统变量一旦设置，任何用户登录都会受到影响。当用户变量与系统变量有相同的变量名而具体的变量值不同时，用户变量优先于系统变量。

(3) 在系统变量中找到 Path 变量，单击【编辑】按钮。如果没有 Path 变量，可单击【新建】按钮添加 Path 变量，在弹出的【编辑系统变量】对话框中进行编辑，变量值改为<Java-Home>\jdk1.6.0_22\bin，注意目录之间用分号(;)隔开，而且分号的前后不能有空格，然后单击【确定】按钮，如图 1.3 所示。

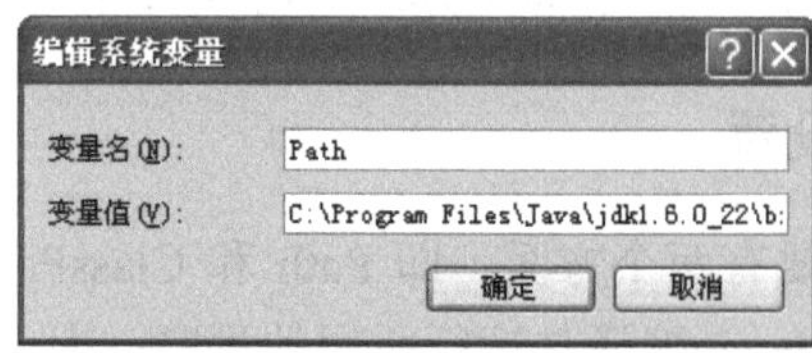

图 1.3 【编辑系统变量】对话框

(4) 为检验 Path 变量的设置是否正确，可以在桌面上单击【开始】按钮，再选择【运行】命令，在弹出的对话框中输入“cmd”，将打开命令提示符窗口。在命令提示符窗口中输入“javac”，按 Enter 键。如果出现如图 1.4 所示的提示则说明 Path 变量设置正确。

2. ClassPath 的设置

如前所述，ClassPath 的设置主要是为了让 Java 虚拟机能够找到所需的类库，而 Java 虚拟机寻找类库的顺序是：启动类库→扩展类库→用户自定义类库。

启动类库和扩展类库都会在 Java 虚拟机运行时自动加载，而用户自定义类库是不会自动加载的，需要设置路径。所以，我们需要设置的正是用户自定义类库。

```
C:\WINDOWS\system32\cmd.exe
C:\Documents and Settings\zgb>javac
用法: javac <选项> <源文件>
其中, 可能的选项包括:
  -g                         生成所有调试信息
  -g:none                    不生成任何调试信息
  -g:{lines,vars,source}     只生成某些调试信息
  -nowarn                    不生成任何警告
  -verbose                   输出有关编译器正在执行的操作的消息
  -deprecation               输出使用已过时的 API 的源位置
  -classpath <路径>            指定查找用户类文件和注释处理程序的位置
  -cp <路径>                   指定查找用户类文件和注释处理程序的位置
  -sourcepath <路径>           指定查找输入源文件的位置
  -bootclasspath <路径>        覆盖引导类文件的位置
  -extdirs <目录>              覆盖安装的扩展目录的位置
  -endorseddirs <目录>         覆盖签名的标准路径的位置
  -proc:{none,only}          控制是否执行注释处理和/或编译。
  -processor <class1>[,<class2>,<class3>...]要运行的注释处理程序的名称; 绕过默认
的搜索进程
  -processorpath <路径>        指定查找注释处理程序的位置
  -d <目录>                    指定存放生成的类文件的位置
  -s <目录>                    指定存放生成的源文件的位置
  -implicit:{none,class}     指定是否为隐式引用文件生成类文件
  -encoding <编码>             指定源文件使用的字符编码
  -source <版本>               提供与指定版本的源兼容性
  -target <版本>               生成特定 VM 版本的类文件
  -version                   版本信息
  -help                      输出标准选项的提要
  -Akey[=value]              传递给注释处理程序的选项
  -X                         输出非标准选项的提要
  -J<标志>                     直接将 <标志> 传递给运行时系统

C:\Documents and Settings\zgb>_
```

图 1.4　路径设置正确后的命令提示符窗口

设置用户自定义类库的方法比较简单，直接在系统变量中找到 ClassPath 变量(参考设置 Path 变量的方法)，将所使用的类库的路径加入 ClassPath 变量的值中即可。例如，若类库路径为“C:\Javawork\lib”，则 ClassPath 变量的输入值就是该路径，即“C:\Javawork\lib”。也可在命令提示行下输入“set ClassPath = C:\Javawork\lib”，不过该方法只对当前的命令提示行窗口有效，下次需要连接自定义类库的时候还要重新设置。

1.3.4　JDK 包含的常用工具

JDK 包含的工具均在<Java-Home>\ jdk1.6.0_22\bin 中，其中较常用的工具如下。

- Javac：Java 编译器，用于将 Java 源代码转换成字节码。
- Java：Java 解释器，直接从 Java 的类文件中执行 Java 应用程序字节代码。
- appletviewer：小程序浏览器，一种执行 HTML 文件上的 Java 小程序的 Java 浏览器。
- Javadoc：根据 Java 源码及说明语句生成 HTML 文档。
- Jdb：Java 调试器，可以逐行执行程序，设置断点和检查变量。
- Javah：产生可以调用 Java 过程的 C 过程，或建立能被 Java 程序调用的 C 过程的头文件。
- Javap：Java 反汇编器，显示编译类文件中的可访问功能和数据，同时显示字节代码的含义。

提示： 在使用 JDK 所包含的工具时如果遇到困难，可以使用参数“/?”来获得帮助。比如使用“java /?”命令就可以获得 Java 的详细使用帮助。

1.4　JDK 1.6 的新特性

JDK 1.5 的一个重要主题就是通过新增一些特性来简化开发，如泛型、for-each 循环、枚举等。JDK 1.6 更是本着这个主题，提供诸如简化 Web Services、整合脚本语言、可插入式元数据、更丰富的 Desktop APIs 等新特性来进一步简化开发。使用这些新特性有助于编写更加清晰、精悍、安全的代码。下面简单介绍这些新特性。

1. Desktop 类和 SystemTray 类

在 JDK 1.6 中，AWT 新增加了两个类：Desktop 和 SystemTray。前者可以用来打开系统默认浏览器浏览指定的 URL，打开系统默认邮件客户端给指定的邮箱发邮件，用默认应用程序打开或编辑文件(比如，用记事本打开以 txt 为后缀名的文件)，用系统默认的打印机打印文档；后者可以用来在系统托盘区创建一个托盘程序。

2. 使用 JAXB2 来实现对象与 XML 之间的映射

JAXB(Java Architecture for XML Binding)可以将一个 Java 对象转变成 XML 格式，反之亦然。我们把对象与关系数据库之间的映射称为 ORM(Object Relational Mapping)，其实也可以把对象与 XML 之间的映射称为 OXM(Object XML Mapping)。JAXB 原来是 Java EE 的一部分，在 JDK 1.6 中，Sun 将其放到了 Java SE 中，这也是 Sun 的一贯做法。JDK 1.6 中自带的 JAXB 版本是 2.0，比起 1.0(JSR 31)来，JAXB 2(JSR 222)用 JDK 5 的新特性 Annotation 来标识要作绑定的类和属性等，这就极大地简化了开发的工作量。

实际上，在 Java EE 5.0 中，EJB 和 Web Services 也通过 Annotation 来简化开发工作。另外，JAXB 2 在底层是用 StAX(JSR 173)来处理 XML 文档。除了 JAXB 之外，我们还可以通过 XMLBeans 和 Castor 等来实现同样的功能。

3. 理解 StAX

StAX(JSR 173)是 JDK 1.6.0 中除了 DOM 和 SAX 之外的又一种处理 XML 文档的 API。在 JAXP 1.3(JSR 206)中有两种处理 XML 文档的方法：DOM(Document Object Model)和 SAX(Simple API for XML)。由于 JDK 1.6.0 中的 JAXB2(JSR 222)和 JAX-WS 2.0(JSR 224)都会用到 StAX，所以 Sun 决定把 StAX 加入 JAXP 家族中，并将 JAXP 的版本升级到 1.4(JAXP 1.4 是 JAXP 1.3 的维护版本)。JDK 1.6 中的 JAXP 的版本就是 1.4。

StAX 是 The Streaming API for XML 的缩写，一种利用拉模式解析(pull-parsing)XML 文档的 API。StAX 通过提供一种基于事件迭代器(Iterator)的 API 让程序员去控制 XML 文档的解析过程，程序遍历事件迭代器处理每一个解析事件，解析事件可以看作是程序拉出来的，也就是程序促使解析器产生一个解析事件，然后处理该事件，之后又促使解析器产生下一个解析事件，如此循环直到碰到文档结束符；SAX 也是基于事件处理 XML 文档，但却是用推模式解析，解析器解析完整个 XML 文档后，才产生解析事件，然后推给程序去处理这些事件；DOM 采用的方式是将整个 XML 文档映射到一棵内存树，这样就可以很容易地得到父节点和子节点以及兄弟节点的数据，但如果文档很大，将会严重影响性能。

4. 使用 Compiler API

JDK 1.6 的 Compiler API(JSR 199)可以动态编译 Java 源文件，Compiler API 结合反射功能就可以实现动态地产生 Java 代码并编译执行这些代码，有点动态语言的特征。这个特性对于某些需要用到动态编译的应用程序相当有用，比如 JSP Web Server，当我们手动修改 JSP 后，往往希望不需要重启 Web Server 就可以看到效果，这时候就可以用 Compiler API 来实现动态编译 JSP 文件。当然，JSP Web Server 也是支持 JSP 热部署的，JSP Web Server 在运行期间通过 Runtime.exec 或 ProcessBuilder 来调用 javac 编译代码，这种方式需要产生另一个进程去做编译工作，因此不够优雅而且容易使代码依赖于特定的操作系统；Compiler API 通过一套易用的标准的 API 提供了更加丰富的方式去做动态编译，而且是跨平台的。

5. 轻量级 Http Server API

JDK 1.6 提供了一个简单的 Http Server API，据此我们可以构建自己的嵌入式 Http Server，它支持 Http 和 Https 协议，提供了 HTTP 1.1 的部分实现，没有被实现的那部分可以通过扩展已有的 Http Server API 来实现。程序员必须自己实现 HttpHandler 接口，HttpServer 会调用 HttpHandler 实现类的回调方法来处理客户端请求，在这里，我们把一个 Http 请求和它的响应称为一个交换，包装成 HttpExchange 类，HttpServer 负责将 HttpExchange 传给 HttpHandler 实现类的回调方法。

6. 插入式注解处理 API(Pluggable Annotation Processing API)

插入式注解处理 API(JSR 269)提供了一套标准 API 来处理 Annotation(JSR 175)。实际上 JSR 269 不仅仅用来处理 Annotation，它更强大的功能是建立了 Java 语言本身的一个模型，它把 method、package、constructor、type、variable、enum、annotation 等 Java 语言元素映射为 Types 和 Elements，从而将 Java 语言的语义映射成为对象，可以在 javax.lang.model 包下面看到这些类。所以我们可以利用 JSR 269 提供的 API 来构建一个功能丰富的元编程(metaprogramming)环境。

JSR 269 用 Annotation Processor 在编译期间而不是运行期间处理 Annotation，Annotation Processor 相当于编译器的一个插件，所以称为插入式注解处理。如果 Annotation Processor 处理 Annotation 时(执行 process 方法)产生了新的 Java 代码，编译器会再调用一次 Annotation Processor，如果第二次处理还有新代码产生，就会接着调用 Annotation Processor，直到没有新代码产生为止。每执行一次 process()方法被称为一个 round(巡回)，这样整个 Annotation processing 过程可以看作是一个 round 的序列。

JSR 269 主要被设计成为针对 Tools 或者容器的 API。举个例子，要想建立一套基于 Annotation 的单元测试框架(如 TestNG)，可以在测试类里面用 Annotation 来标识测试期间需要执行的测试方法。

7. 用 Console 开发控制台程序

JDK 1.6 中提供了 java.io.Console 类专用来访问基于字符的控制台设备。程序如果要与 Windows 下的 cmd 或者 Linux 下的 Terminal 交互，就可以用 Console 类代劳。但我们不总是能得到可用的 Console，一个 JVM 是否有可用的 Console 依赖于底层平台和 JVM 如何被调用。如果 JVM 是在交互式命令行(比如 Windows 的 cmd)中启动的，并且输入输出没有重定向到另外的地方，那么就可以得到一个可用的 Console 实例。

8. 对脚本语言的支持

增加了对 ruby、groovy、javascript 等脚本的支持。

9. Common Annotation

Common Annotation 原本是 Java EE 5.0(JSR 244)规范的一部分，现在 Sun 把它的一部分放到了 Java SE 6.0 中。随着 Annotation 元数据功能(JSR 175)加入到 Java SE 5.0 里面，很多 Java 技术(比如 EJB、Web Services)都会用 Annotation 部分代替 XML 文件来配置运行参数(或者说是支持声明式编程，如 EJB 的声明式事务)，如果这些技术出于通用目的都单独定义了自己的 Annotation，显然有点重复建设，所以，为其他相关的 Java 技术定义一套公共的 Annotation 是有价值的，在可以避免重复建设的同时，也可以保证 Java SE 和 Java EE 各种技术的一致性。

1.5 Java 程序的编写、编译和运行

1.5.1 Java 程序的编译与运行

1. 编译

Java 程序的编译程序是 javac.exe。用 javac 命令将 Java 程序编译成字节码，然后可用 Java 解释器中的 java 命令来解释执行这些 Java 字节码。Java 程序源码必须存放在后缀为.java 的文件里。对应 Java 程序里的每一个类，javac 都将生成与类相同名称但后缀为.class 的文件。编译器会把.class 文件与.java 文件放在同一个目录里，除非使用了-d 选项。当引用某些自己定义的类时，必须指明它们的存放目录，这就需要用到环境变量参数 ClassPath。环境变量 ClassPath 是由一些被分号隔开的路径名组成的。如果传递给 javac 编译器的源文件里引用的类定义在本文件和传递的其他文件中找不到，则编译器会按 ClassPath 定义的路径来搜索。例如，若 ClassPath= .;C:\Javawork\lib，则编译器先搜索当前目录，如果没搜索到则继续搜索 C:\Javawork\lib 目录。系统总是将系统类的目录默认地加在 ClassPath 的后面，除非用-classpath 选项来编译。

提示： 在 ClassPath 的值中，“.”表示当前目录。路径之间用“;”间隔，表示环境变量 ClassPath 具有多个取值，即一次寻找中的所有搜索路径。

javac 的具体用法如下：

```
javac [-g][-O][-debug][-depend][-nowarn][-verbose][-classpath path]
[-nowrite][-d directory] file.java
```

以下是对主要选项的解释。

- -g：带调试信息编译，调试信息包括行号与使用 Java 调试工具时用到的局部变量

信息。如果编译没有加上-O 优化选项，则只包含行号信息。
- -O：优化编译 static、final、private 函数，注意这样可能会使类文件更大。
- -nowarn：关闭警告信息，编译器将不显示任何警告信息。
- -verbose：让编译器与解释器显示被编译的源文件名和被加载的类名。
- -classpath path：定义 javac 搜索类的路径。它将覆盖默认的 ClassPath 环境变量的设置。
- -d directory：指明类层次的根目录，格式为 javac -d <my_dir> MyProgram. java，这样就可以将 MyProgram.java 程序里产生的.class 文件存放在 my_dir 目录下。

2. 运行

当 Java 程序编译好，并生成.class 文件后，便可以用 Java 命令运行了。.class 文件就是 Java 的字节码文件，而 Java 命令就是解释运行字节码的解释器。

用 Java 命令解释 Java 字节码的语法如下：

```
java [options] classname <args>
java_g [options] classname <args>
```

其中，classname 参数是要执行类的类名、args 是传递给要执行类中 main 函数的参数、options 为可选参数，主要包括如下参数。

- -cs, -checksource：当一个编译过的类被调入时，这个选项将比较字节码的更改时间与源文件的更改时间，如果源文件的更改时间靠后，则重新编译此类并调入新类。
- -classpath path：定义 javac 搜索类的路径。
- -mx x：设置最大内存分配池，大小为 x，x 必须大于 1000 B。默认为 16 MB。
- -ms x：设置垃圾回收堆的大小为 x，x 必须大于 1000 B。默认为 1 MB。
- -noasyncgc：关闭异步垃圾回收功能。此选项打开后，除非显式调用或程序内存溢出，垃圾内存都不回收。本选项不打开时，垃圾回收线程与其他线程异步地同时执行。
- -oss x：每个 Java 线程有两个堆栈，一个是 Java 代码堆栈，一个是 C 代码堆栈。-oss 选项将线程里 Java 代码用的堆栈设置成最大为 x。
- -v, -verbose：让 Java 解释器在每一个类被调入时，在标准输出中打印相应信息。

1.5.2　简单的 Java 程序举例

1. 编写 Java 应用程序

【实例 1.1】第一个程序 HelloWorld。

```
/**
 * @HelloWorld.java
 * @author zgb
 */
public class HelloWorld{
    public static void main(String args[]) {
        System.out.println("Hello, World!");
```

```
    }
}
```

下面对这个例子进行分析，其中会提到一些概念，而这些概念将在后续章节中讲述。这里只需要记住编写一个 Java 应用程序所需要的基本结构。

首先需要说明的一点是，Java 程序是大小写敏感的。也就是说，Java 程序中需要区分字母的大小写。比如 public、Public 和 PUBLIC 就是 3 个不同的标识符。上例中如果把 public 改为 Public 或者 PUBLIC，编译就不能通过。

程序一开始就是一个用“/* ... */”包含的注释。关于注释的使用会在下面详细说明，这里使用注释主要为了说明这段程序是写在 HelloWorld.java 文件中的，作者是 zgb。

例子中两处用到 public，这是一个应用范围的限定符。public 限定的内容几乎可以不受限制地应用，相应地还有 protected 和 private，第 3 章将会讲述这些内容。

Java 是完全地面向对象的程序设计语言，即使一个最简单的 Java 程序，也不能没有类。class 用于定义一个类，如 class HelloWorld 定义了类 HelloWorld，其后的一对大括号中定义该类的成员，所以定义一个类的基本结构就是：class 类名{}。有关类和对象的内容，也将在第 3 章讲述。

注意，这里的类名和主文件名是完全一致的，包括大小写。请记住，一个源文件中可以定义一个或多个类，但源文件的主文件名必须和其中一个类的名称完全相同；如果一个源文件中定义了多个类，那么其中只能有一个类可以加上 public 限定符，而且源文件的主文件名必须和该类的名称完全相同。Java 源文件通常以 .java 作为扩展名。

提示： 虽然一个源文件中可以定义多个类，但是强烈推荐一个源文件中只定义一个类，这样会更方便。

本例中为 HelloWorld 类定义了一个 main 方法(函数)，并通过一条输出语句，将“Hello, World!”输出到标准输出设备(控制台显示器)。对于一个可运行的 Java 类来说，这个 main 方法是必需的，而且需要注意以下几点。

- 该 main 方法必须是公有的，即使用 public 限定。
- 该 main 方法必须是类方法，也即静态方法，使用 static 限定。
- 该 main 方法有且只能有一个 String[] 型(字符串数组类型)的参数。
- 该 main 方法不能有返回值，即定义返回值的类型为 void。

Java 中向命令提示行输出的函数是 System.out.println()，另外还有一个与之相近的输出语句是 System.out.print()，两者的不同之处是前者在该行输出完之后会自动换行，而后者不会自动换行。

例子已经分析完了，下面做个总结。

- Java 是大小写敏感的。
- 在一个 Java 源文件中最好只写一个类(可以写多个，建议只写一个)，且该类的类名与源文件的主文件名称完全一致。
- 一个可执行的 Java 类需要像下面这样定义一个 main 方法：

```
public static void main(String[] args) {}
```

2. 运行 Java 程序

首先将上述程序存成 HelloWorld.java 文件，并存放于 C:\Javawork 目录下，然后在命令提示行中的 C:\Javawork 当前目录下对 HelloWorld.java 进行编译：

```
javac HelloWorld.java
```

编译的结果是在 C:\Javawork 目录中产生了字节码文件 HelloWorld.class，下面我们来执行这个类：

```
java HelloWorld
```

运行结果如图 1.5 所示。

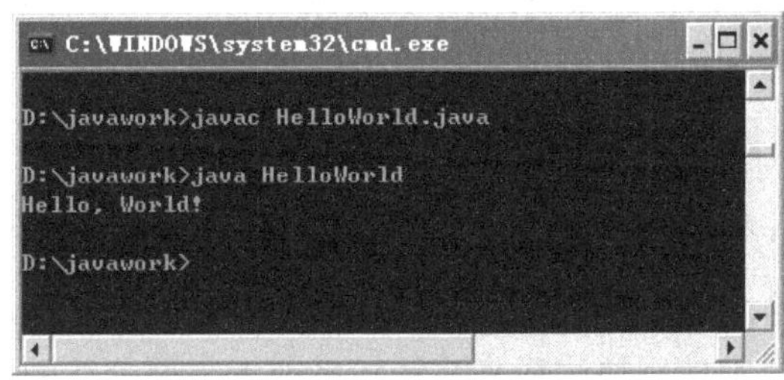

图 1.5　实例 1.1 的运行结果

提示： Java 命令后接的不是类文件名(HelloWorld.class)，而是类名(HelloWorld)。

1.5.3　Java 的注释

注释在程序中主要起到说明、注解程序的作用。编译或者解释程序的时候，注释部分都会被忽略。所以，可以在注释中写任何想写的东西，包括对程序段的说明、作者和版本等，在程序中添加适当的注释是程序员的良好习惯之一。因为看一段较长而又没有注释的程序是很痛苦的，哪怕程序是自己写的。为程序加上注释可以大大增加程序的可读性，从而便于以后对程序进行修改、维护，甚至重写。例如：

```
/*
 * 这个函数用于计算 n (n <= 5) 的平方
 */
public int square(int n){
    ...
}
```

该例中“/*”和“*/”之间的内容是注释。以后读到这段程序的时候，一看就明白，这个函数是用于计算平方的，而且要求 n≤5；如果需要修改程序，那么也就能很快知道对于 square 这个函数，是应该保留、修改还是删除等。

注释的另一个作用是协助调试程序。例如，程序运行时若发生错误，为了寻找这个错误，需要暂时去掉某一段程序。那么，是删除它们，需要的时候再重写？还是把它们复制到另一个文件中，需要的时候再粘贴回来？这都不是最方便的方法。如果为它们加上注释符，使它们成为注释，这样会方便得多。例如：

```
public void test(int n){
    int n;
    // n = square(n);
    ...
}
```

该例中，程序运行时发现 n 的值不正确，怀疑是“n = square(n);”语句处理有误，所以将其注释掉(使用“//”)。然后再次运行时就可以查看 n 值是不是去掉 square 处理之后的值，如果正确，则说明的确是 square 有问题，否则说明问题出在其他地方，需要恢复这条语句，再到其他语句中寻找错误。

Java 的注释有三种形式：行注释、块注释和文档注释。

行注释以“//”开始，以行结束符(回车或者换行)结束，作用范围是“//”注释符及以后一行以内的内容。通常在需要注释的内容很少的时候使用行注释。例如：

```
public void test(){  // 测试函数 (这里使用的行注释)
    ...
}
```

块注释以“/*”开始，以“*/”结束，作用范围是“/*”和“*/”之间的内容，可以是一行，也可以是多行。通常使用块注释来注释较多或者需要分行的内容。例如：

```
/*
 * getData 函数用于取得指定的数据(这里使用的是块注释)
 */
public void getData(){
    ...
}
```

文档注释是块注释的特殊情况，它以“/**”开始，“*/”结束，作用范围是“/**”和“*/”之间的内容。它的特殊之处就在于，它可以被 javadoc 搜寻并编译成程序开发文档。也正是由于这个原因，它被称为文档注释。在实际使用中，文档注释的处置要求比较严格，还有一些特殊的说明符号，但由于内容非常多，本书就不作解说了，举例如下：

```
/**
 * (这里使用了文档注释，下面用到了一些说明符号)
 * @HelloJava.java
 * @author zgb
 */
public class HelloWorld{
    ...
}
```

对于程序员来说，写注释是编写程序的过程中必不可少的工作之一，而对于一个 Java 程序来说，写出详细的文档注释是开发 Java API 的基本要求。

第 2 章

Java 程序设计基础

本章主要介绍基本数据类型、运算符、控制语句、字符串及数组等 Java 程序设计所要掌握的基础知识。基本数据类型部分主要介绍 Java 中的数据类型、标识符与关键字、常量与变量等内容；运算符与表达式部分主要介绍算术运算符、位运算符、布尔运算符、赋值运算符、关系运算符、条件运算符及它们的优先级；控制语句部分主要介绍选择结构、循环结构及跳转结构所使用的各种语句及其特性；字符串部分主要介绍 String 类与 StringBuffer 类的使用方法与注意事项；最后介绍数组概念及一维数组、多维数组及对象数组的定义与使用。

2.1 Java 的基本数据类型

数据类型是程序设计中最基本的概念。Java 语言中的数据类型非常丰富，所有变量都必须属于某一个数据类型。不同的数据类型所存储的值的种类，以及可能进行的操作方式都是不同的。本节主要讲解 Java 的基本数据类型，常量、变量的基本概念，以及变量的定义方法。

2.1.1 数据类型

Java 的数据类型可以分为两大类：基本数据类型与复合数据类型。其中，基本数据类型包括整型、浮点型、布尔型和字符型；复合数据类型包括数组、接口和类，如图 2.1 所示。

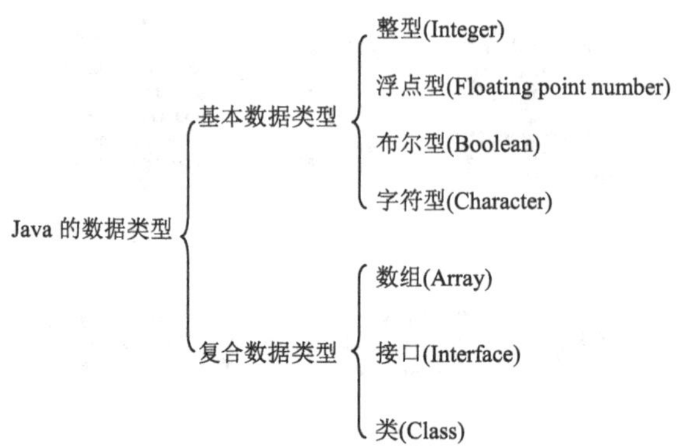

图 2.1 Java 的数据类型

2.1.2 标识符与关键字

在程序设计语言中，用来标识成分(如类、对象、变量、常量、方法和参数名称等)存在与唯一性的名字，称为标识符。标识符是由字母、下划线或美元符号$开头，后接若干任意字符的字符串。在程序设计中，程序设计者可以根据需要，自由地确定简单且易于理解的标识符，但同时也应该遵循一定的语法规则。

Java 对标识符定义的规定如下。

- 标识符可以由字母、数字、下划线(_)或美元符号($)组成。

- 标识符必须以字母、下划线(_)或美元符号($)开头。
- 标识符的长度不限，但在实际应用中不宜过长。
- Java 语言中的标识符区分大小写，例如 Myworld 与 myworld 是不同的。
- 标识符不能与关键字(保留字)同名。

下面举例说明。

合法标识符：xyz、_xyz、$xyz。

非法标识符：5xyz(首字符不能为数字)、Xyz@(含有非法字符)、if(关键字)。

在 Java 语言中，有一部分标识符被确定为关键字(保留字)，因为在程序设计中，该部分标识符已经被使用或者被赋予特定意义。表 2.1 为 Java 语言中的关键字。

表 2.1　Java 中的关键字

abstract	boolean	break	byte	case
cast	catch	char	class	const
continue	default	do	double	else
extends	final	finally	float	for
future	generic	goto	if	implements
import	inner	instanceof	int	long
native	new	null	operator	outer
package	private	protected	public	rest
return	short	static	super	switch
synchronized	this	throw	transient	try
var	void	volatile	while	

2.1.3　常量

常量是指在程序运行过程中固定不变的量。常量共包含以下 6 类。

1. 整型常量

整型常量包括 4 种类型：int、long、short、byte。4 种类型的取值范围如表 2.2 所示。

表 2.2　Java 整型数据的取值范围

数据类型	所占字节	表示范围
int(整型)	4	-2147483648～2147483647
long(长整型)	8	-9223372036854775808～9223372036854775807
short(短整型)	2	-32768～32767
byte(位)	1	-128～127

整数类型的文字可使用十进制、八进制和十六进制表示。首位为“0”表示八进制的数值；首位为“0x”表示十六进制的数值。请看下面的例子：

```
8          表示十进制值 8
075        表示八进制数值 75(也就是十进制数 61)
0x9ABC     表示十六进制的数值 9ABC(也就是十进制数 39612)
```

整数默认为 int 类型，如在其后有一个字母“L”则表示一个 long 值(也可以用小写字母“l”)。由于小写字母“l”与数字“1”容易混淆，因而，建议大家采用大写字母“L”。

上面所说的整数 long 的形式如下：

```
8L          表示十进制值 8，是一个 long 值
075L        表示八进制数值 75，是一个 long 值
0x9ABCL     表示十六进制的数值 9ABC，是一个 long 值
```

2. 浮点型常量

为了提高计算的准确性，由此引入了浮点型数据。浮点型数据包括两种：单精度和双精度，取值范围如表 2.3 所示。

表 2.3　浮点型数据的取值范围

数据类型	所占字节	表示范围
float(单精度)	4	-3.4E38～3.4E38
double(双精度)	8	-1.7E308～1.7E308

如果不明确指明浮点数的类型，浮点数默认为 double。下面是几个浮点数：

```
3.14159      (double 型浮点数)
2.08E25      (double 型浮点数)
6.56f        (float 型浮点数)
```

在两种类型的浮点数中，double 类型的浮点数具有更高的精度。

3. 字符型常量

字符型常量是由一对单引号包含起来的单个字符，例如‘a’，‘2’。Java 中的字符型数据是 16 位无符号型数据，它表示 Unicode 集，而不仅仅是 ASCII 集。

与 C 语言类似，Java 也提供转义字符，以反斜杠(\)开头，将其后的字符转变为另外的含义。表 2.4 列出了 Java 中的转义字符。

表 2.4　Java 中的转义字符

转义字符	含　义
\n	换行
\t	垂直制表符
\b	退格
\r	回车
\f	走纸换页
\\	反斜杠
\'	单引号

续表

转义字符	含　义
\"	双引号
\ddd	八进制数
\xdd	十六进制数
\udddd	泛代码字符

4. 字符串型常量

字符串型常量是由一对双引号包含的，由 0 个或多个字符组成的一个字符序列。

5. 布尔型常量

布尔型常量只能取值为 true 和 false，其中 true 表示逻辑真，false 表示逻辑假。

6. null 常量

null 常量只有一个值，用 null 表示为空。

2.1.4　变量

变量就是在程序运行过程中值可以变化的量。变量名是用户为变量定义的标识符，变量的值存储在系统为变量分配的存储单元中。Java 变量的类型包括：整型变量、浮点型变量、布尔型变量、字符型变量、字符串型变量、数组变量、对象(引用)变量等。

1. 变量的定义

在 Java 程序设计过程中，变量需要先定义后使用。定义变量的时候需要确定变量的类型和变量的标识符。

声明 Java 变量的语法格式如下：

```
type var1[,ver2][,…]
type var1[=init1][,var2[=init2],…]
```

其中，type 为变量类型名，var 为变量名，init 为初始值，方括号中的内容为可选项。例如：

```
int a = 1, b, c;      //定义整型变量 a、b、c，并为 a 赋初值 1
float f = 1.12f;      //定义单精度浮点型变量 f，并赋初值
double d = 32.34;     //定义双精度浮点型变量 d，并赋初值
char char1 = 'c';     //定义字符型变量 char1，并赋初值
String s = "abc";     //定义字符串型变量 s，并赋初值
boolean b = true;     //定义布尔型变量 b，并赋初值
```

2. 变量基本数据类型的转换

在 Java 程序中，将一种数据类型的常数或变量转换为另外一种数据类型，称为类型转换。当多种数据类型的数据混合运算时，不同类型的数据必须先转化为同一种数据类型。类型转换有两种：自动类型转换(或称隐含类型转换)和强制类型转换。

1) 自动类型转换

自动类型转换遵循的规则是把低精度类型转换为高精度类型。当把占用位数较短的数据转化成占用位数较长的数据时，Java 执行自动类型转换，不需要在程序中做出特别的说明。

例如，下面的语句把 int 型数据赋值给 long 型数据，在编译时不会发生任何错误：

```
int i = 10;
long j = i;
```

假若对主数据类型执行任何算术运算或按位运算，在正式执行运算之前，“比 int 小”的数据(char、byte、short)会自动转换成 int，这样一来，最终生成的值就是 int 类型。

整型、实型、字符型数据同样可以混合运算。运算中，不同类型的数据先转化为同一种类型，然后进行运算，转换遵循从低级到高级的原则。通常，表达式中最大的数据类型是决定了表达式最终结果大小的那个类型。例如：若将一个 float 值与一个 double 值相乘，结果就是 double 值；如将一个 int 值和一个 long 值相加，则结果为 long 值。

2) 强制类型转换

当两种类型彼此不兼容，或者目标类型的取值范围小于源类型时，就必须进行强制类型转换。强制类型转换的语法如下：

```
目标类型 变量 = (目标类型)值
```

经过强制类型转换，将得到一个在“()”中声明的数据类型的数据，该数据是从指定变量所包含的数据转换而来的。例如：

```
int x,y;//定义 int 型变量 x, y
byte z;//定义 byte 型变量 z
//强制类型转换
x = (int)22.11 + (int)11.22;
y = (int)'a' + (int)'b';
z = (byte)(x+y);
```

3. 变量的作用域

变量的作用域是指可访问该变量的代码域。声明一个变量的同时也就指明了变量的作用域。按作用域来分，变量可以有下面几种：局部变量、类变量、方法参数、例外处理参数。局部变量在方法或方法的部分代码中声明，其作用域为它所在的代码块(整个方法或方法中的某块代码)。

Java 语言用大括号将若干语句组成语句块，变量的有效范围是声明它的语句所在的语句块，一旦程序的执行离开了这个语句块，将无法继续调用其中的变量。例如：

```
if (...) {
    int i = 25;
    ...
}
System.out.println("The value of i = " + i); // 错误
```

最后一行无法进行汇编是因为变量 i 已经超出了作用域。i 的作用域是“{”和“}”之间的代码块。在该代码块外，变量 i 就不存在了，所以无法调用。改正的方法是可以将变

量的声明移到 if 语句块的外面，或者是将 println 方法调用移动到 if 语句块中。

2.2　Java 运算符与表达式

2.2.1　算术运算符

算术运算符分为单目运算符和双目运算符，具体运算符如表 2.5 所示。

表 2.5　算术运算符

类　别	运 算 符	用　法	描　述
单目运算符	+	+op1	正值
	-	-op1	负值
	++	op1++,++op2	自加 1
	--	op1--,--op2	自减 1
双目运算符	+	op1 + op2	加
	-	op1-op2	减
	*	op1 * op2	乘
	/	op1 / op2	除
	%	op1 % op2	取模

在算术运算中，有以下值得注意的地方。

- 算术运算符的总体原则是先乘除、再加减，括号优先。
- 整数除法会直接砍掉小数，而不是进位。
- 取模运算符的操作数可以为浮点数。如：37.2%10=7.2。这点与 C 语言不同。
- Java 也可用一种简写形式进行运算，并同时进行赋值操作。例如，为了将 10 与变量 x 相加，并将结果赋给 x，可用 x+=10。
- Java 对加运算符进行了扩展，使它能够进行字符串的连接，如"abc"+"def"，得到串"abcdef"。
- 前缀++、--与后缀++、--的区别如下。
  - ++i(前缀++)在使用 i 之前，使 i 的值加 1，因此执行完++i 后，整个表达式和 i 的值均为 i+1；i++(后缀++)在使用 i 之后，使 i 的值加 1，因此执行完 i++后，整个表达式的值为 i，而 i 的值变为 i+1。
  - --i(前缀--)在使用 i 之前，使 i 的值减 1，因此执行完--i 后，整个表达式和 i 的值均为 i-1；i--(后缀--)在使用 i 之后，使 i 的值减 1，因此执行完 i--后，整个表达式的值为 i，而 i 的值变为 i-1。

2.2.2　关系运算符

关系运算符用来比较两个数据，确定一个操作数与另外一个操作数之间的关系，返回布尔类型的数据 true 或 false。关系运算符都是二元运算符，如表 2.6 所示。

表 2.6　关系运算符

运 算 符	用　法	返回 True 的情况
>	op1 > op2	op1 大于 op2
>=	op1 >= op2	op1 大于等于 op2
<	op1 < op2	op1 小于 op2
<=	op1 <= op2	op1 小于等于 op2
==	op1 = = op2	op1 等于 op2
!=	op1 ! = op2	op1 不等于 op2

2.2.3　布尔运算符

用布尔运算符进行布尔逻辑运算时，布尔型变量或表达式的组合运算可以产生新的布尔值。布尔运算符如表 2.7 所示。

表 2.7　布尔运算符

<table>
<tr><th>运 算 符</th><th>用　法</th><th>描　述</th></tr>
<tr><td>&&</td><td>op1 && op2</td><td>求与运算。如果 op1 为 false，不计算 op2</td></tr>
<tr><td>||</td><td>op1 || op2</td><td>求或运算。如果 op1 为 true，不计算 op2</td></tr>
<tr><td>!</td><td>! op1</td><td>求反运算。取与 op1 相反的值</td></tr>
</table>

2.2.4　位运算符

位运算符用来对二进制位进行操作，在 Java 语言中，位运算符的操作数只能为整型和字符型数据。位运算符如表 2.8 所示。

表 2.8　位运算符

<table>
<tr><th>运 算 符</th><th>用　法</th><th>描　述</th></tr>
<tr><td>~</td><td>~op1</td><td>按位取反</td></tr>
<tr><td>&</td><td>op1 & op2</td><td>按位与</td></tr>
<tr><td>|</td><td>op1 | op2</td><td>按位或</td></tr>
<tr><td>^</td><td>op1 ^ op2</td><td>按位异或</td></tr>
<tr><td>>></td><td>op1 >> op2</td><td>op1 右移 op2 位</td></tr>
<tr><td><<</td><td>op1 << op2</td><td>op1 左移 op2 位</td></tr>
<tr><td>>>></td><td>op1 >>> op2</td><td>op1 无符号右移 op2 位</td></tr>
</table>

2.2.5　赋值运算符

赋值运算符(=)可以把一个数据赋给另外一个变量，相当于将左边的数据放到右边的变量里面去。例如：var = data;。

- Java 语言支持简单算术运算符和赋值运算符的联合作用。

- 如果左侧变量的数据类型的级别高，则把右侧的数据转换为相同的高级数据类型，然后赋给左侧的变量，如表 2.9 所示。
- 如果右边高，则需要使用强制类型转换运算符。

表 2.9　类型转换表

原 类 型	允许自动转换的目标类型
byte	short、int、long、float、double
short	int、long、float、double
char	int、long、float、double
int	long、float、double
long	float、double
float	double
double	无
boolean	无

提示： 赋值运算符右端的表达式也可以是赋值表达式，形成连续赋值的情况，例如：a=b=c=10;。由于赋值运算符具有右结合性，因此先执行右边的运算符，但一般情况下建议不用。

在赋值符(=)前加上其他运算符，即构成扩展赋值运算符，如表 2.10 所示。例如：a = a + 6 用扩展赋值运算符可表示为 a += 6。这样一来既可加快输入速度，又可加快计算机的运算速度。扩展赋值运算符的通用格式如下：

```
var op = expression
```

即相当于：

```
var = var op expression
```

表 2.10　扩展赋值运算符及其等价表达方式

运 算 符	用　法	等价表达式
+=	op1+=op2	op1=op1+op2
-=	op1-=op2	op1=op1-op2
*=	op1*=op2	op1=op1*op2
/=	op1/=op2	op1=op1/op2
%=	op1%=op2	op1=op1%op2
&=	op1&=op2	op1=op1&op2
|=	op1|=op2	op1=op1|op2
^=	op1^=op2	op1=op1^op2
>>=	op1>>=op2	op1=op1>>op2
<<=	op1<<=op2	op1=op1<<op2
>>>=	op1>>>op2	op1=op1>>>op2

2.2.6 条件运算符

条件运算符(? :)是一个特殊的操作符，它支持条件表达式，即一个简单的双重选择语句 if-else 的简缩。条件运算符为三元运算符，它的一般形式如下：

```
exp1?exp2:exp3
```

表达式 exp1 的结果为布尔型的值；表达式 exp2 与表达式 exp3 的数据类型相同；如果 exp1 的值为真，则表达式的值为 exp2，否则为 exp3。例如：

```
answer = type==1?right:wrong;
```

上面表达式表示，如果变量 type 的值等于 1，则 answer = right，否则 answer = wrong。这样利用条件运算符可以简单地实现 if-else(2.3.1 节会详细讲解)的功能。

2.2.7 表达式和运算符的优先级

表达式可以是由常量、变量、运算符、方法调用的序列，它执行这些元素指定的计算并返回某个值。在对一个表达式进行计算时，要按运算符的优先顺序从高向低进行。同一级别里的运算符具有相同的优先级，算术运算符具有左结合性，赋值运算符具有右结合性。表 2.11 给出了运算符的优先级。

表 2.11 运算符的优先级

<table>
<tr><th>优 先 级</th><th>运 算 符</th></tr>
<tr><td rowspan="15">从高到低 ↓</td><td>. [] ()</td></tr>
<tr><td>++ -- ! ~ instanceof</td></tr>
<tr><td>new</td></tr>
<tr><td>* / %</td></tr>
<tr><td>+ -</td></tr>
<tr><td>>> >>> <<</td></tr>
<tr><td>< > <= >=</td></tr>
<tr><td>&</td></tr>
<tr><td>^</td></tr>
<tr><td>|</td></tr>
<tr><td>&&</td></tr>
<tr><td>||</td></tr>
<tr><td>?:</td></tr>
<tr><td>= += -= *= /= %= ^=</td></tr>
<tr><td>&= |= <<= >>= >>>=</td></tr>
</table>

表 2.11 中，“.”为分量运算符，“[]”为下标运算符，“new”为内存分配运算符，

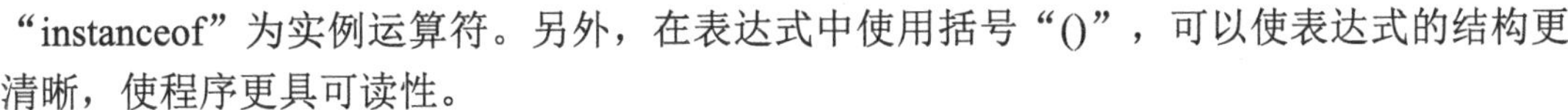

“instanceof”为实例运算符。另外，在表达式中使用括号“()”，可以使表达式的结构更清晰，使程序更具可读性。

2.3　Java 控制语句

为了完成程序状态的改变，编程语言通常使用控制语句来产生执行流，如决定程序顺序执行还是分支执行。Java 的程序控制语句分为选择、循环和跳转几类。选择语句是根据表达式结果或变量状态来选择执行不同的代码。循环语句使程序能够重复执行一个或一个以上的语句。跳转语句允许程序以非线性的方式执行。下面将分析 Java 的所有控制语句。如果你熟悉 C/C++语言，那么掌握 Java 语言的控制语句将很容易。事实上，Java 的控制语句与 C/C++语言中的语句几乎完全相同。当然它们还是有一些差别的，尤其是 break 语句与 continue 语句。

2.3.1　选择结构

分支语句提供了一种控制机制，使得程序可以不执行某些语句，而转去执行特定的语句。

1. 条件语句 if-else

if-else 语句根据判定条件的真假来执行两种操作中的一种，它的格式如下：

```
if(boolean-expression)
statement1;
[else statement2;]
```

- 布尔表达式 boolean-expression 是返回布尔型数据的表达式。
- 每条单一的语句后都必须有分号。
- 语句 statement1、statement2 可以为复合语句，这时要用大括号{}括起来。建议对单一的语句也用大括号括起来，这样程序的可读性强，而且有利于程序的扩充。{}外面不加分号。
- else 子句是任选的。
- 若布尔表达式的值为 true，则程序执行 statement1，否则执行 statement2。
- if-else 语句的一种特殊形式如下：

```
if(expression1){
  statement1;
}else if (expression2){
  statement2;
}…
}else if (expressionM){
  statementM;
}else {
  statementN;
}
```

else 子句不能单独作为语句使用，它必须和 if 配对使用。else 总是与离它最近的 if 配对。可以通过使用大括号{}来改变配对关系。

2. 多分支语句 switch

switch 语句是 Java 的多路分支语句。如果程序有多个分支则可以使用 switch，它提供了一个比一系列 if-else-if 语句更好的选择。switch 语句的通用形式如下：

```
switch (expression) {
case value1:
    statement1;
    break;
case value2:
    statement2;
    break;
    …
case valueN:
    statementN;
    break;
default:
    default statement;
}
```

switch 语句的执行过程如下：表达式的值与每个 case 语句中的常量作比较。如果发现一个与之相匹配的，则执行该 case 语句后的代码。如果没有任何 case 常量与表达式的值相匹配，则执行 default 语句。

表达式 expression 必须为 byte、short、int 或 char 类型。每个 case 语句后的值 value 必须是与表达式类型兼容的特定常量(它必须为常量，而不是变量)。重复的 case 值是不允许的。在 case 语句序列中的 break 语句将引起程序流从整个 switch 语句退出。当遇到一个 break 语句时，程序将从整个 switch 语句后的第一行代码开始继续执行。这有一种“跳出”switch 语句的效果。default 语句是可选的。如果没有相匹配的 case 语句，也没有 default 语句，则什么也不执行。

可以将一个 switch 语句作为一个外部 switch 语句的语句序列的一部分，这称为嵌套 switch 语句。在使用嵌套语句时，每个 switch 语句均定义了自己的块，因此外部 switch 语句和内部 switch 语句的 case 常量不会产生冲突。

概括起来说，switch 语句有以下 3 个重要的特性需注意。

- switch 语句不同于 if 语句的是，switch 语句仅能测试相等的情况，而 if 语句可以计算任何类型的布尔表达式。也就是说，switch 语句只能寻找 case 常量间某个值与表达式的值相匹配的情况。
- 在同一个 switch 语句中没有两个相同的 case 常量。当然，外部 switch 语句中的 case 常量可以和内部 switch 语句中的 case 常量相同。
- switch 语句通常比一系列嵌套 if 语句更有效。

2.3.2 循环结构

循环语句的作用是反复执行某一段代码，直到满足终止循环的条件为止，一个循环一般应包括四部分内容。

- 初始化部分：用来设置循环的一些初始条件，如计数器清零等。
- 循环体部分：这是反复循环的某一段代码，可以是单一的一条语句，也可以是复合语句。
- 迭代部分：这是在当前循环结束、下一次循环开始前执行的语句，常常用来使计数器加 1 或减 1。
- 终止部分：通常是一个布尔表达式，每一次循环都要对该表达式求值，以验证是否满足循环终止条件。

Java 中提供的循环语句有 while 语句、do-while 语句和 for 语句，下面分别进行介绍。

1. while 循环语句

while 语句是 Java 最基本的循环语句。当它的控制表达式为真时，while 语句重复执行一个语句或语句块。它的通用格式如下：

```
while(condition) {
    body
}
```

条件表达式 condition 为真时，循环体就会被执行；为假时，程序控制就传递到循环后面紧跟的语句行，循环体(body)一次也不会被执行。条件表达式可以是任何布尔表达式。如果只有单个语句需要重复，大括号可以不写。

2. do-while 循环语句

do-while 与 while 语句最大的区别是：在循环开始时，即使条件表达式为假，循环也至少要执行一次，因为它的条件表达式在循环的结尾。换句话说，do-while 在一次循环结束后再测试终止表达式，而不是在循环开始的时候。do-while 的通用格式如下：

```
do {
    body
} while (condition);
```

与 while 语句一样，条件表达式 condition 必须是一个布尔表达式。do-while 循环总是先执行一次循环体，然后再判断条件表达式的真假。如果表达式为真，则循环继续；否则循环结束。

3. for 循环语句

在前面的内容中曾使用过 for 循环，在这里将详细介绍 for 循环的使用。for 循环是一种功能强大、结构形式灵活的循环，其通用格式如下：

```
for(initialization; condition; iteration) {
    body
}
```

for 循环的执行过程如下：

第一步，当循环启动时，先执行其初始化 initialization 部分。通常，这是设置循环控制变量值的一个表达式，作为控制循环的计数器，初始化表达式仅被执行一次。

第二步，判断条件表达式 condition 的值，如果这个表达式为真，则执行循环体；如果为假，则循环终止。条件 condition 必须是布尔表达式，它通常将循环控制变量与目标值相比较。

第三步执行循环体的迭代部分。这部分通常是使循环控制变量增加或减少的一个表达式。

接下来重复循环，首先计算条件表达式的值，然后执行循环体，接着执行迭代表达式。这个过程不断重复直到控制表达式变为假。

Java 语言中的 for 语句与 C 语言、C++语言中的 for 语句有所不同，Java 允许在 for 循环内声明变量，如 for(int n=10; n>0; n--)。在 for 循环内声明变量时必须注意，该变量的作用域仅局限于 for 循环内，在 for 循环外，变量就不存在了。在 Java 中，还允许两个或两个以上的变量控制循环，即允许在 for 循环的初始化部分和迭代部分声明多个变量，每个变量之间用逗号分开。

值得注意的是，在 JDK 1.5 中，新提供了一种 for 循环的使用方法，即 for-each 循环。

2.3.3　跳转结构

跳转语句的作用是把控制转移到程序的其他部分。Java 支持 3 种跳转语句：break、continue 和 return。

1. break 语句

在 Java 中，break 语句主要有 3 种作用。第一，在 switch 语句中，用来终止一个语句序列，这点前面已经讲过。第二，用来退出一个循环。第三，作为 goto 语句来使用。

break 语句能用于任何 Java 循环中，包括人们有意设置的无限循环。例如：

```
int i = 1;
while(i > 0) {
   if(i == 10) break;
   i++;
}
```

提示： 在 Java 语言中，循环的终止是由条件语句来控制的。只有在某些特殊的情况下，才用 break 语句来终止循环。

Java 中没有 goto 语句，因为 goto 语句会破坏程序的可读性，而且影响编译的优化。但是，在有些地方 goto 语句对于构造流程控制是有用的并且是合法的。因此，Java 定义了 break 语句的一种扩展形式来处理这种情况。通过使用这种形式的 break，可以终止一个或者几个代码块。这些代码块不必是一个循环或一个 switch 语句的一部分，它们可以是任何块。而且，由于这种形式的 break 语句带有标签，所以可以明确指定执行从何处重新开始执行。不过，在程序设计中应尽量避免使用这种方式。

2. continue 语句

有时你想要继续运行循环，但是要忽略这次循环体的语句，continue 语句提供了一个结构化的方法来实现。continue 语句是 break 语句的补充，但只能用在循环体结构中。在 while 和 do-while 循环中，continue 语句使控制直接转移给控制循环的条件表达式，然后继续循环过程。在 for 循环中，循环的迭代表达式被求值，然后执行条件表达式，循环继续执行。continue 也可以指定一个标签来说明继续执行的循环。例如：

```
outer: for (int i=0; i<10; i++){
    for(int j=0; j<10; j++){
        if(j > i) {
            continue outer;
        }
    }
}
```

当满足 j > i 条件时，相应的语句被执行后，程序跳转到外层循环，执行外层循环迭代语句 i++，然后开始下一次循环。

3．return 语句

return 语句用来明确地从一个方法中返回，即退出该方法。将它作为跳转语句是因为 return 语句可以使程序控制返回到调用它的方法。在 Java 中，单独的 return 语句如果用在一个函数体中间时会产生编译错误，因为这时会有一些语句执行不到。可以通过把 return 语句嵌入某些语句(如 if)中来使程序在未执行完函数的所有语句时退出。例如：

```
method () {
    boolean t = true;
    System.out.println("Before the return");
    if(t) return;
    System.out.println("This won't execute");
}
```

该方法只会打印“Before the return”。if(t)语句是必要的，没有它，Java 编译器将报告 unreachable code 错误，因为编译器知道最后的语句将永远不会被执行。在这里使用的 if 语句“蒙骗”了编译器。

2.4　字　符　串

前面已经讲过字符型数据是指用单引号括起来的单个字符，还需要指出的是因字符是占两个字节的 Unicode 字符，故一个汉字也是被当作一个字符来处理。而字符串是指字符的序列，它是组织字符的基本数据结构。Java 语言中的 Java.lang 包中提供了两种类型的字符串类来处理字符串，它们是 String 类和 StringBuffer 类。对于一个字符串来说，如果创建之后不需要改变，我们称为字符串常量，String 类就是用于存储和处理字符串常量的；如果一个字符串创建之后需要对其进行改变，则称之为字符串变量，StringBuffer 类就是用于存储和处理字符串变量的。

与其他编程语言不同的是，Java 中的字符串和下一节要讲的数组都是 Java 中的类，而不是基本的数据类型。接下来的两节你会初步接触到类及其使用，刚开始读者可能会有些东西不太清楚，不过没关系，带着疑问去学习第 3 章的内容会使学习效率更高。读者也可以在学完第 3 章之后重新阅读字符串与数组这两节的内容。

2.4.1 String 类

1. 创建 String 类对象

在 Java 语言中，创建 String 字符串的方法有很多，这些方法称为 String 的构造方法，即用什么方法来生成 String 类的对象。利用 String 类提供的构造方法不需要任何参数就可以生成一个空字符串，或者通过传递参数生成一个字符串，如下所示：

```
String str = new String();
String str = new String("MyString");
```

也可以由字符数组生成一个字符串对象，如下所示：

```
String str=new String(char tmp[]);
```

同样可以由字符数组的一部分来生成一个字符串对象，如下所示：

```
String str=new String(char tmp[],int startIndex,int charNumber);
```

其中，tmp[]代表生成的字符数组，startIndex 代表字符串在数组中的起始位置，而 charNumber 代表包含的字符个数。

由于 Java 编译器会自动为每一个字符串常量生成一个 String 类的实例，因此字符串常量 String 有一个非常好用的构造方法，只需用双引号括起一串字符即可直接初始化一个 String 对象，例如：

```
String str4="MyString";
```

提示： 使用双引号得到的其实已经是一个 String 类的对象，而 new String(String)构造方法是对传入的参数 String 创建一个副本，这样的形式实际上是创建了两个 String 对象，性能上是不划算的，应避免使用。

2. 操作 String 类对象

操作字符串 String 类的主要成员方法汇总如下。

- int length()：返回字符串的长度，汉字也算一个字符。
- char charAt(int index)：返回 index+1 位置的字符。
- int compareTo(String str)：按字母顺序进行字符串比较。
- boolean equals(Object obj)和 boolean equalsIgnoreCase(String str)：判断字符串是否相等，前者区分大小写，后者不区分大小写。
- int indexOf(String str)和 int lastIndexOf(String str)：返回字符串第一次出现 str 的位置。前者返回从前往后第一次出现 str 的位置，后者返回从后往前第一次出现 str 的位置。
- boolean startsWith(String prefix)和 boolean endsWith(String sufix)：前者判断该字符串是否以 prefix 为前缀，后者判断该字符串是否以 sufix 为后缀。
- char[ ] toCharArray()：将字符串转为字符数组。

3. 修改 String 类对象

对给定字符串的各种修改操作并不会改变原有字符串的值。修改 String 的操作方法汇总如下。

- String toLowerCase()和 String toUpperCase()：前者将字符串中的所有大写字母转为小写字母，后者将字符串中的所有小写字母转为大写字母。
- String substring(int beganIndex) 和 String substring(int beganIndex,int endIndex)：这两个方法用来得到给定的字符串中指定的字符子串。前者取 beganIndex 之后的字符串，后者获得 beganIndex 和 endIndex 之间的子串。
- replace(char oChar, char nChar)：用于将字符串中的所有字符 oChar 替换成字符 nChar。
- concat(String otherString)：用于将当前字符串与给定的字符串连接起来。

对于 String 类还需要说明的一点是，它对字符串的处理是否是线程访问安全的，因为任何一门编程语言都会涉及对字符串的处理，因此线程访问安全是很重要的。String 类的重要特性之一就是线程访问安全。因此，String 对象是不可改变的，任何涉及对 String 类所表示字符串操作的方法，都是返回一个新创建的 String 对象。因此，在对一个 String 对象的使用中，往往会同时创建大量并不需要的 String 实例，消耗了不必要的系统资源，下一节介绍的 StringBuffer 类会弥补这方面的不足。

2.4.2　StringBuffer 类

StringBuffer 类的使用与 String 类有很多相似之处，但是其内部的实现却有很大的差别。StringBuffer 类实际上是封装一个字符数组，同时提供了对这个字符数组的相关操作。其中大部分使用方法与 String 类是一样的，本节不再举例说明，以下分别列出其构造方法与常用的成员方法。

1. 创建 StringBuffer 类对象

StringBuffer 类的构造方法如下。

- StringBuffer()：创建一个空的 StringBuffer 对象。
- StringBuffer(int length)：设置初始容量。
- StringBuffer(String str)：利用已有字符串 String 对象来初始化 StringBuffer 对象。

2. StringBuffer 类的成员方法

上一节已经说过了，StringBuffer 具有大部分 String 的成员方法，这里就不一一列举了。下面只介绍 StringBuffer 与 String 不同的成员方法。

- append(StringBuffer sb)：在一个 StringBuffer 字符串最后追加一个字符串，即两个字符串连接。
- insert(int index, substring)：在 index 的位置插入 substring 子串。
- delete(int start, int end)：删除 start 到 end 之间的字符子串。
- void setCharAt(int index, char c)：将 index 处的字符换成字符 c。

- String toString()：将字符串变量 StringBuffer 转化为字符串常量 String。

提示： 因为 System.out.println()方法是不能接受可变串的，因此在打印 StringBuffer 之前要使用 toString()方法将其转化为 String。

最后需要说明的是，StringBuffer 本质上是一个字符数组的操作封装，与 String 相比，任何修改性的操作都是在同一个字符数组上进行，而不像 String 那样为了线程访问安全创建大量副本对象。因此，如果是一段需要在一个字符串上进行操作的代码，推荐使用 StringBuffer 来提高性能。当然，如果不考虑性能的话，可以全部选择 String 进行操作。

2.5 数　　组

数组是一组具有相同类型和名称的变量的集合，是一种常用的数据结构。这些变量称为数组的元素，每个数组元素都有一个编号，这个编号叫作下标，我们可以通过下标来区别这些元素。数组元素的个数有时也称为数组的长度。

在 Java 语言中，数组也是类，这与其他的语言(例如 C 语言)有所不同。在本小节中，我们将学习一维数组、多维数组以及对象数组的定义和使用方法。

2.5.1　一维数组

数组的使用过程通常是先定义一个数组，然后进行初始化和元素的引用，以下将分别讲解每个过程。

1. 一维数组的定义

定义一维数组的一般格式如下：

```
type arrayName[];
```

在上面的定义中，类型 type 可以为 Java 中任意的数据类型，包括简单类型和复合类型。arrayName 表示数组的名称，必须为一个合法的标识符。“[]”指明该变量是一个数组类型变量。

另外，Java 中还有一种定义数组的方法如下：

```
type[] arrayName;
```

上述这两种定义的效果是相同的，比如我们想定义一个整型数组，可以用这两种方式定义：

```
int intArray[];
int[] intArray;
```

上面的例子声明了一个整型数组，组中的每个元素为整型数据。值得注意的是，Java 语言在定义数组时并不为数组元素分配内存，因此“[]”中不用指出数组中元素的个数，即不用指明数组长度，在没有给数组赋值以前，这样定义的数组是不能被访问的，这点与 C 语言或 C++语言是不同的。

2. 一维数组的初始化

要想让数组能够访问它的元素，需要对数组进行初始化，因为一维数组必须经过初始化之后才可以引用。数组的初始化分为静态初始化和动态初始化两种，接下来我们分别介绍这两种初始化方式。

静态初始化是在定义数组的同时对数组元素进行初始化，这种方式通常用于数组元素个数比较少的情况。格式如下：

```
int intArray[] = {1,4,4,8,2,9};
int[] intArray = {1,4,4,8,2,9};
```

在上面的初始化中，虽然没有指定数组的长度，但已经给出了初值的个数，这时系统会自动按照所给的初值个数计算出数组的长度并分配相应的空间。上面的两行代码定义了 1 个含有 6 个元素的整型数组，6 个元素都是整型的，并且每个元素均有自己的初始值。

如果要进行动态的初始化，我们要用到运算符 new，其格式如下：

```
arrayName = new type[arraySize];
```

其中，arraySize 指的是数组的长度，可以是整型的常量和变量，该语句的作用是给 arrayName 数组分配 arraySize 个 type 类型大小的空间。如果参数 arraySize 为常量，就为数组分配一个固定的空间；如果参数 arraySize 是变量，则意味着根据参数动态地为数组分配空间。例如：

```
int[] intArray;
intArray = new int[6];
```

表示新建一个名为 intArray 的整型数组，然后为这个数组分配 6 个整数所占据的内存空间。通常，这两部分可以合在一起写，格式如下：

```
type arrayName = new type[arraySize];
```

上面的语句可以写成：

```
int[] intArray = new int[6];
```

提示： Java 中数组的这种写法实际是类实例化的过程，刚开始你可能会不大习惯，因为与其他编程语言差别比较大，不过等你熟悉了 Java 中对象的实例化过程后，自然就会习惯这种写法。

3. 一维数组的引用

所谓数组元素的引用，指的是如何在程序中引用初始化后的数组元素，引用的方式如下：

```
arrayName[index];
```

其中，index 为数组的下标，可以是整型常数、变量和表达式，例如：

```
a[6], b[i], c[6*i]  (i 为整型)
```

下标的范围是从 0 开始，一直到数组的长度减 1。对于前面的例子 intArray 来说，它的元素只有 intArray[0]到 intArray[5]，而没有 intArray[6]。在 Java 语言中，出于对安全性的考虑，是要对数组元素进行越界检查的，这与 C/C++语言不同。此外，在 Java 语言中，可以通过数组的属性 length 获得数组的长度，也就是元素的个数。

2.5.2　多维数组

多维数组可以看作是数组的数组，如果将多维数组看作是比较特殊的一维数组，则数组的元素本身就是数组。例如，对于一个二维整型数组，可以将其看作是一个特殊的一维数组，只不过该数组的每个元素也是一个一维整型数组。由于多维数组的情况与二维数组类似，因此在本小节中，我们将以二维数组为例介绍多维数组的定义、初始化和元素的引用。

1. 多维数组的定义

与一维数组的定义类似，二维数组有如下定义方式：

```
type arrayName[][];
type[][] arrayName;
type[] arrayName[];
```

其中，type 代表数组元素的类型，可以为简单类型和复合类型。与一维数组一样，二维数组定义时同样没有分配内存空间，如果要引用数组元素，也必须首先对二维数组进行初始化。

2. 多维数组的初始化

二维数组的初始化同样分为静态初始化和动态初始化两种。静态初始化是在定义数组的同时就为数组分配了内存空间，比如定义一个 3*3 的数组并赋初值：

```
int[][] intArrary = {{3,5,3},{4,7,9},{3,6,4}};
```

对于静态初始化，不必给出二维数组每一维的大小，系统会根据给出的初始值的个数自动计算出数组每一维的大小。同时，二维数组中每一维的大小不一定相同，例如：

```
int[][] intArrary = {{3},{4,7},{3,6,4}};
```

提示： 在 Java 语言中能为二维数组的每一维指定不同的大小，是由于 Java 中将二维数组看作是数组的数组，数组空间不是连续分配的。同样多维数组的每一维大小也可不同。

对于二维数组的动态初始化，也可以有两种方法，一种是直接为数组的每一维分配空间，其定义方式如下：

```
arrayName = new type[arrayLength1][arrayLength2];
```

上面的定义中，arrayLength1 和 arrayLength2 代表二维数组的两个维的大小，例如：

```
int intArray = new int[5][8];
```

另一种方法是从最高维开始，分别为每一维分配空间，例如：

```
arrayName = new type[arrayLength1][];
arrayName [0] = new type[arrayLength20];
arrayName [1] = new type[arrayLength21];
…
arrayName [arrayLength1-1] = new type[arrayLength2m];
```

在上面的定义中，arrayName 代表数组的名称，arrayLength1 代表最高维长度，也就是将二维数组看作特殊的一维数组时，对应的一维数组的长度，arrayLength20、arrayLength21、…、arrayLength2m 分别代表这个特殊的一维数组中每个元素所代表的一维数组的长度，如下面的例子所示：

```
int[][] intArray = new int[2][];
intArray[0] = new int[5];
intArray[1] = new int[8];
```

值得注意的是，Java 语言中对数组的初始化与 C、C++语言是不同的，在 C、C++语言中必须一次指明数组每一维的长度。

3. 多维数组的引用

对二维数组中的每个元素，其引用格式如下：

```
arrayName[index1][index2]
```

其中，arrayName 代表二维数组的名称，index1 与 index2 为下标，这个下标与一维数组一样，可以是常量、变量或表达式。如 intArray[2][3]，而且每个下标也是从 0 开始到该维度的长度减 1。

2.5.3　对象数组

在前面已经讲过，数组元素可以是简单类型，也可以是复合类型，因此可以用数组来存储一系列的对象。对象数组的定义和其静态初始化过程，与一般数组的定义及其静态初始化的过程是一样的，而对对象数组进行动态初始化的时候与一般数组的动态初始化有所差别，对象数组的动态初始化处理起来会稍微复杂一些，一般是按照如下步骤进行初始化：

```
type[] arrayName = new type[arraySize];
arrayName[0] = new type(paramList);
arrayName[1] = new type(paramList);
…
arrayName[arraySize-1] = new type(paramList);
```

例如：

```
String[]  arrayName = new String[3]
arrayName[0] = new String("hello");
arrayName[1] = new String("String");
arrayName[2] = new String("array");
```

有的时候(通常在生成的对象不需要参数时)初始化可以用循环来实现：

```
for(int i=0;i<arrayName.length;i++){
```

```
    arrayName[i] = new type();
}
```

对于多维对象数组的动态初始化，需要为每个数组元素单独分配内存空间。以二维数组为例，其初始化过程如下：

```
String strArray[][] = new String[2][];
strArray[0] = new String[1];
strArray[1] = new String[2];
strArray[0][0] = new String("hello")
strArray[0][1] = new String("nice");
strArray[1][2] = new String("good");35
```

第3章

类和对象

本章主要介绍面向对象程序设计的基本概念——类与对象、继承与重载等。类部分主要介绍 Java 中如何定义一个类，包括成员变量与成员方法定义、构造函数定义及类的对象的使用；继承部分主要介绍继承的概念及 Java 中如何实现类的继承；重载部分主要介绍重载的概念及方法重载、构造函数重载的方法，并比较了 super 与 this 这两个特殊变量；包与接口部分主要介绍包与接口的概念、包的定义与引用、接口的定义与实现及 ClassPath 环境变量设置；垃圾回收部分主要介绍 Java 中的内存垃圾回收机制及其运行情况；抽象类部分主要介绍抽象类的概念，并比较了抽象类与接口的不同之处，同时还介绍了内部类的概念与作用；最后介绍 Java 基础类库中的 Math 类、Date 类及 Calendar 类等常用类的使用。

3.1 类的定义与使用

类实际上是定义的一种新的数据类型。定义之后即可以根据这种新的类型来生成该种类型的对象了。由此可见，类是对象的模板，对象就是类的实例。

类是 Java 的核心和本质，是 Java 语言的基础，本章将具体介绍类的定义、实例化的内容，为读者更深入地学习 Java 奠定基础。

3.1.1 类的定义

类是 Java 中的一种最基本的数据类型和编译单位，它封装了一类对象的状态和方法，是这一类对象的原型。创建一个新的类，就是创建一个新的数据类型。实例化一个类，就可以得到该类的一个对象。类可以被理解为类似 int、float 等的基本数据类型，所不同的是，类是一种特殊的数据类型，它本身包括了数据和方法。而对象便是用类这个数据类型生成的“变量”，而这个“变量”从定义的时候开始就具有类的数据和方法，就像定义一个整型变量 int a，其中 int 就相当于类，变量 a 就相当于对象，而这个定义过程称作实例化。

1. 定义

Java 中定义类的一般格式如下：

```
[public | protected | private] [abstract | final]  class ClassName
[extends ClassName1] [implements InterfaceList]{
    /*定义成员变量*/
    type instance-variable1;
    type instance-variable2;
    …

    /*定义方法*/
    type methodname1(parameter-list){
        …//成员方法主体
    }
    type methodname2(parameter-list){
        …
    }
```

```
    …
}
```

类的实现包括两部分：类的声明和类的主体。Java 使用 class 关键字来定义一个类，ClassName 为类的名称，extends 指出该类以某个类为基类，继承该类(继承的相关知识将在本章后续的内容中具体讲解)，implements 表示该类具有接口性质。

讲到这里，可能很多读者会有疑问，在我们前面见到的一些类，经常会包含 public static void main(String args[])方法，而在类的定义中，却不包含该方法，这是为什么呢？在这里我们要强调的就是，Java 类并不需要 main()方法，main()方法只是定义了程序的执行起点。如果一个类为可执行类，那么它必须包含 main()方法。另外，在我们后面讲到的 Java 小应用程序(Applet)也不要求有 main()方法。

提示： 在编程过程中，为了更好地识别和操作类，类名一般以大写字母开头，并以同样的名字存储为文件，以.java 为文件扩展名，如果类的名称由多个单词组成，则每个单词的首字母都应该大写，如 MyBox。

2. 定义成员变量

成员变量通常分为实例变量和类变量(静态变量)，类变量指的是用关键字 static 定义的成员变量，除此之外的定义全为实例变量。成员变量的声明方式如下：

```
[public | protected | private]
[static] [final] [transient] [volatile] type variableName;
```

其中，关键字 static 如前所述，定义了类变量(静态变量)，这是相对于实例变量而言；关键字 final 定义常量；transient 定义暂时性变量，用于对象存档；volatile 定义变量，用于并发线程的共享。

3. 方法

方法是类的主要组成部分。在一个类中，程序的作用体现在方法中。方法即是 Java 创建的一个有名字的子程序，一个类由一个主方法和若干个子方法构成。主方法调用其他方法，其他方法之间也可以互相调用，同一个方法可被一个或多个方法调用任意次。

1) 方法的定义

定义方法的一般形式如下：

```
[public | protected | private]
[static] [final | abstract] [native] [synchronized]
type name(parameter-list){
/*成员方法主体*/
…
}
```

type 指明了该方法的返回类型，除了前面介绍的各种合法类型之外，读者自己创建的类的类型同样有效。如果该方法不返回任何值，那么其返回的 type 必须为 void。若该方法不返回空，则在方法的最后，应调用 return 语句，返回方法的类型值。

name 为方法名，任何合法的标识符都可以成为方法名。

parameter-list 指的是一连串类型和标识符对，以逗号为分隔符，其中包含了方法被调用时传递给方法的参数说明。对于方法定义中的每一个参数，调用方法时必须有一个参量与之对应，而且该参量的类型必须与对应参数类型相一致。

2) 方法的调用

在类中调用类自身的方法，可以直接使用这个方法的名称；调用其他对象或类的方法，则需要使用该对象或类的名称为前缀，通过圆点操作符，即可以调用对象中的变量和方法。

【实例 3.1】简单定义类。

```
public class TestClassPerson{
    /*定义成员变量*/
    private String personName; //姓名
    private int personAge;     //年龄
    private String personSex;  //性别

    /*定义成员方法*/
    public void setPersonVar(String name,int age,String sex){
        personName = name;
        personAge = age;
        personSex = sex;
    }

    public void updatePersonVar(String name,int age,String sex){
        personName = name;
        personAge = age;
        personSex = sex;
    }

    public String getPersonName(){
        return personName;
    }

    public int getPersonAge(){
        return personAge;
    }

    public String getPersonSex(){
        return personSex;
    }

    public static void main(String args[]){
        TestClassPerson person = new TestClassPerson();

        person.setPersonVar("王义",25,"男");
        String outName = person.getPersonName();
        int outAge = person.getPersonAge();
        String outSex = person.getPersonSex();
        System.out.println("姓名："+outName
            +",年龄："+outAge+",性别："+outSex);

        person.updatePersonVar("李玲",20,"女");
```

```
        outName = person.getPersonName();
        outAge = person.getPersonAge();
        outSex = person.getPersonSex();
        System.out.println("姓名："+outName
            +",年龄："+outAge+",性别："+outSex);
    }
}
```

在上面的代码中，我们用 class 定义了 TestClassPerson 类，该类的属性是 public。public 表示该类可以被访问和继承。一个 Java 源文件中最多能有一个 public 类，并且文件名必须和 public 类的类名相同。

在 TestClassPerson 类中，成员变量包括姓名(personName)、年龄(personAge)、性别(personSex)，成员函数包括 setPersonVar()、updatePersonVar()、getPersonName()、getPersonAge()、getPersonSex()，它们所实现的功能分别为：为对象赋值、更新对象的赋值、获得对象姓名、获得对象年龄、获得对象性别。

实例 3.1 的运行结果如图 3.1 所示。

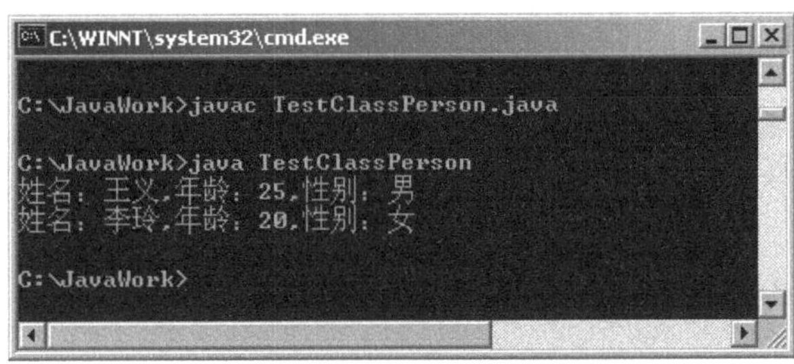

图 3.1　实例 3.1 的运行结果

3.1.2　构造函数

在 Java 程序设计语言中，可以使用构造函数来构造新的实例。构造函数是类的一种极为特殊的方法，在创建对象的时候初始化。构造函数的特殊性主要体现在以下几个方面。

- 构造函数的方法名与类名相同。
- 构造函数没有返回类型。
- 构造函数的主要作用是完成对类的对象的初始化工作。
- 创建一个类的新对象时，系统会自动调用该类的构造函数为新对象初始化。
- 一个类可以有多个构造函数。
- 构造函数可以有 0 个、1 个或多个参数。

特别要注意的是，如果在类的定义过程中没有编写构造函数，Java 会自动提供一个默认的构造函数，这个构造函数把所有的成员变量都设置成默认值。

- 数字变量的默认值：0。
- 对象变量的默认值：null。
- 布尔变量的默认值：false。

3.1.3 对象的使用

对象是类的一个实例，类是同种对象的抽象综合，是创建对象的模板。在程序中创建一个对象将在内存中开辟一块空间，其中包括该对象的属性和方法。一个类可以制造出许多对象，这些对象名称不同，但功能相同。

生成对象的基本语法如下：

```
ClassName referenceName = new ClassName(parameter-list);
```

ClassName 为生成对象所对应的类名，referenceName 为对象名。

下面我们通过一个具体的实例来说明构造函数的编写和对象的生成。

【实例 3.2】构造函数与对象的生成。

```
public class TestConstructorPerson{
    /*定义成员变量*/
    String personName;  //姓名
    int personAge;      //年龄
    String personSex;   //性别

    /*定义构造函数 TestConstructorPerson ( )*/
    public TestConstructorPerson( ){
    }

    /*定义构造函数 TestConstructorPerson(String name,int age,String sex)*/
    public TestConstructorPerson(String name,int age,String sex){
        personName = name;
        personAge = age;
        personSex = sex;
    }

    public String getPersonName( ){
        return personName;
    }

    public int getPersonAge( ){
        return personAge;
    }

    public String getPersonSex( ){
        return personSex;
    }

    public static void main(String args[]){

        /*调用第一个构造函数生成对象 person1*/
        TestConstructorPerson person1 = new TestConstructorPerson();
        //为对象的成员变量赋值
        person1.personName = "王义";
        person1.personAge = 25;
        person1.personSex = "男";
```

```
        String outName = person1.getPersonName();
        int outAge = person1.getPersonAge();
        String outSex = person1.getPersonSex();
        System.out.println("姓名: "+outName+",年龄: "+outAge+",性别: "
            +outSex);

        /*调用第二个构造函数生成对象 person2，并为对象的成员变量赋值*/
        TestConstructorPerson person2 = new TestConstructorPerson
            ("李玲",20,"女");
        outName = person2.getPersonName();
        outAge = person2.getPersonAge();
        outSex = person2.getPersonSex();
        System.out.println("姓名: "+outName+",年龄: "+outAge+",性别: "
            +outSex);
    }
}
```

实例 3.2 的运行结果如图 3.2 所示。

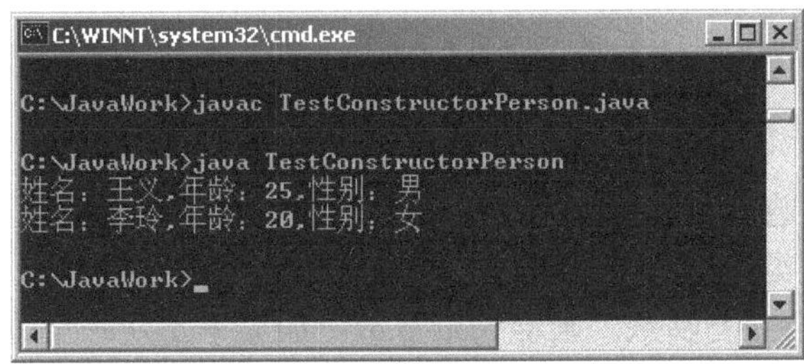

图 3.2 实例 3.2 的运行结果

3.1.4 访问控制

为了实现访问控制，Java 提供了访问控制修饰符。访问控制修饰符用来修饰 Java 中的类以及类的方法和变量的访问控制属性。具体的访问控制属性如表 3.1 所示。

表 3.1 访问控制属性

属 性	类 内	同一包中	不同包中	同一包的子类中	不同包的子类中
friendly	可以	可以	不可以	可以	不可以
public	可以	可以	可以	可以	可以
private	可以	不可以	不可以	不可以	不可以
protected	可以	可以	不可以	可以	不可以

属性说明如下。

- friendly：如果在定义变量或方法时，没有给出访问权限修饰符，默认情况下就是 friendly。friendly 意味着同一个目录中的所有类都可以访问。
  值得注意的是，friendly 不属于 Java 关键字，因此不需要将该修饰符置于成员定义之前。
- public：任何其他类、对象只要看到这个类，就可以存取变量的数据或使用方法。

- private：不允许任何其他类存取和调用。
- protected：同一类、同一包可以使用。不同包的类要使用，必须是该类的子类。

3.2 继　　承

在本章前面的部分中，我们详细地讲解了类的定义、对象的生成等与类相关的基础知识，在后面的几个小节中，我们将介绍有关类方面的高级应用。本节将要介绍的是从现有类派生出新类的概念，以及如何重用已有类来增加新的实例域和新方法。这个概念叫作继承。继承性是面向对象程序设计语言最主要的特点，是其他语言(如面向过程语言)所没有的。

类之间的继承关系是现实世界中遗传关系的模拟，它表示类之间的内在联系，以及对属性和操作的共享，即子类可以沿用父类的非私有的某些特征。此外，除了继承父类的非私有的成员变量与成员函数外，子类还可以具有自己独立的属性和操作。

继承的语法如下：

```
class SubClassName extends Classname{
    /*子类的实现*/
}
```

Java 中的继承是通过关键字 extends 来实现的。其中 SubClassName 表示子类名，Classname 指明了新建类的父类。

如果子类只从一个父类继承，则称为单继承；如果子类从一个以上的父类继承，则称为多重继承。注意 Java 不支持多重继承，但它支持“接口”概念。接口使 Java 获得了多重继承的许多优点，摒弃了相应的缺点。

在 3.1.1 节中，我们定义了 TestClassPerson 类，定义了人的相关属性，如姓名、性别、年龄等属性。对于社会中的人，TestClassPerson 定义了众人的一般属性，但是对于每个人来说，又都有各自的特点，比如职业、手机号码等。

【实例 3.3】类的继承。

```
public class TestSubclassEmployee extends TestClassPerson{
    /*定义成员变量*/
    private String personName; //姓名
    private int personAge;      //年龄
    private String personSex;   //性别
    private String workPlace;   //工作单位
    private String phoneNum;    //电话号码

    public void setPersonWorkplace(String work){
        workPlace = work;
    }

    public void setPersonPhonenum(String pnum){
        phoneNum = pnum;
    }

    public String getPersonWorkplace(){
        return workPlace;
```

```
    }

    public String getPersonPhonenum(){
        return phoneNum;
    }


    public static void main(String args[]){
        TestSubclassEmployee person = new TestSubclassEmployee();

        person.setPersonVar("王义",25,"男");
        person.setPersonWorkplace("北京");
        person.setPersonPhonenum("12345678");
        String outName = person.getPersonName();
        int outAge = person.getPersonAge();
        String outSex = person.getPersonSex();
        String outWorkplace = person.getPersonWorkplace();
        String outPhonenum = person.getPersonPhonenum();/**/

        System.out.println("姓名："+outName+",年龄："+outAge+",性别："
            +outSex+",工作地点："+outWorkplace+",电话号码："+outPhonenum);
    }
}
```

实例 3.3 的运行结果如图 3.3 所示。

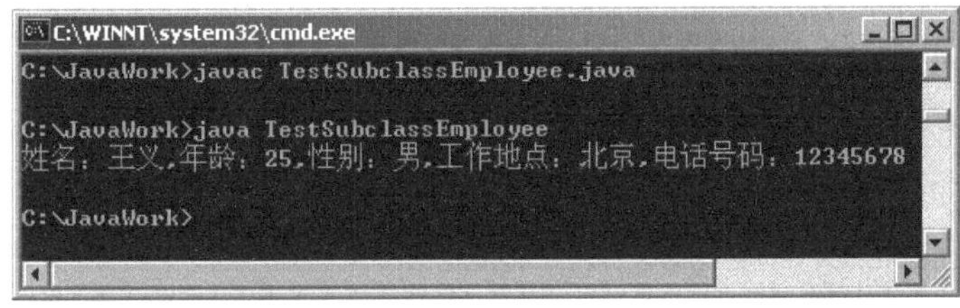

图 3.3　实例 3.3 的运行结果

提示： 构造函数是不能被继承的。因为构造函数的名字一定要和类名相同，子类继承父类以后，类名一般不同；这样一来，继承过来的父类的构造函数在子类中就不能作为子类的构造函数了。

3.3　重　　载

在 Java 中，同一个类中的两个或两个以上的方法可以有相同的名字，只要它们的参数声明不同即可。在这种情况下，该方法就被称为重载(overloaded)，这个过程称为方法重载(method overloading)。

3.3.1　方法的重载

类似功能的多个函数，其函数名称是一样的，但是由于其输入参数不同，返回值也就可能不同。当一个重载方法被调用时，Java 用参数的类型和数量来确定实际调用的是哪一个重载的方法，因此每个重载方法的参数的类型和数量必须是不同的。虽然每个重载方法可以有不同的返回类型，但返回类型并不足以区分所使用的是哪个方法。当 Java 调用一个重载方法时，参数与调用参数匹配的方法被执行。当一个重载的方法被调用时，Java 在调用方法的参数和方法的自变量之间寻找匹配。

【实例 3.4】方法的重载。

```
public class TestOverloadPerson{
    /*定义成员变量*/
    private String personName; //姓名
    private int personAge;      //年龄
    private String personSex;   //性别
    private String workPlace;   //工作单位
    private String phoneNum;    //电话号码

    /*定义成员方法*/
    public void setPersonVar(){
        personName = "姓名未知";
        personAge = 0;
        personSex = "性别未知";
        workPlace = "工作地点未知";
        phoneNum = "电话未知";
    }

    public void setPersonVar(String name, int age, String sex){
        personName = name;
        personAge = age;
        personSex = sex;
    }

    public void setPersonVar(String name, int age, String sex, String
    work, String phone){
        personName = name;
        personAge = age;
        personSex = sex;
        workPlace = work;
        phoneNum = phone;
    }

    public static void main(String args[]){
        TestOverloadPerson person = new TestOverloadPerson();

        person.setPersonVar();
        System.out.println("姓名："+person.personName
            +",年龄："+person.personAge+",性别："+person.personSex+",工作
            地点："+person.workPlace+",电话号码："+person.phoneNum);

        person.setPersonVar("王义",25,"男");
        System.out.println("姓名："+person.personName
            +",年龄："+person.personAge+",性别："+person.personSex+",工作
            地点："+person.workPlace+",电话号码："+person.phoneNum);

        person.setPersonVar("李玲",20,"女","南京","88888888");
```

```
        System.out.println("姓名: "+person.personName
            +",年龄: "+person.personAge+",性别: "+person.personSex+",工作
            地点: "+person.workPlace+",电话号码: "+person.phoneNum);
    }
}
```

实例 3.4 的运行结果如图 3.4 所示。

```
C:\WINNT\system32\cmd.exe

C:\JavaWork>javac TestOverloadPerson.java

C:\JavaWork>java TestOverloadPerson
姓名: 姓名未知,年龄: 0,性别: 性别未知,工作地点: 工作地点未知,电话号码: 电话未知
姓名: 王义,年龄: 25,性别: 男,工作地点: 工作地点未知,电话号码: 电话未知
姓名: 李玲,年龄: 20,性别: 女,工作地点: 南京,电话号码: 88888888

C:\JavaWork>_
```

图 3.4　实例 3.4 的运行结果

3.3.2　构造函数的重载

除了重载正常的方法外，构造函数也能够重载。实际应用中，构造函数的重载也是很常见的，并不是什么例外。当通过 new 运算生成对象时，根据指定的自变量调用适当的构造函数。

【实例 3.5】构造函数的重载。

```
public class TestOLConPerson{
    /*定义成员变量*/
    String personName;  //姓名
    int personAge;      //年龄
    String personSex;   //性别

    /*定义构造函数 TestOLConPerson( )*/
    public TestOLConPerson( ){
    }

    /*定义构造函数 TestOLConPerson(String name,int age,String sex)*/
    public TestOLConPerson(String name, int age, String sex){
        personName = name;
        personAge = age;
        personSex = sex;
    }

    public static void main(String args[]){

        /*调用第一个构造函数生成对象 person1*/
        TestOLConPerson person1 = new TestOLConPerson();
        //为对象的成员变量赋值
        person1.personName = "王义";
        person1.personAge = 25;
        person1.personSex = "男";
```

```
        System.out.println("姓名: "+ person1.personName+",年龄: "+
            person1.personAge+",性别: "+ person1.personSex);

        /*调用第二个构造函数生成对象 person2,并为对象的成员变量赋值*/
        TestOLConPerson person2 = new TestOLConPerson("李玲",20,"女");
        System.out.println("姓名: "+ person2.personName+",年龄: "+
            person2.personAge+",性别: "+ person2.personSex);
    }
}
```

实例 3.5 的运行结果如图 3.5 所示。

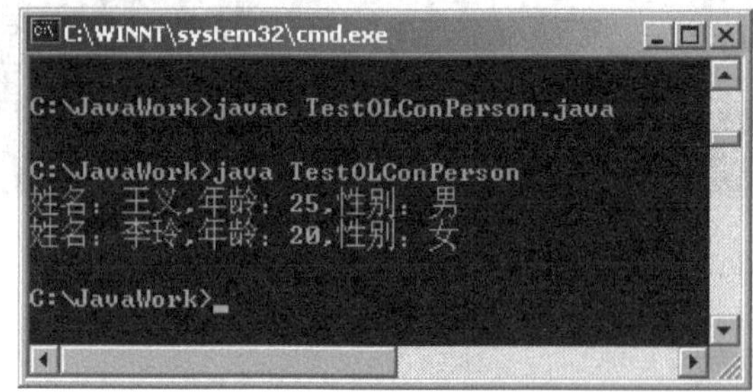

图 3.5　实例 3.5 的运行结果

提示： 当需要不同变量的多种方法时，如果这些方法都可以做相同的任务，就可以采用重载方式。当多种方法实现的任务不同时，则不宜采用重载方式。不然会导致程序混乱、可读性差。

3.3.3　super 与 this

当子类继承了父类的属性与方法后，往往子类与父类中会出现名称相同的方法。生成对象之后，如果要指定方法的位置，就需要使用两个特殊的变量：super 与 this。简单地说，super 通常指代父类，this 通常指代当前对象。

1. super

该变量直接指向父类的构造函数，子类构造函数通过变量 super 可以调用父类的构造函数。此外，通过使用 super 变量，能够实现子类对其父类成员的访问。

【实例 3.6】 super 变量的使用。

```
public class TestSuper extends TestOLConPerson{
    /*定义成员变量*/
    String personWorkplace;//工作地点

    /*定义构造函数 TestSuper(String name, int age, String sex, String
    work)*/
    public TestSuper(String name, int age, String sex, String work){
        super(name,age,sex);
        personWorkplace = work;
        System.out.println("姓名: "+ super.personName+",年龄: "+
            super.personAge+",性别: "+ super.personSex+",工作地点: "+
```

```
            personWorkplace);
    }

    public static void main(String args[]){
        /*调用构造函数生成对象person*/
        TestSuper person = new TestSuper("李玲",20,"女","北京");
    }
}
```

实例 3.6 的运行结果如图 3.6 所示。

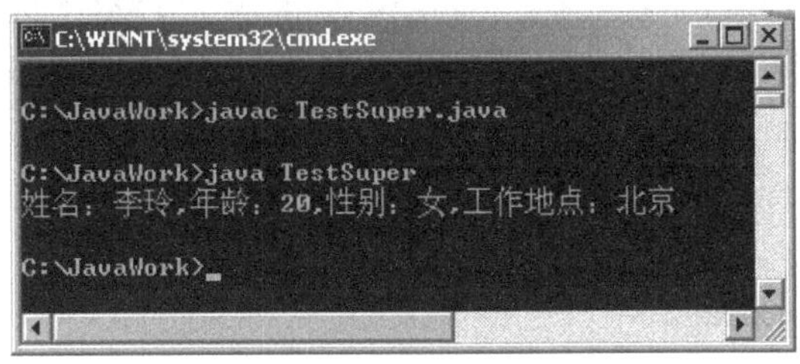

图 3.6　实例 3.6 的运行结果

提示： 子类通过 super 调用父类的构造函数时，super 必须写在子类构造函数的第一行，否则会出现语法错误。

2. this

1)　this 变量的使用方法 1

通常情况下，方法中的某个形参与当前对象的某个成员有相同的名字，为了避免混淆，我们需要使用 this 关键字来明确具体成员，使用方法为“this.成员名”，而不带 this 的便是形参。此外，还可以用“this.方法名”来引用当前对象的某个方法。

【实例 3.7】 this 变量的使用方法 1。

```
public class TestThis1{
    /*定义成员变量*/
    private String personName; //姓名
    private int personAge;     //年龄
    private String personSex;  //性别

    /*定义成员方法*/
    public void setPersonVar(String personName, int personAge, String
    personSex){
        this.personName = personName;
        this.personAge = personAge;
        this.personSex = personSex;
    }

    public static void main(String args[]){
        TestThis1 person = new TestThis1();

        person.setPersonVar("王义",25,"男");

        System.out.println("姓名："+person.personName+",年龄："
```

```
            +person.personAge+",性别: "+person.personSex);
    }
}
```

实例 3.7 的运行结果如图 3.7 所示。

图 3.7　实例 3.7 的运行结果

2)　this 变量的使用方法 2

this 还有一个用法，就是把 this 放在构造函数内作为第一个语句，它的形式是 this(参数表)，这个构造函数就会调用同一个类的另一个相对应的构造函数。请看下面的例子。

【实例 3.8】 this 变量的使用方法 2。

```
public class TestThis2{
    /*定义成员变量*/
    String personName;  //姓名
    int personAge;      //年龄
    String personSex;   //性别

    /*定义构造函数 TestThis2()*/
    public TestThis2(){
        System.out.println("构造了一个新的对象！");
    }

    /*定义构造函数 TestThis2(String name, int age, String sex)*/
    public TestThis2(String name, int age, String sex){
        this();
        personName = name;
        personAge = age;
        personSex = sex;
    }

    public static void main(String args[]){

        /*调用函数生成对象 person */
        TestThis2 person = new TestThis2("李玲",20,"女");
        System.out.println("姓名: "+ person.personName+",年龄: "+
            person.personAge+",性别: "+ person.personSex);
    }
}
```

实例 3.8 的运行结果如图 3.8 所示。

图 3.8　实例 3.8 的运行结果

3.4　包与接口

3.4.1　包与引用包

1. 包的概念

在 Java 中，一个或多个类收集在一起成为一组，称作包(package)。包的产生便于组织任务。标准 Java 类库分为许多包，如 java.lang、java.util、java.net 等。包是分层次的，所有的 Java 包都在 java 和 javax 包层次内。

包的作用包括以下几方面。

(1) 可以更好地组织类。包与文件夹类似，文件夹可以将不同的文件放在同一个文件夹中，而包也可以将不同的类文件放在同一包中。

(2) 减少类名的冲突问题。这也与文件夹类似，同一文件夹中的文件不能重名，不同文件夹中的文件可以重名；同一包中的类名不能重复，不同包中的类名可以重复。

(3) 对包中的类起到了一定的保护作用。

2. 包的创建

除了 Java 中提供的常用包，如 java.applet、java.awt、java.io、java.lang、java.net 和 java.util 等，Java 中的包也可以自己创建。我们可以将功能相近的类和接口放在同一个包中，以方便管理和使用。

创建一个包时，需要在定义类或接口的 Java 源程序文件中使用 package 语句。值得注意的是，该语句必须在源程序代码文件中的第一行使用，具体用法如下：

```
package packageName;
```

以“package myjava.lovejava;”为例，这条语句说明此源文件中定义的所有类和接口都存放在 myjava/lovejava 目录中。在包名称中出现的“.”代表了目录的层次。

3. 包的引用

通常情况下，当引用某个包内的类或接口时，我们需要引入这个包，因此需要在访问包中类或接口的程序里使用 import 语句。

import 的具体使用方法如下。

(1) 直接引用指定的类，如 import java.util.Vector。

(2) 引用一个包中的多个类，如 import java.awt.*。更确切地说，它并不是引用

java.awt 中的所有类，而是只引用定义为 public 的类，并且只引用被代码引用的类，所以这种引用方法并不会降低程序的性能；*号代替类名，但不能代替包名，如 import java.awt.*，只引用 java.awt 下的类，而不引用 java.awt 下的包。

(3) import 语句的位置。在所有类定义之前，在 package 定义之后。

(4) import 的作用。只告诉编译器及解释器哪里可以找到类、变量、方法的定义，而并没有将这些定义引入代码中。

4. 包中类的使用

包中类的使用情况如下。

- 如果要使用的类属于 java.lang 包，那么可以直接使用类名来引用指定的类，而不需要加上包名，因为 java.lang 包是默认引入的。
- 如果要使用的类在其他包(java.lang 除外)中，那么可以通过包名加上类名来引用该类，如 java.awt.Font。
- 对于经常要使用的类(该类在其他包中)，最好使用 import 引用指定的包，如 import java.awt.*。
- 如果 import 引入的不同包中包含同名的类，那么这些类的使用必须加上包名。
- 接口也可以属于某个包，也可以使用 import 引入其他包中的类和接口。

3.4.2 ClassPath 环境变量

ClassPath 是 Java 中的重要概念，它描述了 Java 虚拟机在运行一个类时在哪些路径中加载要运行的类以及运行的类要用到的类。简单地说，当一个程序找不到它所需的其他类文件时，系统会自动到 ClassPath 环境变量所指明的路径中去查找第三方提供的类和用户定义的类。

ClassPath 有两种表达方式，一种是指向目录的 ClassPath，如 C:\Program Files\Java\jdk1.6.0_22，表示 C:\Program Files\Java\jdk1.6.0_22 目录是一个 ClassPath 条目；另一种方式是指向压缩文件的 ClassPath，如 C:\Program Files\Java\jdk1.6.0_22\lib\tools.jar，表示 C:\Program Files\Java\jdk1.6.0_22\lib\tools.jar 文件是一个 ClassPath 条目。

Java 虚拟机在加载类的时候以这样一种方式查找具体的类文件：ClassPath+包存储的目录+具体的类文件。同样，Java 虚拟机在加载类的时候查找 ClassPath 也是有顺序的，如果在 ClassPath 中有多个条目都有同一个名称的类，那么在较前位置的类会被加载，后面的则会被忽略。这种按照顺序加载类的方式会导致类的版本冲突。

3.4.3 接口

Java 中的接口是一系列方法的声明，是一些方法特征的集合。Java 中的接口与类相似，但是接口的成员变量应该全部是静态的和最终的，并且其中的方法也应该全是抽象的。一个接口只有方法的特征而没有方法的实现，因此这些方法可以在不同的地方被不同的类实现，而这些实现可以具有不同的功能。接口是 Java 多态性的一种表现，它把方法的说明与实现分离开，使程序设计更加灵活简单。

1. 接口的定义

定义接口的格式如下：

```
[访问说明符] interface interfaceName{
    //常量和方法声明
}
```

在接口中声明成员变量时，变量在默认情况下是公有的、静态的和最终的。所以接口中定义的变量必须初始化，否则会出现编译错误。接口中的方法默认为 public abstract。

2. 接口的实现

在一个等级结构中，任何一个类都可以实现一个接口，这个接口会影响此类的所有子类，但不会影响此类的超类。此类必须实现这些接口所规定的方法，其子类可以从此类自动继承这些方法，当然也可以选择置换掉这些方法。

在类的声明中用 implements 来表示一个类使用某个接口，在类中可以使用接口中定义的常量，而且必须实现接口中定义的所有方法。一个类可以实现多个接口，用“,”来分隔。具体格式如下：

```
class ClassName implements interfaceName1, interfaceName2,
interfaceName3 {
    //覆盖接口中的方法
}
```

提示： 实现接口的类，其中必须覆盖接口中的每个方法。

3.5　Java 的垃圾回收与析构

在 Java 中，当没有对象引用指向原先分配给某个对象的内存时，该内存便成为垃圾。Java 虚拟机的一个系统级线程会自动释放该内存块，这就是 Java 提供的垃圾自动回收功能。

Garbage collection(gc)即垃圾收集机制，是指 Java 虚拟机用于释放那些不再使用的对象所占用的内存。垃圾收集意味着程序不再需要的对象是“无用信息”，这些信息将被丢弃。当一个对象不再被引用的时候，内存回收它占用的空间，释放空间给后来的新对象使用。

垃圾回收器可以自动定期执行，当然也可以在任何时候手动通过 System.gc()调用垃圾回收器。它的原型如下：

```
protected void finalize() throws Throwable
```

在 finalize()方法返回之后，对象消失，垃圾收集开始执行。原型中的 throws Throwable 表示它可以抛出任何类型的异常。

垃圾收集能自动释放内存空间，减轻编程的负担。这使 Java 虚拟机具有一些优点。

首先，它能使编程效率提高。在没有垃圾收集机制的时候，可能要花许多时间来解决一个很难解决的存储器问题。在用 Java 语言编程的时候，靠垃圾收集机制可以大大缩短时间，其次可以保护程序的完整性，垃圾收集是 Java 语言安全性策略的一个重要部分。

垃圾收集的一个潜在缺点是它的开销影响程序性能。Java 虚拟机必须追踪运行程序中有用的对象，而且最终释放没用的对象。这一过程需要花费处理器的时间。其次是垃圾收集算法的不完备性，早先采用的某些垃圾收集算法是不能保证 100%收集到所有的废弃内存的。当然随着垃圾收集算法的不断改进以及软硬件运行效率的提升，这些问题都可以迎刃而解。

3.6 抽象类与内部类

3.6.1 抽象类

抽象类是指包含抽象方法的类。抽象方法是指只定义函数头，没有具体实现的方法。定义抽象类后，其他类可以对它进行扩充并且通过实现其中的抽象方法，使抽象类具体化。抽象类不能产生对象，抽象类是专门用来被继承的，即让子类来实现父类的抽象函数。

抽象类和接口的区别如下。

(1) 接口可以被多重实现，抽象类只能被单一继承。抽象类在 Java 语言中表示的是一种继承关系，一个类只能使用一次继承关系。但是，一个类却可以实现多个接口。

(2) 接口只有定义，抽象类可以有定义和实现。在抽象类的定义中，我们可以赋予方法默认的行为。但是在接口的定义中，方法却不能拥有默认行为。

(3) 接口的字段定义默认为 public static final，抽象类字段默认为 friendly。

3.6.2 内部类

将一个类定义置入另一个类定义中，叫作“内部类”(Inner Class)。内部类对我们非常有用，因为利用它可以对那些逻辑上相互联系的类进行分组，并可以控制一个类在另一个类里的“可见性”。Java 中的内部类和接口加在一起，可以实现多重继承。通过使用内部类，可以使某些编码更简洁，也可以隐藏不想让别人知道的操作。

内部类是 Java 语言一个重要的基本特性，在用 Java 开发的许多领域都会经常用到。内部类的定义简单地说就是将一个类定义在另外一个类的内部。内部类允许把一些逻辑相关的类组织在一起，控制内部类代码的可视性，它和类的组合是完全不同的概念。内部类主要有以下比较关键的特性。

- 封装性。普通的非内部类不能被声明为 private 或 protected，否则就失去了创建该类的意义。但是内部类通常可以被声明为 private 或 protected 类型，因为这样可以防止其他人对此内部类实现的功能进行修改，达到隐藏实现细节的目的。隐藏你不想让别人知道的操作，也即封装性。
- 作用域。在方法或某控制语句(if、for、while 等)的作用域内定义内部类，将只能在该范围内调用内部类的方法和成员变量。

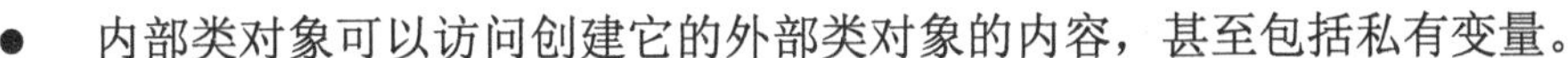

- 内部类对象可以访问创建它的外部类对象的内容，甚至包括私有变量。

1. 静态内部类

静态内部类是在另一个类的定义中进行定义，并且标记为静态的类。静态内部类意味着：

- 创建一个静态(static)内部类的对象，是不需要外部类对象的。
- 不能通过一个静态(static)内部类的对象来访问外部类对象。

2. 局部内部类

Java 内部类可以是局部的，它可以定义在一个方法甚至一个代码块之内。局部内部类可以看作是局部变量，它的作用域仅限在方法内部。方法执行完毕后，该局部内部类就会释放内存而消亡。局部内部类的访问域是受限的。

3. 匿名内部类

匿名内部类是指没有名字的类。由于没有名字，所以匿名内部类没有构造函数。但是如果这个匿名内部类继承了一个只含有带参数构造函数的父类，则创建它的时候必须带上这些参数，并在实现的过程中使用 super 关键字调用相应的内容。在 Java 事件处理匿名适配器中，匿名内部类被大量地使用。

值得注意的是，如果是在一个方法中的匿名内部类，可以利用这个方法传进想要的参数，但是这些参数必须被声明为 final。

3.7 基础类的使用

Java 提供了强大的应用程序接口，即 Java 类库。它包括大量设计好的工具类，帮助程序进行字符串处理、绘图、数学计算、网络应用等方面的工作。在程序设计中合理和充分利用 Java 提供的类和接口，可以大大提高编程效率，完成短小精悍的程序。

3.7.1 基础类库

Java 基础类库主要包括 java.util、java.lang、java.io 和 java.net 等。其中 java.util 包含一些程序的公用类，如 Date、Dictionary 等；java.lang 包含线程、异常、系统、整数等相关的类，是 Java 程序中默认加载的一个包；java.io 支持输入输出，比如文件输入流类 FileInputStream 等；java.net 类则支持 TCP/IP 网络协议，并包含 Socket 类及与 URL 相关的类，是网络编程中经常使用的。

1. java.util

工具类库 java.util 包括一些实用的方法和数据结构。例如，日期(Data)类、日历(Calendar)类用来产生和获取日期及时间，随机数(Random)类用来产生各种类型的随机数，还提供了堆栈(Stack)、向量(Vector)、位集合(Bitset)以及哈希表(Hashtable)等类来表示相应的数据结构。

java.util 包含的类如表 3.2 所示。

表 3.2 java.util 包含的类

AbstractCollection (Java 2)	EventObject	PropertyResourceBundle
AbstractList (Java 2)	FormattableFlags	Random
AbstractMap (Java 2)	Formatter (J2SE5 新增)	ResourceBundle
AbstractQueue (J2SE5 新增)	GregorianCalendar	Scanner (J2SE5 新增)
AbstractSequentialList (Java 2)	HashMap (Java 2)	SimpleTimeZone
AbstractSet (Java 2)	HashSet (Java 2)	Stack
ArrayList (Java 2)	Hashtable	StringTokenizer
Arrays (Java 2)	IdentityHashMap	Timer (Java 2, v1.3)
BitSet	LinkedHashMap	TimerTask (Java 2, v1.3)
Calendar	LinkedHashSet	TimeZone
Collections (Java 2)	LinkedList (Java 2)	TreeMap (Java 2)
Currency	ListResourceBundle	TreeSet (Java 2)
Date	Locale	UUID (J2SE5 新增)
Dictionary	Observable	Vector
EnumMap (J2SE5 新增)	PriorityQueue (J2SE5 新增)	WeakHashMap (Java 2)
EnumSet (J2SE5 新增)	Properties	
EventListenerProxy	PropertyPermission (Java 2)	

java.util 定义的接口如表 3.3 所示。

表 3.3 java.util 定义的接口

Collection (Java 2)	List (Java 2)	RandomAccess
Comparator (Java 2)	ListIterator (Java 2)	Set (Java 2)
Enumeration	Map (Java 2)	SortedMap (Java 2)
EventListener	Map.Entry (Java 2)	SortedSet (Java 2)
Formattable (J2SE5 新增)	Observer	
Iterator (Java 2)	Queue (J2SE5 新增)	

2. java.lang

当运行 Java 程序时，java.lang 被自动导入。它所包含的类和接口对所编写的 Java 程序都是必要的，它是 Java 最广泛使用的包。java.lang 提供了 Java 程序的基础类。其中，最重要的类是 Object 和 Class。

java.lang 包含的类如表 3.4 所示。

表 3.4　java.lang 包含的类

Boolean	InheritableThreadLocal	Runtime	System
Byte	Integer	RuntimePermission	Thread
Character	Long	SecurityManager	ThreadGroup
Class	Math	Short	ThreadLocal (Java 2)
ClassLoader	Number	StackTraceElement	Throwable
Compiler	Object	StrictMath	Void
Double	Package (Java 2)	String	
Enum (J2SE5 新增)	Process	StringBuffer (J2SE5 新增)	
Float	ProcessBuilder	StringBuilder(J2SE5 新增)	

java.lang 定义的接口如表 3.5 所示。

表 3.5　java.lang 定义的接口

Appendable	Comparable	Runnable
CharSequence	Iterable	
Cloneable	Readable	

3. java.io

Java 的核心库 java.io 提供了全面的 I/O(Input/Output)接口，包括文件读写、标准设备输出等。Java 中的 I/O 接口是以流为基础进行输入输出的，所有数据被序列化写入输出流，或者从输入流读入。通过数据流、序列化和文件系统提供系统的输入和输出。除非另有说明，否则，向此包的任何类或接口中的构造方法或方法传递 null 参数时，都将抛出 NullPointerException 异常。

java.io 包含的类如表 3.6 所示。

表 3.6　java.io 包含的类

BufferedInputStream	FileWriter	PipedInputStream
BufferedOutputStream	FilterInputStream	PipedOutputStream
BufferedReader	FilterOutputStream	PipedReader
BufferedWriter	FilterReader	PipedWriter
ByteArrayInputStream	FilterWriter	PrintStream
ByteArrayOutputStream	InputStream	PrintWriter
CharArrayReader	InputStreamReader	PushbackInputStream
CharArrayWriter	LineNumberReader	PushbackReader
DataInputStream	ObjectInputStream	RandomAccessFile
DataOutputStream	ObjectInputStream.GetField	Reader

续表

File	ObjectOutputStream	SequenceInputStream
FileDescriptor	ObjectOutputStream.PutField	SerializablePermission
FileInputStream	ObjectStreamClass	StreamTokenizer
FileOutputStream	ObjectStreamField	StringReader
FilePermission	OutputStream	StringWriter
FileReader	OutputStreamWriter	Writer

java.io 定义的接口如表 3.7 所示。

表 3.7　java.io 定义的接口

Closeable (J2SE5 新增)	FileFilter (Java 2)	ObjectInputValidation
DataInput	FilenameFilter	ObjectOutput
DataOutput	Flushable (J2SE5 新增)	ObjectStreamConstants
Externalizable	ObjectInput	Serializable

4．java.net

java.net 包是 Java 为实现网络应用程序提供的类和接口的集合。java.net 包可以大致分为两个部分。

- 低级 API，用于处理以下对象。
    - 地址，也就是网络标识符，如 IP 地址。
    - 套接字，也就是基本双向数据通信机制。
    - 接口，用于描述网络接口。
- 高级 API，用于处理以下对象。
    - URI，表示统一资源标识符。
    - URL，表示统一资源定位符。
    - 连接，表示到 URL 所指向资源的连接。

java.net 包含的类如表 3.8 所示。

表 3.8　java.net 包含的类

Authenticator (Java 2)	InetSocketAddress	SocketAddress
CacheRequest (J2SE5 新增)	JarURLConnection (Java 2)	SocketImpl
CacheResponse (J2SE5 新增)	MulticastSocket	SocketPermission
ContentHandler	NetPermission	URI
CookieHandler (J2SE5 新增)	NetworkInterface	URL
DatagramPacket	PasswordAuthentication (Java 2)	URLClassLoader (Java 2)
DatagramSocket	Proxy (J2SE5 新增)	URLConnection
DatagramSocketImpl	ProxySelector (J2SE5 新增)	URLDecoder (Java 2)

续表

HttpURLConnection	ResponseCache (J2SE5 新增)	URLEncoder
InetAddress	Socket	URLStreamHandler
Inet4Address	SecureCacheResponse (J2SE5 新增)	
Inet6Address	ServerSocket	

java.net 定义的接口如表 3.9 所示。

表 3.9　java.net 定义的接口

ContentHandlerFactory	FileNameMap	SocketImplFactory
DatagramSocketImplFactory	URLStreamHandlerFactory	SocketOptions

3.7.2　Math 类

Math 类保留了所有用于几何学、三角学以及几种一般用途方法的浮点函数。Math 定义了两个双精度(double)常数：E(近似为 2.72)和 PI(近似为 3.14)。

1. 超越方法

表 3.10 中的三种方法接收一个双精度参数，这个参数是以弧度为单位的一个角度值并且返回它们各自超越函数的结果。

表 3.10　将超越方法作为返回结果的方法及其描述

方　法	描　述
Static double sin(double arg)	返回由 arg 指定的以弧度为单位的角度的正弦值
static double cos(double arg)	返回由 arg 指定的以弧度为单位的角度的余弦值
static double tan(double arg)	返回由 arg 指定的以弧度为单位的角度的正切值

下面的方法(见表 3.11)将超越函数的结果作为一个参数，按弧度返回产生这个结果的角度值。

表 3.11　将超越方法的结果作为一个参数的方法及其描述

方　法	描　述
static double asin(double arg)	返回一个角度，该角度的正弦值由 arg 指定
static double acos(double arg)	返回一个角度，该角度的余弦值由 arg 指定
static double atan(double arg)	返回一个角度，该角度的正切值由 arg 指定
static double atan2(double x, double y)	返回一个角度，该角度的正切值为 x/y

2. 指数方法

Math 定义的指数方法如表 3.12 所示。

表 3.12　Math 定义的指数方法

方　法	描　述
static double exp(double arg)	返回常数 e 的 arg 次方
static double log(double arg)	返回 arg 的自然对数值
static double pow(double y, double x)	返回以 y 为底数，以 x 为指数的幂值
static double sqrt(double arg)	返回 arg 的平方根

3. 舍入方法

Math 类定义了几个进行不同类型舍入运算的方法。这些方法如表 3.13 所示。

表 3.13　由 Math 定义的舍入方法

方　法	描　述
static int abs(int arg)	返回整型变量 arg 的绝对值
static long abs(long arg)	返回长整型变量 arg 的绝对值
static float abs(float arg)	返回浮点型变量 arg 的绝对值
static double abs(double arg)	返回双精度型变量 arg 的绝对值
static double ceil(double arg)	返回大于或等于 arg 的最小整数
static double floor(double arg)	返回小于或等于 arg 的最大整数
static int max(int x, int y)	返回整型变量 x 和 y 中的最大值
static long max(long x, long y)	返回长整型变量 x 和 y 中的最大值
static float max(float x, float y)	返回浮点型变量 x 和 y 中的最大值
static double max(double x, double y)	返回双精度型变量 x 和 y 中的最大值
static int min(int x, int y)	返回整型变量 x 和 y 中的最小值
static long min(long x, long y)	返回长整型变量 x 和 y 中的最小值
static float min(float x, float y)	返回浮点型变量 x 和 y 中的最小值
static double min(double x, double y)	返回双精度型变量 x 和 y 中的最小值
static double rint(double arg)	返回最接近 arg 的整数值
static int round(float arg)	返回 arg 的只入不舍的最近的整型(int)值
static long round(double arg)	返回 arg 的只入不舍的最近的长整型(long)值

4. 其他的数学方法

除了上面给出的方法，Math 还定义了下面这些方法。

- static double IEEERemainder(double dividend, double divisor)：返回 dividend/divisor 的余数。
- static double random()：返回一个伪随机数，其值介于 0 与 1 之间。在大多数情况下，当需要产生随机数时，通常用 Random 类。

- static double toRadians(double angle)：将角度的度转换为弧度。
- static double toDegrees(double angle)：将弧度转换为度。

toRadians()方法与 toDegrees()方法是在 Java 2 中新增加的。

3.7.3　时间与日期的处理

1．Date 类

Date 类封装当前的日期和时间。Date 类共包括以下几种构造函数。

- Date referenceName = new Date( );
  该语句创建一个名为 today 的日期类对象；同时，以当前日期(主机操作系统记录的日期)对 today 对象初始化。
- Date referenceName = new Date(int year, int month, int day);
  例如：Date myday1 = new Date(2010, 10, 25);
  该语句创建了名为 myday1 的日期对象，初始状态为 2010 年 10 月 25 日午夜零点。
- Date referenceName = new Date (int year, int month, int day, int hour, int minute, int second);
  例如：Date myday2 = new Date (2010, 10, 26, 23, 59, 59);
  该语句创建一个日期对象 myday2，并将其实例域设定为 2010 年 10 月 26 日 23 点 59 分 59 秒。
- Date referenceName = Date(long millisec)
  接收一个参数，该参数等于从 1970 年 1 月 1 日午夜起至今的毫秒数的大小。

值得注意的是，Date 类在构造函数的参数设置上，存在着一定的要求。

(1) year 是一个整数实际年份数值减去 1900 而得，例如，实际年份为 2010，参数就写 110。

(2) month 由 0 到 11 之间的一个整数表示；0 表示一月，1 表示二月，等等；11 表示十二月。

(3) 通常情况下，day 由 1～31 之间的一个整数表示。

(4) hour 由 0～23 之间的一个整数表示。所以，从午夜到凌晨 1 点，hour 为 0，从中午到下午 1 点，hour 为 12。

(5) 通常情况下，minute 由 0～59 之间的一个整数表示。

(6) second 由 0～60 之间的一个整数表示；数值 60 只用于跳跃秒数并且只用于能够正确跟踪闰秒的 Java 实现中。

在任何情况下，传给方法的参数都不能超出特定的范围。例如，若一个日期被指定为 1 月 32 日，则它将被解释为 2 月 1 日。

Date 类中提供的主要方法如表 3.14 所示。

表 3.14　Date 类提供的主要方法

方　法	描　述
boolean after(Date date)	如果调用 Date 对象所包含的日期迟于由 date 指定的日期，则返回 true；否则，返回 false
boolean before(Date date)	如果调用 Date 对象所包含的日期早于由 date 指定的日期，则返回 true；否则，返回 false
boolean equals(Object date)	比较两个日期。如果调用 Date 对象包含的时间和日期与由 date 指定的时间和日期相同，则返回 true；否则，返回 false
int compareTo(Date date)	将调用对象的值与 date 的值进行比较。如果这两者数值相等，则返回 0；如果调用对象的值早于 date 的值，则返回一个负值；如果调用对象的值晚于 date 的值，则返回一个正值
int compareTo(Object obj)	如果 obj 属于类 Date，则其操作与 compareTo(Date)相同；否则，引发一个 ClassCastException 异常
int getYear()	返回该日期表示的年，并减去 1900
int getMonth()	返回该日期表示的月。返回值在 0～11 之间，0 表示一月
int getDate()	返回该日期表示的一月中的日。返回值在 1～31 之间
int getDay()	返回该日期表示的星期。返回值在 0～6 之间，0 表示星期天
int getHours()	返回该日期表示的时。返回值在 0～23 之间
int getMinutes()	返回该日期表示的分。返回值在 0～59 之间
int getSeconds()	返回该日期表示的秒。返回值在 0～60 之间。数值 60 只出现在计算闰秒的 Java 虚拟机中
long getTime()	返回该日期表示的从 GMT 1970 年 1 月 1 日 00:00:00 起的毫秒数
void setYear(int year)	设置该日期的年为指定数值加 1900
void setMonth(int month)	将该日期的月设置为指定的数值。month 为在 0～11 之间的月值
void setDate(int date)	将一个月中的日设置为指定的数值。date 为在 1～31 之间的值
String toString()	创建日期规范的字符串表示，且返回结果
void setTime(long time)	设置表示从 GMT 1970 年 1 月 1 日 00:00:00 起的毫秒数的日期，time 为毫秒数

通常，称改变实例域的方法为转变方法，称访问实例域的方法为访问方法。阅读上述各方法可发现，在 Java 中，用前缀 get 表示访问方法，用 set 表示转变方法。

【实例 3.9】Date 类的演示。

```
import java.util.Date;
public class TestClassDate{

    public static void main(String[] args){
        Date mydate1 = new Date();
        System.out.println("今日日期为：" + mydate1);
        long msec = mydate1.getTime();
        System.out.println("现在距离 1970 年 1 月 1 日 GMT 的毫秒数为：" + msec);
```

```
        Date mydate2 = new Date(106,1,32);
        System.out.println("mydate2 的值为: " + mydate2);

        mydate2.setYear(108);
        mydate2.setMonth(7);
        mydate2.setDate(1);
        mydate2.setHours(23);
        mydate2.setMinutes(59);
        mydate2.setSeconds(59);
        System.out.println("修改后 mydate2 的值为: " + mydate2);

        //比较两个日期是否相等
        if(mydate1.equals(mydate2)){
            System.out.println("mydate1 与 mydate2 相同");
        }
        else{
            //比较两个日期的前后关系
            if(mydate1.compareTo(mydate2)>0){
                System.out.println("mydate1 晚于 mydate2");
            }
            else{
                System.out.println("mydate1 早于 mydate2");
            }
        }
    }
}
```

实例 3.9 的运行结果如图 3.9 所示。

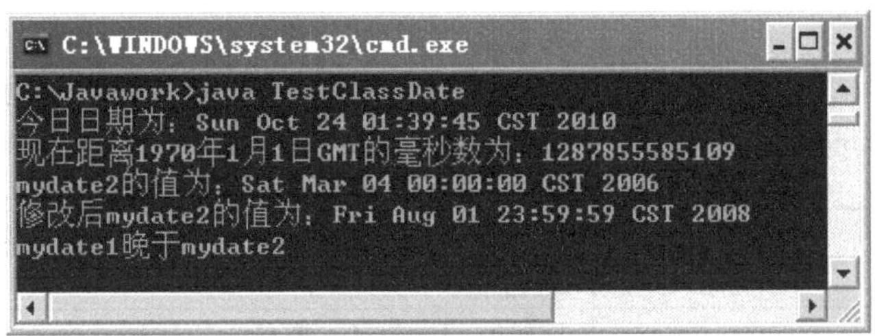

图 3.9　实例 3.9 的运行结果

在该程序中，有一些值得大家注意的地方。

- 由于 java.lang 是默认导入每个 Java 文件中的，所以它的所有类都可以被直接使用。但是 java.lang 里没有 Date 类，所以必须导入 java.util 才能使用 Date 类。
- Date mydate2 = new Date(106,1,32);
  在该构造函数中，年的初始化为 106，而程序运行结果显示 mydate2 却为 2006 年，这是因为实际的年份为"初始化值 +1900"。
  同理，月的初始化值为 1，而实际的月份为"初始化值+1"，所以应该为 2 月。
  那么为什么最后显示的值为 3 月呢？这是因为将日设置为 32，超出了日的最大边界，因此系统将其解释为下个月的 1 日。于是，最终的运行结果如图 3.9 所示。

2. Calendar 类

Calendar 是一个抽象的基类，用于在 Date 对象和 YEAR、MONTH、 DAY、HOUR 等整数字段集合之间转换。Calendar 的子类能提供特定的功能，以便按照它们本身的规则去解释时间信息。

表 3.15 向大家列举了 Calendar 类中的一些具体的方法。

表 3.15 Calendar 类提供的主要方法

方 法	描 述
static Calendar getInstance()	用默认时区和语言环境获得一个日历
public Date getTime()	获得日历的当前时间
long getTimeInMillis()	获得当前时间，格式为长整型
public final int get(int field)	获得给定时间域的值
TimeZone getTimeZone()	获得时区
void setTime(Date date)	用给定的 Date 设置 Calendar 的当前时间
void set(int field, int value)	用给定的值设置时间域
public final void set(int year, int month, int date, int hour, int minute, int second)	设置年、月、日期、时、分和秒域的数值。保留其他域上次的值
void setTimeInMillis(long millis)	用给定的长整数设置 Calendar 的当前时间
boolean isSet(int field)	确定给定的时间域是否设置了数值。返回值：如果给定的时间域设置了数值则返回 true；否则返回 false
void clear()	将所有时间域值清零
void clear(int field)	将给定的时间域值清零
add(int field, int amount)	日期的计算功能。按照日历的规则，将指定(带符号的)数量的时间添加到给定的时间域。例如，从日历的当前时间减 5，可调用：add(Calendar.DATE, -5)
before(Object when)	如果当前时间在 Calendar when 的时间之前则为 true；否则为 false
boolean after(Object when)	比较时间域记录。等价于比较转换到 UTC 的结果。如果该日历的当前时间在 Calendar when 的时间之后则为 true；否则为 false
boolean equals(Object obj)	比较该日历和指定的对象。当且仅当参数不为 null 而且与调用该方法对象描述同一日历的 Calendar 对象时，如果对象相同则为 true，否则为 false

Calendar 定义了下列常数，用于得到或设置日历分量，如表 3.16 所示。

表 3.16 Calendar 类提供的常数

变 量 名	类 型	变 量 名	类 型	变 量 名	类 型
ERA	int	YEAR	int	MONTH	int
WEEK_OF_YEAR	int	WEEK_OF_MONTH	int	DATE	int

续表

变 量 名	类　型	变 量 名	类　型	变 量 名	类　型
DAY_OF_MONTH	int	DAY_OF_YEAR	int	DAY_OF_WEEK	int
DAY_OF_WEEK_IN_MONTH	int	AM_PM	int	HOUR	int
HOUR_OF_DAY	int	MINUTE	int	SECOND	int
MILLISECOND	int	ZONE_OFFSET	int	DST_OFFSET	int
FIELD_COUNT	int	SUNDAY	int	MONDAY	int
TUESDAY	int	WEDNESDAY	int	THURSDAY	int
FRIDAY	int	SATURDAY	int	JANUARY	int
FEBRUARY	int	MARCH	int	APRIL	int
MAY	int	JUNE	int	JULY	int
AUGUST	int	SEPTEMBER	int	OCTOBER	int
NOVEMBER	int	DECEMBER	int	AM	int
PM	int	fields	int	isSet	int
time	long	isTimeSet	boolean	areFieldsSet	boolean

【实例 3.10】Calendar 类部分方法的演示。

```
import java.util.Calendar;

class TestClassCalendar{
    public static void main(String args[]){
        Calendar mycalendar1 = Calendar.getInstance();

        System.out.println("今日日期: ");
        System.out.print(mycalendar1.get(Calendar.YEAR) + "年");
        System.out.print(mycalendar1.get(Calendar.MONTH) + "月");
        System.out.println(mycalendar1.get(Calendar.DATE) + "日");

        System.out.println("今日时间: ");
        System.out.print(mycalendar1.get(Calendar.HOUR) + ":");
        System.out.print(mycalendar1.get(Calendar.MINUTE) + ":");
        System.out.println(mycalendar1.get(Calendar.SECOND));

        mycalendar1.set(Calendar.HOUR, 10);
        mycalendar1.set(Calendar.MINUTE, 29);
        mycalendar1.set(Calendar.SECOND, 22);
        System.out.println("将mycalendar1时间调整成为: ");
        System.out.print(mycalendar1.get(Calendar.HOUR) + ":");
        System.out.print(mycalendar1.get(Calendar.MINUTE) + ":");
        System.out.println(mycalendar1.get(Calendar.SECOND));

    }
}
```

实例 3.10 的运行结果如图 3.10 所示。

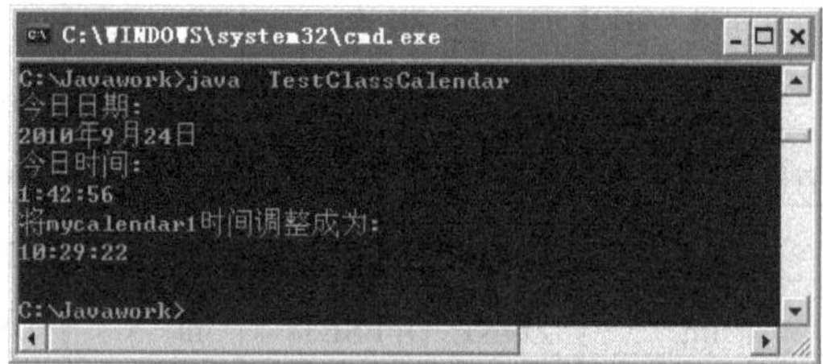

图 3.10　实例 3.10 的运行结果

第 4 章

网页浏览器的开发

本章我们将开发一个网页浏览器，该浏览器可以实现网页访问、保存，以及操作的前进、后退等功能。理论基础部分详细地介绍事件处理、Swing 相关组件和输入输出的相关知识。通过代码实现，读者可以将理论知识与具体实现相结合，巩固 Java 中的相关方法与概念。

4.1 功能描述

通过在地址栏中输入 URL 地址，可以访问相应的网页。除此之外，本案例中的网页浏览器还增添了如下几个功能。

- 另存为：可以保存正在访问的页面。
- 前进：访问当前页面的上一个页面。
- 后退：访问当前页面的下一个页面。
- 查看源文件：查看访问页面的 HTML 源文件，并且提供保存功能。

4.2 理论基础

4.2.1 事件处理

1. 事件种类

各种事件的名称和描述如表 4.1 所示。事件可以分为两种类型：低级事件和语义事件。

表 4.1 主要的事件种类及其描述

事件种类	描述
ActionEvent	当单击按钮，双击列表项或者选中菜单项时发生
AdjustmentEvent	当操作滚动条时发生
ComponentEvent	当组件隐藏、移动、改变大小或成为可见时发生
ContainerEvent	当组件从容器中加入或删除时发生
FocusEvent	当组件获得或失去键盘焦点时发生
InputEvent	所有组件的输入事件的抽象超类
ItemEvent	当复选框或列表项被单击时被触发；或者当选择框或可选择菜单的项被选择或取消时被触发
KeyEvent	当输入从键盘获得时发生
MouseEvent	当鼠标被拖动、移动、单击、按下、释放时发生；或者在鼠标进入或退出组件时发生
TextEvent	当文本区和文本域的文本改变时发生
WindowEvent	当窗口激活、关闭、失效、恢复、最小化、打开或退出时发生

- 低级事件：视窗操作系统发生的事件，或者是低级的输入事件，如鼠标和键盘事

件。这些事件的事件类包括 ComponentEvent、FocusEvent、InputEvent、KeyEvent、MouseEvent、ContainerEvent、WindowEvent 等。

- 语义事件：包括接口组件产生的用户定义信息，如用户单击按钮，或者在文本框中输入文字后按 Enter 键等。这些事件的事件类包括 ActionEvent、AdjustmentEvent、ItemEvent、TextEvent 等。

2. 事件监听器接口

事件监听器是一个类的实例，该类实现了一个特殊的接口，称为 Listener Interface。每类事件都至少需要一个事件监听类。当事件源产生了一个事件以后，监听器对象根据事件对象内封装的信息，决定如何响应这个事件。

在这里，我们需要指出的是，在表 4.2 所列举的监听器中，只有 6 种是所有 Swing 组件都支持的，分别是 ComponentListener、FocusListener、KeyListener、MouseListener、MouseMotionListener 以及 MouseWheelListener。

表 4.2　主要事件监听器

名　称	描　述
ActionListener	接受动作事件，响应激活组件事件(ActionEvent)
AdjustmentListener	接受调整事件，响应移动滚动条等事件(AdjustEvent)
ComponentListener	响应隐藏、移动、改变大小、显示组件事件(ComponentEvent)
ContainerListener	响应何时从容器中加入或除去组件等事件(ContainerEvent)
FocusListener	响应组件获得或失去焦点等事件(FocusEvent)
ItemListener	响应项目状态改变事件(ItemEvent)
KeyListener	响应键盘的键按下、释放和输入字符等事件(KeyEvent)
MouseListener	响应鼠标单击、释放等事件(MouseEvent)
MouseMotionListener	响应鼠标拖动和移动事件(MouseEvent)
MouseWheelListener	响应鼠标滚动事件(MouseEvent)
TextListener	响应文本值改变事件(TextEvent)
WindowListener	响应窗口激活、关闭、失效、最小化、还原、打开和退出等事件(WindowEvent)

3. 事件适配器(Adapter)

大部分监听器接口包含多个方法。通常，一个监听器类都会实现一个接口，但是只能处理一件事情，也就是说仅仅关注其中的一种方法。而根据 Java 的语法要求，类必须实现接口的所有方法，于是除了被使用的方法外，其他的方法都是空的。这样就造成了代码的复杂性大大增加，同时降低了可读性。

为了避免这种事情的发生，Java 提供了适配器类。适配器类实现了事件监听器接口中的所有方法(对应关系见表 4.3)，但这些方法都是空方法。我们的监听器类只需要继承相应的适配器类，并且重写相应的方法就可以了，其他的方法则不需要考虑了。

表 4.3　主要适配器类及其对应的监听器接口

适配器类	监听器接口
ComponentAdapter	ComponentListener
ContainerAdapter	ContainerListener
FocusAdapter	FocusListener
KeyAdapter	KeyListener
MouseAdapter	MouseListener
MouseMotionAdapter	MouseListener
WindowAdapter	WindowListener

4.2.2　Swing 相关组件

1. 简介

Java 1.0 的出现带来了抽象窗口工具箱(AWT)。但是，AWT 是针对不同的操作系统编写的，所以，对于 AWT 而言，“一次编写，随处运行”很难彻底实现。

在 Java 1.2 中，Sun 公司推出了新的用户界面库：Swing。相对于 AWT 来说，Swing 的功能更强大，使用更方便。更重要的是，Swing 中的类完全是用 Java 编写的。也就是说，在任何平台之上，其运行结果都是一样的，真正地实现了 Sun 公司提出的口号“一次编写，随处运行”。

与其他类相似，Swing 类也被打成了不同的包。表 4.4 中列举了 Swing 包的概况。

表 4.4　Swing 基本包

包　名	描　述
javax.swing	最常用的包，包含各种 Swing 组件
javax.swing.border	包含与 Swing 组件外框有关的类和接口
javax..swing.colorchooser	针对 Swing 调色盘组件(JColorChooser)所设计的类
javax.swing.event	处理由 Swing 组件产生的事件，有别于 AWT 事件
javax.swing.filechooser	包含针对 Swing 文件选择对话框(JFileChooser)所设计的类
javax.swing.plaf	处理 Swing 组件外观的相关类
javax.swing.table	针对 Swing 表格组件(JTable)所设计的类和接口
javax.swing.text	包含与 Swing 文字组件相关的类
javax.swing.tree	针对 Swing 树元件(JTree)所设计的类和接口
javax.swing.undo	提供 Swing 文字组件 Redo 或 Undo 的功能

2. 框架(JFrame)

包含 Swing 组件的程序必须包含一个顶级容器，但 Swing 组件不可以直接加入到顶级容器中。而 JFrame 是顶级容器，通常把 Swing 组件加入到 JFrame。框架的继承关系如

图 4.1 所示。

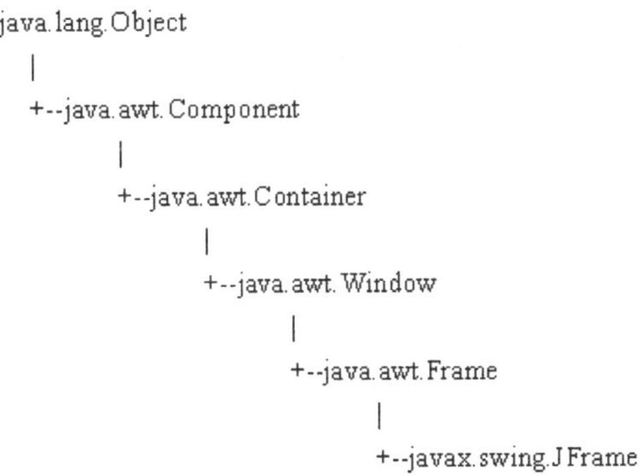
java.lang.Object
|
+--java.awt.Component
|
+--java.awt.Container
|
+--java.awt.Window
|
+--java.awt.Frame
|
+--javax.swing.JFrame

图 4.1　JFrame 的继承关系

可以看出，JFrame 类是由 Frame 类扩展而来的，因此 Frame 类的绝大部分方法都可以被 JFrame 调用，但是二者也存在着一定的差异。与其他的 JFC/Swing 顶级容器一样，根窗格是 JFrame 唯一的组件，内容窗格则用来负责 JFrame 其他组件的显示。

比如，在 Frame 中，我们可以通过 add 方法来添加一个组件：

```
frameName.add(child);
```

但是，对于 JFrame 而言，如果我们要添加一个组件，就需要将该组件添加至 JFrame 的内容面板：

```
jFrameName.getContentPane( ).add(child);
```

3. 菜单(JMenu)

以 Word 为例，每当我们要建立一个新的文件时，需要从菜单栏中选择“文件”→“新建”命令。这里我们所说的“文件”就是菜单组，“新建”就是菜单项。

- 菜单栏(JMenuBar)：菜单栏 JMenuBar 组件是用来摆放 JMenu 组件的容器。通过 JMenuBar 组件，可以将建立完成的 JMenu 组件添加到窗口中。JMenuBar 只有一种构造函数，其具体形式如下：

```
JMenuBar();//建立一个新的 JMenuBar;
```

构造一个空的 JMenuBar 之后，需要将它放置在框架的顶端，可以通过框架所提供的 setJMenuBar()方法来完成这项任务。具体的执行语句如下：

```
JFrame myframe = new JFrame("框架");
JMenuBar mymenubar = new JMenuBar( );
myframe.setJMenuBar(mymenubar);
```

此时，我们所建立的菜单栏就呈现在框架之上了，但是其中没有任何内容。在下面的部分中，将为大家介绍如何添加菜单组。

- 菜单组(JMenu)：JMenu 组件是用来存放菜单项的组件。单击菜单组，其所包含的菜单项就会显示出来。

菜单组的构造函数包括以下几种。

◆ JMenu()：默认构造函数，建立一个新的 JMenu 对象。
◆ JMenu(Action a)：建立一个支持 Action 的 JMenu 对象。
◆ JMenu(String s)：建立一个新的 JMenu 对象，并指定其名称。
◆ JMenu(String s, Boolean b)：建立一个具有名称的 JMenu 对象，并确定这个菜单组的下拉式属性。

新建并添加菜单组的具体操作如下：

```
JMenu mymenu = new JMenu( "蔬菜");
mymenubar.add(mymenu);
```

● 菜单项(JMenuItem)：菜单项是包含具体操作的项，因此需要为执行操作的菜单项建立 ActionListener 监听器，监听用户的操作。

菜单项的构造函数包括以下几种。

◆ JMenuItem()：默认构造函数，建立一个新的 JMenuItem 对象。
◆ JMenuItem(Action a)：建立一个支持 Action 的 JMenuItem 对象。
◆ JMenuItem(Icon icon)：建立一个有图标的 JMenuItem 对象。
◆ JMenuItem(String text)：建立一个具有指定名称的 JMenuItem 对象。
◆ JMenuItem(String text, Icon icon)：建立一个有图标和指定名称的 JMenuItem 对象。
◆ JMenuItem(String text, int mnemonic)：建立一个有指定名称和键盘快捷键的 MenuItem 对象。

新建并添加菜单项的具体操作如下：

```
JMenuItem mymenuitem= new JMenuItem ("黄瓜");
mymenuitem.addActionListener(new MenuActionListenerClass(this));
mymenuitem.setActionCommand("黄瓜");
mymenu.add(mymenuitem);
```

4．标签(JLable)

JLable 是不可编辑的显示区域，可以容纳文字、图像等。标签的使用简单方便，应用广泛。标签的继承关系如图 4.2 所示。

```
java.lang.Object
  |
  +--java.awt.Component
        |
        +--java.awt.Container
              |
              +--javax.swing.JComponent
                    |
                    +--javax.swing.JLabel
```

图 4.2　JLable 的继承关系

JLable 的构造函数包括以下几种。

- JLabel()：默认构造函数，建立一个空白的 JLabel 对象。
- JLabel(Icon image)：生成一个包含图标的 JLabel 对象。
- JLabel(Icon image, int horizontalAlignment)：生成一个包含图标的 JLabel 对象，并且指明其对齐方式。
- JLabel(String text)：生成一个包含特定文字的 JLabel 对象。
- JLabel(String text, int horizontalAlignment)：生成一个包含特定文字的 JLabel 对象，并指明其对齐方式。
- JLabel(String text, Icon icon, int horizontalAlignment)：生成一个既包含特定文字，又包含图标的 JLabel 对象，并指明其对齐方式。

这里需要特别强调的是，对于最后一种构造函数 JLabel(String text, Icon icon, int horizontalAlignment)，其中既给出了文字，也给出了图形，在这种情况下，必须要给出第 3 个参数——对齐方式。

5. 按钮(JButton)

按钮(JButton)的继承关系如图 4.3 所示。

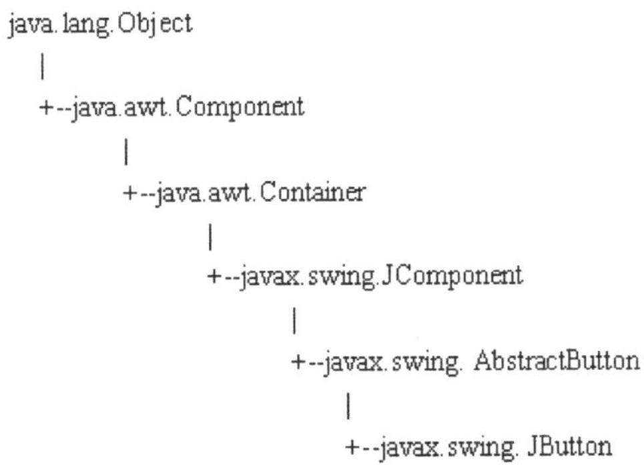
java.lang.Object
|
+--java.awt.Component
|
+--java.awt.Container
|
+--javax.swing.JComponent
|
+--javax.swing. AbstractButton
|
+--javax.swing. JButton

图 4.3　按钮的继承关系

JButton 共有 4 个构造函数。

- JButton()：创建不带设置文本或图标的按钮。
- JButton(Icon icon)：建立一个有图像的按钮。
- JButton(String text)：建立一个有文字的按钮。
- JButton(String text, Icon icon)：建立一个有图像与文字的按钮。

要是想将 JButton 内的文字或图像设置为水平排列方式，可以利用 AbstractButton 抽象类所提供的 setHorizontalAlignment()方法来实现。

通常情况下，在图形界面上放置按钮，最终目的就是想让用户通过单击按钮，产生事件，执行必要的操作。这样的话，我们需要为每个按钮添加一个 ActionListener 动作监听类，以便监听和执行相应的鼠标单击事件。

在一般的程序中，按钮有一个很常用的属性：可用性(enable)。

对于按钮的可用性，我们可以通过方法 setEnabled(boolean b)来对按钮的可用状态进行设置。在这里，不得不提起另外一个方法——isEnabled( )，该方法判断按钮在某一时刻是否可用，如果可用就返回 true，否则返回 false。两个函数常用的组合用法如下：

```
if(!mybutton.isEnabled( ))
    mybutton.setEnabled(true);
```

6. 文本框

文本框(JTextField)是最常用的文本组件。JTextField 类可以编辑单行文本，其构造函数如下。

- JTextField()：建立一个新的单行文本输入框。
- JTextField(Document doc, String text, int columns)：使用指定的文件存储模式建立一个新的 JTextField 并设置其初始化字符串和字段长度。
- JTextField(int columns)：建立一个新的 JTextField 并设置其初始字段长度。
- JTextField(String text)：建立一个新的 JTextField 并设置其初始字符串。
- JTextField(String text, int columns)：建立一个新的 JTextField 并设置其初始字符串和字段长度。

对于每一个文本框对象，我们可以通过 getText()方法来获得该文本框中所输入的文字，用法为 mytext.getText()。

7. 消息框(JOptionPane)

在特定环境下，消息框可以生成对话框，即创建简洁的专用对话框。比如我们在建立一个新的文本文件，退出之前如果没有保存的话，系统将会弹出一个对话框，提示我们是否保存。其实这种类型的对话框就是消息框的一种。

JOptionPane 的构造函数包括以下几种。

- JOptionPane()：建立一个无信息的 JOptionPane 组件对象。
- JOptionPane(Object message)：建立一个显示特定信息的 JOptionPane 组件对象。
- JOptionPane(Object message, int messageType)：建立一个显示特定信息的 JOptionPane 组件对象，并设置信息类型。
- JOptionPane(Object message, int messageType, int optionType)：建立一个显示特定信息的 JOptionPane 组件对象，并设置信息与选项。
- JOptionPane(Object message, int messageType, int optionType, Icon icon)：建立一个显示特定信息的 JOptionPane 组件对象，并设置信息与选项，且可显示出图案。
- JOptionPane(Object message, int messageType, int optionType, Icon icon, Object[] options)：建立一个显示特定信息的 JOptionPane 组件对象，并设置信息与选项，且可显示出图案。选项值是一个 Object Array，可用来更改按钮上的文字。
- JOptionPane(Object message, int messageType, int optionType, Icon icon, Object[] options, Object initialValue)：建立一个显示特定信息的 JOptionPane 组件，并设置信息与选项类型，且可以显示出图案。选项值是一个 Object Array，可用来更改按钮上的文字，并设置默认按钮。

使用 JOptionPane 对象所得到的对话框的操作模式是 modal 属性为 true 的形式，也就

是说必须先关闭对话框才能回到产生对话框的窗口。要利用 JOptionPane 类来输出对话框，通常我们不会新建一个 JOptionPane 对象，而是使用 JOptionPane 所提供的一些静态方法，不用产生 JOptionPane 对象就可以直接使用，这些方法都是以 showXxxxxDialog 的形式出现的。若对话框是出现在 InternalFrame 上，可以用 showInternalXxxxxDialog 的各种方法产生对话框。下面介绍 JOptionPane 提供输出对话框的所有静态方法。

(1) 显示消息对话框(Message Dialog)的具体方法如下。

显示消息对话框中只含有一个按钮，通常是“确定”按钮，例如在程序出现错误时，会弹出一个消息对话框予以提示。

```
showMessageDialog(Component parentComponent, Object message)
showMessageDialog(Component parentComponent, Object message, String
  title, int messageType)
showMessageDialog(Component parentComponent, Object message, String
  title, int messageType, Icon icon)
```

这些静态方法中各参数的含义分别如下。

- parentComponent：产生对话框的组件，通常是指 Frame 或 Dialog 组件。
- message：要显示的组件，通常是 String 或 Label 类型。
- title：对话框标题栏上显示的文字。
- messageType：指定信息类型，共有 5 种类型，分别是 ERROR_MESSAGE、INFORMATION_MESSAGE、WARING_MESSAGE、QUESTION_MESSAGE 和 PLAIN_MESSAGE。
- icon：自己指定图标，用以代替 Java 提供的图标。

(2) 显示确认对话框(Confirm Dialog)的具体方法如下。

确认对话框通常会询问用户一个问题，然后由用户回答“是”或“不是”，用户选择的结果将通过不同的返回值来体现。例如当我们在编辑文档后没有保存便退出时，系统往往会弹出该类对话框，以确认是否保存。

```
showConfirmDialog(Component parentComponent, Object message)
showConfirmDialog(Component parentComponent, Object message, String
  title, int optionType)
showConfirmDialog(Component parentComponent, Object message, String
  title, int optionType, int messageType)
showConfirmDialog(Component parentComponent, Object message, String
  title, int optionType, int messageType, Icon icon)
```

这些静态方法中各参数的含义分别如下。

- parentComponent：产生对话框的组件，通常是指 Frame 或 Dialog 组件。
- message：要显示的组件，通常是 String 或 Label 类型。
- title：对话框标题栏上显示的文字。
- optionType：按钮类型，如 YES_NO_OPTION 和 YES_NO_CANCEL_OPTION。
- messageType：指定信息类型，共有 5 种类型，分别是 ERROR_MESSAGE、INFORMATION_MESSAGE、WARING_MESSAGE、QUESTION_MESSAGE 和 PLAIN_MESSAGE。
- icon：自己指定图标，用以代替 Java 提供的图标。

这些静态方法将会根据用户的选择返回一个整数值：YES_OPTION=0、NO_OPTION=1、CANCEL_OPTION=2、CLOSED_OPTION=-1(当用户都不选而直接关掉对话框时返回的值)。

4.2.3 输入输出

1. 字节流

1) InputStream(输入流)

InputStream 是一个定义了 Java 流式字节输入模式的抽象类，同时也是基本的输入类。该类的所有方法在出错条件下将引发一个 IOException 异常。表 4.5 显示了 InputStream 所定义的方法。

表 4.5 InputStream 类的方法

方 法	描 述
int available()	返回当前可读的输入字节数
void close()	关闭输入源。关闭之后的读取会产生 IOException 异常
void mark(int numBytes)	在输入流的当前点放置一个标记
boolean markSupported()	如果调用的流支持 mark()/reset()就返回 true
read()	将数据读入流中
void reset()	重新将输入指针设置到先前设置的标志处
long skip(long numBytes)	忽略 numBytes 个输入字节，返回实际忽略的字节数

在表 4.5 中，read()方法没有带参数，是由于该方法被重载，提供了 3 种从流读取数据的方法。

- int read()：如果下一个字节可读则返回一个整型，遇到文件尾时返回-1。
- int read(byte buffer[])：试图读取 buffer.length 个字节到 buffer 中，并返回实际成功读取的字节数。遇到文件尾时返回-1。
- int read(byte buffer[], int offset, int numBytes)：试图读取 buffer 中从 buffer[offset]开始的 numBytes 个字节，返回实际读取的字节数。遇到文件尾时返回-1。

2) OutputStream(输出流)

OutputStream 是定义了流式字节输出模式的抽象类，同时也是基本的输出类。该类的所有方法都返回一个 void 值，并且在出错情况下将引发一个 IOException 异常。表 4.6 列出了 OutputStream 类的方法。

表 4.6 OutputStream 类的方法

方 法	描 述
void close()	关闭输出流。关闭后的写操作会产生 IOException 异常
void flush()	写入任一缓冲输出的字节，并刷新基本流
write()	将数据写入流

同样，在表 4.6 中，write()方法没有带参数，是由于该方法也被重载并提供 3 种向流写入数据的方法。

- void write(int b)：向输出流写入单个字节。注意参数是一个整型数，不必把参数转换成字节型就可以调用 write()。
- void write(byte buffer[])：向一个输出流写入一个完整的字节数组。
- void write(byte buffer[], int offset, int numBytes)：把以 buffer[offset]为起点的 numBytes 个字节区域内容写入到流中。

2. 字符流

字符流的输入输出类如表 4.7 所示。

表 4.7　字符流的输入输出类

流　类	含　义
BufferedReader	缓冲输入字符流
BufferedWriter	缓冲输出字符流
CharArrayReader	从字符数组读取数据的输入流
CharArrayWriter	向字符数组写数据的输出流
FileReader	读取文件的输入流
FileWriter	写文件的输出流
FilterReader	过滤读
FilterWriter	过滤写
InputStreamReader	把字节转换成字符的输入流
LineNumberReader	计算行数的输入流
OutputStreamWriter	把字符转换成字节的输出流
PipedReader	输入管道
PipedWriter	输出管道
PrintWriter	包含 print()和 println()的输出流
PushbackReader	允许字符返回到输入流的输入流
Reader	描述字符流输入的抽象类
StringReader	读取字符串的输入流
StringWriter	写字符串的输出流
Writer	描述字符流输出的抽象类

1)　Reader

Reader 是定义 Java 的流式字符输入模式的抽象类。该类的所有方法在出错情况下都将引发 IOException 异常。表 4.8 列出了 Reader 类的方法。

表 4.8 Reader 类的方法

方 法	描 述
abstract void close()	关闭输入源。进一步的读取将会产生 IOException 异常
void mark(int numChars)	在输入流当前位置设置标志，在 numChars 个字符被读取前有效
boolean markSupported()	该流支持 mark()/reset()则返回 true
read()	返回读取的状态
boolean ready()	如果下一个输入请求不等待则返回 true，否则返回 false
void reset()	设置输入指针到先前设立的标志处
long skip(long numChars)	跳过 numChars 个输入字符，返回跳过的字符数

read()方法总共有 3 种被重载的方法，分别如下。

- int read()：如果调用的输入流的下一个字符可读，则返回一个整型。遇到文件尾时返回-1。
- int read(char buffer[])：试图读取 buffer 中的 buffer.length 个字符，返回实际成功读取的字符数。遇到文件尾时返回-1。
- abstract int read(char buffer[], int offset, int numChars)：试图读取 buffer 中从 buffer[offset]开始的 numChars 个字符，返回实际成功读取的字符数。遇到文件尾时返回-1。

2) Writer

Writer 是定义流式字符输出的抽象类。所有该类的方法都返回一个 void 值并在出错条件下引发 IOException 异常。表 4.9 列出了 Writer 类的方法。

表 4.9 Writer 类的方法

方 法	描 述
abstract void close()	关闭输出流。关闭后的写操作会产生 IOException 异常
abstract void flush()	定制输出状态以使每个缓冲器都被清除。也就是刷新输出缓冲
write()	向输出流中写入

在表 4.9 中，write()方法总共有 5 种被重载的方法，分别如下。

- void write(int ch)：向输出流写入单个字符。注意参数是一个整型，无须把参数转换成字符型就可以调用 write()。
- void write(char buffer[])：向一个输出流写入一个完整的字符数组。
- abstract void write(char buffer[], int offset, int numChars)：把从 buffer[offset]为起点的 numChars 个字符区域内的内容写入到输出流中。
- void write(String str)：向调用的输出流写入字符串。
- void write(String str, int offset, int numChars)：写数组 str 中以指定的 offset 为起点的长度为 numChars 个字符区域内的内容。

3) FileReader 与 FileWrite

FileReader 继承自 Reader 类，与 FileInputStream 类似，其作用是读取文件内容。它最

常用的构造函数如下：

```
FileReader(String filePath)
FileReader(File fileObj)
```

每个构造函数都能引发一个 FileNotFoundException 异常。

FileWriter 继承自 Writer 类，其作用是创建写文件。它最常用的构造函数如下：

```
FileWriter(String filePath)
FileWriter(String filePath, boolean append)
FileWriter(File fileObj)
```

FileWriter 的构造函数可以引发 IOException 或 SecurityException 异常。

在上面的方法中，参数 filePath 是文件的完全路径，fileObj 是描述该文件的 File 对象。如果 append 为 true，则输出附加到文件尾。

3. 标准输入输出

1)　控制台输入

在 Java 2 以前，控制台输入是通过字节流完成的。尽管运用字节流读取控制台输入在技术上仍是可行的，但这种方法现在已经不推荐使用。在 Java 2 中读取控制台输入的首选方法是字符流。

提示： Java 语言没有像标准 C 语言的函数 scanf()或 C++语言的输入操作符那样的统一的控制台输入方法。

在 Java 中，控制台输入由从 System.in 中读取数据来完成。为获得属于控制台的字符流，需要在 BufferedReader 对象中包装 System.in。BufferedReader 支持缓冲输入流，可以将文本写到字符输出流，并且可以通过缓冲来有效地提高输入性能。它最常见的构造函数如下：

```
BufferedReader(Reader inputReader)
```

这里，inputReader 是链接被创建的 BufferedReader 实例的流。前面已经讲过，Reader 是一个抽象类，它的一个具体的子类是 InputStreamReader，该子类把字节转换成字符。为获得 System.in 中的一个 InputStreamReader 对象，可以用下面的构造函数：

```
InputStreamReader(InputStream inputStream)
```

因为 System.in 引用了 InputStream 类型的对象，它可以用于 inputStream。综上所述，可以用下面的代码创建与键盘相连的 BufferedReader 对象。

```
BufferedReader br = new BufferedReader(new InputStreamReader(System.in));
```

上述语句执行后，br 是通过 System.in 生成的链接控制台的字符流。

2)　控制台输出

控制台输出最为简单的方式是用前面讲过的 print()和 println()方法来完成的。这两种方法由 PrintStream(System.out 引用的对象类型)定义。System.out 是一个字节流，我们完全可以用它实现简单程序的输出。

PrintStream 继承自 OutputStream 的输出流，它同样可以实现低级方法 write()，write()可用来向控制台写数据。PrintStream 定义的 write()方法的最简单形式如下：

```
void write(int bytevalue)
```

该方法按照 bytevalue 指定的数值向文件写字节。尽管 bytevalue 定义成整数，但只有低位的 8 个字节被写入。

提示： 尽管在某些场合下 write()方法非常有用，但一般不常用 write()来完成向控制台的输出，因为 print()和 println()比 write()方法更好用。

尽管我们可以用 System.out 向控制台写数据，但对于实际的程序，推荐向控制台写数据的方法是用 PrintWriter 流，System.out 建议仅用在调试程序时。PrintWriter 是基于字符流的类，用字符流类向控制台写数据可以使程序更为国际化。

PrintWriter 定义了多个构造函数，我们所用到的一个如下：

```
PrintWriter(OutputStream outputStream, boolean flushOnNewline)
```

这里，outputStream 是 OutputStream 类生成的实例，flushOnNewline 控制 Java 是否在 println()方法被调用时刷新输出流。如果 flushOnNewline 为 true，刷新自动发生；若为 false，则不发生。

PrintWriter 支持所有类型(包括 Object)的 print()和 println()方法，因此可以像使用 System.out 那样使用这些方法。如果不是 System.out 这种情况，PrintWriter 方法将调用对象的 toString()方法并打印结果。

用 PrintWriter 向外设写入数据，指定输出流为 System.out 并在每一新行后刷新流。例如下面的代码创建了与控制台输出相连的 PrintWriter 类。

```
PrintWriter pw = new PrintWriter(System.out, true);
```

4.3 总 体 设 计

网页浏览器的程序由 WebBrowser.java 和 ViewSourceFrame.java 两个文件组成。

1) WebBrowser.java

此文件包含名为 WebBrowser 的 public 类，其主要功能为生成网页浏览器的主体框架，实现框架上各个组件的事件侦听。WebBrowser.java 主要包括 4 个模块：图形用户界面的构建、组件监听接口的实现、文件保存功能的实现、查看源代码框架的生成。

2) ViewSourceFrame.java

此文件包含名为 ViewSourceFrame 的类，其主要功能是实现了源文件查看的主体框架，并实现了源文件的保存功能。ViewSourceFrame.java 主要包括两个模块：图形用户界面的构建和组件监听接口的实现。

4.4 代 码 实 现

4.4.1 WebBrowser.java

WebBrowser.java 文件是网页浏览器的主类文件，用于生成网页浏览器的主体框架，并实现框架上各个组件的事件侦听。其代码如下：

```
/*
**网页浏览器主程序
**WebBrowser.java
*/
import java.awt.*;
import javax.swing.*;
import javax.swing.text.*;
import java.awt.event.*;
import javax.swing.event.*;
import javax.swing.border.*;
import javax.swing.filechooser.FileFilter;
import javax.swing.filechooser.FileView;
import java.io.*;
import java.net.*;
import java.util.*;

public class WebBrowser extends JFrame implements HyperlinkListener,
ActionListener{

    //建立工具栏用来显示地址栏
    JToolBar bar=new JToolBar();

    //建立网页显示界面
    JTextField jurl = new JTextField(60);
    JEditorPane jEditorPane1 = new JEditorPane();
    JScrollPane scrollPane = new JScrollPane(jEditorPane1);

    JFileChooser chooser=new JFileChooser();
    JFileChooser chooser1=new JFileChooser();
    String htmlSource;
    JWindow window = new JWindow(WebBrowser.this);

    JButton button2=new JButton("窗口还原");
    Toolkit toolkit = Toolkit.getDefaultToolkit();

    //建立菜单栏
    JMenuBar jMenuBar1 = new JMenuBar();
    //建立菜单组
    JMenu fileMenu = new JMenu("文件(F)");
    //建立菜单项
    JMenuItem saveAsItem = new JMenuItem("另存为(A)...");
    JMenuItem exitItem=new JMenuItem("退出(I)");
```

```
JMenu editMenu=new JMenu("编辑(E)");
JMenuItem backItem=new JMenuItem("后退");
JMenuItem forwardItem=new JMenuItem("前进");

JMenu viewMenu=new JMenu("视图(V)");
JMenuItem fullscreenItem=new JMenuItem("全屏(U)");
JMenuItem sourceItem=new JMenuItem("查看源码(C)");
JMenuItem reloadItem=new JMenuItem("刷新(R)");

//建立工具栏
JToolBar toolBar = new JToolBar();
//建立工具栏中的按钮组件
JButton picSave = new JButton("另存为");
JButton picBack = new JButton("后退");
JButton picForward = new JButton("前进");
JButton picView = new JButton("查看源代码");
JButton picExit = new JButton("退出");

JLabel label=new JLabel("地址");
JButton button=new JButton("转向");

Box adress=Box.createHorizontalBox();

//ArrayList 对象，用来存放历史地址
private ArrayList history=new ArrayList();
//整型变量，表示历史地址的访问顺序
private int historyIndex;

/**
**构造函数
**初始化图形用户界面
*/
public WebBrowser(){

    setTitle ("网页浏览器");
    setResizable(false);
    setDefaultCloseOperation(JFrame.EXIT_ON_CLOSE);

    //为 jEditorPane1 添加事件侦听
    jEditorPane1.addHyperlinkListener(this);

    //为组件 fileMenu 设置热键“F”
    fileMenu.setMnemonic('F');

    saveAsItem.setMnemonic ('S');
    //为“另存为”组件设置快捷键 Ctrl+S
    saveAsItem.setAccelerator(KeyStroke.getKeyStroke
        (KeyEvent.VK_S,InputEvent.CTRL_MASK));

    exitItem.setMnemonic('Q');
    exitItem.setAccelerator(KeyStroke.getKeyStroke
        (KeyEvent.VK_E,InputEvent.CTRL_MASK));
```

```
//将菜单项 saveAsItem 加入菜单组 fileMenu 中
fileMenu.add(saveAsItem);
//在菜单项中添加隔离
fileMenu.addSeparator();
fileMenu.add(exitItem);

backItem.setMnemonic('B');
backItem.setAccelerator (KeyStroke.getKeyStroke(KeyEvent.VK_Z,
    InputEvent.CTRL_MASK));
forwardItem.setMnemonic('D');
forwardItem.setAccelerator(KeyStroke.getKeyStroke(KeyEvent.VK_P,
    InputEvent.CTRL_MASK));

editMenu.setMnemonic('E');
editMenu.add(backItem);
editMenu.add(forwardItem);

viewMenu.setMnemonic('V');

fullscreenItem.setMnemonic('U');
fullscreenItem.setAccelerator(KeyStroke.getKeyStroke(KeyEvent.
   VK_U, InputEvent.CTRL_MASK));
sourceItem.setMnemonic('C');
sourceItem.setAccelerator(KeyStroke.getKeyStroke(KeyEvent.VK_C,
   InputEvent.CTRL_MASK));
reloadItem.setMnemonic('R');
reloadItem.setAccelerator(KeyStroke.getKeyStroke (KeyEvent.VK_R,
   InputEvent.CTRL_MASK));

Container contentPane=getContentPane();

//设置大小
scrollPane.setPreferredSize(new Dimension(100,500));
contentPane.add(scrollPane, BorderLayout.SOUTH);

//在工具栏中添加按钮组件
toolBar.add(picSave);
toolBar.addSeparator();
toolBar.add(picBack);
toolBar.add(picForward);
toolBar.addSeparator();
toolBar.add(picView);
toolBar.addSeparator();
toolBar.add(picExit);

contentPane.add(bar,BorderLayout.CENTER);
contentPane.add(toolBar,BorderLayout.NORTH);

viewMenu.add(fullscreenItem);
viewMenu.add(sourceItem);
viewMenu.addSeparator();
```

```
    viewMenu.add(reloadItem);

    jMenuBar1.add(fileMenu);
    jMenuBar1.add(editMenu);
    jMenuBar1.add(viewMenu);

    setJMenuBar(jMenuBar1);

    adress.add(label);
    adress.add(jurl);
    adress.add(button);
    bar.add(adress);

    //为组件添加事件监听
    saveAsItem.addActionListener(this);
    picSave.addActionListener(this);
    exitItem.addActionListener(this);
    picExit.addActionListener(this);
    backItem.addActionListener(this);
    picBack.addActionListener(this);
    forwardItem.addActionListener(this);
    picForward.addActionListener(this);
    fullscreenItem.addActionListener(this);
    sourceItem.addActionListener(this);
    picView.addActionListener(this);
    reloadItem.addActionListener(this);
    button.addActionListener(this);
    jurl.addActionListener(this);
}

/**
**实现监听器接口的 actionPerformed 函数
*/
public void actionPerformed(ActionEvent e) {
    String url = "";
    //单击转向按钮
    if(e.getSource() == button){
        //获得地址栏的内容
        url=jurl.getText();
        //url 不为“”，并且以“http://”开头
        if(url.length()>0&&url.startsWith("http://")){
            try {
                //JEditorPane 组件显示 url 的内容链接
                jEditorPane1.setPage(url);
                //将 url 的内容添加到 ArrayList 对象的 history 中
                history.add(url);
                //historyIndex 的数值设为 history 对象的长度-1
                historyIndex=history.size()-1;
                //设置成非编辑状态 jEditorPane1.setEditable(false);
                //重新布局
                jEditorPane1.revalidate();
            }
```

```
            catch(Exception ex) {
                //如果链接显示失败，则弹出选择对话框“无法打开该搜索页”
                JOptionPane.showMessageDialog(WebBrowser.this,"无法打开该
                    搜索页","网页浏览器",JOptionPane.ERROR_MESSAGE);
            }
        }
        //url 不为“”，并且不以“http://”开头
        else if(url.length()>0&&!url.startsWith("http://")) {
            //在 url 前面添加“http://”
            url="http://"+url;
            try {
                jEditorPane1.setPage(url );
                history.add(url);
                historyIndex=history.size()-1;
                //设置成非编辑状态 jEditorPane1.setEditable(false);
                jEditorPane1.revalidate();
            }
            catch(Exception ex) {
                JOptionPane.showMessageDialog(WebBrowser.this,"无法打开
                    该搜索页","网页浏览器",JOptionPane.ERROR_MESSAGE);
            }
        }
        //没有输入 url，即 url 为空
        else if(url.length()==0){
            JOptionPane.showMessageDialog(WebBrowser.this,"请输入链接
                地址","网页浏览器",JOptionPane.ERROR_MESSAGE);
        }


    }
    //输入地址后按 Enter 键
    else if(e.getSource() == jurl){
        url=jurl.getText();
        if(url.length()>0&&url.startsWith("http://")) {
            try {
                jEditorPane1.setPage(url);
                history.add(url);
                historyIndex=history.size()-1;
                //设置成非编辑状态 jEditorPane1.setEditable(false);
                jEditorPane1.revalidate();
                jurl.setMaximumSize(jurl.getPreferredSize());
            }
            catch(Exception ex) {
                JOptionPane.showMessageDialog(WebBrowser.this,"无法打开
                    该搜索页","网页浏览器",JOptionPane.ERROR_MESSAGE);
            }
        }
        else if(url.length()>0&&!url.startsWith("http://")) {
            url="http://"+url;
            try {
                jEditorPane1.setPage(url);
                history.add(url);
                historyIndex=history.size()-1;
```

```
                //设置成非编辑状态 jEditorPane1.setEditable(false);
                jEditorPane1.revalidate();
            }
            catch(Exception ex) {
                JOptionPane.showMessageDialog(WebBrowser.this,"无法打开
                    该搜索页","网页浏览器",JOptionPane.ERROR_MESSAGE);
            }
        }
        else if(url.length()==0){
            JOptionPane.showMessageDialog(WebBrowser.this,"请输入链接
                地址","网页浏览器",JOptionPane.ERROR_MESSAGE);
        }
    }
    //另存为...
    else if(e.getSource() == picSave||e.getSource() == saveAsItem){
        url = jurl.getText().toString().trim();
        if(url.length()>0&&!url.startsWith("http://")) {
            url="http://"+url;
        }
        if(!url.equals("")) {
            //保存文件
            saveFile(url);
        }
        else {
            JOptionPane.showMessageDialog(WebBrowser.this,"请输入链接
                地址","网页浏览器",JOptionPane.ERROR_MESSAGE);
        }
    }
    //退出
    else if(e.getSource() == exitItem ||e.getSource() == picExit){
        System.exit(0);
    }
    //后退
    else if(e.getSource() == backItem ||e.getSource() == picBack){
        historyIndex--;
        if(historyIndex < 0)
            historyIndex = 0;
        url = jurl.getText();
        try{
            //获得 history 对象中本地址之前访问的地址
            url =(String)history.get(historyIndex);
            jEditorPane1.setPage(url);
            jurl.setText(url.toString());
            //设置成非编辑状态 jEditorPane1.setEditable(false);
            jEditorPane1.revalidate();
        }
        catch(Exception ex){
        }
    }
    //前进
    else if(e.getSource() == forwardItem ||e.getSource() ==
    picForward){
```

```
        historyIndex++;
        if(historyIndex >= history.size())
              historyIndex = history.size()-1;
        url = jurl.getText();
        try{
           //获得 history 对象中本地址之后访问的地址
           url =(String)history.get(historyIndex);
           jEditorPane1.setPage(url);
           jurl.setText(url.toString());
           //设置成非编辑状态 jEditorPane1.setEditable(false);
           jEditorPane1.revalidate();
        }
        catch(Exception ex){
        }
    }
    //全屏
    else if(e.getSource() == fullscreenItem){
        boolean add_button2=true;
        //获得屏幕大小
        Dimension size = Toolkit.getDefaultToolkit().getScreenSize();

        Container content = window.getContentPane();
        content.add(bar,"North");
        content.add(scrollPane,"Center");

        //button2 为单击"全屏"后的还原按钮
        if(add_button2==true) {
           bar.add(button2);
        }
        //为 button2 添加事件
        button2.addActionListener(new ActionListener() {
           public void actionPerformed(ActionEvent evt) {
              WebBrowser.this.setEnabled(true);
              window.remove(bar);
              window.remove(toolBar);
              window.remove(scrollPane);
              window.setVisible(false);

              scrollPane.setPreferredSize(new Dimension(100,500));
              getContentPane().add(scrollPane,BorderLayout.SOUTH);
              getContentPane().add(bar,BorderLayout.CENTER);
              getContentPane().add(toolBar,BorderLayout.NORTH);
              bar.remove(button2);
              pack();
           }
        });
        window.setSize(size);
        window.setVisible(true);
    }
    //查看源文件
    else if(e.getSource() == sourceItem ||e.getSource() == picView){
        url = jurl.getText().toString().trim();
```

```
            if(url.length()>0&&!url.startsWith("http://")) {
                url="http://"+url;
            }
            if( !url.equals("")) {
                //根据 url，获得源代码
                getHtmlSource(url);
                //生成显示源代码的框架对象
                ViewSourceFrame vsframe = new
                    ViewSourceFrame(htmlSource);
                vsframe.setBounds(0,0,800,500);
                vsframe.setVisible(true);
            }
            else {
                JOptionPane.showMessageDialog(WebBrowser.this,"请输入
                    链接地址","网页浏览器",JOptionPane.ERROR_MESSAGE);
            }
        }
        //刷新
        else if(e.getSource() == reloadItem){
            url=jurl.getText();
            if(url.length()>0&&url.startsWith("http://")) {
                try {
                    jEditorPane1.setPage(url);
                    //设置成非编辑状态 jEditorPane1.setEditable(false);
                    jEditorPane1.revalidate();
                }
                catch(Exception ex) {
                }
            }
            else if(url.length()>0&&!url.startsWith("http://")) {
                url="http://"+url;
                try {
                    jEditorPane1.setPage(url);
                    //设置成非编辑状态 jEditorPane1.setEditable(false);
                    jEditorPane1.revalidate();
                }
                catch(Exception ex) {
                }
            }
        }
    }

    /*
    **保存文件
    */
    void saveFile(final String url) {
        final String linesep = System.getProperty("line.separator");
        chooser1.setCurrentDirectory(new File("."));
        chooser1.setDialogType(JFileChooser.SAVE_DIALOG);
        chooser1.setDialogTitle("另存为...");
        if(chooser1.showSaveDialog(this) != JFileChooser.APPROVE_OPTION)
            return;
```

```
    this.repaint();
    Thread thread = new Thread() {
        public void run() {
            try {
                java.net.URL source = new URL(url);
                InputStream in = new
                    BufferedInputStream(source.openStream());
                BufferedReader br=new BufferedReader(new
                    InputStreamReader(in));
                File fileName = chooser1.getSelectedFile();
                FileWriter out = new FileWriter(fileName);
                BufferedWriter bw = new BufferedWriter(out);
                String line;
                while((line = br.readLine()) != null) {
                    bw.write(line);
                    bw.newLine();
                }
                bw.flush();
                bw.close();
                out.close();
                String dMessage = url + " 已经被保存至"+ linesep
                    +fileName.getAbsolutePath();
                String dTitle = "另存为";
                int dType = JOptionPane.INFORMATION_MESSAGE;
                JOptionPane.showMessageDialog((Component)
                    null,dMessage,dTitle,dType);
            }
            catch(java.net.MalformedURLException muex) {
                JOptionPane.showMessageDialog((Component)null,
                    muex.toString(),"网页浏览器",
                    JOptionPane.ERROR_MESSAGE);
            }
            catch(Exception ex) {
                JOptionPane.showMessageDialog((Component) null,
                    ex.toString(),"网页浏览器",JOptionPane.ERROR_MESSAGE);
            }
        }
    };
    thread.start();
}

/*
**获得源代码
*/
void getHtmlSource(String url) {
    String linesep,htmlLine;
    linesep = System.getProperty("line.separator");
    htmlSource ="";
    try {
        java.net.URL source = new URL(url);
        InputStream in = new BufferedInputStream(source.openStream());
        BufferedReader br = new BufferedReader(new
```

```
            InputStreamReader(in));
        while((htmlLine = br.readLine())!=null) {
            htmlSource = htmlSource +htmlLine+linesep;
        }
    }
    catch(java.net.MalformedURLException muex) {
        JOptionPane.showMessageDialog(WebBrowser.this,
            muex.toString(),"网页浏览器",JOptionPane.ERROR_MESSAGE);
    }
    catch(Exception e) {
        JOptionPane.showMessageDialog(WebBrowser.this,e.toString(),
            "网页浏览器",JOptionPane.ERROR_MESSAGE);
    }
}

/**
**实现监听器接口的 hyperlinkUpdate 函数
*/
public void hyperlinkUpdate(HyperlinkEvent e) {
try {
    if (e.getEventType() == HyperlinkEvent.EventType.ACTIVATED)
        jEditorPane1.setPage(e.getURL());
    } catch (Exception ex) {
        ex.printStackTrace(System.err);
    }
}

/*生成一个 IE 对象*/
public static void main(String [] args){
    try{
        UIManager.setLookAndFeel(
            UIManager.getCrossPlatformLookAndFeelClassName()
        );
    }
    catch(Exception e){
    }

    WebBrowser webBrowser = new WebBrowser();
    webBrowser.pack();
    webBrowser.setVisible(true);
}
}
```

上述代码应用 WebBrowser.java 类实现了网页浏览器的主体框架，并通过 main 函数将界面风格设置成为“跨平台”风格，创建了一个 WebBrowser 对象且显示了出来。

提示： JEditorPane 还不能完整地支持 HTML 的所有标准。因此，在页面显示的时候，HTML 3.2 标准的语法显示正常，而使用 CSS、JavaScript 等页面元素时，则有可能会导致部分功能不太正常。

4.4.2 ViewSourceFrame.java

ViewSourceFrame.java 文件中的代码用于实现网页浏览器中源文件查看的主体框架，并提供了源文件的保存功能。具体代码如下：

```
/*
**源代码框架
*/
import java.awt.*;
import javax.swing.*;
import java.awt.event.*;
import javax.swing.event.*;
import javax.swing.border.*;
import javax.swing.filechooser.FileFilter;
import javax.swing.filechooser.FileView;
import java.io.*;
import java.util.*;

class ViewSourceFrame extends JFrame implements ActionListener{
   JPanel contentPane;
   JPanel panel1 = new JPanel();
   JPanel panel2 = new JPanel();
   Border border1;

   JButton closebutton = new JButton();
   JButton savebutton = new JButton();
   JScrollPane jScrollPanel = new JScrollPane();
   JTextArea jTextArea1 = new JTextArea();

   String htmlSource;

   /**
    **构造函数，初始化图形用户界面
    */
    public ViewSourceFrame(String htmlSource) {

       this.htmlSource = htmlSource;
       enableEvents(AWTEvent.WINDOW_EVENT_MASK);
       setSize(new Dimension(600,500));
       setTitle("源代码");
       setDefaultCloseOperation(WindowConstants.DISPOSE_ON_CLOSE);

       contentPane =(JPanel)getContentPane();
       contentPane.setLayout(new BorderLayout());

       panel2.setLayout(new FlowLayout());

       savebutton.setText("保存");
       closebutton.setText("退出");

       closebutton.addActionListener(this);
       savebutton.addActionListener(this);

       jScrollPanel.getViewport().add(jTextArea1,null);
```

```
    border1 = BorderFactory.createEmptyBorder(4,4,4,4);
    panel1.setLayout(new BorderLayout());
    panel1.setBorder(border1);
    panel1.add(jScrollPane1,BorderLayout.CENTER);
    contentPane.add(panel1,BorderLayout.CENTER);

    panel2.add(savebutton);
    panel2.add(closebutton);

    contentPane.add(panel2,BorderLayout.SOUTH);
    this.jTextArea1.setEditable(true);
    this.jTextArea1.setText(this.htmlSource);
    //设置光标的位置，将其移动到文本区第 0 个字符
     this.jTextArea1.setCaretPosition(0);
  }

  /**
   **实现监听器接口的 actionPerformed 函数
   */
  public void actionPerformed(ActionEvent e) {
    String url = "";
    if(e.getSource() == closebutton){
       dispose();
    }
    else if(e.getSource() == savebutton){
       JFileChooser fc=new JFileChooser();
       int returnVal=fc.showSaveDialog(ViewSourceFrame.this);
       File saveFile=fc.getSelectedFile();
       try {
          FileWriter writeOut = new FileWriter(saveFile);
          writeOut.write(jTextArea1.getText());
          writeOut.close();
       }
       catch(IOException ex) {
          System.out.println("保存失败");
       }
    }
  }
}
```

4.5 程序的运行与发布

4.5.1 运行程序

将文件 WebBrowser.java 与 ViewSourceFrame.java 保存到同一个文件夹中(如 C:\Javawork\CH04)。在使用 Java 命令进行编译之前，应设置类路径：

```
C:\Javawork\CH04>set classpath=c:\Javawork\CH04
```

注意等号两边不要有空格，然后利用 javac 命令对文件进行编译，命令使用如下(javac 是个足够聪明的编译程序，它会追踪主文件及其余文件中所使用的类，自动地完成对其他

相关 Java 文件的编译)：

```
javac WebBrowser.java
```

之后，利用 java 命令执行程序：

```
java WebBrowser
```

程序的运行情况如图 4.4 与图 4.5 所示。

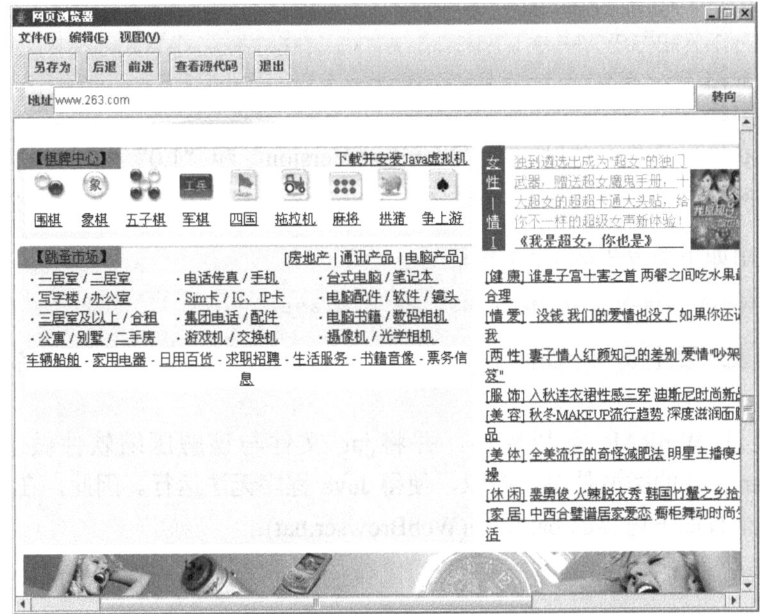

图 4.4　WebBrowser 的运行窗口

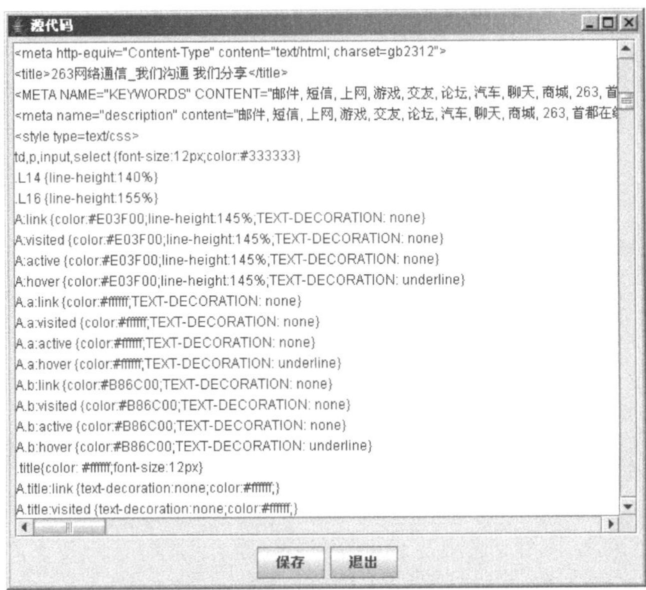

图 4.5　源文件窗口

4.5.2 发布程序

要发布这个应用程序，需要将该应用程序打包。使用 jar.exe，可以把应用程序中涉及的类和图片压缩成一个 jar 文件，这样便可以发布程序。

首先编写一个清单文件，名为 MANIFEST.MF，代码如下：

```
Manifest-Version: 1.0
Created-By: 1.6.0 (Sun Microsystems Inc.)
Main-Class: WebBrowser
```

此清单文件保存到 C:\Javawork\CH04 目录下。

提示： 在编写清单文件时，在“Manifest-Version”和“1.0”之间必须有一个空格。同样，“Main-Class”和主类“WebBrowser”之间也必须有一个空格。

然后，使用如下命令生成 jar 文件：

```
jar cfm WebBrowser.jar MANIFEST.MF *.class
```

其中，参数 c 表示要生成一个新的 jar 文件；f 表示要生成的 jar 文件的名字；m 表示清单文件的名字。

如果安装过 WinRAR 解压软件，并将.jar 文件与该解压缩软件做了关联，那么 WebBrowser.jar 文件的类型是 WinRAR，使得 Java 程序无法运行。因此，在发布软件时，还应该再写一个有如下内容的 bat 文件(WebBrowser.bat)：

```
javaw -jar WebBrowser.jar
```

可以通过双击 WebBrowser.bat 来运行程序。

第 5 章

成绩查询 APP 设计

本章我们将实现一个基于教务管理系统的成绩查询 APP。该 APP 通过发送 Http 请求，解析返回的 Html 文本，将成绩显示出来。理论基础部分详细介绍了与 Http 请求相关的基础知识，抓包软件 WireShark 的使用方法，ListView 的基础使用方法。通过代码实现，读者可以将理论知识与具体实践相结合，开发出基于教务管理系统的成绩查询 APP。

5.1 功 能 描 述

本案例包括如下功能。

- 输入学号和密码登录管理系统。
- 可以选择查询的学年和学期，共有学期成绩、学年成绩和全部成绩三种查询方式。
- 成绩用列表的形式显示，显示“科目”和“成绩”。
- 点击列表上的科目可以查看具体内容(学年、学期、课程代码、课程名称、课程性质、课程归属、学分、绩点、成绩、补考成绩、重修成绩、学院名称、备注)。

工具：AndroidStudio

SDK 版本：API15:Android 4.0.3

5.2 理 论 基 础

5.2.1 Http 请求

APP 与服务器进行交互总共有四种方法，分别是 Get、Post、Put 和 Delect。本例主要使用 Get 和 Post 方式。

Get 请求：获取服务器的文档，如 Html、Js、Css，图片等。

打开 Wireshark 软件，当我们使用浏览器访问网页时，向服务器发送 Get 请求，如图 5.1 所示。

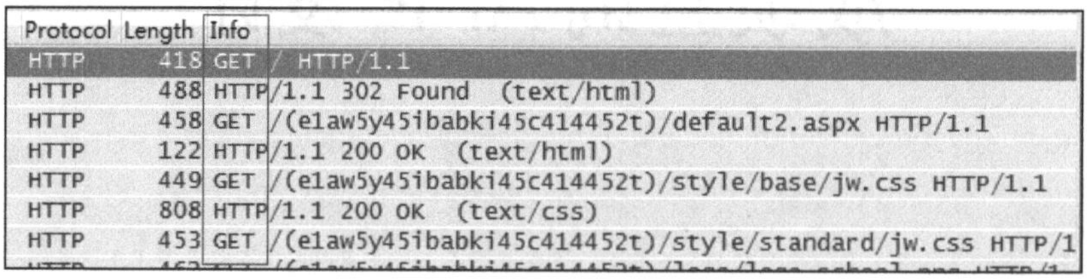

Protocol	Length	Info
HTTP	418	GET / HTTP/1.1
HTTP	488	HTTP/1.1 302 Found (text/html)
HTTP	458	GET /(e1aw5y45ibabki45c414452t)/default2.aspx HTTP/1.1
HTTP	122	HTTP/1.1 200 OK (text/html)
HTTP	449	GET /(e1aw5y45ibabki45c414452t)/style/base/jw.css HTTP/1.1
HTTP	808	HTTP/1.1 200 OK (text/css)
HTTP	453	GET /(e1aw5y45ibabki45c414452t)/style/standard/jw.css HTTP/1

图 5.1 向服务器发送 GET 请求

Post 请求：发送数据至服务器，服务器根据 Post 请求信息给出反馈，如图 5.2 所示。

Protocol	Length	Info
HTTP	877	POST /(e1aw5y45ibabki45c414452t)/default2.aspx HTTP/1.1 (appl
HTTP	574	HTTP/1.1 302 Found (text/html)

图 5.2 向服务器发送 Post 请求

Get 方法可以通过将数据附加到 url 中传送给服务器，在发送大量数据时，大多数情况是使用 Post 将数据发送给服务器。

5.2.2 Wireshark 软件的使用

使用 Wireshark 软件可以截取在 PC 上发送的数据包，安装完毕后，选择 Capture→Interfaces 菜单命令，在弹出的窗口中选择相应的网卡，Packets 项若有数据传输就是当前正在使用的网卡，如图 5.3 所示。

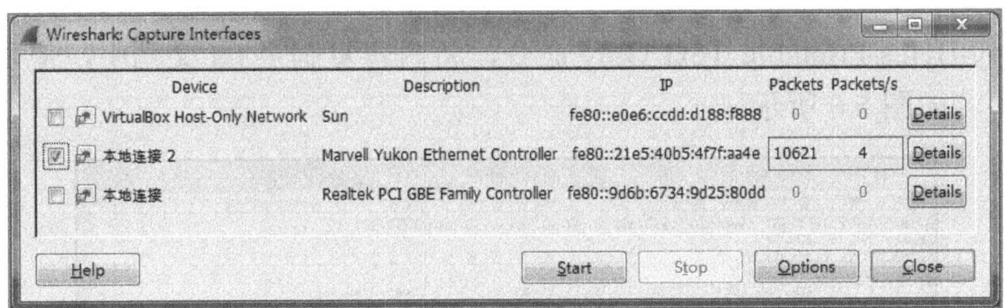

图 5.3 选择网卡

单击 Start 按钮就可以对指定网卡进行抓包，如图 5.4 所示。

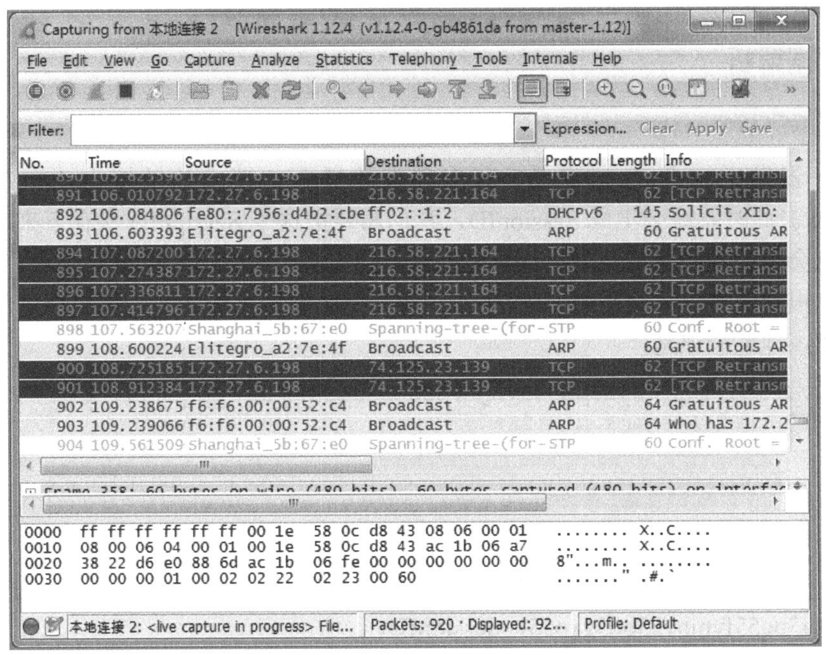

图 5.4 抓取网络数据

因为各种类型的网络数据繁多，不利于分析，因此需要在 Filter 编辑框中对数据进行筛选，如图 5.5 所示。

对指定的 IP 地址且通信协议为 Http 的内容进行筛选的语句如下：

```
ip.addr==IP 地址  and http
```

Filter: ip.addr==... and http | Expression... Clear Apply Save

No.	Time	Source	Destination	Protocol	Length	Info
124	4.05238600			HTTP	877	POST /(e1aw5y45ibabk
141	4.21046500			HTTP	574	HTTP/1.1 302 Found
142	4.21341400			HTTP	492	GET /(e1aw5y45ibabki
143	4.21513500			HTTP	1511	HTTP/1.1 200 OK (GI
144	4.22346900	1		HTTP	570	GET /(e1aw5y45ibabki

图 5.5　筛选数据

以登录教务管理系统为例，打开 Wireshark 软件，设置好筛选规则，在浏览器中输入要访问的教务管理系统的服务器地址，在 Wireshark 软件中选定要复制的条目，右键单击，选择 Copy-Bytes-Printable Text Only 命令，将内容复制至.txt 文档中，便可以看到交互的数据格式了，如图 5.6 所示。

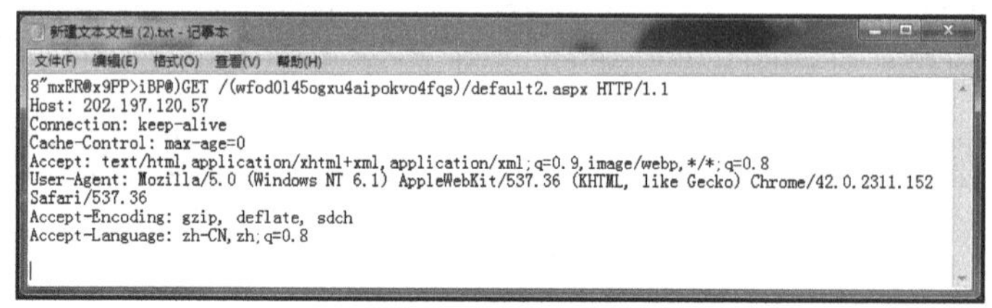

图 5.6　复制出来的数据

5.2.3　数据解析

1. 登录

向服务器发送一个 Get 请求，获取登录的界面，请求的链接为 http://IPAddress/default2.aspx。此时系统会生成 SessionID，我们需要把这个 SessionID 保存下来，它代表着我们与系统会话的唯一标识。

例如，根据图 5.7 中显示的 SessionID，成功登录教务系统之后，如果想访问查询学生成绩的页面，地址应该是：

```
http://IPAddress/(n4a3pq55fynjhv55bo5gxo55)/xscj_gc.aspx?xh=123456&xm=%B
5%C5%B0%EC%B2%A0&gnmkdm=N121605
```

图 5.7　服务器链接格式

- n4a3pq55fynjhv55bo5gxo55：SessionID。
- xscj_gc.aspx：表示查询成绩应该访问的页面。
- xh=123456：当前成功登录的学号。
- xm=%B5%C5%B0%EC%B2%A0：当前成功登录的学生姓名。
- gnmkdm=N121605：可直接忽略。

除此之外，还需要获取登录页面中的__VIEWSTATE 的值，作为发送 POST 请求数据的一部分，如图 5.8 所示。

```
<body class="login_bg" >
        <form name="form1" method="post" action="default2.aspx" id="form1">
<input type="hidden" name="__VIEWSTATE" value="dDwtMTg3MTM5OTI5MTs7PoNaM1R0Lzmz2RmByRUZh" />
```

图 5.8　登录页面的__VIEWSTATE 的值

登录系统时需要向服务器发送 Post 请求，请求的链接为 http://IPAddress/(SessionID)/index.aspx。获取成绩的 Post 请求的数据格式如表 5.1 所示。

表 5.1　Post 请求的数据格式

__VIEWSTATE=dDwtMTg3MTM5OTI5MTs7PoNaM1R0Lzmz2RmB	在登录页面获取的 Value 的值。如果教务系统的服务器地址不更改，值可以是固定的，为了适用于其他学校的教务系统，这里设置为动态获取
&TextBox1=123456	学号
&TextBox2=密码	密码
&TextBox3=w17s	验证码
&RadioButtonList1=%D1%A7%C9%FA	登录的类型，这里为“学生”
&Button1=	无实际意义
&lbLanguage=	无实际意义
&phpddt=%D0%A3%D1%A1%BF%CE%CD%F8%C2%E7%CA%D3%C6%B5%BF%CE%B3%CC	无实际意义

如何判断是否成功登录？主要是根据返回的 html 内容来决定的。

如果返回的 html 中含有“欢迎使用正方教务管理系统！请登录”字样，表示登录失败，如图 5.9 所示。

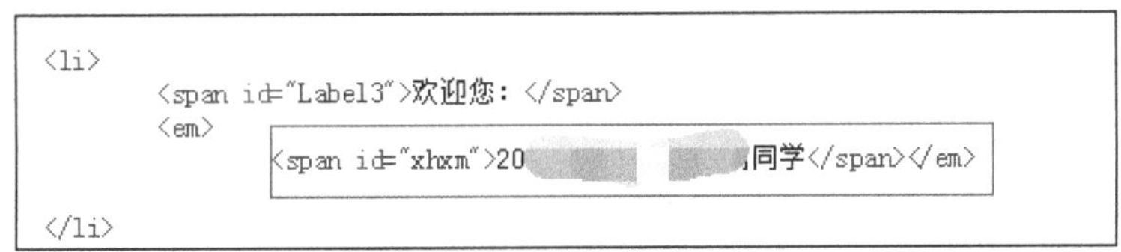

```
<!DOCTYPE html PUBLIC "-//W3C//DTD XHTML 1.0 Transitional//EN" "http://www.w3.org/TR/xhtml1/DTD/xhtml1-transitional.dtd">
<HTML>
        <HEAD>
                <title>欢迎使用正方教务管理系统！请登录</title>
                <meta http-equiv="X-UA-Compatible" content="IE=7">
                <meta http-equiv="Content-Type" content="text/html; charset=gb2312">
                <meta http-equiv="Content-Language" content="gb2312">
                <meta content="all" name="robots">
```

图 5.9　未能成功登录

如果返回的 html 中含有学号和姓名，表示登录成功，如图 5.10 所示。

```
<li>
        <span id="Label3">欢迎您：</span>
        <em>
                <span id="xhxm">20          同学</span></em>
</li>
```

图 5.10　成功登录

2. 获取成绩

成功登录之后，向服务器发送一个 Get 请求，请求链接为 http://IPAddress/(SessionID)/

xscj_gc.aspx?xh=学号&xm=姓名&gnmkdm=N121605。

请求成功后，获取该页面中__VIEWSTATE 的 Value 值，如图 5.11 所示。

```
        <body>
                <form name="Form1" method="post" action="xscj_gc.aspx?xh=2012180514&amp;xm=%D5%C5%BA%EC%B3%AF&amp;gnmkdm=N121605" id="Form1">
<input type="hidden" name="__VIEWSTATE"
value="dDwtMTQxMjE2MzAyMztUPHA8bDx4aDs+O2w8MjAxMjE4MDUxNDs+PjtsPGk8MT47PjtsPHQ802w8aTwxPjtpPDI+O2k8Mz47aTw0PjtpPDU+O2k8Nj47aTw3PjtpPDk+O2k8MTg
TA+O2k8NTU+O2k8NTc+Oz47bDx0PHA8cDxsPFRleHQ7PjtsPOWtpuWPt++8mjIwMTIxODA1MTQ7Pj47Pjs7Pjt0PHA8cDxsPFRleHQ7PjtsPOWnk+WQje+8muW8o0e6ouacnTs+Pjs+Ozs
OS4muaKgOacr+WtpumZoik7Pj47Pjs7Pjt0PHA8cDxsPFRleHQ7PjtsPOS4k+S4mu+8mjs+Pjs+Ozs+O3Q8cDxwPGw8VGV4dDs+O2w86K6h566X5py656eR5a2m5Li05oqA5pyv77yI6IG
eeul+acuuenkeWtpuS4juaKgOacrzA054+t77yI6IGM77yJOz4+Oz47Oz47dDxwPHA8bDxUZXh0Oz47bDwyMDEyMTgwNzs+Pjs+Ozs+O3Q8dDw7dDxpPDE2PjtAPFx1OzIwMDEtMjAwMjs
DctMjAwODsyMDA4LTIwMDk7MjAwOS0yMDEwOzIwMTAtMjAxMTsyMDExLTIwMTI7MjAxMi0yMDEzOzIwMTMtMjAxNDsyMDE0LTIwMTU7MjAxNS0yMDE2Oz47QDxcZTsyMDAxLTIwMDI7MjA
TIwMDg7MjAwOC0yMDA5OzIwMDktMjAxMDsyMDEwLTIwMTE7MjAxMS0yMDEyOzIwMTItMjAxMzsyMDEzLTIwMTQ7MjAxNC0yMDE0OzIwMTUtMjAxNjs+Pjs+Ozs+O3Q8cDw7cDxsPG9uY2x
HdpbmRvdy5jbG9zZSgpXDs7Pj4+Ozs+O3Q8QDA8Ozs7Ozs7Ozs7Oz47Oz47dDxAMDw7Ozs7Ozs7Ozs7Pjs7Pjt0PEAwPDs7Ozs7Ozs7Ozs+Ozs+O3Q8QDA8Ozs7Ozs7Ozs7Oz47Oz47dDx
zs7Ozs7Ozs+Ozs+O3Q8QDA8cDxwPGw8VmlzaWJsZTs+O2w8bzxmPjs+Pjs+Ozs7Ozs7Oz47Oz47dDxwPHA8bDxUZXh0Oz47bDxITkNOz4+Oz47Oz47dDxAMDw7Ozs7Ozs7Pjs
/>
```

图 5.11 成绩页面中__VIEWSTATE 的值

向服务器发送一个 Post 请求，请求的链接为

http://IPAddress/(会话 id)/xscjcx.aspx?xh=学号&xm=姓名&gnmkdm=N121605

Post 请求的数据链接如表 5.2 所示。

表 5.2 Post 请求的数据链接

PjtwPGw8c3R5bGU7PjtsPERJU1BMQVk6bm9…	在前面的页面获取的 Value 的值
&ddlXN=2014-2015	查询的学年
&ddlXQ=2	查询的学期，这里表示学期 2
&Button1=%B0%B4%D1%A7%C6%DA%B2%E9%D1%AF &Button5=%B0%B4%D1%A7%C4%EA%B2%E9%D1%AF &Button2=%D4%DA%D0%A3%D1%A7%CF%B0%B3%C9%BC%A8%B2%E9%D1%AF	查询方式，这里分别是按“学期查询”“学年查询”“历年成绩”“课程最高成绩”“未通过成绩”“成绩统计”和“历次补考查询”

5.2.4 SimpleAdapter 的应用

通过 Adapter 适配器可以将数据填充到 Listview 中，对于不同的应用场景，可以选择不同的 Adapter，本实例中使用的 Adapter 为 SimpleAdapter。

语法格式如下：

```
SimpleAdapter(Context context, List<? extends Map<String, ?>> data, int
resource, String[] from, int[] to)
```

其中各参数介绍如下。

- context：上下文，比如 this。关联 SimpleAdapter 运行的视图上下文。
- data：Map 列表，列表要显示的数据，这部分需要自己实现，每条项目要与 from 中指定的条目一致。
- resource：ListView 单项布局文件的 Id，这个布局就是你自定义的布局了，可通过这个布局来控制显示样式。这个布局中必须包括 to 中定义的控件 Id。
- from：添加到 Map 上关联每一个项目列名称的列表，数组里面是列名称。
- to：一个 int 数组，数组里面的 Id 是自定义布局中各个控件的 Id，需要与上面的 from 对应。

5.3 总体设计

5.3.1 登录教务系统

1) Value.java

用于保存服务器链接地址、学号、密码等全局变量。

2) HttpDatasend.java

提供发送 Http 请求的 Get 与 Post 方法。

3) LoginServer.java

登录教务系统：调用 HttpDatasend 中的 Get 方法获取页面，提取 Html 中的__VIEWSTATE 的 value 值作为 Post 请求(方法)的参数，调用 Post 方法登录教务管理系统。

通过解析返回的 Html，判断是否登录成功。

4) 设计登录界面

在 res-layout 文件目录下，新建 activity_main.xml 文件，注意，文件名中不能有大写字母。其中包括两个 EditText 控件用于输入学号与密码，一个 Button 控件用于响应“登录”操作。

5) MainActivity.java

关联 activity_main.xml 中的控件，调用 LoginServer.java 来完成登录操作。如果成功登录则调用 ActivitySelect.java 跳转到条件查询界面。

5.3.2 获取并显示成绩

1) activity_select.xml

成绩查询页面，其中包含一个 Spinner 控件用于选择学年，一组包含两个 RadioButton 的 RadioGroup 用于选择学期，一组包含三个 RadioButton 的 RadioGroup 用于选择查询方式。

2) activity_result.xml

显示成绩信息，包括两个 TextView 控件(科目和成绩)和一个 ListView 控件。

3) activity_result_child.xml

控制 activity_result.xml 中的 ListView 控件每行的资源布局。

4) ExplainHtml.java

调用 HttpDatasend.java 中的 Get 方法取得成绩查询的页面，提取 Html 中的关键数据用于 Post，再调用其中的 Post 方法获取结果页面，使用正则表达式提取其中的成绩之后，返回一个成绩数组。

5) ActivitySelect.java

调用 ExplainHtml.java 获取成绩信息，调用 ActivityResult.java 显示成绩信息。

6) StringUtil.java

获取成绩页面中__VIEWSTATE 的值。

5.4 代 码 实 现

5.4.1 登录功能

1) Value.java

```
public class Value {
//教务管理系统的服务器地址，需要自己手动修改
public static String URL="http://www.baidu.com";
public static String studentNumber;     //学生号
    public static String studentName;//学生姓名
}
```

2) HttpDatasend.java

```
package com.example.searchgrade.searchgrade;
import java.io.BufferedReader;
import java.io.IOException;
import java.io.InputStreamReader;
import java.io.PrintWriter;
import java.net.URL;
import java.net.URLConnection;

public class HttpDatasend {
    //发送 Get 请求
    public static String sendGet(String url) throws IOException {
       String result = "";
       BufferedReader in = null;
       try {
           String urlNameString = url ;
           URL realUrl = new URL(urlNameString);
           URLConnection connection = realUrl.openConnection();
           //设置 Http 头信息
           connection.setRequestProperty("accept", "*/*");
           connection.setRequestProperty("connection", "Keep-Alive");
           connection.setRequestProperty("user-agent","Mozilla/4.0
(compatible; MSIE 6.0; Windows NT 5.1;SV1)");
          connection.setRequestProperty("Referer",Value.URL);//---①
           connection.connect();
           //设置读取文件的编码格式
           in = new BufferedReader(new InputStreamReader(
                  connection.getInputStream(),"GBK"));//----------②
           String line;
           Value.URL=connection.getURL().toString();
           //读取 html 文本
           while ((line = in.readLine()) != null) {
               result += line;
           }
       } catch (Exception e) {
          System.out.println("error!" + e);
          // e.printStackTrace();
          return null;
```

```
        }
        finally {
            try {
                if (in != null) {
                    in.close();
                }
            } catch (Exception e2) {
              return null;
            }
        }
        return result;
    }

//发送 Post 请求
    public static String sendPost (String url, String param) {
        PrintWriter out = null;
        BufferedReader in = null;
        String result = "";
        try {
            URL realUrl = new URL(url);
            URLConnection conn = realUrl.openConnection();
            //设置 http 头信息
            conn.setRequestProperty("accept", "*/*");
              conn.setRequestProperty("connection", "Keep-Alive");
            conn.setRequestProperty("user-agent",
                    "Mozilla/4.0 (compatible; MSIE 6.0; Windows NT 5.1;SV1)");
            conn.setRequestProperty("Referer",Value.URL);

            conn.setDoOutput(true);
            conn.setDoInput(true);
            out = new PrintWriter(conn.getOutputStream());
            out.print(param);
            out.flush();
            //设置读取文件的编码格式
            in = new BufferedReader(
                    new InputStreamReader(conn.getInputStream(),"GBK"));

            String line;
            //读取 html 文本
            while ((line = in.readLine()) != null) {
                result += line;
            }
        } catch (Exception e) {
            System.out.println("发送 POST 请求失败"+e);
            System.out.println(param);
            System.out.println(url);
            return null;
        }
        finally{
            try{
                if(out!=null){
                    out.close();
                }
                if(in!=null){
                    in.close();
```

```
                }
            }
            catch(IOException ex){
                ex.printStackTrace();
            }
        }
        return result;
    }
}
```

代码注释：

① Http 头信息中的 Referer 表示链接的来源，一些网站有内链接保护功能，如果链接来源不是本网站，访问页面时会出错，因此我们需要将 Referer 设置为服务器的地址。

② 如果读取出来的页面内容为乱码，原因是读取设置网页的编码错误，本例中服务器页面的编码格式为 GBK。

3) LoginServer.java

```
package com.example.searchgrade.searchgrade;
import java.io.IOException;
import java.io.UnsupportedEncodingException;

public class LoginServer {
    String loginStr="";
    String myUrl;
    String number;
    String password;
    String htmlInfo;
    /*
  返回值说明:
  -1:网络连接错误
   0:密码错误
  -2: 密码错误
 */
    public  int Connect(String number,String password) {
        this.number = number;
        this.password = password;
        String __VIEWSTATE = "";
        try {
            //获取教务系统页面
            loginStr = HttpDatasend.sendGet("http://jwgl.hunnu.edu.cn");
            //获取 SessionID
            myUrl = Value.URL;
            int d = myUrl.indexOf(")");
            myUrl = myUrl.substring(0, d + 1);//---------------③
        } catch (IOException e1) {
            return -1;
        }
        if (loginStr == "")
            return -1;
        if (loginStr == null)
            return -2;
        int error = loginStr.indexOf("服务器太忙");
        if (error != -1)
```

```
            return -2;
        if (loginStr != "")
        {
            //获取__VIEWSTATE 的值
            int startIndex = loginStr.indexOf("name=\"__VIEWSTATE\"");
            int endIndex = loginStr.indexOf("\"", startIndex + 23);
            loginStr = loginStr.substring(startIndex + 18,
loginStr.length());
            startIndex = loginStr.indexOf("\"");
            endIndex = loginStr.indexOf("\"", startIndex + 3);
            loginStr = loginStr.substring(startIndex + 1, endIndex);
            __VIEWSTATE = loginStr;

        }
        try {
            //转化为 utf-8 编码
            __VIEWSTATE = java.net.URLEncoder.encode(__VIEWSTATE, "utf-
8");
        } catch (UnsupportedEncodingException e1) {
            return -1;
        }

       //合成 Post 请求的数据
        String sendStr = "__VIEWSTATE=" + __VIEWSTATE + "&TextBox1=" +
this.number +
                "&TextBox2=" + this.password +
                "&TextBox3=&RadioButtonList1=%D1%A7%C9%FA&Button1=
&lbLanguage=&phpddt=%D0%A3%D1%A1%BF%CE%"
                + "CD%F8%C2%E7%CA%D3%C6%B5%BF%CE%B3%CC";//---------④
        try {
            //获取登录的 html 页面
            htmlInfo = HttpDatasend.sendPost(myUrl + "/default2.aspx",
sendStr);
        } catch (Exception e) {
            return -1;
        }
        if (htmlInfo == null)
            return -2;
        if (htmlInfo != "") {
            if (htmlInfo.indexOf("密码错误") > 0 || htmlInfo.indexOf("用户
不存在") > 0) {
                return 0;
            }//-----------------------------------------------⑤
            //截取学生的姓名和学号
            int startIndex = htmlInfo.indexOf("<span id=\"xhxm\">");
            int endIndex = htmlInfo.indexOf("同学</span>");
            if (startIndex < 0 || endIndex < 0)
                return -1;
            htmlInfo = htmlInfo.substring(startIndex + 16, endIndex);
            //分割字符串
            String[] splitStr = htmlInfo.split("  ");
            Value.studentName = splitStr[1];
            Value.studentNumber = splitStr[0];
            return 1;
```

```
        }//------------------------------------------------------⑥
      return 1;
    }
}
```

代码注释：

③　访问全局变量中的 Value.URL，使用字符串函数操作截取出包含 SessionID 的部分。

④　根据获取的_VIEWSTATE 的内容、学号和密码生成 Post 数据。

⑤　检查返回的 Html 中是否包含“密码错误”“用户名不存在”的字样，如果存在则表示登录失败。

⑥　检查返回的 Html 中是否包含学生的学号和姓名，如果不存在则表示登录失败，如果存在则分割出姓名和学号，并保存到全局变量中。

4)　activity_main.xml

在 layout 文件夹下新建 activity_main.xml 文件，用于显示登录界面。

XML 代码：

```
<RelativeLayout
xmlns:android="http://schemas.android.com/apk/res/android"
   xmlns:tools="http://schemas.android.com/tools"
android:layout_width="match_parent"
   android:layout_height="match_parent"
android:paddingLeft="@dimen/activity_horizontal_margin"
   android:paddingRight="@dimen/activity_horizontal_margin"
   android:paddingTop="@dimen/activity_vertical_margin"
   android:paddingBottom="@dimen/activity_vertical_margin"
tools:context=".MainActivity"
   >
   <LinearLayout
      android:layout_width="match_parent"
      android:layout_height="match_parent"
      android:orientation="vertical"
      >
      <EditText
      android:id="@+id/account"
      android:layout_height="50dp"
      android:layout_width="match_parent"
      android:padding="5dp"
      android:paddingTop="40dp"
      android:inputType="text"
      android:hint="学号"
      android:layout_margin="2dp"/>
      <EditText
         android:id="@+id/password"
         android:layout_height="50dp"
         android:layout_width="match_parent"
         android:padding="5dp"
         android:inputType="textPassword"
         android:hint="密码"
         android:layout_margin="2dp"/>
      <Button
         android:id="@+id/loginBtn"
```

```
            android:layout_width="match_parent"
            android:layout_height="60dp"
            android:layout_marginLeft="25dp"
            android:layout_marginRight="25dp"
            android:layout_marginTop="15dp"
            android:onClick="beginLogin"
            android:text="登录"
            />
    </LinearLayout>
</RelativeLayout>
```

Button 控件中的 android:onClick="beginLogin"的作用是添加一个按钮响应事件。

5) MainActivity.java

```
package com.example.searchgrade.searchgrade;
import android.app.ProgressDialog;
import android.content.Intent;
import android.os.Handler;
import android.support.v7.app.AppCompatActivity;
import android.os.Bundle;
import android.view.View;
import android.widget.EditText;
import android.widget.Toast;

public class MainActivity extends AppCompatActivity {
    private EditText accountEdt;
    private EditText passwordEdt;
    private String accountStr="";
    private  String passwordStr="";
    int result=0;

    private ProgressDialog dialog = null;
    private Handler handler = new Handler();
    @Override
    protected void onCreate(Bundle savedInstanceState) {
        super.onCreate(savedInstanceState);
        setContentView(R.layout.activity_main);
        accountEdt=(EditText)findViewById(R.id.account);
        passwordEdt=(EditText)findViewById(R.id.password);

    }

    /*
    * 响应“登录”按钮
    * */
   public  void  beginLogin(View v)
    {
        accountStr=accountEdt.getText().toString();
        passwordStr=passwordEdt.getText().toString();
        //判断输入的用户名和密码是否为空
        if(accountStr.equals("")||passwordStr.equals(""))
        {
            Toast.makeText(this,"学号或密码不能为空!
",Toast.LENGTH_SHORT).show();
        }
```

```
        else
        {
            dialog = ProgressDialog.show(MainActivity.this, "请稍等", "正在
连接服务器...", true);
            new Thread(new Runnable() {
                public void run() {
                    LoginServer loginServer=new LoginServer();//--------⑦
                    // 获取登录情况
                    result = loginServer.Connect(accountStr,passwordStr);
                    handler.post(new Runnable() {
                        public void run() {
                            if (result == 1) {
                                Toast.makeText(MainActivity.this,
                                        Value.studentName+"同学，欢迎使用成绩查询
APP! \n 美好的一天，加油！", Toast.LENGTH_LONG).show();
                                Intent intent=new
Intent(MainActivity.this,ActivitySelect.class);
                                MainActivity.this.startActivity(intent);
                                MainActivity.this.finish();//-------------⑧
                            }
                            if (result == 0) {
                                Toast.makeText(MainActivity.this, "登录失败，请
检查用户名和密码是否错误", Toast.LENGTH_SHORT).show();
                            }
                            if (result == -1) {
                                Toast.makeText(MainActivity.this, "登录失败，请
检查网络连接与服务器地址是否有误", Toast.LENGTH_SHORT).show();
                            }
                            if (result == -2) {
                                Toast.makeText(MainActivity.this, "登录失败，系
统正忙！", Toast.LENGTH_SHORT).show();
                            }
                        }
                    });
                    dialog.dismiss();
                }
            }).start();
        }
    }
}
```

代码注释：

⑦ 调用 LoginServer 类的 Connect 方法，根据返回值来判断是否登录成功。

⑧ 如果返回值为 1，则跳转到条件查询界面。

6) 在 AndroidMainfest.xml 中添加访问网络许可，设置启动的 Activity

```
<?xml version="1.0" encoding="utf-8"?>
<manifest xmlns:android="http://schemas.android.com/apk/res/android"
    package="com.example.searchgrade.searchgrade" >
    <!--添加允许访问网络-->
    <uses-permission android:name="android.permission.INTERNET" />
    <application
        android:allowBackup="true"
```

```
        android:icon="@mipmap/ic_launcher"
        android:label="@string/app_name"
        android:theme="@style/AppTheme" >
        <!--设置启动的 Activity-->
        <activity
            android:name=".MainActivity"
            android:label="成绩查询" >
            <intent-filter>
                <action android:name="android.intent.action.MAIN" />

                <category android:name="android.intent.category.LAUNCHER" />
            </intent-filter>
        </activity>
        <activity
            android:label="查询条件"
            android:name=".ActivitySelect"
           />
        <activity
            android:label="成绩结果"
            android:name=".ActivityResult"
            />
    </application>
</manifest>
```

5.4.2　获取成绩

1)　activity_select.xml

```
<RelativeLayout
xmlns:android="http://schemas.android.com/apk/res/android"
    xmlns:tools="http://schemas.android.com/tools"
    android:layout_width="match_parent"
    android:layout_height="match_parent"
    android:orientation="vertical"
      >
     <LinearLayout
        android:layout_width="fill_parent"
        android:layout_height="wrap_content"
        android:orientation="vertical"
        android:paddingLeft="0dip" >
    <LinearLayout
        android:layout_width="fill_parent"
        android:layout_height="wrap_content"
        android:orientation="vertical"
        android:paddingLeft="0dip" >

    </LinearLayout>
     <LinearLayout
        android:layout_width="fill_parent"
        android:layout_height="wrap_content"
        android:orientation="vertical"
        android:paddingLeft="0dip" >
    <LinearLayout
                android:layout_width="match_parent"
```

```
            android:layout_height="wrap_content"
            android:layout_marginTop="10dp"
            android:orientation="vertical"
            android:layout_marginLeft="20dp"
             android:layout_marginRight="20dp"
      >
   <LinearLayout
      android:layout_width="fill_parent"
      android:layout_height="wrap_content"

      android:orientation="vertical"
      android:paddingLeft="0dip" >
          <LinearLayout
      android:layout_width="fill_parent"
      android:layout_height="wrap_content"
      android:orientation="vertical"
      android:paddingLeft="0dip" >
         </LinearLayout>
          <Spinner
         android:id="@+id/spinner_year"
         android:layout_width="fill_parent"
         android:layout_height="wrap_content"
         android:layout_marginLeft="20dp"
         android:layout_marginTop="10dp"
         android:layout_marginRight="20dp"
         />
     <RadioGroup
      android:layout_width="wrap_content"
      android:layout_height="wrap_content"
      android:orientation="horizontal">"
          <RadioButton
               android:id="@+id/set_semester1"
         android:layout_width="fill_parent"
         android:layout_height="match_parent"
         android:layout_marginLeft="20dp"
         android:state_checked="true"
          android:textColor="#222222"
         android:text="学期 1"
               />
            <RadioButton
               android:id="@+id/set_semester2"
         android:layout_width="fill_parent"
         android:layout_height="match_parent"
         android:layout_marginLeft="20dp"
          android:textColor="#222222"
         android:text="学期 2"
               />
     </RadioGroup>
  </LinearLayout>
  </LinearLayout>
   <LinearLayout
      android:id="@+id/three"
           android:layout_width="match_parent"
           android:layout_height="wrap_content"
        android:layout_marginTop="15dp"
```

```
            android:orientation="vertical"
            android:layout_marginLeft="20dp"
            android:layout_marginRight="20dp"
       >
           <RadioGroup
       android:layout width="fill parent"
       android:layout_height="wrap_content">
           <RadioButton
               android:id="@+id/find_semester1"
          android:layout_width="fill_parent"
          android:layout_height="match_parent"
          android:layout_marginLeft="20dp"

          android:state_checked="true"
           android:textColor="#222222"
          android:text="按学期查询"
               />
             <RadioButton
               android:id="@+id/find_year"
          android:layout_width="fill_parent"
          android:layout_height="match_parent"
          android:layout_marginLeft="20dp"
           android:textColor="#222222"
          android:text="按学年查询"
               />
             <RadioButton
               android:id="@+id/find_all"
          android:layout_width="fill_parent"
          android:layout_height="match_parent"
          android:layout_marginLeft="20dp"
           android:textColor="#222222"
          android:text="查询所有成绩"
               />
        </RadioGroup>
       </LinearLayout>
        <Button
       android:id="@+id/find_grade"
       android:layout_height="60dp"
       android:layout_width="match_parent"
       android:layout_marginTop="15dp"
       android:layout_marginLeft="25dp"
       android:layout_marginRight="25dp"
       android:text="查询"
       />
   </LinearLayout>
   </LinearLayout>
</RelativeLayout>
```

2)　ExplainHtml.java

```
package com.example.searchgrade.searchgrade;

import java.io.IOException;
import java.util.StringTokenizer;
import java.util.regex.Matcher;
```

```
import java.util.regex.Pattern;

/**
 * Created by zero on 2015/9/14.
 */
public class ExplainHtml {
   public String[] findNetGrade(String selectYear,String
selectSemester,int flag)
   {
      int i=1;
      String ss[]=new String[1000];
      String myUrl;
      String ksInfo="";
      String info="";
      String __VIEWSTATE="";
      StringTokenizer tokenizer = null;
      try {
         myUrl=Value.URL;
         int d=myUrl.indexOf(")");
         myUrl=myUrl.substring(0, d+1);

         ksInfo=HttpDatasend.sendGet(myUrl + "/xscj_gc.aspx?xh="
               + Value.studentNumber + "&xm=" + Value.studentName
               + "&gnmkdm=N121605");
      } catch (IOException e) {
         e.printStackTrace();
      }
      if (ksInfo != "") {
        //获取 VIEWSTATE 的值

           tokenizer = new StringTokenizer(
                 ksInfo);
            while (tokenizer.hasMoreTokens()) {
               String valueToken = tokenizer
                     .nextToken();
               // System.out.println(valueToken);
               if (StringUtil.isValue(
                     valueToken, "value")
                     && valueToken.length() > 100) {
                  if (StringUtil.getValue(
                        valueToken,
                        "value", "\"", 7)
                        .length() > 100) {
                     __VIEWSTATE = StringUtil
                           .getValue(
                                 valueToken,
                                 "value",
                                 "\"", 7);// value
                  }
               }
            }//-----------------------------------------①
      }

      try {
         __VIEWSTATE = java.net.URLEncoder.encode(__VIEWSTATE,"utf-8");
```

```
            //按学期查询
            String flagStr="";
            switch(flag)
            {
                case 1:
flagStr="&Button1=%B0%B4%D1%A7%C6%DA%B2%E9%D1%AF";break;//按学期查询
                case 2:
flagStr="&Button5=%B0%B4%D1%A7%C4%EA%B2%E9%D1%AF";break;//按学年查询
                case 3:
flagStr="&Button2=%D4%DA%D0%A3%D1%A7%CF%B0%B3%C9%BC%A8%B2%E9%D1%AF";//全部成绩
                    break;
            }//---------------------------------------------------------②
            String sendStr="__VIEWSTATE="+__VIEWSTATE+"&ddlXN=
"+selectYear+"&ddlXQ="+selectSemester+flagStr;//------------------③
  myUrl=Value.URL;

            int d=myUrl.indexOf(")");
            myUrl=myUrl.substring(0, d+1);
            info=HttpDatasend.sendPost( myUrl + "/xscj_gc.aspx?xh="
                    + Value.studentNumber + "&xm=" + Value.studentName
                    + "&gnmkdm=N121617", sendStr);
            System.out.print(info);
            ksInfo="";
            __VIEWSTATE="";

        } catch (IOException e) {
            // TODO Auto-generated catch block
            e.printStackTrace();
        }
    if(info==null)
        return null;
        if (info != "") {
          String temp = info.replaceAll("</td>",
                    "</td>\n");
            Pattern p = Pattern
                    .compile("(?<=<td>).*(?=</td>)");
            Matcher m = p.matcher(temp);
            while (m.find()
                    && (!m.group().toString()
                    .equals("补考学年"))) {
                ss[i] = m.group().toString();
                if(ss[i].equals(" "))
                    ss[i]=" ";
                i++;
            }//---------------------------------------------------④
        }
        ss[0]=String.valueOf(i);//----------------------------⑤
        return ss;
    }
}
```

代码注释：

① 使用 StringTokenizer 筛选出成绩页面中__VIEWSTATE 的值。首先调用 StringUtil 类中的 isValue()方法来判断其值是存在，再调用 getValue 方法来得到__VIEWSTATE 的值。

② flag 表示用户选择的成绩查询方式。根据用户的选择，设置不同的 POST 数据。

③ 根据学年、学期、查询方式来合成发送 POST 请求的数据。

④ 利用正则表达式筛选出成绩信息。但获取的 html 信息并没有换行符，利用 info.replaceAll("</td>","</td>\n")对筛选的内容添加换行符。筛选出来的内容保存到一维数组中。

⑤ 将数据的个数保存至数组的首个位置。

3) StringUtil.java

```
package com.example.searchgrade.searchgrade;
public class StringUtil {

    public static boolean isValue(String valueToken, String value) {
        if (valueToken.indexOf(value) != -1) {
            return true;
        }
        return false;
    }//--------------------------------------------------------⑥
    public static String getValue(String valueToken, String startString,
            String endString, int unStart) {
        int start = valueToken.indexOf(startString);
        int end = valueToken.length();
        String tempStr = valueToken.substring(start + unStart, end);
        end = tempStr.indexOf(endString, unStart);
        if (end == -1) {
            end = tempStr.length();
        }
        return tempStr.substring(0, end);
    }//--------------------------------------------------------⑦
}
```

代码注释：

⑥ 判断是否存在一个 value 值。

⑦ 返回截取的__VIEWSTATE 的值。

4) ActivitySelect.java

```
package com.example.searchgrade.searchgrade;
import java.util.Calendar;
import android.app.ProgressDialog;
import android.content.Intent;
import android.os.Bundle;
import android.os.Handler;
import android.support.v7.app.AppCompatActivity;
import android.text.format.Time;
import android.view.View;
import android.view.View.OnClickListener;
import android.widget.ArrayAdapter;
import android.widget.Button;
import android.widget.RadioButton;
import android.widget.Spinner;
import android.widget.Toast;

public class ActivitySelect extends AppCompatActivity {
```

```
    private Spinner yearSpn;
    private RadioButton find_semester;
    private RadioButton find_year;
    private RadioButton find_all;
    private RadioButton semester1Rbt;
    private RadioButton semester2Rbt;
    private Button getGradeBtn;
    private String yearStr, semesterStr;
    int selectFlag=1;
     private Handler handler = new Handler();
     String [] gradeArr = new String[1000];
     int i = 0;
     private ProgressDialog dialog = null;

    protected void onCreate(Bundle savedInstanceState) {
        super.onCreate(savedInstanceState);
        setContentView(R.layout.activity_select);
        yearSpn =(Spinner)findViewById(R.id.spinner_year);
        find_semester=(RadioButton)findViewById(R.id.find_semester1);
        find_year=(RadioButton)findViewById(R.id.find_year);
        find_all=(RadioButton)findViewById(R.id.find_all);
        getGradeBtn =(Button)findViewById(R.id.find_grade);
        semester1Rbt =(RadioButton)findViewById(R.id.set_semester1);
        semester2Rbt =(RadioButton)findViewById(R.id.set_semester2);
        getGradeBtn.setOnClickListener(findGradeOnclick);
        initInfo();
    }
    //初始化选项
    private void initInfo()
    {
        ArrayAdapter<String> adapter;
        //根据当前时间生成选项
        Time t=new Time();
        t.setToNow();
        int year=t.year;
        String[] Spstring=new String[7];
        //根据当前时间生成选择的年份
        for(int i=year-6, j=0;i<year+1&&j<7;i++,j++)
        {
            Spstring[j]=i+"-"+(i+1);
        }
        adapter=new ArrayAdapter<String>
(this,android.R.layout.simple_spinner_item,Spstring);
        adapter.setDropDownViewResource
(android.R.layout.simple_expandable_list_item_1);
        yearSpn.setAdapter(adapter);
        yearSpn.setSelection(5);
        find_semester.setChecked(true);
        Calendar calendar=Calendar.getInstance();
        //根据当前时间设置默认学期
        int mouth=calendar.get(Calendar.MONTH);
        if(mouth<10&&mouth>5)
            semester2Rbt.setChecked(true);
        else
            semester1Rbt.setChecked(true);
```

```
    }

    //响应“查询”按钮事件，获取选项
private OnClickListener findGradeOnclick=new OnClickListener() {

        @Override
        public void onClick(final View v) {
            yearStr = yearSpn.getSelectedItem().toString();
            if(semester1Rbt.isChecked())
                semesterStr ="1";
            else
            semesterStr ="2";
            if(find_semester.isChecked())
                selectFlag=1;
            if(find_year.isChecked())
                selectFlag=2;
            if(find_all.isChecked())
                selectFlag=3;
            findGrade();
        }
        };
    //获取成绩信息
    void findGrade()
    {
        dialog = ProgressDialog.show(this, "请稍等", "正在获取成绩...", true);
        new Thread(new Runnable() {

            public void run() {

        ExplainHtml explainHtml=new ExplainHtml();
          gradeArr =explainHtml.findNetGrade(yearStr,semesterStr,
selectFlag);//-------------------------------------------------⑧

        handler.post(new Runnable() {
            public void run() {
                if(gradeArr ==null||Integer.parseInt(gradeArr[0])<17)
                  {
                   Toast.makeText(ActivitySelect.this,
                            "没有此项目", Toast.LENGTH_SHORT).show();

                   return ;
                  }//------------------------------------------⑨
                 else {
                     Intent intent =new
Intent(ActivitySelect.this,ActivityResult.class);//------------⑩
                       Bundle b = new Bundle();
                       b.putStringArray("gradeArr", gradeArr);
                       b.putInt("i", Integer.parseInt(gradeArr[0]));
                     //设置标题显示方式
                     if(selectFlag==1)
                         b.putString("title", yearStr+"-"+semesterStr);
                     if(selectFlag==2)
                         b.putString("title", yearStr);
                     if(selectFlag==3)
```

```
                        b.putString("title", "在校");
                        intent.putExtras(b);
                        gradeArr =null;
                        i=0;
                        ActivitySelect.this.startActivity(intent);
                        Toast.makeText(ActivitySelect.this,
                        "点击科目可查看具体信息", Toast.LENGTH_SHORT).show();
                }
            }
        });
    dialog.dismiss();
            }
        }).start();
    }
}
```

代码注释：

⑧　调用 ExplainHtml 的 findNetGrade 方法，取得成绩的值。

⑨　对成绩数组进行判断，当数组为 Null 值或者数据个数少于 17 时，则显示错误信息。

⑩　调用 ActivityResult 类显示成绩，将成绩数组、标题通过 Bundle 传值给 Activity 类。

5.4.3　显示成绩

1)　activity_result.xml

```
<RelativeLayout
xmlns:android="http://schemas.android.com/apk/res/android"
   xmlns:tools="http://schemas.android.com/tools"
   android:layout_width="match_parent"
   android:layout_height="match_parent"
   android:orientation="vertical"
   >
   <LinearLayout
      android:layout_width="fill_parent"
      android:layout_height="wrap_content"
      android:orientation="vertical"
       >
      <LinearLayout
         android:layout_width="fill_parent"
         android:layout_height="wrap_content"
         android:orientation="vertical"
        android:background="#000000"
         android:paddingTop="10dip"
        >
         <TextView
            android:id="@+id/title"
            android:layout_width="match_parent"
            android:layout_height="match_parent"
            android:gravity="center"
            android:textColor="#eeeeee"
```

```
            android:text="成绩单"
            android:textSize="20dp"
            android:padding="10dp"
            />
    </LinearLayout>
    <LinearLayout
        android:id="@+id/three"
        android:layout_width="match_parent"
        android:layout_height="wrap_content"
        android:layout_marginLeft="20dp"
        android:orientation="vertical" >

        <LinearLayout
            android:layout_width="fill_parent"
            android:layout_height="wrap_content"
            android:orientation="vertical"
            android:paddingLeft="0dip" >
        </LinearLayout>
    </LinearLayout>

    <LinearLayout
        android:layout_width="fill_parent"
        android:layout_height="wrap_content"
        android:layout_margin="10dp"
        android:orientation="vertical" >

        <LinearLayout
            android:layout_width="fill_parent"
            android:layout_height="wrap_content"
            android:orientation="horizontal"
            android:padding="10dip" >

            <TextView
                android:layout_width="wrap_content"
                android:layout_height="wrap_content"
                android:layout_weight="4"
                android:gravity="center"
                android:text="科目"
                android:textColor="#222222"
                android:textSize="20dp" />

            <TextView
                android:layout_width="wrap_content"
                android:layout_height="wrap_content"
                android:layout_weight="1"
                android:gravity="center"
                android:text="  "
                android:textColor="#222222"
                android:textSize="10pt" />

            <TextView
                android:layout_width="wrap_content"
                android:layout_height="wrap_content"
                android:layout_weight="1"
                android:gravity="center"
```

```
                android:text="成绩"
                android:textColor="#222222"
                android:textSize="20dp" />
        </LinearLayout>
        <LinearLayout
            android:layout_width="fill_parent"
            android:layout_height="2dip"
            android:layout_marginLeft="10dp"
            android:layout_marginRight="10dp"
            android:background="#432394" >
        </LinearLayout>
        <ListView
            android:id="@+id/android:list"
            android:layout_width="fill_parent"
            android:layout_height="fill_parent"
            android:drawSelectorOnTop="false"
            android:scrollbars="vertical" />
      </LinearLayout>
   </LinearLayout>
</RelativeLayout>
```

2)　activity_result_child.xml

```
<?xml version="1.0" encoding="utf-8"?>
<LinearLayout xmlns:android="http://schemas.android.com/apk/res/android"
   android:orientation="horizontal"
   android:layout_width="fill_parent"
   android:layout_height="fill_parent"
   >
<LinearLayout
    android:layout_width="fill_parent"
      android:layout_height="fill_parent"
      android:orientation="horizontal"
      android:padding="10dip"
   >
   <TextView
      android:id="@+id/subject"
     android:layout_width="140dip"
     android:layout_height="wrap_content"
     android:singleLine="true"
      android:textSize="18dp"
      android:layout_weight="4"
      android:textColor="#222222"
      />

   <TextView
      android:id="@+id/credit"
      android:layout_width="wrap_content"
      android:layout_height="wrap_content"
      android:textSize="18dp"
      android:layout_weight="1"
      />
   <TextView
      android:id="@+id/grade"
      android:layout_width="wrap_content"
```

```
        android:layout_height="wrap_content"
        android:textSize="18dp"
        android:layout_weight="1"
        android:textColor="#333333"
        />
    </LinearLayout>
</LinearLayout>
```

3) ActivityResult.java

```
package com.example.searchgrade.searchgrade;
import java.util.ArrayList;
import java.util.HashMap;
import android.app.AlertDialog;
import android.app.ListActivity;
import android.content.DialogInterface;
import android.os.Bundle;
import android.view.View;
import android.widget.ListView;
import android.widget.SimpleAdapter;
import android.widget.TextView;

public class ActivityResult extends ListActivity{
    private TextView title;
    private String titleStr;
    String [] gradeArr =new String[1000];
    int gradeCount=0;
    int countSubject=0;
    public void onCreate(Bundle savedInstanceState)
    {
        super.onCreate(savedInstanceState);

        setContentView(R.layout.activity_result);
        title=(TextView)findViewById(R.id.title);
        InitInfo();
    }

    private void InitInfo()
    {
        //获取传过来的成绩
        Bundle bundle=this.getIntent().getExtras();
        gradeArr =bundle.getStringArray("gradeArr");
        //设置标题文字
        titleStr=bundle.getString("title");
        title.setText(titleStr+" 成绩单");
        //获取个数
        gradeCount =bundle.getInt("i");
        ArrayList<HashMap<String, String>> list = new
ArrayList<HashMap<String, String>>();
        int i=0;
        int count=15+1;
        if(titleStr.equals("在校"))
            count=14+1;
        i+=count;
            for(;i< gradeCount &&i<1500;i+=(count-1))
```

```
            {
                HashMap<String, String> map = new HashMap<String,
String>();
                map.put("subject", gradeArr[i + 3]);
                map.put("credit", " ");
                if(titleStr.equals("在校"))
                map.put("grade", gradeArr[i + 7]);
                else
                    map.put("grade", gradeArr[i + 8]);
                countSubject++;
                list.add(map);
            }//-----------------------------------------------①
        SimpleAdapter listAdapter = new SimpleAdapter(this, list,
R.layout.activity_result_child, new String[]{"subject",
"credit","grade"},
                new int[]{R.id.subject, R.id.credit,R.id.grade});
        setListAdapter(listAdapter);
    }//----------------------------------------------------②
    protected void onListItemClick(ListView l, View v, int position,
long id) {

        super.onListItemClick(l, v, position, id);
        System.out.println("position" + position);
        System.out.println("id" + id);
        String temp[]=null;
        int selectCount=14;
            temp = new String[14];
        if(!titleStr.equals("在校"))
            selectCount=15;
        temp = new String[15];
        try{
            for (int i = 0; i < selectCount; i++) {
                temp[i] = gradeArr[i+1]+": "+ gradeArr[(position +1)*
selectCount + i+1].replaceAll(" ", "");

            }
            AlertDialog.Builder builder = new AlertDialog.Builder(this);
            builder.setTitle(gradeArr[(position+1)*selectCount+4]);
            builder.setItems(temp,null);
            builder.setPositiveButton("关闭窗口", new
DialogInterface.OnClickListener() {
                public void onClick(DialogInterface dialog, int which) {
                    // TODO Auto-generated method stub
                }

            });
            builder.create().show();
        }//-----------------------------------------------①
        catch(Exception e)
        {
        }
    }

}
```

代码注释：

① 因为“学期或学年成绩”与“所有成绩”的数据排序规律不一样，因此在填充数据时需要做一个判断，根据数据在数组中的位置来填充。“学期或学年成绩”下标 1 至 16 为标题，其于为标题所对应的数据；“所有成绩”下标 1 至 15 为标题，其于为标题所对应的数据。

② 响应用户点击列表事件，根据用户点击的坐标，得出当前数据的条目，将其填充至对话框中显示。

5.5 程序的运行与发布

5.5.1 运行程序

(1) 运行环境设置。

如果选择在 PC 上进行调试，请在 PC 上安装好手机的驱动程序，并在 PC 上的手机界面中调置“开发者选项”，以允许进行 USB 调试。打开 PC 上的手机界面中的 USB 调试，如图 5.12 所示。

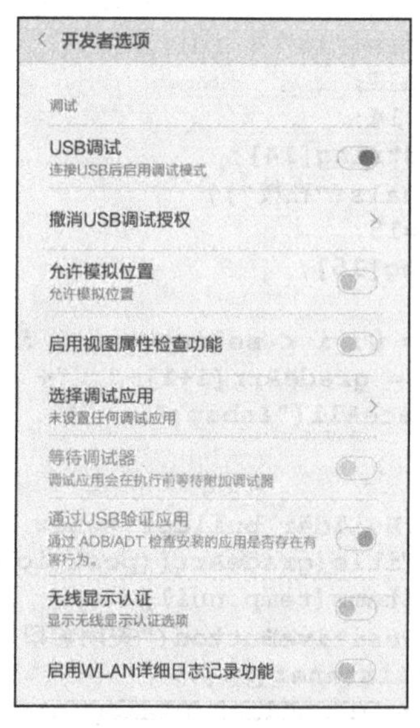

图 5.12 打开 Genymotion 模拟器

执行 Run→Run ‘app’ 菜单命令，在如图 5.13 所示的界面中选择一个运行的设备，单击 OK 按钮开始运行。

(2) 成功运行之后，输入学号和密码，单击“登录”按钮，开始登录系统，如图 5.14 所示。

(3) 成功登录之后，登录界面如图 5.15 所示。

选择查看的学年和学期，选择查询的方式(按学期查询、按学年查询或查询所有成绩)，成绩查询结果如图 5.16 所示。

点击科目可以查看具体的成绩信息。科目的具体成绩信息查询结果如图 5.17 所示。

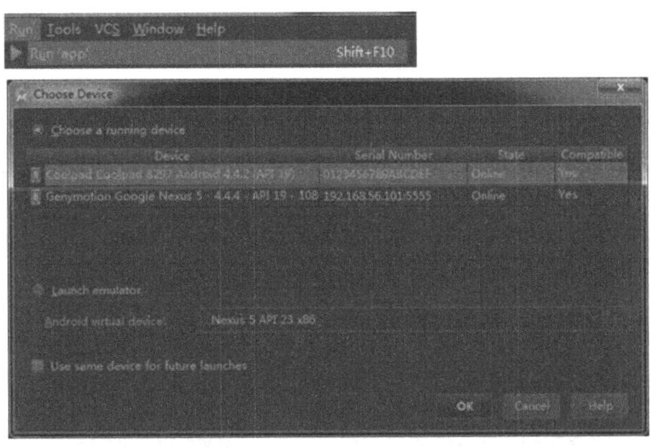

图 5.13　选择运行的设备

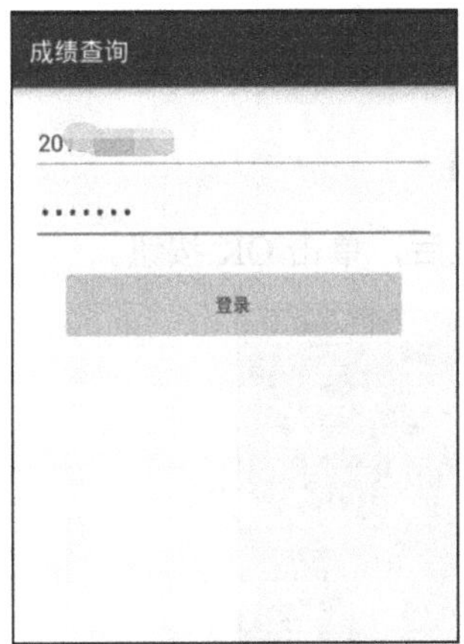

图 5.14　成绩查询 APP 登录界面

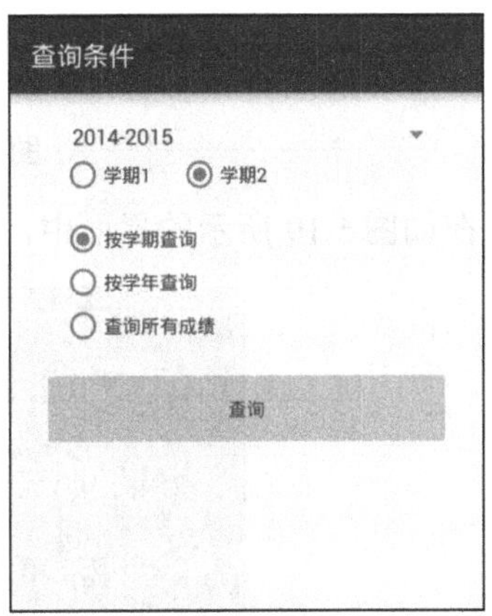

图 5.15　选择查询条件

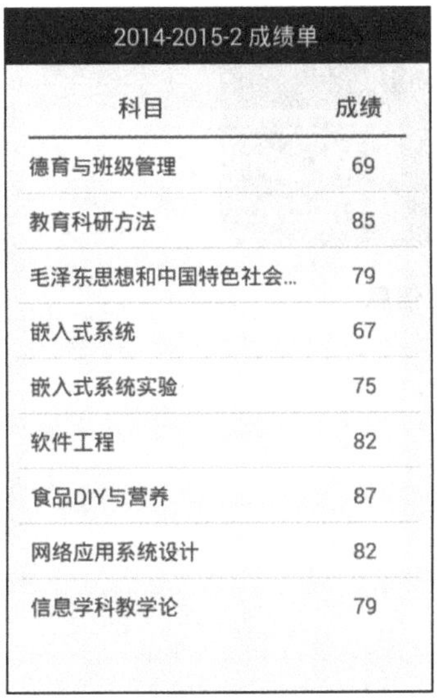

2014-2015-2 成绩单

科目	成绩
德育与班级管理	69
教育科研方法	85
毛泽东思想和中国特色社会...	79
嵌入式系统	67
嵌入式系统实验	75
软件工程	82
食品DIY与营养	87
网络应用系统设计	82
信息学科教学论	79

图 5.16　成绩查询结果

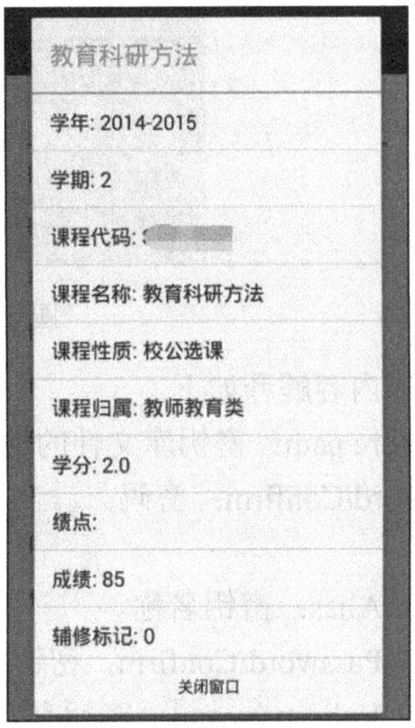

教育科研方法

学年: 2014-2015

学期: 2

课程代码:

课程名称: 教育科研方法

课程性质: 校公选课

课程归属: 教师教育类

学分: 2.0

绩点:

成绩: 85

辅修标记: 0

关闭窗口

图 5.17　查看具体科目的信息

5.5.2 发布程序

(1) 选择 Build→Generate Signed APK...菜单命令，在如图 5.18 所示的窗口中，单击 CreateNew 按钮，如果先前已经导出过 APK，则单击 Choose existing 按钮。

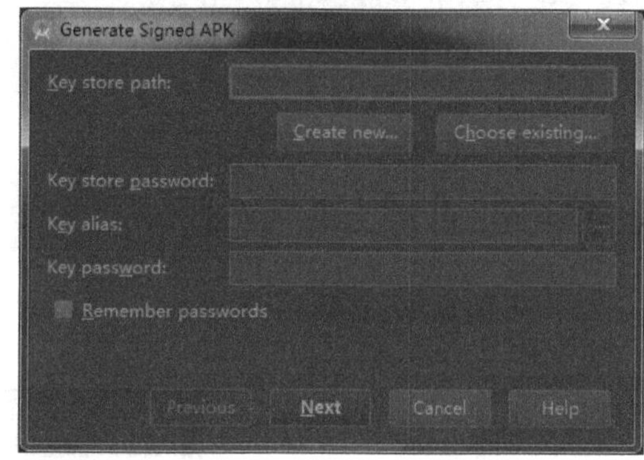

图 5.18 导出 APK 选项

(2) 在如图 5.19 所示的界面中，将信息补充完整之后，单击 OK 按钮。

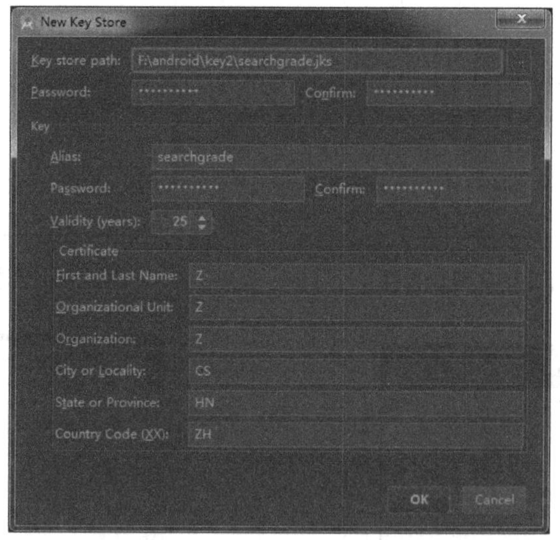

图 5.19 填写 Key Store 信息

填写的内容解释如下。

Key store path：密钥库文件的地址。

Password/Confirm：密码。

Key：

　　Alias：密钥名称。

　　Password/Confirm：密钥密码。

　　Validity(years)：密钥有效时间。

　　First and Last Name：密钥颁发者姓名。

Organizational Unit：密钥颁发组织。

City or Locality：城市。

State or Province：省。

Country Code(XX)：国家。

在如图 5.20 所示的界面中，把信息填写完成后，单击 Next 按钮。

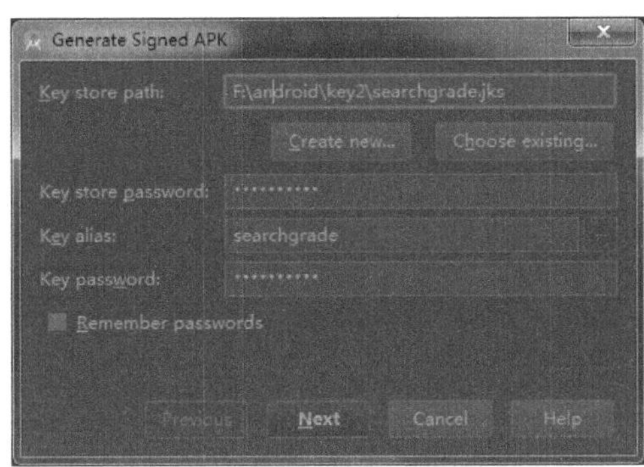

图 5.20　Key Store 信息填写完毕

在如图 5.21 所示的界面中，单击 Finish 按钮，完成 APK 的导出。这样就会在密钥的目录下生成一个 APK 文件。

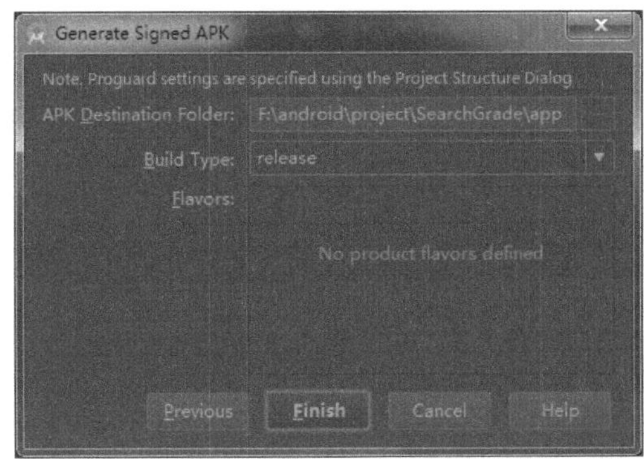

图 5.21　APK 导出完成

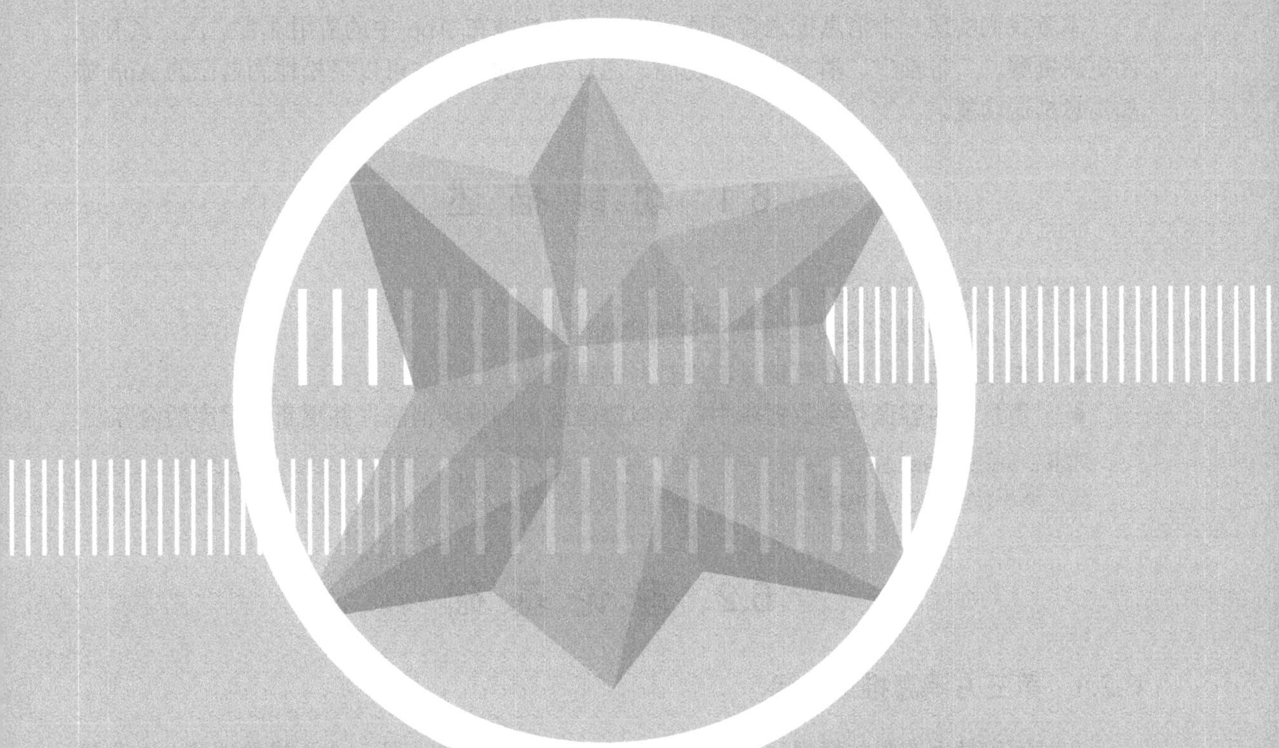

第6章

消息推送APP设计

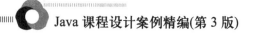

本章我们实现一个消息推送管理器。消息推送功能在 App 中的应用非常广泛，具有软件更新提醒、广告推广、消息提示的功能。通过本章的学习，可以轻松地为自己的 App 添加消息推送功能。

6.1 功能描述

本案例主要包括以下功能。

- 在 App 端接收网页管理端发送的推送消息。
- 如果推送消息中含有链接，则打开链接页面。
- 消息的内容保存到数据库中，可以删除选定的推送消息，并更新数据库的内容。

```
工具：AndroidStudio
SDK 版本：API15:Android 4.0.3
```

6.2 理论基础

6.2.1 第三方消息推送平台

在时间和精力有限的情况下，选择第三方消息推送平台，是一个不错的选择，并且第三方平台还提供了丰富的数据统计功能，便于开发者分析。

本例我们选择 JPush 第三方消息推送平台，官方的网址为 https://www.jpush.cn/。

6.2.2 AppKey 申请

使用 JPush 的消息推送服务，需要申请 AppKey。

成功申请账号之后，进入个人主页，在图 6.1 所示的界面中选择“创建应用”选项。

图 6.1 创建应用

在图 6.2 所示的界面中，填写应用名称、应用图标、应用包名，即可生成一个可使用的 AppKey，如图 6.3 所示。

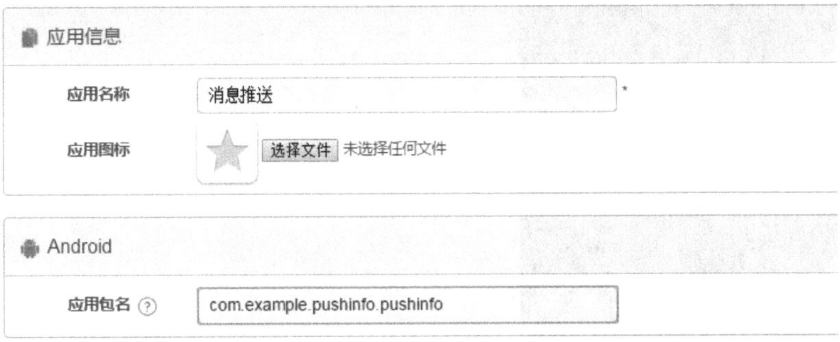

图 6.2　填写应用名称

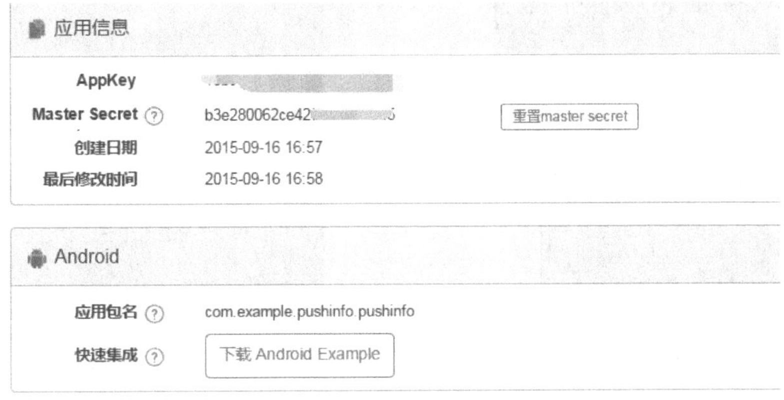

图 6.3　获取 AppKey

应用包名(Package Name)可以在工程中的 AndroidManifest.xml 文件中查看，如图 6.4 所示。

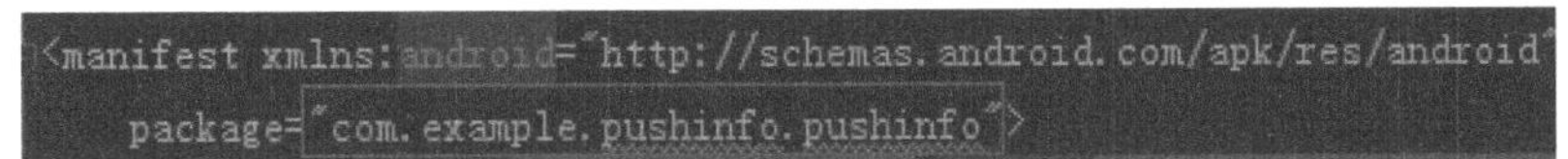

图 6.4　获取应用包名

6.2.3　导入 SDK 开发包

(1) 在官网下载最新的 SDK 开发包，下载地址为 http://docs.jpush.io/resources/。

(2) 将 libs/jpush-sdk-release1.x.y.jar 复制到 app\libs 目录下，将其他三个文件夹复制到 app/src/main/jniLibs 目录下，此时目录结构如图 6.5 所示。

(3) 选中导入的 jpush-sdk-release1.x.y.jar 文件并右击，在弹出的快捷菜单中选择 Add As Library...命令，弹出 Create Library 窗口中，单击 OK 按钮，如图 6.6 和图 6.7 所示。

成功添加后的目录结构如图 6.8 所示。

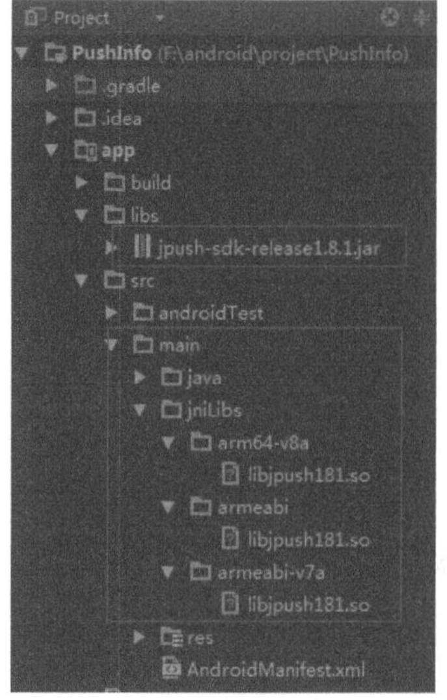

图 6.5　添加 SDK 之后的文件目录结构

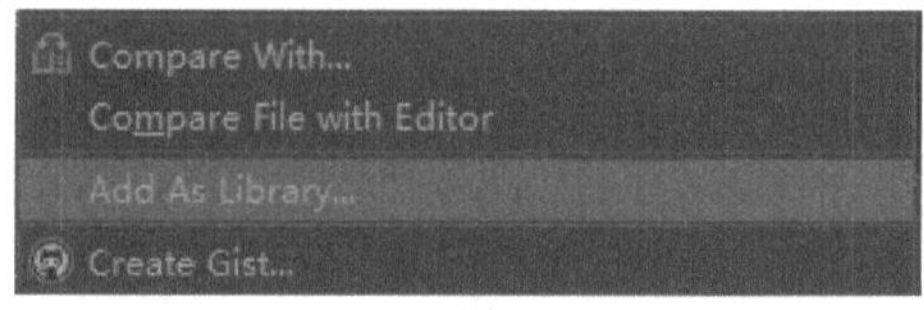

图 6.6　选择 Add As Library...命令

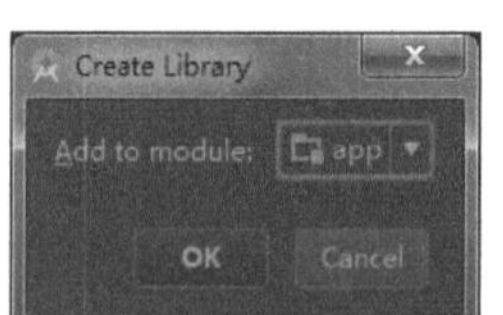

图 6.7　Create Library 窗口

图 6.8　目录结构

(4) 在 AndroidStudio 编译环境中，有时可能不能正确加载 SDK 中的.so 文件，这时就需要手动添加.so 文件。打开 app/build.gradle 文件，添加如下内容：

```
android{
…
sourceSets.main {
        jniLibs.srcDir 'src/main/jniLibs'
    }
}
dependencies {
    compile fileTree(include: ['*.jar'], dir: 'libs')
    compile fileTree(include: ['**.*'], dir: 'libs')
    compile files('libs/jpush-sdk-release1.8.1.jar')
}
```

6.2.4　配置 AndroidManifest.xml

可根据下面两个步骤来配置 AndroidManifest.xml。可根据 SDK 中的 AndroidManifest.xml 文件，来配置工程的 AndroidManifest.xml 文件。

(1) 复制 SDK 中的 Android Manifest.xml 文件中的备注为 Required 的部分到工程的 AndroidManifest.xml 相应部分，将复制文档中的“您应用的包名”文本，替换为当前应用程序的包名。

复制的部分代码：

```
<!-- Required -->
   <permission android:name="您应用的包名.permission.JPUSH_MESSAGE"
android:protectionLevel="signature" />
   <!-- Required -->
   <uses-permission android:name="You Package.permission.JPUSH_MESSAGE" />
   <uses-permission
android:name="android.permission.RECEIVE_USER_PRESENT" />
   <uses-permission android:name="android.permission.INTERNET" />
   <uses-permission android:name="android.permission.WAKE_LOCK" />
   <uses-permission android:name="android.permission.READ_PHONE_STATE" />
   <uses-permission
android:name="android.permission.WRITE_EXTERNAL_STORAGE" />
   <uses-permission
android:name="android.permission.READ_EXTERNAL_STORAGE" />
   <uses-permission android:name="android.permission.VIBRATE" />
   <uses-permission
android:name="android.permission.MOUNT_UNMOUNT_FILESYSTEMS" />
   <uses-permission
android:name="android.permission.ACCESS_NETWORK_STATE" />
   <uses-permission android:name="android.permission.WRITE_SETTINGS" />
```

(2) 将工程的 AndroidManifest.xml 文件中的 AppKey 替换为先前申请的 AppKey 部分代码：

```
<meta-data android:name="JPUSH_APPKEY" android:value="Your AppKey"/>
```

程序执行时的安全权限需要在 AndroidManifest.xml 文件中进行说明，格式列表如表 6.1 所示。

表 6.1　权限说明格式列表

You Package.permission.JPUSH_MESSAGE	官方定义的权限，允许应用接收 JPUSH 内部代码发送的广播消息
RECEIVE_USER_PRESENT	允许应用接收点亮屏幕或解锁广播
INTERNET	允许应用访问网络
WAKE_LOCK	允许应用在手机屏幕关闭后仍然在后台进行运行
READ_PHONE_STATE	允许应用访问手机状态
WRITE_EXTERNAL_STORAGE	允许应用写入外部存储
READ_EXTERNAL_STORAGE	允许应用读取外部存储
WRITE_SETTINGS	允许应用读写系统设置项
VIBRATE	允许应用震动
MOUNT_UNMOUNT_FILESYSTEMS	允许应用挂载/卸载外部文件系统
ACCESS_NETWORK_STATE	允许应用获取网络信息状态，如当前的网络连接是否有效
SYSTEM_ALERT_WINDOW	允许应用显示系统窗口，位于显示的顶层

6.2.5 SQLite

SQLite 是一款轻型的数据库，是遵守 ACID 的关系型数据库管理系统，由于其占用资源少，运行的内存相对较小，因此被应用于很多嵌入式产品中。

Android、iPhone 等主流设备都使用 SQLite 作为复杂数据的存储引擎，当我们开发应用程序时，可以使用 SQLite 来存储大量的数据。

在 Android 平台，系统内置了丰富的 API 供开发人员操作 SQLite，可以轻松地完成对数据的存取。

SQLiteDatabase 的常用方法如下。

1) 打开或创建数据库

```
openOrCreateDatabase(String path,SQLiteDatabase.CursorFactory  factory)
```

path：数据库的存储路径。

factory：表游标对象，一般设置为 null 值。

使用示例：

```
db=SQLiteDatabase.openOrCreateDatabase("/data/data/com.pushInfo.db/datab
ases/test.db",null);
```

2) 插入记录

```
insert(String table,String nullColumnHack,ContentValues  values);
```

table：表示当前操作的数据表名。

nullColumnHack：当 values 参数为空或者里面没有内容的时候，插入操作就会失败(底层数据库不允许插入一个空行)，为了防止这种情况，我们要在这里指定一个列名，在发现将要插入的行为空行时，就会将指定的这个列名的值设为 null，然后再向数据库中插入。

Values：采用键值对存储数据库内容的对象。

【实例 6.1】在表 user(假设已有字段 name 和 password)中插入一条数据。

```
ContentValues values=new new ContentValues();
values.put("name", "zero");
values.put("password", "zero'spassword");
insert("user", null, values);
```

3) 删除一条记录

```
delete(String table,String whereClause,String[]  whereArgs)
```

table：表名。

whereClause：表示查询定位的要求。

whereArgs：whereClause 参数的补充。

【实例 6.2】删除 user 表中 name 字段值为 zero 的数据。

```
delete("user","name=?",new String[]{"zero"});
```

4)　查询一条记录

```
query(String table,String[] columns,String selection,String[]
selectionArgs,String groupBy,String having,String  orderBy)
```

table：表名

columns：选择的列范围。

selection：where 子句，声明要返回的行的要求，如果为空则返回表的所有行。

selectionArgs：where 子句对象的条件值。

groupBy：分组方式，若为空则不分组。

having：having 条件，若为空则返回全部。

orderBy：排序方式，为空则为默认排序方式。

【实例 6.3】查找 user 表中 name 字段值为 zero 的所有数据。

```
ContentValues values = new ContentValues();
query("user", new String[] { "name","password" },"name=?", new
String[]{"zero"}, null,null, null, null);
```

5)　修改记录

```
update(String table,ContentValues values,String whereClause,String[]
whereArgs)
```

【实例 6.4】将表 user 中的 name 字段值 zero 改为 hero，同条数据中的 password 值修改为“hero'spassword”。

```
ContentValues values = new ContentValues();
Values.put("name","hero");
values.put("password", "hero'spassword");
String[] args = {String.valueOf("a")};
update("user", values, "username=?",new String[]{"name"})
```

6)　执行 SQL 语句

```
execSQL(String sql)
```

【实例 6.5】创建一张 user 表，包含 name 和 password 字段。

```
execSQL("create table user(name varchar(10),password varchar(20))");
```

7)　关闭数据库

```
db.close();//db 为数据库操作对象
```

6.2.6　BaseAdapter 的应用

在第 5 章案例中，我们学习了 Listview 中 SimpleAdapter 的应用，如果我们需要在 Listview 中添加一些其他类型的数据，例如在 Listview 中添加按钮，实现更为强大的功能，就会用到 BaseAdapter。

BaseAdapter 是一个抽象类，继承 BaseAdapter 类就必须重写它的方法。

getCount()：返回 Listview 的长度。

getView()：绘制 Listview，绘制的行数由 getCount()函数返回。

getItem()：获取 Adapter 数据项。

getID()：获取 Adapter 的 ID，如果当前行为 1，则 ID 为 0。

6.3 总体设计

6.3.1 数据库设计

新建 DatabaseHelper 类，继承于 SQLiteOpenHelper 类。在里面创建一个存储信息的表 manageinfo，在表中添加一个字段 varchar，字符个数为 200。

6.3.2 消息处理

新建 MyReceiver 类，当 App 接收到管理端发送的消息之后，对不同的消息类型进行不同的处理，并且调用 DatabaseHelper 类，将推送消息保存到数据库中。

当用户点击推送消息之后，将检测接收的消息有无链接，有链接则打开网页页面，之后调用 MainActivity 类跳转到消息管理界面。

MyReceiver.java 初始文件可以在官方的 Demo 中拷贝。

6.3.3 消息管理

1) activity_main.xml

一个 Listveiw 控件用来显示推送的内容，一个“全选”按钮 button，一个“删除”按钮 button。

2) listview_item_layout.xml

对 activity_main.xml 中的 Listview 控件中的内容进行的布局，包括一个用于显示单条消息的 TextView 控件，一个用于显示选定按钮的 CheckBox 控件。

3) checkbox_checked_style.xml

控制 listview_item_layout.xml 中的 CheckBox 的显示状态，有两种显示状态，未选中状态调用的图片是 drawable/checkbox_default.png，选中状态调用的图片是 drawable/checkbox_checked.png。

4) DemoBean.java

保存数据的类，里面保存了 ListView 中的文本内容与是否允许删除标记。

5) MyAdapter.java

一个继承于 BaseAdapter 的类，重写 BaseAdapter 中的方法，初始化 ListView 中的数据。

6) MainActivity.java

调用 DatabaseHelper 类创建数据库或读取数据库中的内容，将数据库的内容初始化，在 ListView 中显示出来，在里面实现全选和删除的功能，再更新数据库中的内容。

6.4 代码实现

6.4.1 数据库设计

DatabaseHelper.java 中的代码如下：

```
package com.example.pushinfo.pushinfo;
import android.content.Context;
import android.database.sqlite.SQLiteDatabase;
import android.database.sqlite.SQLiteDatabase.CursorFactory;
import android.database.sqlite.SQLiteOpenHelper;
public class DatabaseHelper extends SQLiteOpenHelper {
public DatabaseHelper(Context context, String name, CursorFactory
factory,
                         int version) {
        super(context, name, factory, version);
        // TODO Auto-generated constructor stub
    }
    @Override
    public void onCreate(SQLiteDatabase db) {
        // TODO Auto-generated method stub
        System.out.println("create a sqlite database");
        db.execSQL("create table manageinfo(valueStr varchar(200))");
    }//--------------------------------------------------------------①
    @Override
    public void onUpgrade(SQLiteDatabase db, int oldVersion, int
newVersion) {
        // TODO Auto-generated method stub
    }//-------------------------------------------------------------②
}
```

代码注释：

① 当使用 DatabaseHelper 类初始化对象时，将判断数据库是否存在，如果不存在则新建一个数据库；如果数据库存在，则直接返回一个操作对象。

② 更新数据库版本时所做的处理，在这里没有添加任何操作。

6.4.2 消息处理

MyReceiver.java 中的代码如下：

```
package com.example.pushinfo.pushinfo;
import android.content.BroadcastReceiver;
import android.content.ContentValues;
import android.content.Context;
import android.content.Intent;
import android.database.sqlite.SQLiteDatabase;
import android.net.Uri;
import android.os.Bundle;
import android.util.Log;
import cn.jpush.android.api.JPushInterface;
/**
```

```
 * 自定义接收器
 *
 * 如果不定义这个 Receiver，则:
 * 1) 默认用户会打开主界面
 * 2) 接收不到自定义消息
 */
public class MyReceiver extends BroadcastReceiver {
    private static final String TAG = "JPush";
    String title=null;
    private Context context;
    private boolean saveFlag=true;
    @Override
    public void onReceive(Context context, Intent intent) {
        Bundle bundle = intent.getExtras();
        this.context=context;
        title = bundle.getString(JPushInterface.EXTRA_ALERT);
       //-------------------------------------------------①
         Log.d(TAG, "[MyReceiver] onReceive - " + intent.getAction() + ",
extras: " + printBundle(bundle));

        if (JPushInterface.ACTION_REGISTRATION_ID.equals(intent.getAction())) {
            String regId = bundle.getString(JPushInterface.EXTRA_REGISTRATION_ID);
            Log.d(TAG, "[MyReceiver] 接收Registration Id : " + regId);
            //send the Registration Id to your server...

        } else if (JPushInterface.ACTION_MESSAGE_RECEIVED.equals
(intent.getAction())) {
         Log.d(TAG, "[MyReceiver] 接收到推送下来的自定义消息: " +
bundle.getString(JPushInterface.EXTRA_MESSAGE));
         //processCustomMessage(context, bundle);

        } else if (JPushInterface.ACTION_NOTIFICATION_RECEIVED.equals
(intent.getAction())) {
            Log.d(TAG, "[MyReceiver] 接收到推送下来的通知");
            int notifactionId =
bundle.getInt(JPushInterface.EXTRA_NOTIFICATION_ID);
            Log.d(TAG, "[MyReceiver] 接收到推送下来的通知的 ID: " +
notifactionId);

        } else if (JPushInterface.ACTION_NOTIFICATION_OPENED.equals
(intent.getAction())) {
            Log.d(TAG, "[MyReceiver] 用户点击打开了通知");
            //内容已经存储过一次，将 savaFlag 设置为 false
              saveFlag=false;
              //启动消息管理的 Activity
            Intent i = new Intent(context, MainActivity.class);
         i.setFlags(Intent.FLAG_ACTIVITY_NEW_TASK);
         i.setFlags(Intent.FLAG_ACTIVITY_NEW_TASK |
Intent.FLAG_ACTIVITY_CLEAR_TOP );
         context.startActivity(i);
         //查找推送消息中是否含用链接
         String URIString=findURI(title);
            if(URIString!=null)
            {
```

```
                //打开链接页面
              Uri uri = Uri.parse(URIString);
              Intent intent2 = new Intent(Intent.ACTION_VIEW, uri);
              intent2.setFlags(Intent.FLAG_ACTIVITY_NEW_TASK);
              intent2.setFlags(Intent.FLAG_ACTIVITY_NEW_TASK |
Intent.FLAG_ACTIVITY_CLEAR_TOP );
              context.startActivity(intent2);
          }//--------------------------------------------②

      } else if
(JPushInterface.ACTION_RICHPUSH_CALLBACK.equals(intent.getAction())) {
          Log.d(TAG, "[MyReceiver] 用户收到RICH PUSH CALLBACK: " +
bundle.getString(JPushInterface.EXTRA_EXTRA));
            //在这里根据 JPushInterface.EXTRA_EXTRA 的内容处理代码，比如打开新
的 Activity， 打开一个网页等

      } else
if(JPushInterface.ACTION_CONNECTION_CHANGE.equals(intent.getAction())) {
        boolean connected =
intent.getBooleanExtra(JPushInterface.EXTRA_CONNECTION_CHANGE, false);
        Log.w(TAG, "[MyReceiver]" + intent.getAction() +" connected
state change to "+connected);
      } else {
        Log.d(TAG, "[MyReceiver] Unhandled intent - " +
intent.getAction());
      }
      if(title!=null&&title!=""&&saveFlag)
         saveInfoToDatabase();//---------------------------③
   }

   //打印所有的 intent extra 数据
   private static String printBundle(Bundle bundle) {
       StringBuilder sb = new StringBuilder();
       for (String key : bundle.keySet()) {
           if (key.equals(JPushInterface.EXTRA_NOTIFICATION_ID)) {
               sb.append("\nkey:" + key + ", value:" + bundle.getInt(key));
           }else if(key.equals(JPushInterface.EXTRA_CONNECTION_CHANGE)){
               sb.append("\nkey:" + key + ", value:" + bundle.getBoolean(key));
           }
           else {
               sb.append("\nkey:" + key + ", value:" + bundle.getString(key));
           }
       }
       return sb.toString();
   }


   /**
    * 存储数据至数据库
    */
   private void saveInfoToDatabase()
   {
       ContentValues values = new ContentValues();
       values.put("valueStr", title);
```

```
        DatabaseHelper database_helper =  new DatabaseHelper
(this.context, "pushinfo.db",null,1);
        SQLiteDatabase db = database_helper.getWritableDatabase();
          //得到一个可写的数据库

        try{
      db.insert("manageinfo", null, values);
      //ToastUtil.show(this.context, "sucess");

            }
        catch(Exception e){
            // ToastUtil.show(this.context, "save to database failed.");
        }
        db.close();

    }

    //查找内容是否含有链接
    String findURI(String URI)
    {
        int index=URI.indexOf("http:");
        if(index>=0)
        {
            String tempString=URI.substring(index, URI.length());
            System.out.println(tempString);
            return tempString;
        }
        else
        return null;
    }

}

}
```

代码注释：

① 获取当前消息的内容。

② 当用户打开消息之后，跳转至 MainActivy。调用 findURL 方法检查消息中是否含有链接，如果含有链接，则跳转到链接页面。

③ 接收到消息之后，调用 saveInfoToDatabase 方法将消息存储至数据库中。

6.4.3 消息管理

(1) Activity_main.xml 中的代码如下：

```
<?xml version="1.0" encoding="utf-8"?>
<LinearLayout xmlns:android="http://schemas.android.com/apk/res/android"
   xmlns:tools="http://schemas.android.com/tools"
   android:layout_width="match_parent"
   android:layout_height="match_parent"
   android:orientation="vertical"
 >
   <LinearLayout
```

```
        android:layout_width="match_parent"
        android:layout_height="0px"
        android:layout_weight="1"
        >
        <ListView
            android:id="@+id/lvListView"
            android:layout_width="match_parent"
            android:layout_height="match_parent"
            android:divider="#DADBDA"
            android:dividerHeight="1px"
            android:cacheColorHint="#00000000"
            android:fadingEdge="none" >
        </ListView>
    </LinearLayout>
    <View
        android:layout_width="match_parent"
        android:layout_height="1px"
        android:background="#DADBDA" />
    <LinearLayout
        android:layout_width="match_parent"
        android:layout_height="45dp"
        android:layout_alignParentBottom="true"
        android:gravity="center_vertical"
        android:orientation="horizontal" >
        <Button
            android:id="@+id/btnDelete"
            android:layout_width="0px"
            android:layout_height="match_parent"
            android:layout_weight="1"
            android:text="删除"
            android:textSize="16dp" />
        <Button
            android:id="@+id/btnSelectAll"
            android:layout_width="0px"
            android:layout_height="match_parent"
            android:layout_weight="1"
            android:text="全选"
            android:textSize="16dp" />
    </LinearLayout>
</LinearLayout>
```

(2) listview_item_layout.xml 中的代码如下：

```
<?xml version="1.0" encoding="utf-8"?>
<!-- 检查单位 item 布局 -->
<LinearLayout xmlns:android="http://schemas.android.com/apk/res/android"
    android:layout_width="fill_parent"
    android:layout_height="wrap_content"
    android:background="@drawable/listview_item_pressed_style"
    android:gravity="center_vertical"
    android:paddingBottom="5dp"
    android:paddingLeft="8dp"
    android:paddingRight="2dp"
    android:paddingTop="5dp" >
    <TextView
```

```
        android:id="@+id/tvTitle"
        android:layout_width="0px"
        android:layout_height="wrap_content"
        android:layout_weight="7"
        android:clickable="false"
        android:padding="4dp"
        android:textSize="20dp" />
    <CheckBox
        android:id="@+id/cbCheckBox"
        android:layout_width="0px"
        android:layout_height="wrap_content"
        android:layout_weight="1"
        android:button="@drawable/checkbox_checked_style"
        android:focusable="false" />

</LinearLayout>
```

(3) listview_item_layout.xml 中的代码如下：

```
<?xml version="1.0" encoding="utf-8"?>
<selector xmlns:android="http://schemas.android.com/apk/res/android">
    <item android:drawable="@drawable/checkbox_checked"
android:state_checked="true"></item>
    <item android:drawable="@drawable/checkbox_default"
android:state_checked="false"></item>
</selector>
```

(4) DemoBean.java 中的代码如下：

```
package com.example.pushinfo.pushinfo;

public class DemoBean {
    private String title;
    /**
     * 标识是否可以删除
     */
    private boolean canRemove = true;
    public String getTitle() {
        return title;
    }
    public void setTitle(String title) {
        this.title = title;
    }
    public boolean isCanRemove() {
        return canRemove;
    }
    public void setCanRemove(boolean canRemove) {
        this.canRemove = canRemove;
    }
    public DemoBean(String title, boolean canRemove) {
        this.title = title;
        this.canRemove = canRemove;
    }
    public DemoBean() {
    }

}
```

DemoBean 类通过构造器初始化数据，getTitle 方法返回当前内容，setTitle 方法设置当前内容，isCanRemove 方法返回数据是否允许删除的消息，setCanRemove 设置数据是否允许删除。

(5) MyAdapter.java 中的代码如下：

```
package com.example.pushinfo.pushinfo;
    import java.util.HashMap;
    import java.util.List;
    import java.util.Map;
    import android.content.Context;
    import android.view.LayoutInflater;
    import android.view.View;
    import android.view.ViewGroup;
    import android.widget.BaseAdapter;
    import android.widget.CheckBox;
    import android.widget.CompoundButton;
    import android.widget.CompoundButton.OnCheckedChangeListener;
    import android.widget.TextView;

public class MyAdapter extends BaseAdapter {

    /**
     * 上下文对象
     */
    private Context context = null;

    /**
     * 数据集合
     */
    private List<DemoBean> datas = null;

    /**
     * CheckBox 用于选择存储集合,key 是 position, value 的值表明该position 是否选中
     */
    private Map<Integer, Boolean> isCheckMap = new HashMap<Integer,
Boolean>();

    public MyAdapter(Context context, List<DemoBean> datas) {
        this.datas = datas;
        this.context = context;
        // 默认没有选中
        configCheckMap(false);
    }//---------------------------------------------------①

    /**
     * 首先,默认情况下,所有项目都是没有选中的。这里进行初始化
     */
    public void configCheckMap(boolean bool) {

        for (int i = 0; i < datas.size(); i++) {
            isCheckMap.put(i, bool);
        }
    }//---------------------------------------------------②
```

```
    @Override
    public int getCount() {
        return datas == null ? 0 : datas.size();
    }

    @Override
    public Object getItem(int position) {
        return datas.get(position);
    }

    @Override
    public long getItemId(int position) {
        return 0;
    }

    @Override
    public View getView(final int position, View convertView, ViewGroup
parent) {//--------------------------------------------------------③

        ViewGroup layout = null;

        /**
         * 进行 ListView 的优化
         */
        if (convertView == null) {
            layout = (ViewGroup) LayoutInflater.from(context).inflate(
                    R.layout.listview_item_layout, parent, false);
        } else {
            layout = (ViewGroup) convertView;
        }

        DemoBean bean = datas.get(position);

        /*
         * 获知该 item 是否允许删除
         */
        boolean canRemove = bean.isCanRemove();

        /*
         * 设置每一个 item 的文本
         */
        TextView tvTitle = (TextView) layout.findViewById(R.id.tvTitle);
        tvTitle.setText(bean.getTitle());

        /*
         * 获得单选按钮
         */
        CheckBox cbCheck = (CheckBox) layout.findViewById(R.id.cbCheckBox);

        /*
         * 设置单选按钮的选中
         */
        cbCheck.setOnCheckedChangeListener(new OnCheckedChangeListener() {
```

```
        @Override
        public void onCheckedChanged(CompoundButton buttonView,
                                     boolean isChecked) {

            /*
             * 将选择项加载到 map 里面寄存
             */
            isCheckMap.put(position, isChecked);
        }
    });//-----------------------------------------------------④

    if (!canRemove) {
        // 隐藏单选按钮,因为是不可删除的
        cbCheck.setVisibility(View.GONE);
        cbCheck.setChecked(false);
    } else {
        cbCheck.setVisibility(View.VISIBLE);

        if (isCheckMap.get(position) == null) {
            isCheckMap.put(position, false);
        }

        cbCheck.setChecked(isCheckMap.get(position));

        ViewHolder holder = new ViewHolder();

        holder.cbCheck = cbCheck;

        holder.tvTitle = tvTitle;

        /**
         * 将数据保存到 tag
         */
        layout.setTag(holder);
    }

    return layout;
}
/**
 * 增加一项的时候
 */
public void add(DemoBean bean) {
    this.datas.add(0, bean);

    // 让所有项目都为不选择状态
    configCheckMap(false);
}
// 移除一个项目的时候
public void remove(int position) {
    this.datas.remove(position);
}
public Map<Integer, Boolean> getCheckMap() {
    return this.isCheckMap;
}
```

```
    public static class ViewHolder {
        public TextView tvTitle = null;
        public CheckBox cbCheck = null;
        public Object data = null;

    }
    public List<DemoBean> getDatas() {
        return datas;
    }
}
```

代码注释：

① 在 MyAdapter 类构造器中，将上下文变量和 DemoBean 类型的 List 传递过来，调用 configCheckMap 方法将所有的条目设置为“未选中”。

② 将数据的下标与是否选中标志保存至 isCheckMap 变量中。

③ 重写 getView 方法，在 getView 方法内，设置每一个 item 的文本，根据 canRemove 的值来决定是否显示标记删除的按钮。

④ 为标记删除的按钮 cbCheck 添加一个事件处理过程，将 item 的位置与是否删除标志保存至 isCheckMap 中。

(6) MainActivity.java 中的代码如下：

```
package com.example.pushinfo.pushinfo;

import java.util.ArrayList;
import java.util.List;
import java.util.Map;
import android.content.ContentValues;
import android.content.Intent;
import android.database.Cursor;
import android.database.sqlite.SQLiteDatabase;
import android.net.Uri;
import android.os.Bundle;
import android.view.View;
import android.view.View.OnClickListener;
import android.support.v7.app.AppCompatActivity;
import android.widget.AdapterView;
import android.widget.AdapterView.OnItemClickListener;
import android.widget.Button;
import android.widget.ListView;
import android.widget.Toast;
import cn.jpush.android.api.JPushInterface;
public class MainActivity extends AppCompatActivity implements
OnClickListener,
        OnItemClickListener {

    //全选按钮
    private Button btnSelectAll = null;

    //删除按钮
    private Button btnDelete = null;
```

```
//ListView 列表
private ListView lvListView = null;

//适配对象
private MyAdapter adpAdapter = null;
private boolean editFlag=false;
private String string="";

private String[] infoStrings=new String[200];
private int infoCount=0;

@Override
protected void onCreate(Bundle savedInstanceState) {
    super.onCreate(savedInstanceState);
    setContentView(R.layout.activity_main);
    JPushInterface.setDebugMode(true);
    JPushInterface.init(this);
    btnDelete = (Button) findViewById(R.id.btnDelete);
    btnDelete.setOnClickListener(this);

    btnSelectAll = (Button) findViewById(R.id.btnSelectAll);
    btnSelectAll.setOnClickListener(this);

    lvListView = (ListView) findViewById(R.id.lvListView);
    lvListView.setOnItemClickListener(this);
    //从数据库中读取信息
    readInfofromDb();
    // 初始化控件
    initData();
}


/**
 * 初始化视图
 */
private void initData() {
    List<DemoBean> demoDatas = new ArrayList<DemoBean>();
    for(int i=0;i<infoCount;i++)
        demoDatas.add(new DemoBean(infoStrings[i], true));
    adpAdapter = new MyAdapter(this, demoDatas);
    lvListView.setAdapter(adpAdapter);//--------------⑤

}
/**
 * 按钮点击事件
 */
@Override
public void onClick(View v) {

    /*
     * 当点击删除的时候
     */
    if (v == btnDelete) {
```

```
            Map<Integer, Boolean> map = adpAdapter.getCheckMap();

            // 获取当前的数据数量
            int count = adpAdapter.getCount();
            int i=0;
            for(;i<count;i++)
            {
                if (map.get(i) != null && map.get(i))
                {
                    DemoBean bean = (DemoBean) adpAdapter.getItem(i);
                    if (bean.isCanRemove())
                    {
                        infoStrings[i]=null;
                    }
                }
            }

            // 进行遍历
            for ( i = 0; i < count; i++) {

                // 因为 List 的特性,删除了 2 个 item,则 3 变成 2,所以这里要进行这样的
换算,才能拿到删除后真正的 position
                int position = i - (count - adpAdapter.getCount());
                if (map.get(i) != null && map.get(i)) {
                    DemoBean bean = (DemoBean)
adpAdapter.getItem(position);
                    if (bean.isCanRemove()) {
                        adpAdapter.getCheckMap().remove(i);
                        adpAdapter.remove(position);
                    } else {
                        map.put(position, false);
                    }
                }
            }

            adpAdapter.notifyDataSetChanged();
            //将当前的所有数据存储到数据库中
            saveDataToDB();//-----------------------------------⑥
        }
        /*
         * 当点击全选的时候
         */
        if (v == btnSelectAll) {

            if (btnSelectAll.getText().toString().trim().equals("全选"))
{
                // 所有项目全部选中
                adpAdapter.configCheckMap(true);
                adpAdapter.notifyDataSetChanged();
                btnSelectAll.setText("全不选");
            } else {
                // 所有项目全部不选中
                adpAdapter.configCheckMap(false);
                adpAdapter.notifyDataSetChanged();
```

```
                btnSelectAll.setText("全选");
            }//------------------------------------------------⑦

        }
    }
    /**
     * 当 ListView 子项点击的时候
     */
    @Override
    public void onItemClick(AdapterView<?> listView, View itemLayout,
                            int position, long id) {
        if (itemLayout.getTag() instanceof MyAdapter.ViewHolder) {

            MyAdapter.ViewHolder holder = (MyAdapter.ViewHolder)
itemLayout.getTag();
            // 会自动触发 CheckBox 的 checked 事件
            Intent intent2 = null;
            if(infoStrings[position]!=null)
            {
                String URIString=findURI(infoStrings[position]);
                if(URIString!=null)
                {
                    System.out.println("URIString:"+URIString);
                    Uri uri = Uri.parse(URIString);
                    intent2 = new Intent(Intent.ACTION_VIEW, uri);
                    this.startActivity(intent2);
                }

            }
            if(editFlag)
                holder.cbCheck.toggle();//------------------------⑧
        }
    }

    /**
     * 从数据库中读取推送管理信息
     */
    private boolean readInfofromDb()
    {
        try{
            DatabaseHelper database_helper =  new
DatabaseHelper(MainActivity.this, "pushinfo.db",null,1);
            SQLiteDatabase db = database_helper.getWritableDatabase();
//这里是获得可写的数据库

            Cursor cursor = db.query("manageinfo",null,null,null,null, null,null);

            while(cursor.moveToNext()){
                infoStrings[infoCount++]= cursor.getString
(cursor.getColumnIndex("valueStr"));
            }
            return true;
        }
        catch(Exception e)
```

```
        {
            // Toast.makeText(this, "read Info failed",
Toast.LENGTH_SHORT).show();
            // ToastUtil.show(this, e.toString());
            System.out.println(e.toString());
            return false;
        }
    }
    private void saveDataToDB()
    {
        /*
        int count=adpAdapter.getCount();
        String[] temp=new String[200];
        for(int i=0;i<count;i++)
            temp[i]=adpAdapter.getItem(i).toString();
        ToastUtil.show(this, count);*/

        DatabaseHelper database_helper =  new DatabaseHelper(this,
"pushinfo.db",null,1);
        SQLiteDatabase db = database_helper.getWritableDatabase();//这里
是获得可写的数据库

        try{

            db.delete("manageinfo", null, null);
            //return true;
        }
        catch (Exception e)
        {
            Toast.makeText(this, "delete table of info failed",
Toast.LENGTH_SHORT).show();
        }
        String[] temp=new String [200];
        int j=0;
        try{
            for(int i=0;i<200;i++)
                if(infoStrings[i]!=null)
                {
                    temp[j++]=infoStrings[i];
                    saveInfoToDatabase(infoStrings[i]);
                }
        }
        catch(Exception e){
        }
        infoStrings=temp;
        infoStrings=temp;
    }
    private void saveInfoToDatabase(String title)
    {
        ContentValues values = new ContentValues();
        values.put("valueStr", title);
        DatabaseHelper database_helper =  new DatabaseHelper(this,
"pushinfo.db",null,1);
        SQLiteDatabase db = database_helper.getWritableDatabase();//这里
是获得可写的数据库
```

```
        try{
            db.insert("manageinfo", null, values);
            //ToastUtil.show(this.context, "sucess");
        }
        catch(Exception e){
            //ToastUtil.show(this, "save to database failed.");
        }
    }
    String findURI(String URI)
    {
        int index=URI.indexOf("http:");
        if(index>1)
        {
            String tempString=URI.substring(index, URI.length());
            System.out.println(tempString);
            return tempString;
        }
        else
            return null;
    }
}
```

代码注释：

⑤　初始化数据，通过 ListView 显示出来。

⑥　将当前的选择情况保存至 map 对象中，根据 map 对象中的 boolean 值置空 infoStrings 中的值。

调用 notifyDataSetChanged 方法更新显示数据，调用 saveDataToDB 方法将当前的所有数据存储到数据库中。

⑦　响应“全选”按钮操作事件，将数据标志为可删除状态。

⑧　响应 item 的点击事件，调用 findURI 方法检查当前 item 的内容是否含有链接，如果含有链接则打开链接页面。

6.5　程序的运行与发布

6.5.1　运行程序

1. 管理端发送信息

进入个人中心后，在如图 6.9 所示的界面中选择操作。

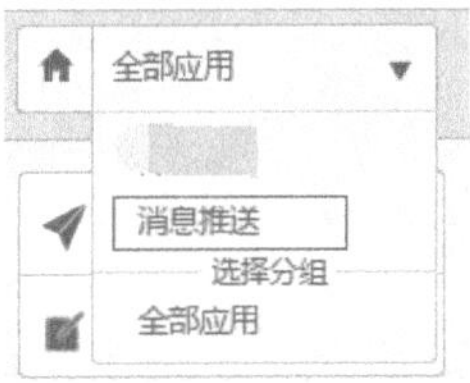

图 6.9　选择操作

在如图 6.10 所示的界面中选择侧边栏的“发送通知”项目，在“推送内容”中添加发送的内容。

图 6.10　发送一条常规内容

在界面下方可以设置“推送对象”、“发送时间”和“可选设置”参数，然后单击“立即发送”按钮即可发送消息，如图 6.11 所示。

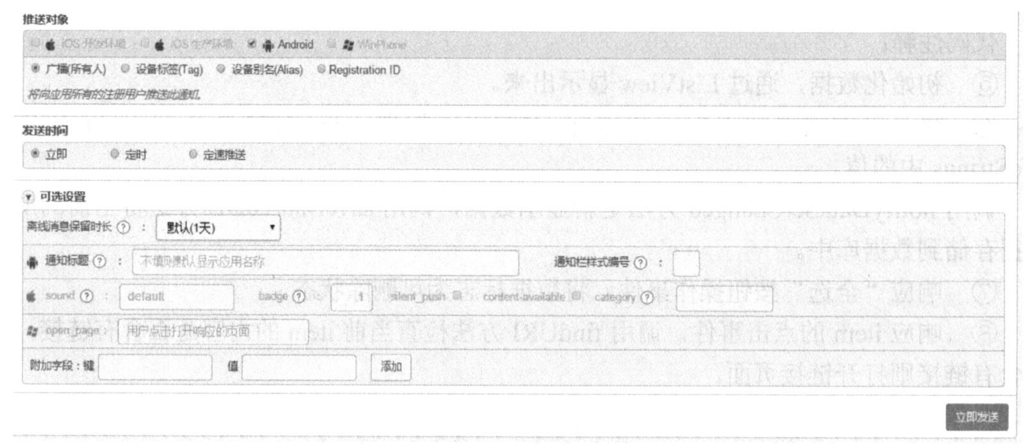

图 6.11　参数设置

发送成功之后，可看到消息送达的一些统计信息，如图 6.12 所示。

推送　统计　IM　应用设置

搜索(tag/alias/Reg.ID)　通知　Web　选择日期：2015-09-11 至 2015-09-18　查询

发送时间	内容	类型	iOS 目标 | 成功	Android 目标 | 送达	WinPhone 目标 | 成功	操作
2015-09-18 10:57	这是一条带有链接的消息。...	广播	0 | 0	2 | 2	0 | 0	
2015-09-18 10:54	这是一条常规内容。	广播	0 | 0	2 | 2	0 | 0	
2015-09-18 10:51	这是一条常规内容。	广播	0 | 0	1 | 1	0 | 0	
2015-09-16 19:12	test	广播	0 | 0	1 | 1	0 | 0	

转到：1　每页：10　展示 1-4 总共 4

图 6.12　统计信息

2. 客户端接收消息

点击消息，将跳转到消息管理界面，如图 6.13 所示。

图 6.13　接收一条常规的内容

如果消息中带有链接，则直接跳转到链接页面，之后再跳转到消息管理界面，如图 6.14 和图 6.15 所示。

图 6.14　接收带有链接的内容

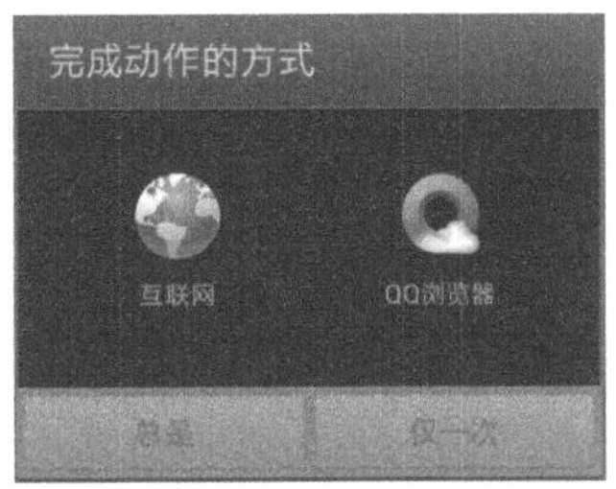

图 6.15　选择打开链接的浏览器

3. 消息管理(删除数据)

在如图 6.16 所示的界面中，选中右边的标记，或单击“全选”按钮标记列表中的所有条目，然后单击“删除”按钮即可删除选定内容。

删除选定的内容后的界面如图 6.17 所示。

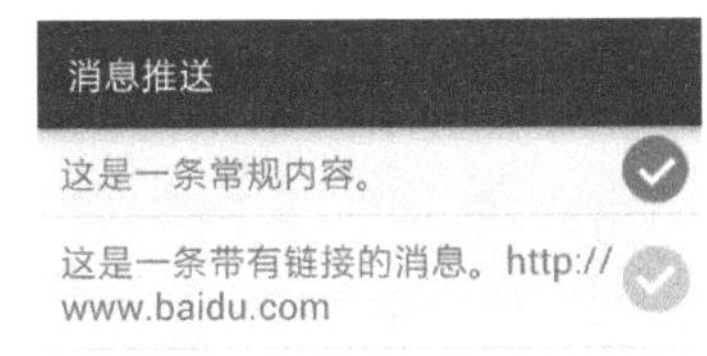

图 6.16　选定要删除的消息

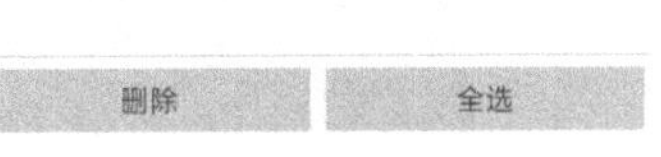

图 6.17　成功删除内容

6.5.2 发布程序

请参照第 5 章描述的发布过程发布程序。

第 7 章

基于多线程的端口扫描器

本章我们将实现一个基于多线程的端口扫描器。该扫描器可以按照不同的方式进行端口扫描，同时支持手动设定端口范围和线程数，并实现了扫描结构的保存功能。本章理论基础部分详细地介绍了布局管理器、多线程和端口扫描的相关知识。通过代码实现，读者可以将理论知识与具体实践相结合，巩固对 Java 相关方法与概念的理解。

7.1 功 能 描 述

本案例中的多线程端口扫描器，主要包括如下功能。

- 按照 IP 地址进行端口扫描：按照给定的 IP 地址范围，逐个进行扫描。
- 按照主机名进行端口扫描：搜索指定主机名的端口。
- 指定扫描的端口范围。
- 指定扫描的线程数：实现多线程扫描。
- 保存扫描结果：将端口扫描的结果保存到硬盘上。

7.2 理 论 基 础

7.2.1 布局管理器(LayoutManager)

在 Java 中，组件放置在窗体上的方式是完全基于代码的。组件放置在窗体上的方式通常不是通过绝对坐标控制，而是由布局管理器根据组件加入的顺序决定其位置。每个容器都有一个属于自己的布局管理器。使用不同的布局管理器，组件的大小、形状和位置将不会完全一样。此外，布局管理器还可以适应 Applet 或应用程序视窗的大小，因此如果视窗的尺寸改变了，组件的大小、形状和位置也能做相应的改变。这就使得 Java 图形界面较好地实现了跨平台性。

布局管理器是一个实现 LayoutManager 接口的任何类的实例。布局管理器由 setLayout()方法设定。如果没有调用 setLayout()方法，那么默认的布局管理器就会被使用。

调用 setLayout()方法的基本形式如下：

```
void setLayout(LayoutManager layoutObj)
```

在这里，参数 layoutObj 是所需布局管理器的一个引用。在实际工作中，如果不需要布局管理器而想要手工布置组件的话，我们可以将 layoutObj 赋值为 null。但是这样做界面就失去了缩放性，每个组件就只能够设定其绝对大小，界面的拉大或缩小都会影响整体的美观。系统本身的分辨率差异，会使图形界面变得一塌糊涂，甚至影响使用。所以在这里，我们建议大家使用布局管理器。

Java 预定了 7 种布局管理器，根据不同的特性，我们在实际工作中可以选择最适合自己程序的布局管理器。这 7 种布局管理器分别是：流式布局、边界型布局、卡片式布局、表格型布局、表格包型布局、盒式布局与弹性布局。鉴于篇幅，这里我们将介绍其中常用的 4 种：流式布局、边界型布局、表格型布局和表格包型布局。

1. 流式布局(FlowLayout)

流式布局管理器是默认的布局管理器。它是按照组件的放置顺序与其适合的大小，用 add 方法从左到右简单地将组件排成一行。如图 7.1 所示，如果将 5 个按钮按照流式布局进行布局，它们会被整齐地摆放成一行。

图 7.1　流式布局图示(1)

也许有的读者会问，如果改变图形用户窗口的大小会怎样？结果如图 7.2 和图 7.3 所示。当窗口的大小发生变化后，各个组件的大小并不发生变化，变化的是它们的相对位置，一行不能容纳的时候会换行，并且默认会居中放置。

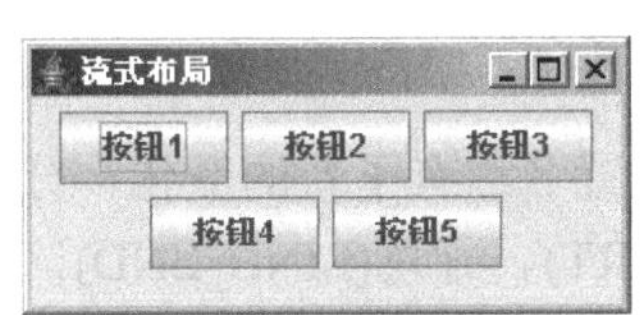

图 7.2　流式布局图示(2)

图 7.3　流式布局图示(3)

流式布局管理器包括 3 种形式的构造函数。

- public FlowLayout()：按照默认形式布局。
- public FlowLayout(int alignment)：指定排列对齐方式，包括左对齐(FlowLayout.LEADING)、居中对齐(FlowLayout.CENTER)和右对齐(FlowLayout.TRAILING)。组件之间的间隙默认为 5 像素。
- public FlowLayout(int alignment, int horizontalGap, int verticalGap)：除了指定对齐方式以外，还制定了组件之间的间隙大小，以像素为单位。

2. 边界型布局(BorderLayout)

边界型布局是框架、对话框和小应用程序内容窗格的默认布局。边界布局管理器的布局共分为 5 个位置：中间区(CENTER)、东区(EAST)、西区(WEST)、北区(NORTH)和南区(SOUTH)，如图 7.4 所示。在使用 add 方法添加组件的时候，可以把组件放在这 5 个位置中的任意一个；如果未指定位置，则默认的位置是 CENTER。

若将 5 个按钮按照边界型布局进行布局，则组件布局的位置如图 7.5 所示。

采用边界管理器进行布局时，先放置四周的组件，由位于中间的组件占用剩余的空间；当用户扩大或缩小图形界面窗口的时候，容器的大小改变，其内部组件的大小也会发生变化。边界型布局管理器的原则是：尽量保证四周的组件大小不变，而使中间区的组件大小适应容器的变化。具体效果如图 7.6 和图 7.7 所示。

另外，大家应该注意的一点是，边界型布局虽然包含了 5 个区，但是每个区仅仅可以使一个组件呈现可视状态，也就是说，如果在同一个区内放置两个组件，后面放进去的组件就会覆盖前面放进行去的组件。

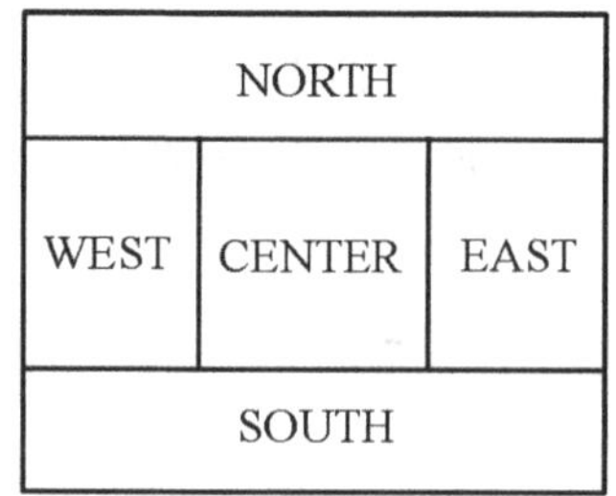

图 7.4　边界型布局组件位置图

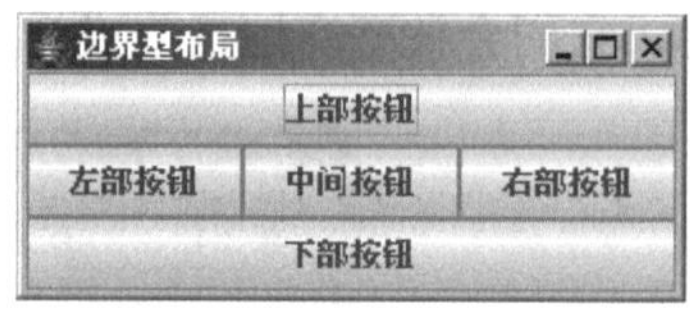

图 7.5　边界型布局图示

图 7.6　图形界面窗口扩大后的效果

图 7.7　图形界面窗口缩小后的效果

在 JDK 1.4 版之后，边界型布局中四周组件的位置名称有了新的变化，分别为页首(PAGE_START)、页尾(PAGE_END)、行首(LINE_START)、行尾(LINE_END)，中间区的名称仍然为 CENTER。由于世界各地的文字排列方式不同，比如从左到右、从右到左、横排和竖排等，采用了新的命名之后，各个地区就可以按照本地域的排列方式来组合自己的图形界面，满足了国际化的需求。

在默认情况下，边界型布局的各个区域之间是没有空隙的，如果需要增加空隙，可以调用构造函数 BorderLayout(int hgap, int vgap)。其中变量 hgap 和 vgap 分别设定了组件之间的水平间隙和垂直间隙，单位为像素。

3．表格型布局(GridLayout)

表格型布局管理器将容器划分成一个多行多列的表格，表格中单元格的大小全部相同，是由其中最大的组件所决定的。通过 add 方法可以将组件一一放置在每个单元格之中。

表格型布局管理器的构造函数包括以下两种。

- public GridLayout(int rows, int columns)：设定表格型布局的行数与列数。比如设定表格型布局为 3 列，行数不限，则可以写成 new GridLayout(0,3)，其中 0 表示不限。值得注意的一点是，构造函数中行数与列数这两个参数至少要指定一个，不能全部是 0。
- public GridLayout(int rows, int columns, int horizontalGap, int verticalGap)：除了可以指定表格型布局的行数与列数之外，还设定了组件之间的间隙。单位为像素。

设定表格型布局为 2 行 3 列，其显示结果如图 7.8 所示。

设定表格型布局为 2 行 3 列，并设定组件间的间隙分别为 10、10，其显示结果如图 7.9 所示。

图 7.8　表格型布局图示(1)

图 7.9　表格型布局图示(2)

4．表格包型布局(GridBagLayout)

表格包型布局(见图 7.10)与表格型布局有些相似，但是表格包型布局更加灵活、复杂。通过表格包型布局，可以设定每个格子的大小、间隙等。为了实现这种灵活性，我们需要一个辅助类 GridBagConstrants，具体的使用方式如下：

```
panel.setLayout(new GridBagLayout());
GridBagConstraints q = new GridBagConstrants();
//配置约束对象
q.**** = ****;
…
panel.add(component, q); //将组件 component 按照约束 q 添加
```

图 7.10　表格包型布局图示

对于约束，下面列举了最常用的几种。

- fill：当组件的显示区域大于组件大小时的显示方式。默认值为 NONE，表示组件的大小不变；HORIZONTAL 表示将组件拉宽到与单元格宽度相同；VERTICAL 表示将组件的高度提升到与单元格高度一致；BOTH 表示将组件的高度和宽度都拉伸到与单元格一致。
- gridx，gridy：指定组件所在单元格的位置。gridx 表示列数，gridy 表示行数。
- weightx，weighty：指定当图形窗口扩大时，各单元格如何分配被扩大的空间。weightx 表示横向扩大权重，weighty 表示高度扩大权重。
- gridwidth，gridheight：指定组件所占用的单元格的数量。gridwidth 表示横向单元格的数量，gridheight 表示纵向单元格数量。
- ipadx，ipady：指定组件内部的填充宽度和高度。
- insets：指定组件和单元格之间的空隙。
- anchor：指定当组件小于单元格时的放置方式。

7.2.2　多线程

Java 内置支持多线程编程(multithreaded programming)。多线程程序包含两条或两条以上并发运行的部分，程序中每个这样的部分都叫一个线程(thread)，每个线程都有独立的执

行路径。因此，多线程是多任务处理的一种特殊形式。

多任务处理有两种截然不同的类型：基于进程的和基于线程的。认识两者的不同是十分重要的。对很多读者来说，更熟悉基于进程的多任务处理。进程(process)本质上是一个执行的程序。因此，基于进程(process-based) 的多任务处理的特点是允许计算机同时运行两个或更多的程序。举例来说，基于进程的多任务处理就是在运行文本编辑器的时候可以同时运行 Java 编译器。在基于进程的多任务处理中，进程是调度程序所分派的最小代码单位。

在基于线程(thread-based)的多任务处理环境中，线程是最小的执行单位。这意味着一个程序可以同时执行两个或者多个任务。例如，一个文本编辑器可以在打印的同时格式化文本。所以，多进程程序处理大局问题，而多线程程序处理细节问题。

多线程程序比多进程程序需要的管理开销更少。进程是重量级的任务，需要为它们分配独立的地址空间。进程间通信是昂贵和受限的，进程间的转换也是很需要花费的。线程是轻量级的选手。它们共享相同的地址空间并且共同分享同一个进程。线程间通信很容易，线程间的转换也是低开销的。当 Java 程序使用多进程的任务处理环境时，多进程的程序不受 Java 的控制，而多线程则受 Java 控制。

采用多线程可以编写出使 CPU 达到最大利用率的高效程序，即空闲时间保持最低。这对 Java 运行的交互式的网络互联环境是至关重要的，因为空闲时间是公共的。举个例子来说，网络的数据传输速率远低于计算机的处理能力，本地文件系统资源的读写速度远低于 CPU 的处理能力，当然，用户的输入也比计算机慢得多。在传统的单线程环境中，程序必须等待每一个这样的任务完成以后才能执行下一步——尽管 CPU 有很多空闲时间。采用多线程能够获得并充分利用这些空闲时间。

多线程具有以下优势。

- 多线程编程简单，效率高(能直接共享数据和资源，而多进程却不能)。
- 适合于开发服务程序(如 Web 服务、聊天服务等)。
- 适合于开发有多种交互接口的程序(如聊天程序的客户端、网络下载工具)。
- 适合于开发有人机交互又有计算量的程序(如字处理程序 Word、Excel)。
- 可以降低编写交互频繁、涉及面多的程序的难度(如监听网络端口)。
- 程序的吞吐量会得到改善(可以同时监听多种设备，如网络端口、串口、并口以及其他外设)。
- 有多个处理器的系统，可以并发运行不同的线程(否则，任何时刻只有一个线程在运行)。

1．线程的调度

1) 线程的优先级

线程的优先级代表该线程的重要程度，当有多个线程同时处于可执行状态并等待获得 CPU 时间时，线程调度系统根据各个线程的优先级来决定给谁分配 CPU 时间，优先级高的线程有更大的机会获得 CPU 时间，优先级低的线程也不是没有机会，只是机会要小一些。线程优先级是详细说明线程间优先关系的整数。当只有一个线程时，优先级高的线程并不比优先权低的线程运行得快。相反，线程的优先级是用来决定何时从一个运行的线程切换到另一个线程，这叫“上下文转换”(context switch)。决定上下文转换发生的规则很简单。

(1) 线程可以自动放弃控制。在 I/O 未决定的情况下，阻塞由明确的让步来完成。在这种假定下，所有其他的线程被检测，准备运行的最高优先级线程被授予 CPU 时间。

(2) 线程可以被高优先级的线程抢占。在这种情况下，低优先级线程不主动放弃，但不论低优先级线程在做什么，处理器都将会被高优先级的线程占据。基本上，一旦高优先级线程要运行，它就执行。这叫作有优先权的多任务处理。

调用 Thread 类的方法有 getPriority() 和 setPriority()，可以用来存取线程的优先级。线程的优先级介于 1(THREAD.MIN_PRIORITY)和 10(THREAD.MAX_PRIORITY)之间，默认是 5(THREAD.NORM_PRIORITY)。值越大，优先级越高。

提示： Java 支持 10 个优先级，基层操作系统支持的优先级可能要少得多，这样会造成一些混乱。因此，只能将优先级作为一种很粗略的工具使用。最后的控制可以通过使用 yield()函数来完成。通常情况下，不要依靠线程优先级来控制线程的状态。

2) 线程的阻塞

在任意时刻所要求的资源不一定已经准备好了被访问，反过来，同一时刻准备好的资源也可能不止一个。为了解决这种情况下的访问控制问题，Java 引入了对阻塞机制的支持。

阻塞是指暂停一个线程的执行以等待某个条件发生(如某资源就绪等)。Java 提供了大量方法来支持阻塞。

(1) sleep() 方法。该方法指定以毫秒为单位的一段时间作为参数，使得线程进入阻塞状态，不能得到 CPU 时间，指定的时间一过，线程重新进入可执行状态。典型用法，sleep() 被用在等待某个资源就绪：测试发现条件不满足后，让线程阻塞一段时间后重新测试，直到条件满足为止。

(2) suspend() 和 resume() 方法。这两个方法配套使用，suspend()使得线程进入阻塞状态，并且不会自动恢复，必须在其对应的 resume() 被调用之后，才能使线程重新进入可执行状态。典型用法，suspend() 和 resume() 被用在等待另一个线程产生的结果：测试发现还没有产生结果前，让线程阻塞，另一个线程产生了结果后，调用 resume() 使其恢复。

(3) yield() 方法。该方法使得线程放弃当前分得的 CPU 时间，但是不使线程阻塞，即线程仍处于可执行状态，随时可能再次分得 CPU 时间。调用 yield() 的效果等价于调度程序认为该线程已执行了足够的时间从而转到另一个线程。

(4) wait() 和 notify() 方法。这两个方法配套使用，wait() 使得线程进入阻塞状态，它有两种形式，一种允许指定以毫秒为单位的一段时间作为参数，另一种没有参数。前者在对应的 notify() 被调用或者超出指定时间时线程重新进入可执行状态，后者则必须在对应的 notify() 被调用时线程才重新进入可执行状态。初看起来它们与 suspend() 和 resume() 方法对没有什么区别，但是事实上它们是截然不同的。区别的核心在于，前面叙述的所有方法，阻塞时都不会释放占用的锁(如果占用了的话)，而这一对方法则相反。

关于 wait() 和 notify() 方法有如下两点说明。

① 调用 notify() 方法导致解除阻塞的线程是从因调用 wait() 方法而阻塞的线程中随

机选取的，我们无法预料哪一个线程将会被选择，所以编程时要特别小心，避免因这种不确定性而产生问题。

② 除了 notify()方法外，还有一个方法——notifyAll() 也可起到类似作用，唯一的区别在于，调用 notifyAll() 方法将把因调用该对象的 wait() 方法而阻塞的所有线程一次性全部解除阻塞。当然，只有获得锁的那一个线程才能进入可执行状态。

以上对 Java 中实现线程阻塞的各种方法作了一番分析，重点分析了 wait()和 notify()方法，因为它们的功能最强大，使用也最灵活，但是这也导致了它们的效率较低，较容易出错。实际使用中应该灵活使用各种方法，以便更好地实现编程的目的。

2. 线程的同步

当两个或两个以上的线程需要共享资源时，它们需要用某种方法来确定资源在某一刻仅被一个线程占用。达到此目的的过程叫作同步(synchronization)。如我们所看到的，Java 为此提供了独特的、语言水平上的支持。

由于同一进程的多个线程共享同一片存储空间，因此在带来方便的同时，也带来了访问冲突这个严重的问题。Java 语言提供了专门机制以解决这种冲突，有效地避免了同一个数据对象被多个线程同时访问的问题。

同步的关键是管程(也叫信号量，semaphore)的概念。管程是一个互斥独占锁定的对象，或称互斥体(mutex)。在给定的时间，仅有一个线程可以获得管程。当一个线程需要锁定时，它必须进入管程。所有其他试图进入已经锁定的管程的线程必须挂起直到第一个线程退出。由于可以通过 private 关键字来保证数据对象只能被方法访问，所以我们只需针对方法提出一套机制，这套机制就是 synchronized 关键字，它包括两种用法：synchronized 方法和 synchronized 块。

1) synchronized 方法

通过在方法声明中加入 synchronized 关键字来声明 synchronized 方法。例如：

```
public synchronized void accessVal(int newVal);
```

synchronized 方法控制对类成员变量的访问：每个类实例对应一把锁，每个 synchronized 方法都必须获得调用该方法的类实例的锁后才能执行，否则所属线程阻塞。方法一旦执行，就独占该锁，直到从该方法返回时才将锁释放，此后被阻塞的线程方能获得该锁，重新进入可执行状态。这种机制确保了同一时刻对于每一个类实例，其所有声明为 synchronized 的成员函数中至多只有一个处于可执行状态(因为至多只有一个能够获得该类实例对应的锁)，从而有效避免了类成员变量的访问冲突(所有可能访问类成员变量的方法均被声明为 synchronized)。

在 Java 中，不仅仅是类实例，每一个类也对应一把锁，这样我们也可以把类的静态成员函数声明为 synchronized，以控制其对类的静态成员变量的访问。

synchronized 方法的缺陷：若将一个大的方法声明为 synchronized 将会大大影响效率，典型地，若将线程类的方法 run()声明为 synchronized，由于在线程的整个生命期内它一直在运行，因此将导致它对本类任何 synchronized 方法的调用都永远不会成功。当然我们可以通过将访问类成员变量的代码放到专门的方法中，将其声明为 synchronized，并在其主方法中调用来解决这一问题，但是 Java 为我们提供了更好的解决办法，那就是 synchronized 块。

2)　synchronized 块

通过 synchronized 关键字来声明 synchronized 块。语法如下：

```
synchronized(syncObject) {
   //允许访问控制的代码
}
```

synchronized 块必须获得对象 syncObject (如前所述，可以是类实例或类)的锁才可以执行，具体机制同前所述。由于可以针对任意代码块，且可以任意指定上锁的对象，故灵活性较高。

3. 死锁

某个线程在等待另一个线程释放资源，而后者在霸占现有资源的前提下，又等待其他线程释放自己需要的资源，这样一直下去，直到这个队列中的最后一个线程又在等待第一个线程释放锁定的资源。这将得到一个线程之间相互等待的连续循环，没有线程可以继续运行，这被称为“死锁”(deadlock)。

如果程序中有几个竞争资源的并发线程，此时保证均衡是很重要的。系统均衡是指每个线程在执行过程中都能充分地访问有限个资源，而没有饿死和死锁的线程。Java 并不提供对死锁的检测机制。

如果运行一个程序，而它马上就死锁了，则当时就能知道出了问题，并且可以跟踪下去。真正的问题在于，程序可能看起来工作良好，但是具有潜在的死锁危险。这时，死锁可能发生，而事先却没有任何征兆，所以它会潜伏在程序里，直到用户发现它出乎意料地发生(并且可能很难重现这个问题)。因此，在编写并发程序的时候，仔细地进行程序设计以防止死锁是一个关键部分。

对大多数的 Java 程序员来说，防止死锁是一种较好的选择。最简单的防止死锁的方法是对竞争的资源引入序号，如果一个线程需要几个资源，那么它必须先得到小序号的资源，再申请大序号的资源。

7.2.3　端口扫描

网络中的每一台计算机都如同一座城堡，在这些城堡中，有的对外完全开放，有的却是紧锁城门。如何找到，并打开它们的城门呢？

在网络技术中，把这些城堡的“城门”称为计算机的“端口”。扫描端口有如下目的。

- 判断目标主机上开放了哪些服务。
- 判断目标主机的操作系统。

1. 端口的基本概念

“端口”在计算机网络领域中是个非常重要的概念。它是专门为计算机通信而设计的，它不是硬件，不同于计算机中的“插槽”，可以说是个“软端口”。如果有需要的话，一台计算机中可以有上万个端口。

端口是由计算机的通信协议 TCP/IP 定义的。其中规定，用 IP 地址和端口作为套接字，它代表 TCP 连接的一个连接端，一般称为 Socket。具体来说，就是用[IP：端口]来定位一台主机中的进程。可以做这样的比喻，端口相当于两台计算机进程间的大门，可以随便定义，其目的只是为了让两台计算机能够找到对方的进程。计算机就像一座大楼，这个大楼有好多入口(端口)，进到不同的入口就可以找到不同的公司(进程)。如果要和远程主机 A 的程序通信，那么只要把数据发向[A：端口]就可以实现通信了。

可见，端口与进程是一一对应的，如果某个进程正在等待连接，称之为该进程正在监听，那么就会出现与它相对应的端口。由此可见，通过扫描端口，便可以判断出目标计算机有哪些通信进程正在等待连接。

2. 端口的分类

端口是一个 16 位的地址，用端口号标识不同作用的端口。端口一般分为两类。

- 知名端口(公认端口号)：由因特网指派名字和号码，ICANN(因特网名称和号码分配公司)负责分配给一些常用的应用层程序固定使用的熟知端口，其数值一般为 0～1023。
- 动态端口：用来随时分配给请求通信的客户进程。

3. 端口扫描的原理

端口扫描通常是指用同一信息对目标计算机的所有需要扫描的端口进行发送，然后根据返回端口状态来分析目标计算机的端口是否打开、是否可用。端口扫描行为的一个重要特征是：在短时期内有很多来自相同的信源地址传向不同的目的地端口的包。

7.3 总 体 设 计

Java 端口扫描器的程序由文件 TCPThread.java、ThreadScan.java 和 AboutDialog.java 实现。

1) TCPThread.java

此文件包含名为 TCPThread 的 public 线程类，其主要功能为启动端口扫描线程。根据用户选择的扫描类型、端口号码、线程数目等信息进行扫描，并判断端口的类型。

2) ThreadScan.java

此文件包含名为 ThreadScan 的 public 类，以及名为 CancelAction、SubmitAction、OKAction 的类。以下分别介绍它们的主要功能。

- ThreadScan 类：初始化图形界面，为组件添加事件侦听，并实现。
- CancelAction 类：实现“退出”按钮的事件侦听。
- Submit Action 类：实现“开始扫描”按钮的事件侦听。包括判断扫描类型，判断各个文本框中数据的有效性，并启动相应的线程数开始扫描。
- OKAction 类：错误提示框中“确定”按钮的事件侦听。

3)　AboutDialog.java

此文件包含名为 AboutDialog 的 public 类，其主要功能为生成端口扫描器的帮助栏，解释扫描原理以及使用方法。

7.4　代 码 实 现

7.4.1　TCPThread.java

TCPThread.java 的主要作用是启动端口扫描线程。根据用户选择的扫描类型、端口号码、线程数目等信息进行扫描。其代码如下：

```
import java.net.*;
import java.io.*;
import java.awt.*;
import java.awt.event.*;
import javax.swing.*;

public class TCPThread extends Thread{

    public static InetAddress hostAddress;

    //最小的端口号
    public static int MIN_port;
    //最大的端口号
    public static int MAX_port;

    //线程总数
    private int threadnum;

    //查询方式：0 为 IP；1 为主机名
    public static int type;

    //IP 地址前 3 位
    public static int ip1;
    //IP 地址 4~6 位
    public static int ip2;
    //IP 地址 7~9 位
    public static int ip3;
    //起始 IP 地址的最后 4 位
    public static int ipstart;
    //结束 IP 地址的最后 4 位
    public static int ipend;
    //完整的 IP 地址
    public static String ipAll;

    //扫描的主机名称或 IP
    String hostname = "";
    //端口的类别
    String porttype = "0";

    /*
```

```
     *构造函数
     */
    public TCPThread(String name,int threadnum){
        super(name);
        this.threadnum = threadnum;
    }

    /*
     *运行函数
     */
    public void run() {

        //IP 地址
        int h = 0;
        //端口号
        int i = 0;
        Socket theTCPsocket;

        //根据 IP 地址进行扫描
        if(type == 0){

            //IP 地址循环扫描
            for(h = ipstart; h <=ipend; h++){

                //组成完整的 IP 地址
                ipAll = "" + ip1 + "." + ip2 + "." + ip3 + "." + h;
                hostname = ipAll;

                try{
                    //在给定主机名的情况下确定主机的 IP 地址
                    hostAddress=InetAddress.getByName(ipAll);
                }
                catch(UnknownHostException e){
                }

                //不同的端口循环扫描
                for (i = MIN_port+threadnum; i < MAX_port +
                Integer.parseInt(ThreadScan.maxThread.getText()); i +=
                Integer.parseInt(ThreadScan.maxThread.getText())){

                    try{
                        theTCPsocket=new Socket(hostAddress,i);
                        theTCPsocket.close();
                        ThreadScan.Result.append(hostname+":"+i);

                        //判断端口的类别
                        switch(i){
                            case 21:
                                porttype = "(FTP)";
                                break;
                            case 23:
                                porttype = "(TELNET)";
                                break;
                            case 25:
```

```
                        porttype = "(SMTP)";
                        break;
                    case 80:
                        porttype = "(HTTP)";
                        break;
                    case 110:
                        porttype = "(POP)";
                        break;
                    case 139:
                        porttype = "(netBIOS)";
                        break;
                    case 1433:
                        porttype = "(SQL Server)";
                        break;
                    case 3389:
                        porttype = "(Terminal Service)";
                        break;
                    case 443:
                        porttype = "(HTTPS)";
                        break;
                    case 1521:
                        porttype = "(Oracle)";
                        break;
                }

                //端口没有特定类别
                if(porttype.equals("0")){
                    ThreadScan.Result.append("\n");
                }
                else{
                    ThreadScan.Result.append(":"+porttype+"\n");
                }
            }
            catch (IOException e){
            }
        }
    }

    //扫描完成后，显示扫描完成，并将“确定”按钮设置为可用
    if (i == MAX_port +
    Integer.parseInt(ThreadScan.maxThread.getText())){
        ThreadScan.Result.append("\n"+"扫描完成...");

        //将“确定”按钮设置为可用
        if(!ThreadScan.Submit.isEnabled()){
            ThreadScan.Submit.setEnabled(true);
        }
    }
}

//按照主机名进行端口扫描
if(type == 1){

    for (i = MIN_port+threadnum; i < MAX_port +
    Integer.parseInt(ThreadScan.maxThread.getText()); i +=
```

```
        Integer.parseInt(ThreadScan.maxThread.getText())){

            try{
                theTCPsocket=new Socket(hostAddress,i);
                theTCPsocket.close();
                ThreadScan.Result.append(" "+i);
                switch(i){
                        case 21:
                            porttype = "(FTP)";
                            break;
                        case 23:
                            porttype = "(TELNET)";
                            break;
                        case 25:
                            porttype = "(SMTP)";
                            break;
                        case 80:
                            porttype = "(HTTP)";
                            break;
                        case 110:
                            porttype = "(POP)";
                            break;
                        case 139:
                            porttype = "(netBIOS)";
                            break;
                        case 1433:
                            porttype = "(SQL Server)";
                            break;
                        case 3389:
                            porttype = "(Terminal Service)";
                            break;
                        case 443:
                            porttype = "(HTTPS)";
                            break;
                        case 1521:
                            porttype = "(Oracle)";
                            break;
                    }

                    //端口没有特定类别
                    if(porttype.equals("0")){
                        ThreadScan.Result.append("\n");
                    }
                    else{
                        ThreadScan.Result.append(":"+porttype+"\n");
                    }
            }
            catch (IOException e){
            }
        }

        //扫描完成后，显示扫描完成，并将“确定”按钮设置为可用
        if (i==MAX_port+Integer.parseInt(ThreadScan.
        maxThread.getText())){
            ThreadScan.Result.append("\n"+"扫描完成...");
```

```
                //将“确定”按钮设置为可用
                if(!ThreadScan.Submit.isEnabled()){
                    ThreadScan.Submit.setEnabled(true);
                }
            }
        }
    }
}
```

7.4.2　ThreadScan.java

ThreadScan.java 是多线程端口扫描器的主类文件，其作用包括初始化图形界面，并为各组件添加时间侦听。其代码如下：

```
import java.net.*;
import java.io.*;
import java.awt.*;
import java.awt.event.*;
import javax.swing.*;

/*
 *实现扫描的主体程序
 */
public class ThreadScan{

    public static JFrame main=new JFrame("JAVA 端口扫描器");

    //显示扫描结果
    public static JTextArea Result=new JTextArea("",4,40);
    //滚动条面板
    public static JScrollPane resultPane = new
    JScrollPane(Result,JScrollPane.VERTICAL_SCROLLBAR_AS_NEEDED,
    JScrollPane.HORIZONTAL_SCROLLBAR_AS_NEEDED);


    //输入主机名文本框
    public static JTextField hostname=new JTextField("localhost",8);

    //输入 IP 地址前 3 位的输入框
    public static JTextField fromip1=new JTextField("0",3);
    //输入 IP 地址 4~6 位的输入框
    public static JTextField fromip2=new JTextField("0",3);
    //输入 IP 地址 7~9 位的输入框
    public static JTextField fromip3=new JTextField("0",3);
    //输入起始 IP 地址最后 4 位的输入框
    public static JTextField fromip4=new JTextField("0",3);
    //输入目标 IP 地址最后 4 位的输入框
    public static JTextField toip=new JTextField("0",3);

    //输入最小端口的输入框
    public static JTextField minPort=new JTextField("0",4);
    //输入最大端口的输入框
```

```
public static JTextField maxPort=new JTextField("1000",4);
//输入最大线程数量的输入框
public static JTextField maxThread=new JTextField("100",3);

//错误提示框
public static JDialog DLGError=new JDialog(main,"错误!");
public static JLabel DLGINFO=new JLabel("");

public static JLabel type=new JLabel("请选择：");

//扫描类型
public static JRadioButton radioIp = new JRadioButton("IP 地址：");
public static JRadioButton radioHost = new JRadioButton("主机名：",
true);
//单选按钮组
public static ButtonGroup group = new ButtonGroup();

public static JLabel P1=new JLabel("端口范围:");
public static JLabel P2=new JLabel("~");
public static JLabel P3=new JLabel("~");
public static JLabel Pdot1 = new JLabel(".");
public static JLabel Pdot2 = new JLabel(".");
public static JLabel Pdot3 = new JLabel(".");
public static JLabel TNUM=new JLabel("线程数:");
public static JLabel RST=new JLabel("扫描结果: ");
public static JLabel con=new JLabel("");

//定义按钮
public static JButton OK = new JButton("确定");
public static JButton Submit = new JButton("开始扫描");
public static JButton Cancel = new JButton("退出");
public static JButton saveButton = new JButton("保存扫描结果");

//菜单栏
public static JMenuBar myBar = new JMenuBar();
public static JMenu myMenu = new JMenu("文件(F)");
public static JMenuItem saveItem = new JMenuItem("保存扫描结果(S)");
public static JMenuItem exitItem = new JMenuItem("退出(Q)");
public static JMenu myMenu2 = new JMenu("帮助");
public static JMenuItem helpItem = new JMenuItem("阅读");

public static void main(String[] args){

    main.setSize(500,400);
    main.setLocation(300,300);
    main.setResizable(false);
    main.setLayout(new GridBagLayout());
    main.setDefaultCloseOperation(JFrame.EXIT_ON_CLOSE);

    DLGError.setSize(300,100);
    DLGError.setLocation(400,400);

    //添加“菜单栏”
```

```
myMenu.add(saveItem);
myMenu.add(exitItem);

myMenu2.add(helpItem);

myBar.add(myMenu);
myBar.add(myMenu2);
main.setJMenuBar(myBar);

//设置热键
myMenu.setMnemonic('F');
saveItem.setMnemonic('S');
//为“另存为”组件设置快捷键为Ctrl+S
saveItem.setAccelerator(KeyStroke.getKeyStroke
   (KeyEvent.VK_S,InputEvent.CTRL_MASK));
exitItem.setMnemonic('Q');
exitItem.setAccelerator(KeyStroke.getKeyStroke
   (KeyEvent.VK_E,InputEvent.CTRL_MASK));

//采用表格包型布局
Container mPanel = main.getContentPane();
GridBagConstraints c = new GridBagConstraints();
c.insets = new Insets(10,0,0,10);

c.gridx = 0;
c.gridy = 0;
c.gridwidth = 10;
c.fill = GridBagConstraints.BOTH;
c.anchor = GridBagConstraints.CENTER;
mPanel.add(type,c);

group.add(radioIp);
group.add(radioHost);

c.gridx = 0;
c.gridy = 1;
c.gridwidth = 1;
c.fill = GridBagConstraints.BOTH;
c.anchor = GridBagConstraints.CENTER;
mPanel.add(radioIp,c);

c.gridx = 1;
c.gridy = 1;
c.gridwidth = 1;
c.fill = GridBagConstraints.BOTH;
c.anchor = GridBagConstraints.CENTER;
mPanel.add(fromip1,c);

c.gridx = 2;
c.gridy = 1;
c.gridwidth = 1;
c.fill = GridBagConstraints.BOTH;
c.anchor = GridBagConstraints.CENTER;
mPanel.add(Pdot1,c);
```

```
c.gridx = 3;
c.gridy = 1;
c.gridwidth = 1;
c.fill = GridBagConstraints.BOTH;
c.anchor = GridBagConstraints.CENTER;
mPanel.add(fromip2,c);

c.gridx = 4;
c.gridy = 1;
c.gridwidth = 1;
c.fill = GridBagConstraints.BOTH;
c.anchor = GridBagConstraints.CENTER;
mPanel.add(Pdot2,c);

c.gridx = 5;
c.gridy = 1;
c.gridwidth = 1;
c.fill = GridBagConstraints.BOTH;
c.anchor = GridBagConstraints.CENTER;
mPanel.add(fromip3,c);

c.gridx = 6;
c.gridy = 1;
c.gridwidth = 1;
c.fill = GridBagConstraints.BOTH;
c.anchor = GridBagConstraints.CENTER;
mPanel.add(Pdot3,c);

c.gridx = 7;
c.gridy = 1;
c.gridwidth = 1;
c.fill = GridBagConstraints.BOTH;
c.anchor = GridBagConstraints.CENTER;
mPanel.add(fromip4,c);

c.gridx = 8;
c.gridy = 1;
c.gridwidth = 1;
c.fill = GridBagConstraints.BOTH;
c.anchor = GridBagConstraints.CENTER;
mPanel.add(P2,c);

c.gridx = 9;
c.gridy = 1;
c.gridwidth = 1;
c.fill = GridBagConstraints.BOTH;
c.anchor = GridBagConstraints.CENTER;
mPanel.add(toip,c);

c.gridx = 0;
c.gridy = 2;
c.gridwidth = 1;
c.fill = GridBagConstraints.BOTH;
c.anchor = GridBagConstraints.CENTER;
mPanel.add(radioHost,c);
```

```
c.gridx = 1;
c.gridy = 2;
c.gridwidth = 3;
c.fill = GridBagConstraints.BOTH;
c.anchor = GridBagConstraints.CENTER;
mPanel.add(hostname,c);

c.gridx = 0;
c.gridy = 3;
c.gridwidth = 1;
c.fill = GridBagConstraints.BOTH;
c.anchor = GridBagConstraints.CENTER;
mPanel.add(P1,c);

c.gridx = 1;
c.gridy = 3;
c.gridwidth = 1;
c.fill = GridBagConstraints.BOTH;
c.anchor = GridBagConstraints.CENTER;
mPanel.add(minPort,c);

c.gridx = 2;
c.gridy = 3;
c.gridwidth = 1;
c.fill = GridBagConstraints.BOTH;
c.anchor = GridBagConstraints.CENTER;
mPanel.add(P3,c);

c.gridx = 3;
c.gridy = 3;
c.gridwidth = 1;
c.fill = GridBagConstraints.BOTH;
c.anchor = GridBagConstraints.CENTER;
mPanel.add(maxPort,c);

c.gridx = 0;
c.gridy = 4;
c.gridwidth = 1;
c.fill = GridBagConstraints.BOTH;
c.anchor = GridBagConstraints.CENTER;
mPanel.add(TNUM,c);

c.gridx = 1;
c.gridy = 4;
c.gridwidth = 3;
c.fill = GridBagConstraints.BOTH;
c.anchor = GridBagConstraints.CENTER;
mPanel.add(maxThread,c);

c.gridx = 0;
c.gridy = 5;
c.gridwidth = 3;
c.fill = GridBagConstraints.VERTICAL;
c.anchor = GridBagConstraints.CENTER;
```

```
        mPanel.add(Submit,c);

        c.gridx = 3;
        c.gridy = 5;
        c.gridwidth = 3;
        c.fill = GridBagConstraints.VERTICAL;
        c.anchor = GridBagConstraints.CENTER;
        mPanel.add(saveButton,c);

        c.gridx = 6;
        c.gridy = 5;
        c.gridwidth = 4;
        c.fill = GridBagConstraints.VERTICAL;
        c.anchor = GridBagConstraints.CENTER;
        mPanel.add(Cancel,c);

        c.gridx = 0;
        c.gridy = 6;
        c.gridwidth = 10;
        c.fill = GridBagConstraints.BOTH;
        c.anchor = GridBagConstraints.CENTER;
        mPanel.add(RST,c);

        //设置文本区域可以换行
        Result.setLineWrap(true);
        //设置文本区域不可编辑
        Result.setEditable(false);

        c.gridx = 0;
        c.gridy = 7;
        c.gridwidth = 10;
        c.gridheight = 4;
        c.fill = GridBagConstraints.VERTICAL;
        c.anchor = GridBagConstraints.CENTER;
        mPanel.add(resultPane,c);

        Container dPanel = DLGError.getContentPane();
        dPanel.setLayout(new FlowLayout(FlowLayout.CENTER));
        dPanel.add(DLGINFO);
        dPanel.add(OK);

        Submit.addActionListener(new SubmitAction());
        Cancel.addActionListener(new CancleAction());
        OK.addActionListener(new OKAction());

        //实现保存功能
        saveItem.addActionListener(new java.awt.event.ActionListener() {
            public void actionPerformed(java.awt.event.ActionEvent e) {
                JFileChooser fc=new JFileChooser();
                int returnVal=fc.showSaveDialog(null);

                //单击“保存”按钮
                if(returnVal == 0){
                    File saveFile=fc.getSelectedFile();
                    try {
```

```
                    FileWriter writeOut = new FileWriter(saveFile);
                    writeOut.write(ThreadScan.Result.getText());
                    writeOut.close();
                }
                catch (IOException ex) {
                    System.out.println("保存失败");
                }
            }
            //单击“取消”按钮
            else
                return;
        }
    });

    //实现退出功能
    exitItem.addActionListener(new java.awt.event.ActionListener() {
        public void actionPerformed(java.awt.event.ActionEvent e) {
            System.exit(0);
        }
    });

    //实现帮助功能
    helpItem.addActionListener(new java.awt.event.ActionListener() {
        public void actionPerformed(java.awt.event.ActionEvent e) {
            new AboutDialog();
        }
    });

    saveButton.addActionListener(new
    java.awt.event.ActionListener(){
        public void actionPerformed(java.awt.event.ActionEvent e) {
            JFileChooser fc=new JFileChooser();
            int returnVal=fc.showSaveDialog(null);

            //单击“保存”按钮
            if(returnVal == 0){
                File saveFile=fc.getSelectedFile();
                try {
                    FileWriter writeOut = new FileWriter(saveFile);
                    writeOut.write(ThreadScan.Result.getText());
                    writeOut.close();
                }
                catch (IOException ex) {
                    System.out.println("保存失败");
                }
            }
            //单击“取消”按钮
            else
                return;
        }
    });

    main.setVisible(true);
}
```

```
}

/*
 *实现取消功能
 *退出程序
 */
class CancelAction implements ActionListener{

    public void actionPerformed (ActionEvent e){
        System.exit(0);
    }
}

/*
 *实现确定功能
 *完成扫描
 */
class SubmitAction implements ActionListener{

    public void actionPerformed (ActionEvent a){

        int minPort;
        int maxPort;
        int maxThread;

        int ip1 = 0;
        int ip2 = 0;
        int ip3 = 0;
        int ipstart = 0;
        int ipend = 0;

        String ipaddress = "";
        String hostname = "";

        ThreadScan.Result.setText("");
        //将“确定”按钮设置为不可用
        if(ThreadScan.Submit.isEnabled()){
            ThreadScan.Submit.setEnabled(false);
        }

        /*
         *判断搜索的类型
         *按照 IP 地址扫描：type = 0
         *按照主机名称扫描：type = 1
         */
        if(ThreadScan.radioIp.isSelected()){

            TCPThread.type = 0;

            //判断 IP 地址的前 3 位是否为 int 型
            try{
                ip1=Integer.parseInt(ThreadScan.fromip1.getText());
            }
            catch(NumberFormatException e){
```

```
        ThreadScan.DLGINFO.setText("错误的 IP!");
        ThreadScan.DLGError.setVisible(true);
        return;
    }

    //判断 IP 地址的 4~6 位是否为 int 型
    try{
        ip2=Integer.parseInt(ThreadScan.fromip2.getText());
    }
    catch(NumberFormatException e){
        ThreadScan.DLGINFO.setText("错误的 IP!");
        ThreadScan.DLGError.setVisible(true);
        return;
    }

    //判断 IP 地址的 7~9 位是否为 int 型
    try{
        ip3=Integer.parseInt(ThreadScan.fromip3.getText());
    }
    catch(NumberFormatException e){
        ThreadScan.DLGINFO.setText("错误的 IP!");
        ThreadScan.DLGError.setVisible(true);
        return;
    }

    //判断起始 IP 地址的最后 4 位是否为 int 型
    try{
        ipstart=Integer.parseInt(ThreadScan.fromip4.getText());
    }
    catch(NumberFormatException e){
        ThreadScan.DLGINFO.setText("错误的 IP!");
        ThreadScan.DLGError.setVisible(true);
        return;
    }

    //判断目标 IP 地址的最后 4 位是否为 int 型
    try{
        ipend=Integer.parseInt(ThreadScan.toip.getText());
    }
    catch(NumberFormatException e){
        ThreadScan.DLGINFO.setText("错误的目标 IP!");
        ThreadScan.DLGError.setVisible(true);
        return;
    }

    //判断起始 IP 地址是否正确
    //判断条件：大于 0 且小于等于 255
    if(ip1<0 || ip1>255||ip2<0 || ip2>255||ip3<0 ||
    ip3>255||ipstart<0 || ipstart>255){
        ThreadScan.DLGINFO.setText("IP 地址为 0～255 的整数!");
        ThreadScan.DLGError.setVisible(true);
        return;
    }
    else{
```

```
            TCPThread.ip1 = ip1;
            TCPThread.ip2 = ip2;
            TCPThread.ip3 = ip3;
            TCPThread.ipstart = ipstart;
        }

        //判断目标 IP 地址是否正确
        //判断条件：大于 0 且小于等于 255
        if(ipend<0 || ipend>255){
            ThreadScan.DLGINFO.setText("目标 IP 地址为 0～255 的整数!");
            ThreadScan.DLGError.setVisible(true);
            return;
        }
        else{
            TCPThread.ipend = ipend;
        }

        ipaddress = "" + ip1 + ip2 + ip3 + ipstart;

        /*
         *判断 IP 地址的有效性
         */
        try{
            TCPThread.hostAddress=InetAddress.getByName(ipaddress);
        }
        catch(UnknownHostException e){
            ThreadScan.DLGINFO.setText("错误的 IP 或地址不可达!");
            ThreadScan.DLGError.setVisible(true);
            return;
        }
    }

    //根据主机名进行端口扫描
    if(ThreadScan.radioHost.isSelected()){

        TCPThread.type = 1;

        /*
         *判断主机名称的有效性
         */
        try{
            TCPThread.hostAddress=InetAddress.getByName
            (ThreadScan.hostname.getText());
        }
        catch(UnknownHostException e){
            ThreadScan.DLGINFO.setText("错误的域名或地址不可达!");
            ThreadScan.DLGError.setVisible(true);
            return;
        }
    }

    /*
     *判断端口号的有效性
     */
```

```
try{
    minPort=Integer.parseInt(ThreadScan.minPort.getText());
    maxPort=Integer.parseInt(ThreadScan.maxPort.getText());
    maxThread=Integer.parseInt(ThreadScan.maxThread.getText());
}
catch(NumberFormatException e){
    ThreadScan.DLGINFO.setText("错误的端口号或线程数!端口号和线程数
        必须为整数!");
    ThreadScan.DLGError.setVisible(true);
    return;
}

/*
 *判断最小端口号的有效范围
 *判断条件：大于 0 且小于 65535，最大端口应大于最小端口
 */
if(minPort<0 || minPort>65535 || minPort>maxPort){
    ThreadScan.DLGINFO.setText("最小端口必须是 0～65535 并且小于最大
        端口的整数!");
    ThreadScan.DLGError.setVisible(true);
    return;
}
else{
    TCPThread.MIN_port=minPort;
}

/*
 *判断最大端口号的有效范围
 *判断条件：大于 0 且小于 65535，最大端口应大于最小端口
 */
if(maxPort<0 || maxPort>65535 || maxPort<minPort){
    ThreadScan.DLGINFO.setText("最大端口必须是 0～65535 并且大于最小
        端口的整数!");
    ThreadScan.DLGError.setVisible(true);
    return;
}
else{
    TCPThread.MAX_port=maxPort;
}

/*
 *判断线程数量的有效范围
 *判断条件：大于 1 且小于 200
 */
if(maxThread<1 || maxThread>200){
    ThreadScan.DLGINFO.setText("线程数为 1～200 的整数!");
    ThreadScan.DLGError.setVisible(true);
    return;
}

ThreadScan.Result.append("线程数
   "+ThreadScan.maxThread.getText()+"\n");

//启动线程
```

```
        for(int i=0;i<maxThread;i++){
            new TCPThread("T" + i,i).start();
        }
    }
}

/*
 *实现错误提示框中的“确定”按钮的功能
 */
class OKAction implements ActionListener{

    public void actionPerformed (ActionEvent e){
        ThreadScan.DLGError.dispose();
    }
}
```

7.4.3 AboutDialog.java

AboutDialog.java 的作用是生成端口扫描器的帮助栏，解释扫描原理和使用方法。其代码如下：

```
import javax.swing.*;
import java.awt.*;


/*
 **“关于”窗口
 */
public class AboutDialog extends JDialog
{
    JPanel jMainPane = new JPanel();

    JTabbedPane jTabbedPane = new JTabbedPane();
    private JPanel jPanel1 = new JPanel();
    private JPanel jPanel2 = new JPanel();

    private JTextArea jt1 = new JTextArea(6,6);
    private JTextArea jt2 = new JTextArea(6,6);

    /*
     **构造函数
     */
    public AboutDialog()
    {
        setTitle("端口扫描");
        setSize(300,200);
        setResizable(false);
        setDefaultCloseOperation (WindowConstants.DISPOSE_ON_CLOSE);

        Container c = this.getContentPane();

        jt1.setSize(260,200);
        jt2.setSize(260,200);
```

```
        jt1.setEditable(false);
        jt2.setEditable(false);

        jt1.setLineWrap(true);
        jt2.setLineWrap(true);

        jt1.setText("用同一信息对目标计算机的所有需要扫描的端口进行发送，然后根据
            返回端口状态来分析目标计算机的端口是否打开、是否可用。");
        jt2.setText("1、选择扫描方式\n"+"2、点击“开始扫描”\n"+"3、点击“保存扫
            描结果”进行扫描结果的保存");

        jt1.setFont(new Font("楷体_GB2312", java.awt.Font.BOLD, 13));
        jt1.setForeground(Color.blue);

        jt2.setFont(new Font("楷体_GB2312", java.awt.Font.BOLD, 13));
        jt2.setForeground(Color.black);

        jPanel1.add(jt1);
        jPanel2.add(jt2);

        jTabbedPane.setSize(300,200);
        jTabbedPane.addTab("扫描原理", null, jPanel1, null);
        jTabbedPane.addTab("使用说明", null, jPanel2, null);

        jMainPane.add(jTabbedPane);
        c.add(jMainPane);

        pack();
        this.setVisible(true);
    }
}
```

7.5 程序的运行与发布

7.5.1 运行程序

将 TCPThread.java 和 ThreadScan.java 文件保存到一个文件夹中，如 C:\Javawork\CH07。在编译之前应设置类路径，使用的命令如下：

```
C:\Javawork\CH07>set classpath=C:\Javawork\CH07
```

请注意等号两边不能有空格。利用 javac 命令对文件进行编译：

```
javac ThreadScan.java
```

之后，利用 java 命令执行程序：

```
java ThreadScan
```

程序的运行情况如图 7.11～图 7.15 所示。

JAVA端口扫描器
文件(F)
帮助
请选择：
IP地址：
0
.
0
.
0
.
0
~
0
主机名：
localhost
端口范围:
0
~
1000
线程数:
100
开始扫描
保存扫描结果
退出
扫描结果:

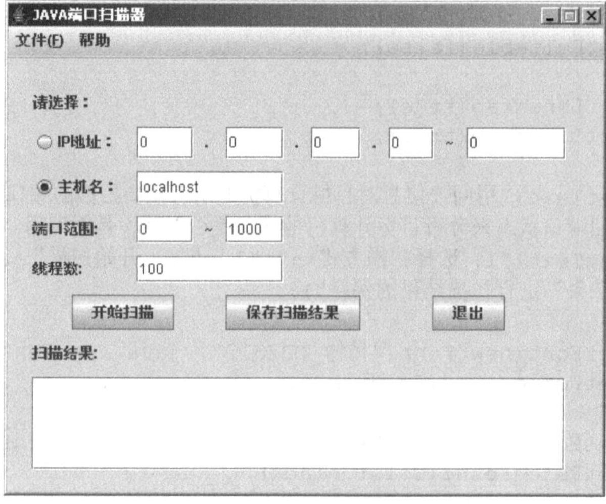

图 7.11　端口扫描器的运行界面

JAVA端口扫描器
文件(F)
帮助
请选择：
IP地址：
0
.
0
.
0
.
0
~
0
主机名：
localhost
端口范围:
100
~
200
线程数:
100
开始扫描
保存扫描结果
退出
扫描结果:
110:(POP)
135
扫描完成...

图 7.12　按照主机名进行端口扫描

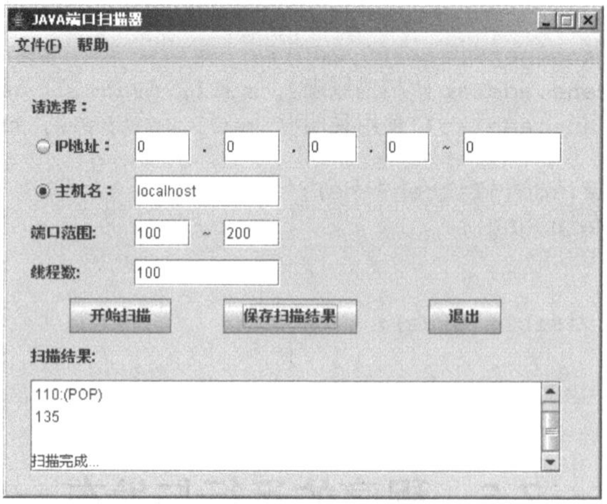

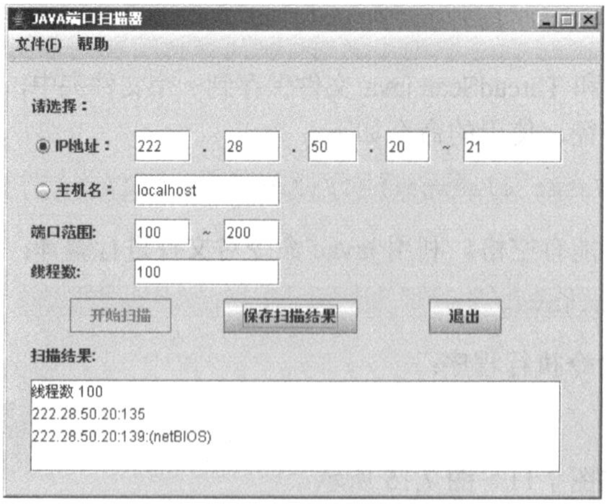

JAVA端口扫描器
文件(F)
帮助
请选择：
IP地址：
222
.
28
.
50
.
20
~
21
主机名：
localhost
端口范围:
100
~
200
线程数:
100
开始扫描
保存扫描结果
退出
扫描结果:
线程数 100
222.28.50.20:135
222.28.50.20:139:(netBIOS)

图 7.13　按照指定 IP 进行端口扫描

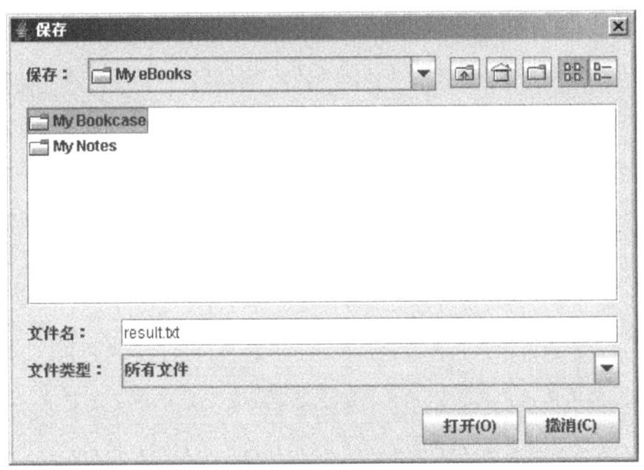

图 7.14　扫描结果保存对话框

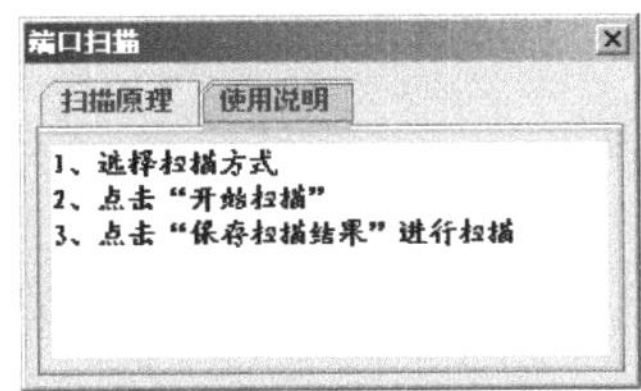

图 7.15　帮助对话框

7.5.2　发布程序

要发布该应用程序，需要将其打包。使用 jar.exe，可以把应用程序中涉及的类和图片压缩成一个 jar 文件，这样便可以发布程序。

首先编写一个清单文件，名为 MANIFEST.MF，其代码如下：

```
Manifest-Version: 1.0
Created-By: 1.6.0 (Sun Microsystems Inc.)
Main-Class: ThreadScan
```

清单文件保存到 C:\Javawork\CH07。

提示： 在编写清单文件时，在 Manifest-Version 和 1.0 之间必须有一个空格。同样，Main-Class 和主类 ThreadScan 之间也必须有一个空格。

然后使用如下命令生成 jar 文件：

```
jar cfm ThreadScan.jar MANIFEST.MF *.class
```

其中，参数 c 表示要生成一个新的 jar 文件；f 表示要生成的 jar 文件的名字；m 表示清单文件的名字。

如果安装过 WinRAR 解压软件，并将.jar 文件与该解压缩软件做了关联，那么 ThreadScan.jar 文件的类型是 WinRAR，使得 Java 程序无法运行。因此，我们在发布软件时，还应该再写一个有以下内容的 bat 文件(ThreadScan.bat)：

```
javaw -jar ThreadScan.jar
```

可以通过双击 ThreadScan.bat 来运行程序。

第 8 章

Java 聊天室

本章将实现一个聊天室程序。本章在理论基础部分将详细介绍套接字、数据报通信、URL 与 URLConnection 的相关知识。通过代码实现，读者可以将理论知识与具体实现相结合，巩固掌握 Java 的相关方法与概念。

8.1 功 能 描 述

本案例中，利用 Java 实现基于 C/S 模式的聊天室程序。聊天室分为服务器端和客户端两部分，服务器端程序主要负责侦听客户端发来的消息，客户端需登录到服务端才能实现正常的聊天功能。

(1) 服务器端的主要功能如下。

- 在特定端口上进行侦听，等待客户端连接。
- 用户可以配置服务端的侦听端口，默认端口为 8888。
- 向已经连接到服务端的用户发送系统消息。
- 统计在线人数。
- 当停止服务时，断开所有的用户连接。

(2) 客户端的主要功能如下。

- 用户可以连接到已经开启聊天服务的服务端。
- 用户可以配置要连接服务器端的 IP 地址与端口号。
- 用户可以配置连接后显示的用户名。
- 当服务器端开启时，用户可以随时登录与注销。
- 用户可以向所有人或者某一个人发送消息。

8.2 理 论 基 础

8.2.1 套接字通信

套接字(Socket)是网络通信的基本操作单元，又被称作端口，通常用来实现客户方和服务方的连接。网络上的两个程序通过一个双向的通信连接实现数据的交换，在实现双向通信前链路的每一端都建立一个 Socket，通过对 Socket 的读/写操作实现网络通信功能。套接字是网络通信的一个标准，它就像房间中的电源插座，无论是电灯还是计算机等电器，它们只要使用 220V 及 50Hz 的交流电压，插在电源插座上就能正常工作。

套接字分为以下 3 种类型。

1) 流套接字

这是最常用的套接字类型，TCP/IP 协议簇中的 TCP(Transport Control Protocol)使用此类接口，它提供面向连接的(建立虚电路)、无差错的、发送先后顺序一致的、包长度不限和非重复的网络信包传输。

2) 数据报套接字

TCP/IP 协议簇中的 UDP(User Datagram Protocol)使用此类接口，它是无连接的服务，以独立的信包进行网络传输，信包最大长度为 32KB，传输不保证顺序性、可靠性和无重

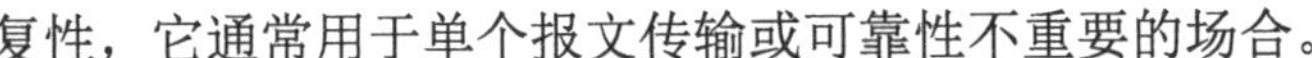

复性，它通常用于单个报文传输或可靠性不重要的场合。

3)　原始数据报套接字

提供对网络下层通信协议(如 IP)的直接访问，它一般不是提供给普通用户，而主要用于开发新的协议或用于提取协议较隐蔽的功能。

所有 Socket 通信程序的基本结构都一样，主要有创建 Socket、打开连接到 Socket 的输入流和输出流、按照一定的协议对 Socket 进行读写操作、关闭 Socket 这 4 个步骤，通过这 4 个步骤可以完成一般的 Socket 通信。为了完成 Socket 通信，java.net 包中提供了 Socket 和 ServerSocket 两个类，它们分别用来表示双向连接的客户端和服务端，它们的构造函数如下：

```
Socket(InetAddress address, int port)
Socket(InetAddress address, int port, Boolean stream)
Socket(String host, int port)
Socket(String host, int port, Boolean stream)
ServerSocket(int port)
ServerSocket(int port, int count)
```

其中，address 代表双向连接另一方的 IP 地址，host 为主机名，port 为端口号，stream 用来指定是流套接字还是数据报套接字，count 表示服务器能够支持的最大连接数。

这里涉及一个端口号的分配问题，TCP/IP 将端口号分成两个部分，少量的作为保留端口，端口号小于 256，以全局方式分配给服务进程。因此每一个标准服务器都拥有一个全局公认的端口，即使在不同的机器上其端口号也相同。对于常见的保留端口号主要有：80 端口提供 WWW 服务、23 端口提供 Telnet 服务、21 端口提供 FTP 服务、110 端口提供 POP 服务等。剩余的为自由端口，以本地的方式进行分配，这些端口的端口号大于 256。另外不同的协议也可以有同样的端口号，比如 TCP 可以有 123 端口，UDP 也可以有 123 端口，这并不冲突，因为不同的协议有完全独立的软件模块。但是作为唯一通信连接的套接字之间是不能重复的。作为服务器的应用程序只能绑定一个端口号，但是，一个服务器程序在同一个端口上可以响应若干个客户端请求，由于不同的客户端对应于不同的主机地址和端口号，所以这仍然具有套接字的唯一性。

8.2.2　套接字客户端

所谓的客户端/服务器，是一种能够在基于网络环境的分布处理过程中，使用基于连接的网络通信模型。该通信模型首先在客户机和服务器之间定义一套通信协议，并创建一个 Socket 类，利用这个类来建立一条可靠的连接；然后，客户端/服务器再在这条连接上可靠地传输数据。客户端发出请求，服务器监听来自客户机的请求，并为客户端提供响应服务。

利用 Socket 类，可以轻松地实现网络客户端程序的编写，Socket 类的一些常用的方法汇总如下。

- getLocalAddress()：读取套接字对象的本地地址。
- getLocalPort()：读取套接字所使用的本地端口号。
- getInputStream()：得到一个输入流。
- getOutputStream()：得到一个输出流。

通常情况下，客户端只要能够顺序地处理服务器程序的响应就可以了，因此客户端程序通常不用使用多线程。

8.2.3 套接字服务端

要实现套接字的服务端，需要使用 ServerSocket 类。ServerSocket 类是服务器程序的运行基础，它允许程序绑定一个端口等待客户端的请求，一旦产生客户端请求，它将接受这一请求，同时产生一个完整的 Socket 连接对象。服务器绑定的端口号必须公开，以便让客户端程序知道如何连接这个服务器。同时，作为服务器，它必须能够接收多个客户的请求，这就需要为服务器设置一个请求队列，如果服务器不能马上响应客户端的请求，要将这个请求放进请求队列中，等服务器将当前的请求处理完，会自动到请求队列中按照先后顺序取出请求进行处理。ServerSocket 类的构造函数已经在前面介绍过了，这里还需要指明的是，服务器的资源是有限的，这就导致它的最大连接数是有限的，通过 ServerSocket 的构造函数可以指定这个最大连接数。如果不明确指定这个连接数，默认最大连接数为 50，也就是说，客户端的请求队列最大能容纳 50 个请求，当超过了这个最大连接数时，用户的请求将不会再被响应。ServerSocket 也提供了以下一些方法。

- accept()：返回一个“已连接”的 Socket 对象。
- getInetAddress()：得到该服务器的 IP 地址。
- getLocalPort()：得到服务器所侦听的端口号。
- setSoTimeout()：设置服务器超时时间。
- getSoTimeout()：得到服务器超时时间。

由于存在单个服务程序与多个客户程序通信的可能，所以服务程序响应客户程序不应该花很长时间，否则客户端程序在得到服务前有可能花很长时间来等待通信的建立，然而服务程序和客户端程序的会话有可能是很长的，因此为加快对客户端程序连接请求的响应，典型的方法是服务器主机运行一个后台线程，这个后台线程处理服务程序和客户端程序的通信。这一点和客户端的程序设计是不同的。

8.2.4 数据报通信

虽然 TCP 提供了有序的、可预测和可靠的信息包数据流，但是这样做的代价也很大。TCP 包含很多在拥挤的网络中处理拥塞控制的复杂算法以及信息丢失的预测，这导致传输数据的效率很差。因此，数据报通信方式是一种可选的替换方法。

数据报通信协议 UDP(Unreliable Datagram Protocol)是一种非面向连接的提供不可靠的数据包式的数据传输协议，类似于从邮局发送信件的过程，信件只要放到邮箱就算完成任务。这说明一旦数据报被释放给它们预定的目标，不保证它们一定到达目的地，甚至不保证一定存在数据的接收者。同样，数据报被接收时，不保证它在传输过程中不受损坏，不保证发送它的机器仍在等待响应。此外，数据报传输有大小限制，每个传输的数据包必须限定在 64KB 之内。

Java 通过 DatagramPacket 和 DatagramSocket 两个类来实现 UDP 顶层的数据报。DatagramPacket 生成的对象表示一个数据报，而 DatagramSocket 是用来发送和接收数据报的类。

生成 DatagramPacket 对象可以使用下面四个构造函数：

```
DatagramPacket(byte data[ ], int size)
DatagramPacket(byte data[ ], int offset, int size)
DatagramPacket(byte data[ ], int size, InetAddress ipAddress, int port)
DatagramPacket(byte data[ ], int offset, int size, InetAddress
ipAddress,int port)
```

第一个构造函数指定了一个接收数据的缓冲区和信息包的容量大小。它通过 DatagramSocket 接收数据。第二种形式允许在存储数据的缓冲区中指定一个偏移量。第三种形式指定了一个数据报，该数据报可被 Datagram Socket 类操作发往目标地址的端口。其中 InetAddress 类为表示 IP 地址的类。第四种形式从数据中指定的偏移量位置开始传输数据包。

对于 DatagramPacket 的内部状态，可以用如下方法获得。这些方法对数据包的目标地址和端口号以及原始数据和数据长度有完全的使用权，下面列举这些方法。

- InetAddress getAddress()：返回目标文件 InetAddress，一般用于发送。
- int getPort()：返回端口号。
- byte[] getData()：返回包含在数据包中的字节数组数据。多用于在接收数据之后从数据报中检索数据。
- int getLength()：获取从 getData()方法返回的字节数组中有效数据的长度。通常它与整个字节数组的长度不等。

前面说过，DatagramSocket 类用来发送和接收数据报。因此，在用数据报方式编写客户端/服务器端程序时，无论是在客户端还是服务器端，首先需要建立 DatagramSocket 对象，用来接收或发送数据报，然后使用 DatagramPacket 类对象作为传输数据的载体。DatagramSocket 类常用的构造函数如下：

```
DatagramSocket()
DatagramSocket(int port)
DatagramSocket(int port, InetAddress ipAddress)
```

通常，DatagramSocket 要用 receive(DatagramPacket p)方法接收数据报，而使用 send(DatagramPacket p)方法发送数据报，这两个方法是 DatagramPacket 十分常用的方法。

要发送一个数据报，首先要创建一个 DatagramPacket，指定要发送的数据、数据的长度、数据要发送至哪个主机和要发送到该主机的哪个端口，然后再用 DatagramSocket 的 send()方法发送数据报；要接收一个数据报，首先必须创建一个在本地主机的特定端口上侦听的 DatagramSocket，此套接字只能接收发送至特定端口上的数据报。

8.2.5　URL 与 URLConnection

URL 的全称是 Uniform Resource Locator，意思是统一资源定位器，表示的是 Internet 上某一资源的地址，通过 URL 可以访问 Internet 上主机开放的资源。URL 由协议名和资源名组成，中间用“:”分隔。例如：

```
http://www.ustb.edu.cn/
http://127.0.0.1:8080/index.jsp
```

协议名指定获取资源所使用的传输协议，如 ftp、http 等。而资源名则是资源的完整地址，包括主机名、端口号、文件名或者文件内部的一个引用。上面的例子中，www.ustb.edu.cn 为主机名，8080 为端口号，index.jsp 为文件名，但并不是所有的 URL 都包含这些东西。一般来讲，主机名和文件名是必需的，但端口号和文件内部的引用是可选的。

Java 中的 URL 类中有许多构造函数，这些构造函数会抛出 MalformedURLException 非运行时异常，在生成 URL 对象时必须进行异常处理。其中常用的如下：

```
URL(String spec)
URL(String protocol, String host, String file)
URL(String protocol, String host, int port, String file)
URL(URL context, String spec)
```

第一个构造函数通过一个表示 URL 地址的字符串来生成一个 URL 对象。第二个构造函数通过传递协议、主机名、文件名 3 个参数来生成 URL 对象。第 3 个构造函通过传递协议、主机名、端口号、文件名 4 个参数来生成 URL 对象。最后一个构造函数通过基础 URL 和相对 URL 构造一个 URL 对象。

URL 类所定义的方法如下。

- public String getProtocol()：获得 URL 对象的协议名。
- public String getHost()：获得 URL 对象的主机名。
- public String getPort()：获得 URL 对象的端口号。
- public String getFile()：获得 URL 对象的文件名。
- public String getRef()：获得 URL 对象在文件中的相对位置。
- public InputStream openStream()：打开到 URL 的连接，并返回从该连接读取数据的 InputStream 数据流。

URLConnection 是一个抽象类，代表与 URL 指定数据源的动态连接，URLConnection 类提供了比 URL 类更强的服务器交互控制。如果建立了与远程服务器之间的连接，则可以在传输数据到本地之前用 URLConnection 来检查远程对象的属性。这些属性为 HTTP 的规范定义，并且仅对用 HTTP 的 URL 对象有意义。同时，URL Connection 类还允许用 POST 或 PUT 和其他 HTTP 请求方法将数据送回服务器。在 java.net 包中只有抽象的 URLConnection 类，其中的许多方法和字段与单个构造函数一样是受保护的，这些方法只可以被 URLConnection 类及其子类访问。

创建 URLConnection 对象后，可以使用 URLConnection 对象的操作方法。

- public int getContentLength()：获得文件的长度。
- public String getContentType()：获得文件的类型。
- public long getDate()：获得文件创建的时间。
- public long getLastModified()：获得文件最后修改的时间。
- public InputStream getInputStream()：获得输入流，以便读取文件的数据。
- getExpiration()：返回 expires 的报头域的值。

如果 URL 类的构造函数的参数有问题，比如字符内容不符合 URL 位置表示法的规定、指定的传输协议 Java 不接收的，那么构造函数就会抛出 MalformedURLExcep-tion 异常，所以一定要用 try 和 catch 语句处理。

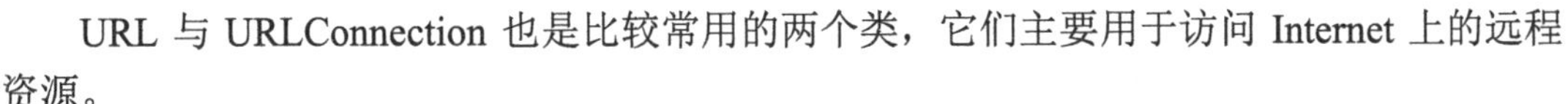

URL 与 URLConnection 也是比较常用的两个类，它们主要用于访问 Internet 上的远程资源。

8.2.6　Java 链表的实现

线性表的链式存储结构是把线性表的数据元素存放在节点中，因此，用链式存储结构实现的线性表称为链表。节点(node)由数据元素域和一个或若干个指针域组成。指针是用来指向其他节点地址的，指向链表第一个节点的指针称为链表的头指针，一个链表由头指针指向第一个节点，每个节点的链指向其后继节点，最后一个节点的链为空(null)。在 C 或 C++语言中，链表可以通过指针的操作来实现，在 Java 语言中是没有指针的，但是可以通过使用对象的引用等方法实现链表。链表的节点个数称为链表的长度，长度为零时称为空表。

链表根据链的个数可以分为单向链表和双向链表，本书只讨论单向链表。一个单向链表包含一组节点，每个节点都包含有关数据和指向下一个节点的指针。表的头就是一个指针，它指向第一个节点，而表的结束则用空指针表示。图 8.1 为一个单向链表结构的示意图。

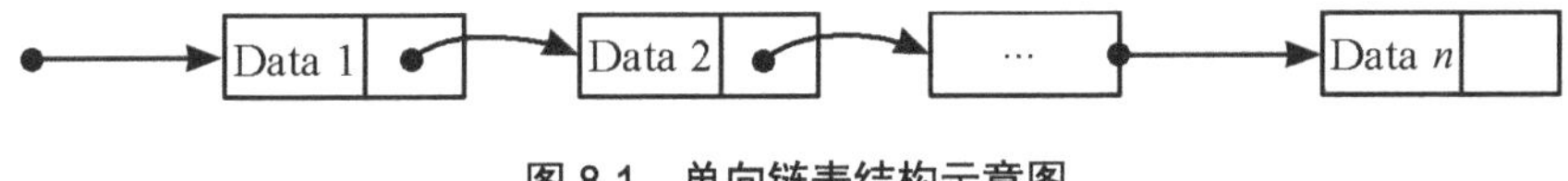

图 8.1　单向链表结构示意图

本章定义了两个类用来实现 Java 的链表，分别是 LinkNode 类和 Link 类。其中 LinkNode 定义了节点类，Link 定义了链表及其操作。

节点类 LinkNode 定义了单向链表的节点结构，其中包括数据域及 LinkNode 类型的后继节点。若有参数传递就可以构造出一个节点类，而没有参数将按照空链表进行构造。一个 LinkNode 类的对象只表示链表中的一个节点，它通过 LinkNode 类型的后继节点 next 实现链表中数据元素的逻辑关系。其代码实现如下。

```
public class LinkNode{
    public int data;          //存放节点值
    public LinkNode next;     //后继节点的引用

    /**根据传递的 k 值构造节点*/
    public LinkNode(int k){
        data = k;
        next = null;
    }

    /**无参数时构造值为 0 的节点*/
    public LinkNode(){
        this(0);
    }
}
```

Link 类的一个对象表示一个单向链表，数据成员 head 被定义为链表的头指针，指向链表的第一个节点。当其数据成员 head 为 null 时，表示链表为空，同样可以通过传递 LinkNode 节点类给 head 构造 Link 类。

```
public class Link{
    protected LinkNode head;

    /**
* 构造空链表
*/
    public Link(){
        head = null;
    }
    /**
* 构造由 h 指向的链表
*/
    public Link(LinkNode h){
        head = h;
    }
}
```

在本章的案例中，用户的存储就是利用链表来实现的。

8.3 总 体 设 计

8.3.1 聊天室服务器端的设计

聊天室的服务器端主要包括 7 个文件，它们的功能如下。

1) ChatServer.java

ChatServer.java 类包含名为 ChatServer 的 public 类，其主要功能为定义服务器端的界面，添加事件侦听与事件处理。可调用 ServerListen 类来实现服务端用户上线与下线的侦听，可调用 ServerReceive 类来实现服务器端的消息收发。

2) ServerListen.java

ServerListen.java 类实现服务端用户上线与下线的侦听，对用户上线和下线的侦听是通过调用用户链表类(UserLinkList)来实现的，当用户上线与下线的情况发生变化时，该类会对主类的界面进行相应的修改。

3) ServerReceive.java

ServerReceive.java 类是实现服务器消息收发的类，分别定义了向某用户及所有人发送消息的方法，发送的消息会显示在主界面类的界面上。

4) PortConf.java

PortConf.java 类继承自 JDialog，是用户对服务器端侦听端口进行修改配置的类。

5) Node.java

Node.java 类用户链表的节点类，定义了链表中的用户。该类与前面所讲的链表节点 Node 类的功能相当。

6) UserLinkList.java

UserLinkList.java 类是用户链表节点的具体实现类。该类通过构造函数构造用户链表，定义了添加用户、删除用户、返回用户数、根据用户名查找用户和根据索引查找用户这 5 个方法。

7) Help.java

Help.java 类是服务端程序的帮助类。

8.3.2 聊天室客户端设计

聊天室客户端主要包括 5 个文件，它们的功能如下。

1) ChatClient.java

此文件包含名为 ChatClient 的 public 类，其主要功能为定义客户端的界面，添加事件侦听与事件处理。该类定义了 Connect()与 DisConnect()方法以实现与服务器的连接与断开。当登录到指定的服务器时，调用 ClientReceive 类实现消息收发，同时该类还定义了 SendMessage()方法来向其他用户发送带有表情的消息或者悄悄话。

2) ClientReceive.java

ClientReceive.java 类是实现服务器端与客户端消息收发的类。

3) ConnectConf.java

ConnectConf.java 类继承自 JDialog，是用户对所要连接的服务器 IP 及侦听端口进行修改配置的类。

4) UserConf.java

UserConf.java 类继承自 JDialog，是用户对连接到服务器时所显示的用户名进行修改配置的类。

5) Help.java

Help.java 类是客户端程序的帮助类。

8.4 代 码 实 现

8.4.1 聊天室服务器端代码的实现

1. ChatServer.java

ChatServer.java 文件是聊天室服务器端的主类文件，其代码如下：

```
import java.awt.*;
import java.awt.event.*;
import javax.swing.*;
import javax.swing.event.*;
import java.net.*;
import java.io.*;

/*
 * 聊天室服务端的主框架类
 */
public class ChatServer extends JFrame implements ActionListener{

    public static int port = 8888;//服务端的侦听端口

    ServerSocket serverSocket;//服务端 Socket
```

```
Image icon;//程序图标
JComboBox combobox;//选择发送消息的接受者
JTextArea messageShow;//服务端的信息显示
JScrollPane messageScrollPane;//信息显示的滚动条
JTextField showStatus;//显示用户连接状态
JLabel sendToLabel,messageLabel;
JTextField sysMessage;//服务端消息的发送
JButton sysMessageButton;//服务端消息的发送按钮
UserLinkList userLinkList;//用户链表

//建立菜单栏
JMenuBar jMenuBar = new JMenuBar();
//建立菜单组
JMenu serviceMenu = new JMenu("服务(V)");
//建立菜单项
JMenuItem portItem = new JMenuItem("端口设置(P)");
JMenuItem startItem = new JMenuItem("启动服务(S)");
JMenuItem stopItem=new JMenuItem("停止服务(T)");
JMenuItem exitItem=new JMenuItem("退出(X)");

JMenu helpMenu=new JMenu("帮助(H)");
JMenuItem helpItem=new JMenuItem("帮助(H)");

//建立工具栏
JToolBar toolBar = new JToolBar();

//建立工具栏中的按钮组件
JButton portSet;//启动服务端侦听
JButton startServer;//启动服务端侦听
JButton stopServer;//关闭服务端侦听
JButton exitButton;//退出按钮

//框架的大小
Dimension faceSize = new Dimension(400, 600);

ServerListen listenThread;

JPanel downPanel ;
GridBagLayout gridBag;
GridBagConstraints gridBagCon;


/**
 * 服务端构造函数
 */
public ChatServer(){
    init();//初始化程序

    //添加框架的关闭事件处理
    this.setDefaultCloseOperation(JFrame.EXIT_ON_CLOSE);
    this.pack();
    //设置框架的大小
    this.setSize(faceSize);
```

```
        //设置运行时窗口的位置
        Dimension screenSize =
            Toolkit.getDefaultToolkit().getScreenSize();
        this.setLocation((int)(screenSize.width - faceSize.getWidth())
            / 2, (int)(screenSize.height - faceSize.getHeight())/ 2);
        this.setResizable(false);

        this.setTitle("聊天室服务端"); //设置标题

        //程序图标
        icon = getImage("icon.gif");
        this.setIconImage(icon); //设置程序图标
        show();

        //为服务菜单栏设置热键为 V
        serviceMenu.setMnemonic('V');

        //为端口设置快捷键为 Ctrl+P
        portItem.setMnemonic('P');
        portItem.setAccelerator(KeyStroke.getKeyStroke
            (KeyEvent.VK_P,InputEvent.CTRL_MASK));

        //为启动服务设置快捷键为 Ctrl+S
        startItem.setMnemonic('S');
        startItem.setAccelerator(KeyStroke.getKeyStroke
            (KeyEvent.VK_S,InputEvent.CTRL_MASK));

        //为端口设置快捷键为 Ctrl+T
        stopItem.setMnemonic('T');
        stopItem.setAccelerator(KeyStroke.getKeyStroke
            (KeyEvent.VK_T,InputEvent.CTRL_MASK));

        //为退出设置快捷键为 Ctrl+X
        exitItem.setMnemonic('X');
        exitItem.setAccelerator(KeyStroke.getKeyStroke
            (KeyEvent.VK_X,InputEvent.CTRL_MASK));

        //为帮助菜单栏设置热键为 H
        helpMenu.setMnemonic('H');

        //为帮助设置快捷键为 Ctrl+H
        helpItem.setMnemonic('H');
        helpItem.setAccelerator(KeyStroke.getKeyStroke(KeyEvent.VK_H,
            InputEv ent.CTRL_MASK));

    }

    /**
     * 程序初始化函数
     */
    public void init(){

        Container contentPane = getContentPane();
```

```
contentPane.setLayout(new BorderLayout());

//添加菜单栏
serviceMenu.add(portItem);
serviceMenu.add(startItem);
serviceMenu.add(stopItem);
serviceMenu.add(exitItem);
jMenuBar.add(serviceMenu);
helpMenu.add(helpItem);
jMenuBar.add(helpMenu);
setJMenuBar(jMenuBar);

//初始化按钮
portSet = new JButton("端口设置");
startServer = new JButton("启动服务");
stopServer = new JButton("停止服务" );
exitButton = new JButton("退出" );
//将按钮添加到工具栏
toolBar.add(portSet);
toolBar.addSeparator();//添加分隔栏
toolBar.add(startServer);
toolBar.add(stopServer);
toolBar.addSeparator();//添加分隔栏
toolBar.add(exitButton);
contentPane.add(toolBar,BorderLayout.NORTH);

//初始时，令停止服务按钮不可用
stopServer.setEnabled(false);
stopItem .setEnabled(false);

//为菜单栏添加事件监听
portItem.addActionListener(this);
startItem.addActionListener(this);
stopItem.addActionListener(this);
exitItem.addActionListener(this);
helpItem.addActionListener(this);

//添加按钮的事件侦听
portSet.addActionListener(this);
startServer.addActionListener(this);
stopServer.addActionListener(this);
exitButton.addActionListener(this);

combobox = new JComboBox();
combobox.insertItemAt("所有人",0);
combobox.setSelectedIndex(0);

messageShow = new JTextArea();
messageShow.setEditable(false);
//添加滚动条
messageScrollPane = new JScrollPane(messageShow,
    JScrollPane.VERTICAL_SCROLLBAR_AS_NEEDED,
    JScrollPane.HORIZONTAL_SCROLLBAR_AS_NEEDED);
messageScrollPane.setPreferredSize(new Dimension(400,400));
```

```
messageScrollPane.revalidate();

showStatus = new JTextField(35);
showStatus.setEditable(false);

sysMessage = new JTextField(24);
sysMessage.setEnabled(false);
sysMessageButton = new JButton();
sysMessageButton.setText("发送");

//添加系统消息的事件侦听
sysMessage.addActionListener(this);
sysMessageButton.addActionListener(this);

sendToLabel = new JLabel("发送至:");
messageLabel = new JLabel("发送消息:");
downPanel = new JPanel();
gridBag = new GridBagLayout();
downPanel.setLayout(gridBag);

gridBagCon = new GridBagConstraints();
gridBagCon.gridx = 0;
gridBagCon.gridy = 0;
gridBagCon.gridwidth = 3;
gridBagCon.gridheight = 2;
gridBagCon.ipadx = 5;
gridBagCon.ipady = 5;
JLabel none = new JLabel("    ");
gridBag.setConstraints(none,gridBagCon);
downPanel.add(none);

gridBagCon = new GridBagConstraints();
gridBagCon.gridx = 0;
gridBagCon.gridy = 2;
gridBagCon.insets = new Insets(1,0,0,0);
gridBagCon.ipadx = 5;
gridBagCon.ipady = 5;
gridBag.setConstraints(sendToLabel,gridBagCon);
downPanel.add(sendToLabel);

gridBagCon = new GridBagConstraints();
gridBagCon.gridx =1;
gridBagCon.gridy = 2;
gridBagCon.anchor = GridBagConstraints.LINE_START;
gridBag.setConstraints(combobox,gridBagCon);
downPanel.add(combobox);

gridBagCon = new GridBagConstraints();
gridBagCon.gridx = 0;
gridBagCon.gridy = 3;
gridBag.setConstraints(messageLabel,gridBagCon);
downPanel.add(messageLabel);

gridBagCon = new GridBagConstraints();
gridBagCon.gridx = 1;
```

```
        gridBagCon.gridy = 3;
        gridBag.setConstraints(sysMessage,gridBagCon);
        downPanel.add(sysMessage);

        gridBagCon = new GridBagConstraints();
        gridBagCon.gridx = 2;
        gridBagCon.gridy = 3;
        gridBag.setConstraints(sysMessageButton,gridBagCon);
        downPanel.add(sysMessageButton);

        gridBagCon = new GridBagConstraints();
        gridBagCon.gridx = 0;
        gridBagCon.gridy = 4;
        gridBagCon.gridwidth = 3;
        gridBag.setConstraints(showStatus,gridBagCon);
        downPanel.add(showStatus);

        contentPane.add(messageScrollPane,BorderLayout.CENTER);
        contentPane.add(downPanel,BorderLayout.SOUTH);

        //关闭程序时的操作
        this.addWindowListener(
            new WindowAdapter(){
                public void windowClosing(WindowEvent e){
                    stopService();
                    System.exit(0);
                }
            }
        );
    }

    /**
     * 事件处理
     */
    public void actionPerformed(ActionEvent e) {
        Object obj = e.getSource();
        if (obj == startServer || obj == startItem) { //启动服务端
            startService();
        }
        else if (obj == stopServer || obj == stopItem) { //停止服务端
            int j=JOptionPane.showConfirmDialog(this,"真的停止服务吗?","停止
服务",
                JOptionPane.YES_OPTION,JOptionPane.QUESTION_MESSAGE);

            if (j == JOptionPane.YES_OPTION){
                stopService();
            }
        }
        else if (obj == portSet || obj == portItem) { //端口设置
            //调出端口设置的对话框
            PortConf portConf = new PortConf(this);
            portConf.show();
        }
        else if (obj == exitButton || obj == exitItem) { //退出程序
```

```
        int j=JOptionPane.showConfirmDialog(this,"真的要退出吗?","退出",
            JOptionPane.YES_OPTION,JOptionPane.QUESTION_MESSAGE);

        if (j == JOptionPane.YES_OPTION){
            stopService();
            System.exit(0);
        }
    }
    else if (obj == helpItem) { //菜单栏中的帮助
        //调出帮助对话框
        Help helpDialog = new Help(this);
        helpDialog.show();
    }
    else if (obj == sysMessage || obj == sysMessageButton) {
    //发送系统消息
        sendSystemMessage();
    }
}

/**
 * 启动服务端
 */
public void startService(){
    try{
        serverSocket = new ServerSocket(port,10);
        messageShow.append("服务端已经启动，在"+port+"端口侦听...\n");

        startServer.setEnabled(false);
        startItem.setEnabled(false);
        portSet.setEnabled(false);
        portItem.setEnabled(false);

        stopServer .setEnabled(true);
        stopItem .setEnabled(true);
        sysMessage.setEnabled(true);
    }
    catch (Exception e){
        //System.out.println(e);
    }
    userLinkList = new UserLinkList();

    listenThread = new ServerListen(serverSocket,combobox,
        messageShow,showStatus,userLinkList);
    listenThread.start();
}

/**
 * 关闭服务端
 */
public void stopService(){
    try{
        //向所有人发送服务器关闭的消息
        sendStopToAll();
        listenThread.isStop = true;
```

```
            serverSocket.close();

            int count = userLinkList.getCount();

            int i =0;
            while(i < count){
                Node node = userLinkList.findUser(i);

                node.input .close();
                node.output.close();
                node.socket.close();

                i ++;
            }

            stopServer .setEnabled(false);
            stopItem .setEnabled(false);
            startServer.setEnabled(true);
            startItem.setEnabled(true);
            portSet.setEnabled(true);
            portItem.setEnabled(true);
            sysMessage.setEnabled(false);

            messageShow.append("服务端已经关闭\n");

            combobox.removeAllItems();
            combobox.addItem("所有人");
        }
        catch(Exception e){
            //System.out.println(e);
        }
    }

    /**
     * 向所有人发送服务器关闭的消息
     */
    public void sendStopToAll(){
        int count = userLinkList.getCount();

        int i = 0;
        while(i < count){
            Node node = userLinkList.findUser(i);
            if(node == null) {
                i ++;
                continue;
            }

            try{
                node.output.writeObject("服务关闭");
                node.output.flush();
            }
            catch (Exception e){
                //System.out.println("$$$"+e);
            }
```

```
            i++;
        }
    }

    /**
     * 向所有人发送消息
     */
    public void sendMsgToAll(String msg){
        int count = userLinkList.getCount();//用户总数

        int i = 0;
        while(i < count){
            Node node = userLinkList.findUser(i);
            if(node == null) {
                i ++;
                continue;
            }

            try{
                node.output.writeObject("系统信息");
                node.output.flush();
                node.output.writeObject(msg);
                node.output.flush();
            }
            catch (Exception e){
                //System.out.println("@@@"+e);
            }

            i++;
        }

        sysMessage.setText("");
    }

    /**
     * 向客户端用户发送消息
     */
    public void sendSystemMessage(){
        String toSomebody = combobox.getSelectedItem().toString();
        String message = sysMessage.getText() + "\n";

        messageShow.append(message);

        //向所有人发送消息
        if(toSomebody.equalsIgnoreCase("所有人")){
            sendMsgToAll(message);
        }
        else{
            //向某个用户发送消息
            Node node = userLinkList.findUser(toSomebody);
```

```
            try{
                node.output.writeObject("系统信息");
                node.output.flush();
                node.output.writeObject(message);
                node.output.flush();
            }
            catch(Exception e){
                //System.out.println("!!!"+e);
            }
            sysMessage.setText("");//将发送消息栏的消息清空
        }
    }

    /**
     * 通过给定的文件名获得图像
     */
    Image getImage(String filename) {
        URLClassLoader urlLoader = (URLClassLoader)this.getClass().
            getClassLoader();
        URL url = null;
        Image image = null;
        url = urlLoader.findResource(filename);
        image = Toolkit.getDefaultToolkit().getImage(url);
        MediaTracker mediatracker = new MediaTracker(this);
        try {
            mediatracker.addImage(image, 0);
            mediatracker.waitForID(0);
        }
        catch (InterruptedException _ex) {
            image = null;
        }
        if (mediatracker.isErrorID(0)) {
            image = null;
        }

        return image;
    }

    public static void main(String[] args) {
        ChatServer app = new ChatServer();
    }
}
```

2. ServerListen.java

ServerListen.java 文件的作用是实现聊天室服务器端的侦听，其代码如下：

```
import java.awt.*;
import java.awt.event.*;
import javax.swing.*;
import javax.swing.event.*;

import java.io.*;
```

```
import java.net.*;

/*
 * 服务端的侦听类
 */
public class ServerListen extends Thread {
    ServerSocket server;

    JComboBox combobox;
    JTextArea textarea;
    JTextField textfield;
    UserLinkList userLinkList;//用户链表

    Node client;
    ServerReceive recvThread;

    public boolean isStop;

    /*
     * 聊天服务端的用户上线与下线侦听
     */
    public ServerListen(ServerSocket server,JComboBox combobox,
    JTextArea textarea,JTextField textfield,UserLinkList
    userLinkList){

        this.server = server;
        this.combobox = combobox;
        this.textarea = textarea;
        this.textfield = textfield;
        this.userLinkList = userLinkList;

        isStop = false;
    }

    public void run(){
        while(!isStop && !server.isClosed()){
            try{
                client = new Node();
                client.socket = server.accept();
                client.output = new ObjectOutputStream
                    (client.socket.getOutputStream());
                client.output.flush();
                client.input  = new ObjectInputStream
                    (client.socket.getInputStream());
                client.username = (String)client.input.readObject();

                //显示提示信息
                combobox.addItem(client.username);
                userLinkList.addUser(client);
                textarea.append("用户 " + client.username + " 上线" + "\n");
                textfield.setText("在线用户" + userLinkList.getCount() + "人\n");

                recvThread = new ServerReceive(textarea,textfield,
                    combobox,client,userLinkList);
```

```
                recvThread.start();
            }
            catch(Exception e){
            }
        }
    }
}
```

3. ServerReceive.java

ServerReceive.java 文件的作用是实现聊天室服务器的消息收发功能，其代码如下：

```
import javax.swing.*;
import java.io.*;
import java.net.*;

/*
 * 服务器收发消息的类
 */
public class ServerReceive extends Thread {
    JTextArea textarea;
    JTextField textfield;
    JComboBox combobox;
    Node client;
    UserLinkList userLinkList;//用户链表

    public boolean isStop;

    public ServerReceive(JTextArea textarea,JTextField textfield,
        JComboBox combobox,Node client,UserLinkList userLinkList){

        this.textarea = textarea;
        this.textfield = textfield;
        this.client = client;
        this.userLinkList = userLinkList;
        this.combobox = combobox;

        isStop = false;
    }

    public void run(){
        //向所有人发送用户的列表
        sendUserList();

        while(!isStop && !client.socket.isClosed()){
            try{
                String type = (String)client.input.readObject();

                if(type.equalsIgnoreCase("聊天信息")){
                    String toSomebody =
                        (String)client.input.readObject();
                    String status  = (String)client.input.readObject();
                    String action  = (String)client.input.readObject();
                    String message = (String)client.input.readObject();
```

```
        String msg = client.username
                +" "+ action
                + "对 "
                + toSomebody
                + " 说 : "
                + message
                + "\n";
        if(status.equalsIgnoreCase("悄悄话")){
            msg = " [悄悄话] " + msg;
        }
        textarea.append(msg);

        if(toSomebody.equalsIgnoreCase("所有人")){
            sendToAll(msg);//向所有人发送消息
        }
        else{
            try{
                client.output.writeObject("聊天信息");
                client.output.flush();
                client.output.writeObject(msg);
                client.output.flush();
            }
            catch (Exception e){
                //System.out.println("###"+e);
            }

            Node node = userLinkList.findUser(toSomebody);

            if(node != null){
                node.output.writeObject("聊天信息");
                node.output.flush();
                node.output.writeObject(msg);
                node.output.flush();
            }
        }
    }
    else if(type.equalsIgnoreCase("用户下线")){
        Node node = userLinkList.findUser(client.username);
        userLinkList.delUser(node);

        String msg = "用户 " + client.username + " 下线\n";
        int count = userLinkList.getCount();

        combobox.removeAllItems();
        combobox.addItem("所有人");
        int i = 0;
        while(i < count){
            node = userLinkList.findUser(i);
            if(node == null) {
                i ++;
                continue;
            }

            combobox.addItem(node.username);
```

```
                    i++;
                }
                combobox.setSelectedIndex(0);

                textarea.append(msg);
                textfield.setText("在线用户" + userLinkList.getCount()
                    + "人\n");

                sendToAll(msg);//向所有人发送消息
                sendUserList();//重新发送用户列表,刷新

                break;
            }
        }
        catch (Exception e){
            //System.out.println(e);
        }
    }
}

/*
 * 向所有人发送消息
 */
public void sendToAll(String msg){
    int count = userLinkList.getCount();

    int i = 0;
    while(i < count){
        Node node = userLinkList.findUser(i);
        if(node == null) {
            i ++;
            continue;
        }

        try{
            node.output.writeObject("聊天信息");
            node.output.flush();
            node.output.writeObject(msg);
            node.output.flush();
        }
        catch (Exception e){
            //System.out.println(e);
        }

        i++;
    }
}

/*
 * 向所有人发送用户的列表
 */
public void sendUserList(){
    String userlist = "";
    int count = userLinkList.getCount();
```

```
        int i = 0;
        while(i < count){
            Node node = userLinkList.findUser(i);
            if(node == null) {
                i ++;
                continue;
            }

            userlist += node.username;
            userlist += '\n';
            i++;
        }

        i = 0;
        while(i < count){
            Node node = userLinkList.findUser(i);
            if(node == null) {
                i ++;
                continue;
            }

            try{
                node.output.writeObject("用户列表");
                node.output.flush();
                node.output.writeObject(userlist);
                node.output.flush();
            }
            catch (Exception e){
                //System.out.println(e);
            }
            i++;
        }
    }
}
```

4. PortConf.java

PortConf.java 文件的作用是修改配置服务器端的侦听端口，其代码如下：

```
import java.awt.*;
import javax.swing.border.*;
import java.net.*;
import javax.swing.*;
import java.awt.event.*;

/**
 * 生成端口设置对话框的类
 */
public class PortConf extends JDialog {
    JPanel panelPort = new JPanel();
    JButton save = new JButton();
    JButton cancel = new JButton();
    public static JLabel DLGINFO=new JLabel("默认端口号为:8888");
```

```
    JPanel panelSave = new JPanel();
    JLabel message = new JLabel();

    public static JTextField portNumber ;

    public PortConf(JFrame frame) {
        super(frame, true);
        try {
            jbInit();
        }
        catch (Exception e) {
            e.printStackTrace();
        }
        //设置运行位置，使对话框居中
        Dimension screenSize = Toolkit.getDefaultToolkit().getScreenSize();
        this.setLocation( (int) (screenSize.width - 400) / 2 + 50,
                        (int) (screenSize.height - 600) / 2 + 150);
        this.setResizable(false);
    }

    private void jbInit() throws Exception {
        this.setSize(new Dimension(300, 120));
        this.setTitle("端口设置");
        message.setText("请输入侦听的端口号:");
        portNumber = new JTextField(10);
        portNumber.setText(""+ChatServer.port);
        save.setText("保存");
        cancel.setText("取消");

        panelPort.setLayout(new FlowLayout());
        panelPort.add(message);
        panelPort.add(portNumber);

        panelSave.add(new Label("            "));
        panelSave.add(save);
        panelSave.add(cancel);
        panelSave.add(new Label("            "));

        Container contentPane = getContentPane();
        contentPane.setLayout(new BorderLayout());
        contentPane.add(panelPort, BorderLayout.NORTH);
        contentPane.add(DLGINFO, BorderLayout.CENTER);
        contentPane.add(panelSave, BorderLayout.SOUTH);

        //保存按钮的事件处理
        save.addActionListener(
            new ActionListener() {
                public void actionPerformed(ActionEvent a) {
                    int savePort;
                    try{

                        savePort=Integer.parseInt
                            (PortConf.portNumber.getText());
```

```
                    if(savePort<1 || savePort>65535){
                        PortConf.DLGINFO.setText("侦听端口必须是
                            0～65535 之间的整数!");
                        PortConf.portNumber.setText("");
                        return;
                    }
                    ChatServer.port = savePort;
                    dispose();
                }
                catch(NumberFormatException e){
                    PortConf.DLGINFO.setText("错误的端口号,端口号请填写
                        整数!");
                    PortConf.portNumber.setText("");
                    return;
                }
            }
        }
    );

    //关闭对话框时的操作
    this.addWindowListener(
        new WindowAdapter(){
            public void windowClosing(WindowEvent e){
                DLGINFO.setText("默认端口号为:8888");
            }
        }
    );

    //取消按钮的事件处理
    cancel.addActionListener(
        new ActionListener(){
            public void actionPerformed(ActionEvent e){
                DLGINFO.setText("默认端口号为:8888");
                dispose();
            }
        }
    );
  }
}
```

5. Node.java

Node.java 文件定义了用户链表的节点，其代码如下：

```
import java.net.*;
import java.io.*;

/**
 * 用户链表的节点类
 */
public class Node {
    String username = null;
    Socket socket = null;
    ObjectOutputStream output = null;
```

```
    ObjectInputStream input = null;

    Node next = null;
}
```

6. UserLinkList.java

UserLinkList.java 文件定义了用户链表，其代码如下：

```
/**
 * 用户链表
 */
public class UserLinkList {
    Node root;
    Node pointer;
    int count;

    /**
     * 构造用户链表
     */
    public UserLinkList(){
        root = new Node();
        root.next = null;
        pointer = null;
        count = 0;
    }

    /**
     * 添加用户
     */
    public void addUser(Node n){
        pointer = root;

        while(pointer.next != null){
            pointer = pointer.next;
        }

        pointer.next = n;
        n.next = null;
        count++;

    }

    /**
     * 删除用户
     */
    public void delUser(Node n){
        pointer = root;

        while(pointer.next != null){
            if(pointer.next == n){
                pointer.next = n.next;
                count--;

                break;
```

```
            }

            pointer = pointer.next;
        }
    }

    /**
     * 返回用户数
     */
    public int getCount(){
        return count;
    }

    /**
     * 根据用户名查找用户
     */
    public Node findUser(String username){
        if(count == 0) return null;

        pointer = root;

        while(pointer.next != null){
            pointer = pointer.next;

            if(pointer.username.equalsIgnoreCase(username)){
                return pointer;
            }
        }

        return null;
    }

    /**
     * 根据索引查找用户
     */
    public Node findUser(int index){
        if(count == 0) {
            return null;
        }

        if(index <  0) {
            return null;
        }

        pointer = root;

        int i = 0;
        while(i < index + 1){
            if(pointer.next != null){
                pointer = pointer.next;
            }
            else{
                return null;
            }
```

```
            i++;
        }

        return pointer;
    }
}
```

7. Help.java

Help.java 文件的作用是生成服务器端的“帮助”对话框，其代码如下：

```
import java.awt.*;
import javax.swing.border.*;
import java.net.*;
import javax.swing.*;
import java.awt.event.*;


/**
 * 生成“帮助”对话框的类
 */
public class Help extends JDialog {

    JPanel titlePanel = new JPanel();
    JPanel contentPanel = new JPanel();
    JPanel closePanel = new JPanel();

    JButton close = new JButton();
    JLabel title = new JLabel("聊天室服务端帮助");
    JTextArea help = new JTextArea();

    Color bg = new Color(255,255,255);

    public Help(JFrame frame) {
        super(frame, true);
        try {
            jbInit();
        }
        catch (Exception e) {
            e.printStackTrace();
        }
        //设置运行位置，使对话框居中
        Dimension screenSize =
            Toolkit.getDefaultToolkit().getScreenSize();
        this.setLocation( (int) (screenSize.width - 400) / 2,
                        (int) (screenSize.height - 320) / 2);
        this.setResizable(false);
    }

    private void jbInit() throws Exception {
        this.setSize(new Dimension(400, 200));
        this.setTitle("帮助");

        titlePanel.setBackground(bg);;
        contentPanel.setBackground(bg);
```

```
        closePanel.setBackground(bg);

        help.setText("1、设置服务端的侦听端口(默认端口为 8888)。\n"+
            "2、单击“启动服务”按钮便可在指定的端口启动服务。\n"+
            "3、选择需要接收消息的用户，在消息栏中写入消息，之后便可发送消息。\n"+
            "4、信息状态栏中显示服务器当前的启动与停止状态、"+
            "用户发送的消息和\n 服务器端发送的系统消息。");
        help.setEditable(false);

        titlePanel.add(new Label("              "));
        titlePanel.add(title);
        titlePanel.add(new Label("              "));

        contentPanel.add(help);

        closePanel.add(new Label("              "));
        closePanel.add(close);
        closePanel.add(new Label("              "));

        Container contentPane = getContentPane();
        contentPane.setLayout(new BorderLayout());
        contentPane.add(titlePanel, BorderLayout.NORTH);
        contentPane.add(contentPanel, BorderLayout.CENTER);
        contentPane.add(closePanel, BorderLayout.SOUTH);

        close.setText("关闭");
        //事件处理
        close.addActionListener(
            new ActionListener() {
                public void actionPerformed(ActionEvent e) {
                    dispose();
                }
            }
        );
    }
}
```

8.4.2　聊天室客户端代码的实现

1. ChatClient.java

ChatClient.java 文件是聊天室客户端的主类文件，其代码如下：

```
import java.awt.*;
import java.awt.event.*;
import javax.swing.*;
import javax.swing.event.*;
import java.io.*;
import java.net.*;

/*
 * 聊天客户端的主框架类
 */
public class ChatClient extends JFrame implements ActionListener{
```

```
String ip = "127.0.0.1";//连接到服务端的 IP 地址
int port = 8888;//连接到服务端的端口号
String userName = "匆匆过客";//用户名
int type = 0;//0 表示未连接，1 表示已连接

Image icon;//程序图标
JComboBox combobox;//选择发送消息的接收者
JTextArea messageShow;//客户端的信息显示
JScrollPane messageScrollPane;//信息显示的滚动条

JLabel express,sendToLabel,messageLabel;

JTextField clientMessage;//客户端消息的发送
JCheckBox checkbox;//悄悄话
JComboBox actionlist;//表情选择
JButton clientMessageButton;//发送消息
JTextField showStatus;//显示用户连接状态

Socket socket;
ObjectOutputStream output;//网络套接字输出流
ObjectInputStream input;//网络套接字输入流

ClientReceive recvThread;

//建立菜单栏
JMenuBar jMenuBar = new JMenuBar();
//建立菜单组
JMenu operateMenu = new JMenu("操作(O)");
//建立菜单项
JMenuItem loginItem = new JMenuItem("用户登录(I)");
JMenuItem logoffItem = new JMenuItem("用户注销(L)");
JMenuItem exitItem=new JMenuItem("退出(X)");

JMenu conMenu=new JMenu("设置(C)");
JMenuItem userItem=new JMenuItem("用户设置(U)");
JMenuItem connectItem=new JMenuItem("连接设置(C)");


JMenu helpMenu=new JMenu("帮助(H)");
JMenuItem helpItem=new JMenuItem("帮助(H)");

//建立工具栏
JToolBar toolBar = new JToolBar();
//建立工具栏中的按钮组件
JButton loginButton;//用户登录
JButton logoffButton;//用户注销
JButton userButton;//用户信息的设置
JButton connectButton;//连接设置
JButton exitButton;//退出按钮

//框架的大小
```

```
Dimension faceSize = new Dimension(400, 600);

JPanel downPanel;
GridBagLayout gridBag;
GridBagConstraints gridBagCon;

public ChatClient(){
    init();//初始化程序

    //添加框架的关闭事件处理
    this.setDefaultCloseOperation(JFrame.EXIT_ON_CLOSE);
    this.pack();
    //设置框架的大小
    this.setSize(faceSize);

    //设置运行时窗口的位置
    Dimension screenSize =
       Toolkit.getDefaultToolkit().getScreenSize();
    this.setLocation( (int) (screenSize.width - faceSize.getWidth())
       / 2,(int) (screenSize.height - faceSize.getHeight()) / 2);
    this.setResizable(false);
    this.setTitle("聊天室客户端"); //设置标题

    //程序图标
    icon = getImage("icon.gif");
    this.setIconImage(icon); //设置程序图标
    show();

    //为操作菜单栏设置热键 O
    operateMenu.setMnemonic('O');

    //为用户登录设置快捷键为 Ctrl+I
    loginItem.setMnemonic('I');
    loginItem.setAccelerator(KeyStroke.getKeyStroke
       (KeyEvent.VK_I,InputEvent.CTRL_MASK));

    //为用户注销的快捷键为 Ctrl+L
    logoffItem.setMnemonic('L');
    logoffItem.setAccelerator(KeyStroke.getKeyStroke
       (KeyEvent.VK_L,Input Event.CTRL_MASK));

    //退出的快捷键为 Ctrl+X
    exitItem.setMnemonic('X');
    exitItem.setAccelerator(KeyStroke.getKeyStroke
       (KeyEvent.VK_X,InputEv ent.CTRL_MASK));

    //为设置菜单栏设置热键为 C
    conMenu.setMnemonic('C');

    //为用户设置设置快捷键为 Ctrl+U
    userItem.setMnemonic('U');
    userItem.setAccelerator(KeyStroke.getKeyStroke
       (KeyEvent.VK_U,InputEv ent.CTRL_MASK));
```

```
        //为连接设置设置快捷键为 Ctrl+C
        connectItem.setMnemonic('C');
        connectItem.setAccelerator(KeyStroke.getKeyStroke
           (KeyEvent.VK_C,Inpu tEvent.CTRL_MASK));

        //为帮助菜单栏设置热键为 H
        helpMenu.setMnemonic('H');

        //为帮助设置快捷键为 Ctrl+H
        helpItem.setMnemonic('H');
        helpItem.setAccelerator(KeyStroke.getKeyStroke
           (KeyEvent.VK_H,InputEv ent.CTRL_MASK));
    }

    /**
     * 程序初始化函数
     */
    public void init(){

        Container contentPane = getContentPane();
        contentPane.setLayout(new BorderLayout());

        //添加菜单栏
        operateMenu.add (loginItem);
        operateMenu.add (logoffItem);
        operateMenu.add (exitItem);
        jMenuBar.add (operateMenu);
        conMenu.add (userItem);
        conMenu.add (connectItem);
        jMenuBar.add (conMenu);
        helpMenu.add (helpItem);
        jMenuBar.add (helpMenu);
        setJMenuBar (jMenuBar);

        //初始化按钮
        loginButton = new JButton("登录");
        logoffButton = new JButton("注销");
        userButton  = new JButton("用户设置");
        connectButton  = new JButton("连接设置");
        exitButton = new JButton("退出");
        //当鼠标放上时显示信息
        loginButton.setToolTipText("连接到指定的服务器");
        logoffButton.setToolTipText("与服务器断开连接");
        userButton.setToolTipText("设置用户信息");
        connectButton.setToolTipText("设置所要连接到的服务器信息");
        //将按钮添加到工具栏
        toolBar.add(userButton);
        toolBar.add(connectButton);
        toolBar.addSeparator();//添加分隔栏
        toolBar.add(loginButton);
        toolBar.add(logoffButton);
        toolBar.addSeparator();//添加分隔栏
        toolBar.add(exitButton);
        contentPane.add(toolBar,BorderLayout.NORTH);
```

```
checkbox = new JCheckBox("悄悄话");
checkbox.setSelected(false);

actionlist = new JComboBox();
actionlist.addItem("微笑地");
actionlist.addItem("高兴地");
actionlist.addItem("轻轻地");
actionlist.addItem("生气地");
actionlist.addItem("小心地");
actionlist.addItem("静静地");
actionlist.setSelectedIndex(0);

//初始时
loginButton.setEnabled(true);
logoffButton.setEnabled(false);

//为菜单栏添加事件监听
loginItem.addActionListener(this);
logoffItem.addActionListener(this);
exitItem.addActionListener(this);
userItem.addActionListener(this);
connectItem.addActionListener(this);
helpItem.addActionListener(this);

//添加按钮的事件侦听
loginButton.addActionListener(this);
logoffButton.addActionListener(this);
userButton.addActionListener(this);
connectButton.addActionListener(this);
exitButton.addActionListener(this);

combobox = new JComboBox();
combobox.insertItemAt("所有人",0);
combobox.setSelectedIndex(0);

messageShow = new JTextArea();
messageShow.setEditable(false);
//添加滚动条
messageScrollPane = new JScrollPane(messageShow,
    JScrollPane.VERTICAL_SCROLLBAR_AS_NEEDED,
    JScrollPane.HORIZONTAL_SCROLLBAR_AS_NEEDED);
messageScrollPane.setPreferredSize(new Dimension(400,400));
messageScrollPane.revalidate();

clientMessage = new JTextField(23);
clientMessage.setEnabled(false);
clientMessageButton = new JButton();
clientMessageButton.setText("发送");

//添加系统消息的事件侦听
clientMessage.addActionListener(this);
clientMessageButton.addActionListener(this);
```

```
sendToLabel = new JLabel("发送至:");
express = new JLabel("          表情:   ");
messageLabel = new JLabel("发送消息:");
downPanel = new JPanel();
gridBag = new GridBagLayout();
downPanel.setLayout(gridBag);

gridBagCon = new GridBagConstraints();
gridBagCon.gridx = 0;
gridBagCon.gridy = 0;
gridBagCon.gridwidth = 5;
gridBagCon.gridheight = 2;
gridBagCon.ipadx = 5;
gridBagCon.ipady = 5;
JLabel none = new JLabel("    ");
gridBag.setConstraints(none,gridBagCon);
downPanel.add(none);

gridBagCon = new GridBagConstraints();
gridBagCon.gridx = 0;
gridBagCon.gridy = 2;
gridBagCon.insets = new Insets(1,0,0,0);
//gridBagCon.ipadx = 5;
//gridBagCon.ipady = 5;
gridBag.setConstraints(sendToLabel,gridBagCon);
downPanel.add(sendToLabel);

gridBagCon = new GridBagConstraints();
gridBagCon.gridx =1;
gridBagCon.gridy = 2;
gridBagCon.anchor = GridBagConstraints.LINE_START;
gridBag.setConstraints(combobox,gridBagCon);
downPanel.add(combobox);

gridBagCon = new GridBagConstraints();
gridBagCon.gridx =2;
gridBagCon.gridy = 2;
gridBagCon.anchor = GridBagConstraints.LINE_END;
gridBag.setConstraints(express,gridBagCon);
downPanel.add(express);

gridBagCon = new GridBagConstraints();
gridBagCon.gridx = 3;
gridBagCon.gridy = 2;
gridBagCon.anchor = GridBagConstraints.LINE_START;
//gridBagCon.insets = new Insets(1,0,0,0);
//gridBagCon.ipadx = 5;
//gridBagCon.ipady = 5;
gridBag.setConstraints(actionlist,gridBagCon);
downPanel.add(actionlist);

gridBagCon = new GridBagConstraints();
gridBagCon.gridx = 4;
gridBagCon.gridy = 2;
gridBagCon.insets = new Insets(1,0,0,0);
```

```
        //gridBagCon.ipadx = 5;
        //gridBagCon.ipady = 5;
        gridBag.setConstraints(checkbox,gridBagCon);
        downPanel.add(checkbox);

        gridBagCon = new GridBagConstraints();
        gridBagCon.gridx = 0;
        gridBagCon.gridy = 3;
        gridBag.setConstraints(messageLabel,gridBagCon);
        downPanel.add(messageLabel);

        gridBagCon = new GridBagConstraints();
        gridBagCon.gridx = 1;
        gridBagCon.gridy = 3;
        gridBagCon.gridwidth = 3;
        gridBagCon.gridheight = 1;
        gridBag.setConstraints(clientMessage,gridBagCon);
        downPanel.add(clientMessage);

        gridBagCon = new GridBagConstraints();
        gridBagCon.gridx = 4;
        gridBagCon.gridy = 3;
        gridBag.setConstraints(clientMessageButton,gridBagCon);
        downPanel.add(clientMessageButton);

        showStatus = new JTextField(35);
        showStatus.setEditable(false);
        gridBagCon = new GridBagConstraints();
        gridBagCon.gridx = 0;
        gridBagCon.gridy = 5;
        gridBagCon.gridwidth = 5;
        gridBag.setConstraints(showStatus,gridBagCon);
        downPanel.add(showStatus);

        contentPane.add(messageScrollPane,BorderLayout.CENTER);
        contentPane.add(downPanel,BorderLayout.SOUTH);

        //关闭程序时的操作
        this.addWindowListener(
            new WindowAdapter(){
                public void windowClosing(WindowEvent e){
                    if(type == 1){
                        DisConnect();
                    }
                    System.exit(0);
                }
            }
        );
    }

    /**
     * 事件处理
     */
    public void actionPerformed(ActionEvent e) {
        Object obj = e.getSource();
```

```
        if (obj == userItem || obj == userButton) { //用户信息设置
            //调出用户信息设置对话框
            UserConf userConf = new UserConf(this,userName);
            userConf.show();
            userName = userConf.userInputName;
        }
        else if (obj == connectItem || obj == connectButton) {
        //连接服务端设置
            //调出连接设置对话框
            ConnectConf conConf = new ConnectConf(this,ip,port);
            conConf.show();
            ip = conConf.userInputIp;
            port = conConf.userInputPort;
        }
        else if (obj == loginItem || obj == loginButton) { //登录
            Connect();
        }
        else if (obj == logoffItem || obj == logoffButton) { //注销
            DisConnect();
            showStatus.setText("");
        }
        else if (obj == clientMessage || obj == clientMessageButton) {
        //发送消息
            SendMessage();
            clientMessage.setText("");
        }
        else if (obj == exitButton || obj == exitItem) { //退出
            int j=JOptionPane.showConfirmDialog(
                this,"真的要退出吗?","退出",
                JOptionPane.YES_OPTION,JOptionPane.QUESTION_MESSAGE);

            if (j == JOptionPane.YES_OPTION){
                if(type == 1){
                    DisConnect();
                }
                System.exit(0);
            }
        }
        else if (obj == helpItem) { //菜单栏中的帮助
            //调出帮助对话框
            Help helpDialog = new Help(this);
            helpDialog.show();
        }
    }


    public void Connect(){
        try{
            socket = new Socket(ip,port);
        }
        catch (Exception e){
            JOptionPane.showConfirmDialog(
                this,"不能连接到指定的服务器。\n请确认连接设置是否正确。","提示",
```

```
                JOptionPane.DEFAULT_OPTION,JOptionPane.WARNING_MESSAGE);
            return;
        }

        try{
            output = new ObjectOutputStream(socket.getOutputStream());
            output.flush();
            input  = new ObjectInputStream(socket.getInputStream());

            output.writeObject(userName);
            output.flush();

            recvThread = new ClientReceive
                (socket,output,input,combobox,messageShow,showStatus);
            recvThread.start();

            loginButton.setEnabled(false);
            loginItem.setEnabled(false);
            userButton.setEnabled(false);
            userItem.setEnabled(false);
            connectButton.setEnabled(false);
            connectItem.setEnabled(false);
            logoffButton.setEnabled(true);
            logoffItem.setEnabled(true);
            clientMessage.setEnabled(true);
            messageShow.append("连接服务器 "+ip+":"+port+" 成功...\n");
            type = 1;//标志位设为已连接
        }
        catch (Exception e){
            System.out.println(e);
            return;
        }
    }

    public void DisConnect(){
        loginButton.setEnabled(true);
        loginItem.setEnabled(true);
        userButton.setEnabled(true);
        userItem.setEnabled(true);
        connectButton.setEnabled(true);
        connectItem.setEnabled(true);
        logoffButton.setEnabled(false);
        logoffItem.setEnabled(false);
        clientMessage.setEnabled(false);

        if(socket.isClosed()){
            return ;
        }

        try{
            output.writeObject("用户下线");
            output.flush();

            input.close();
            output.close();
```

```
            socket.close();
            messageShow.append("已经与服务器断开连接...\n");
            type = 0;//标志位设为未连接
        }
        catch (Exception e){
            //
        }
    }

    public void SendMessage(){
        String toSomebody = combobox.getSelectedItem().toString();
        String status  = "";
        if(checkbox.isSelected()){
            status = "悄悄话";
        }

        String action = actionlist.getSelectedItem().toString();
        String message = clientMessage.getText();

        if(socket.isClosed()){
            return ;
        }

        try{
            output.writeObject("聊天信息");
            output.flush();
            output.writeObject(toSomebody);
            output.flush();
            output.writeObject(status);
            output.flush();
            output.writeObject(action);
            output.flush();
            output.writeObject(message);
            output.flush();
        }
        catch (Exception e){
            //
        }
    }

    /**
     * 通过给定的文件名获得图像
     */
    Image getImage(String filename) {
        URLClassLoader urlLoader = (URLClassLoader)this.getClass().
            getClassLoader();
        URL url = null;
        Image image = null;
        url = urlLoader.findResource(filename);
        image = Toolkit.getDefaultToolkit().getImage(url);
        MediaTracker mediatracker = new MediaTracker(this);
        try {
            mediatracker.addImage(image, 0);
            mediatracker.waitForID(0);
        }
```

```
        catch (InterruptedException _ex) {
            image = null;
        }
        if (mediatracker.isErrorID(0)) {
            image = null;
        }

        return image;
    }

    public static void main(String[] args) {
        ChatClient app = new ChatClient();
    }
}
```

2. ClientReceive.java

ClientReceive.java 文件的作用是实现客户端的消息收发，其代码如下：

```
import javax.swing.*;
import java.io.*;
import java.net.*;

/*
 * 聊天客户端消息收发类
 */
public class ClientReceive extends Thread {
    private JComboBox combobox;
    private JTextArea textarea;

    Socket socket;
    ObjectOutputStream output;
    ObjectInputStream input;
    JTextField showStatus;

    public ClientReceive(Socket socket,ObjectOutputStream output,
    ObjectInputStream  input,JComboBox combobox,JTextArea
       textarea,JTextField showStatus){

        this.socket = socket;
        this.output = output;
        this.input = input;
        this.combobox = combobox;
        this.textarea = textarea;
        this.showStatus = showStatus;
    }

    public void run(){
        while(!socket.isClosed()){
            try{
                String type = (String)input.readObject();

                if(type.equalsIgnoreCase("系统信息")){
                    String sysmsg = (String)input.readObject();
                    textarea.append("系统信息: "+sysmsg);
```

```
                    }
                    else if(type.equalsIgnoreCase("服务关闭")){
                        output.close();
                        input.close();
                        socket.close();

                        textarea.append("服务器已关闭! \n");

                        break;
                    }
                    else if(type.equalsIgnoreCase("聊天信息")){
                        String message = (String)input.readObject();
                        textarea.append(message);
                    }
                    else if(type.equalsIgnoreCase("用户列表")){
                        String userlist = (String)input.readObject();
                        String usernames[] = userlist.split("\n");
                        combobox.removeAllItems();

                        int i =0;
                        combobox.addItem("所有人");
                        while(i < usernames.length){
                            combobox.addItem(usernames[i]);
                            i ++;
                        }
                        combobox.setSelectedIndex(0);
                        showStatus.setText("在线用户"+usernames.length+"人");
                    }
                }
                catch (Exception e ){
                    System.out.println(e);
                }
            }
        }
}
```

3. ConnectConf.java

ConnectConf.java 文件的作用是实现客户端连接信息的配置，其代码如下：

```
import java.awt.*;
import javax.swing.border.*;
import java.net.*;
import javax.swing.*;
import java.awt.event.*;

/**
 * 生成连接信息输入的对话框
 * 让用户输入连接服务器的 IP 和端口
 */
public class ConnectConf extends JDialog {
    JPanel panelUserConf = new JPanel();
    JButton save = new JButton();
    JButton cancel = new JButton();
```

```
JLabel DLGINFO=new JLabel(
    "默认连接设置为  127.0.0.1:8888");

JPanel panelSave = new JPanel();
JLabel message = new JLabel();

String userInputIp;
int userInputPort;

JTextField inputIp;
JTextField inputPort;

public ConnectConf(JFrame frame,String ip,int port) {
    super(frame, true);
    this.userInputIp = ip;
    this.userInputPort = port;
    try {
        jbInit();
    }
    catch (Exception e) {
        e.printStackTrace();
    }
    //设置运行位置，使对话框居中
    Dimension screenSize =
       Toolkit.getDefaultToolkit().getScreenSize();
    this.setLocation( (int) (screenSize.width - 400) / 2 + 50,
                    (int) (screenSize.height - 600) / 2 + 150);
    this.setResizable(false);
}

private void jbInit() throws Exception {
    this.setSize(new Dimension(300, 130));
    this.setTitle("连接设置");
    message.setText(" 请输入服务器的 IP 地址:");
    inputIp = new JTextField(10);
    inputIp.setText(userInputIp);
    inputPort = new JTextField(4);
    inputPort.setText(""+userInputPort);
    save.setText("保存");
    cancel.setText("取消");

    panelUserConf.setLayout(new GridLayout(2,2,1,1));
    panelUserConf.add(message);
    panelUserConf.add(inputIp);
    panelUserConf.add(new JLabel(" 请输入服务器的端口号:"));
    panelUserConf.add(inputPort);

    panelSave.add(new Label("              "));
    panelSave.add(save);
    panelSave.add(cancel);
    panelSave.add(new Label("              "));

    Container contentPane = getContentPane();
    contentPane.setLayout(new BorderLayout());
```

```
contentPane.add(panelUserConf, BorderLayout.NORTH);
contentPane.add(DLGINFO, BorderLayout.CENTER);
contentPane.add(panelSave, BorderLayout.SOUTH);

//保存按钮的事件处理
save.addActionListener(
    new ActionListener() {
        public void actionPerformed (ActionEvent a) {
            int savePort;
            String inputIP;
            //判断端口号是否合法
            try{
                userInputIp = "" + InetAddress.getByName
                    (inputIp.getText());
                userInputIp = userInputIp.substring(1);
            }
            catch(UnknownHostException e){
                DLGINFO.setText(
                    "错误的 IP 地址！");

                return;
            }
            //userInputIp = inputIP;

            //判断端口号是否合法
            try{
                savePort = Integer.parseInt(inputPort.getText());

                if(savePort<1 || savePort>65535){
                    DLGINFO.setText("侦听端口必须是 0～65535 之间的
                        整数!");
                    inputPort.setText("");
                    return;
                }
                userInputPort = savePort;
                dispose();
            }
            catch(NumberFormatException e){
                DLGINFO.setText("错误的端口号,端口号请填写整数!");
                inputPort.setText("");
                return;
            }
        }
    }
);

//关闭对话框时的操作
this.addWindowListener(
    new WindowAdapter(){
        public void windowClosing(WindowEvent e){
            DLGINFO.setText("默认连接设置为 127.0.0.1:8888");
        }
    }
);
```

```
        //取消按钮的事件处理
        cancel.addActionListener(
            new ActionListener(){
                public void actionPerformed(ActionEvent e){
                    DLGINFO.setText("默认连接设置为  127.0.0.1:8888");
                    dispose();
                }
            }
        );
    }
}
```

4. UserConf.java

UserConf.java 文件的作用是实现客户端用户的信息配置，其代码如下：

```
import java.awt.*;
import javax.swing.border.*;
import java.net.*;
import javax.swing.*;
import java.awt.event.*;

/**
 * 生成用户信息输入对话框的类
 * 让用户输入自己的用户名
 */
public class UserConf extends JDialog {
    JPanel panelUserConf = new JPanel();
    JButton save = new JButton();
    JButton cancel = new JButton();
    JLabel DLGINFO=new JLabel("默认用户名为：匆匆过客");

    JPanel panelSave = new JPanel();
    JLabel message = new JLabel();
    String userInputName;

    JTextField userName;

    public UserConf(JFrame frame,String str) {
        super(frame, true);
        this.userInputName = str;
        try {
            jbInit();
        }
        catch (Exception e) {
            e.printStackTrace();
        }
        //设置运行位置，使对话框居中
        Dimension screenSize =
           Toolkit.getDefaultToolkit().getScreenSize();
        this.setLocation( (int) (screenSize.width - 400) / 2 + 50,
                        (int) (screenSize.height - 600) / 2 + 150);
        this.setResizable(false);
```

```
    }

    private void jbInit() throws Exception {
        this.setSize(new Dimension(300, 120));
        this.setTitle("用户设置");
        message.setText("请输入用户名:");
        userName = new JTextField(10);
        userName.setText(userInputName);
        save.setText("保存");
        cancel.setText("取消");

        panelUserConf.setLayout(new FlowLayout());
        panelUserConf.add(message);
        panelUserConf.add(userName);

        panelSave.add(new Label("              "));
        panelSave.add(save);
        panelSave.add(cancel);
        panelSave.add(new Label("              "));

        Container contentPane = getContentPane();
        contentPane.setLayout(new BorderLayout());
        contentPane.add(panelUserConf, BorderLayout.NORTH);
        contentPane.add(DLGINFO, BorderLayout.CENTER);
        contentPane.add(panelSave, BorderLayout.SOUTH);

        //保存按钮的事件处理
        save.addActionListener(
            new ActionListener() {
                public void actionPerformed (ActionEvent a) {
                    if(userName.getText().equals("")){
                        DLGINFO.setText(
                            "用户名不能为空！");
                        userName.setText(userInputName);
                        return;
                    }
                    else if(userName.getText().length() > 15){
                        DLGINFO.setText("用户名长度不能大于 15 个字符！");
                        userName.setText(userInputName);
                        return;
                    }
                    userInputName = userName.getText();
                    dispose();
                }
            }
        );

        //关闭对话框时的操作
        this.addWindowListener(
            new WindowAdapter(){
                public void windowClosing(WindowEvent e){
                    DLGINFO.setText("默认用户名为：匆匆过客");
                }
            }
```

```
        );

        //取消按钮的事件处理
        cancel.addActionListener(
            new ActionListener(){
                public void actionPerformed(ActionEvent e){
                    DLGINFO.setText("默认用户名为：匆匆过客");
                    dispose();
                }
            }
        );
    }
}
```

5. Help.java

Help.java 文件的作用是生成客户端的“帮助”对话框，其代码如下：

```
import java.awt.*;
import javax.swing.border.*;
import java.net.*;
import javax.swing.*;
import java.awt.event.*;

/**
 * 生成设置对话框的类
 */
public class Help extends JDialog {

    JPanel titlePanel = new JPanel();
    JPanel contentPanel = new JPanel();
    JPanel closePanel = new JPanel();

    JButton close = new JButton();
    JLabel title = new JLabel("聊天室客户端帮助");
    JTextArea help = new JTextArea();

    Color bg = new Color(255,255,255);

    public Help(JFrame frame) {
        super(frame, true);
        try {
            jbInit();
        }
        catch (Exception e) {
            e.printStackTrace();
        }
        //设置运行位置，使对话框居中
        Dimension screenSize =
           Toolkit.getDefaultToolkit().getScreenSize();
        this.setLocation( (int) (screenSize.width - 400) / 2 + 25,
                        (int) (screenSize.height - 320) / 2);
        this.setResizable(false);
    }
```

```
    private void jbInit() throws Exception {
        this.setSize(new Dimension(350, 270));
        this.setTitle("帮助");

        titlePanel.setBackground(bg);;
        contentPanel.setBackground(bg);
        closePanel.setBackground(bg);

        help.setText("1、设置所要连接服务端的 IP 地址和端口"+
            "(默认设置为\n 127.0.0.1:8888)。\n"+
            "2、输入你的用户名(默认设置为:匆匆过客)。\n"+
            "3、点击“登录”便可以连接到指定的服务器;\n"+
            "    点击“注销”可以和服务器断开连接。\n"+
            "4、选择需要接收消息的用户，在消息栏中写入消息，\n"+
            "    同时选择表情，之后便可发送消息。\n");
        help.setEditable(false);

        titlePanel.add(new Label("              "));
        titlePanel.add(title);
        titlePanel.add(new Label("              "));

        contentPanel.add(help);

        closePanel.add(new Label("              "));
        closePanel.add(close);
        closePanel.add(new Label("              "));

        Container contentPane = getContentPane();
        contentPane.setLayout(new BorderLayout());
        contentPane.add(titlePanel, BorderLayout.NORTH);
        contentPane.add(contentPanel, BorderLayout.CENTER);
        contentPane.add(closePanel, BorderLayout.SOUTH);

        close.setText("关闭");
        //事件处理
        close.addActionListener(
            new ActionListener() {
                public void actionPerformed(ActionEvent e) {
                    dispose();
                }
            }
        );
    }
}
```

8.5 程序的运行与发布

8.5.1 聊天室服务器端程序的运行

将 ChatServer.java、ServerListen.java、ServerReceive.java、PortConf.java、Node.java、UserLinkList.java 和 Help.java 这 7 个文件保存到一个文件夹中，如 C:\Javawork\CH08。在

使用 javac 命令进行编译之前，应设置类路径：

```
C:\Javawork\CH08>set classpath=C:\Javawork\CH08
```

然后利用 javac 命令对文件进行编译：

```
javac ChatServer.java
```

之后，利用 java 命令执行程序：

```
java ChatServer
```

程序的运行界面如图 8.2～图 8.6 所示。

图 8.2　服务器端程序的主界面

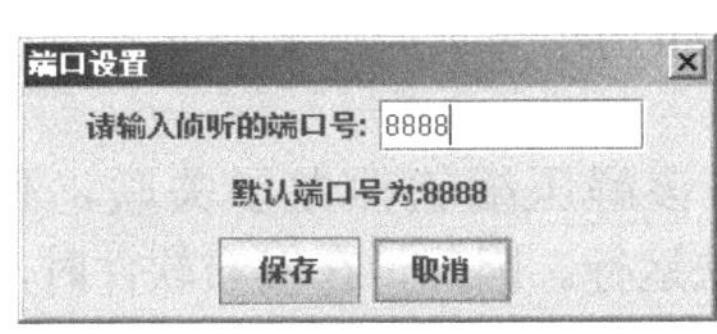

图 8.3　服务器端侦听端口的配置

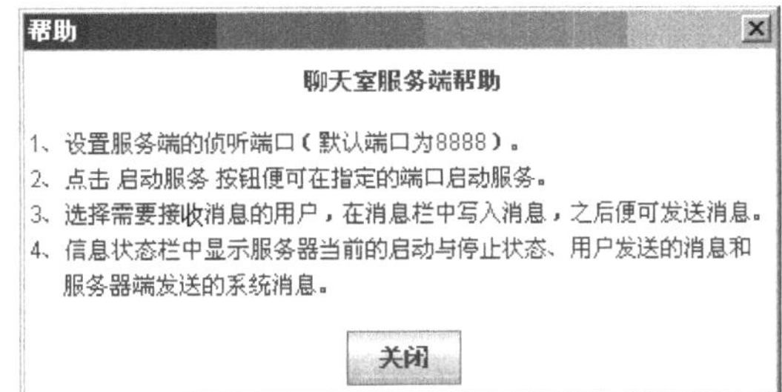

图 8.4　服务器端的帮助对话框

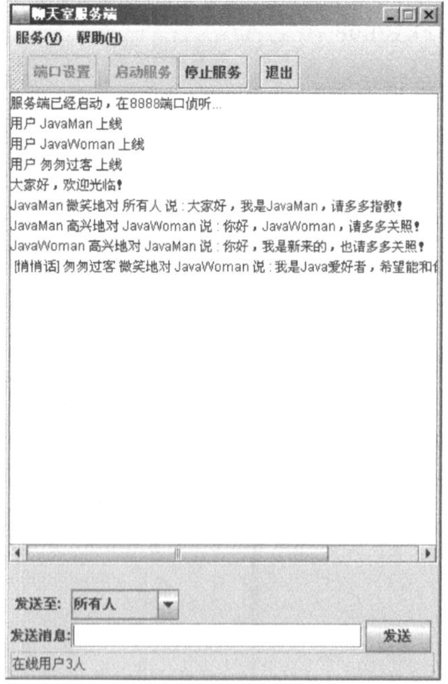

图 8.5　服务器端启动时的界面

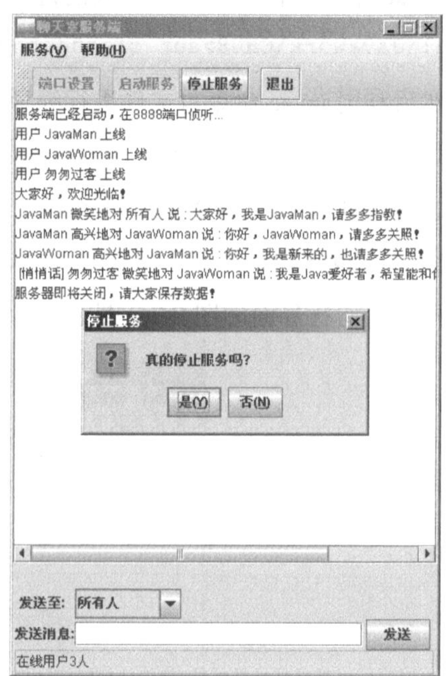

图 8.6　停止服务器

8.5.2　聊天室服务器端程序的发布

要发布该应用程序，需要将应用程序打包。使用 jar.exe，可以把应用程序中涉及的类和图片压缩成一个.jar 文件，这样便可以发布程序。

首先编写一个清单文件，名为 MANIFEST.MF，其代码如下：

```
Manifest-Version: 1.0
Created-By: 1.5.0_02 (Sun Microsystems Inc.)
Main-Class: ChatServer
```

清单文件保存到 C:\Javawork\CH08。

提示： 在编写清单文件时，在 Manifest-Version 和 1.0 之间必须有一个空格。同样，Main-Class 和主类 ChatServer 之间也必须有一个空格。

然后使用如下命令生成 jar 文件：

```
jar cfm ChatServer.jar MANIFEST.MF *.class
```

其中，参数 c 表示要生成一个新的 jar 文件；f 表示要生成的 jar 文件的名字；m 表示清单文件的名字。

如果安装过 WinRAR 解压软件，并将.jar 文件与该解压缩软件做了关联，那么 ChatServer.jar 文件的类型是 WinRAR，使得 Java 程序无法运行。因此，在发布软件时，还应该再写一个有如下内容的.bat 文件(ChatServer.bat)：

```
javaw -jar ChatServer.jar
```

可以通过双击 ChatServer.bat 来运行程序。

8.5.3 聊天室客户端程序的运行

将 ChatClient.java、ClientReceive.java、ConnectConf.java、UserConf.java 和 Help.java 这 5 个文件保存到一个文件夹中，如 C:\Javawork\CH08\Client。在使用 java 命令进行编译之前，应设置类路径：

```
C:\Javawork\CH08\Client>set classpath=C:\Javawork\CH08\client
```

然后利用 javac 命令对文件进行编译：

```
javac ChatClient.java
```

之后，利用 java 命令执行程序：

```
java ChatClient
```

程序的运行界面如图 8.7～图 8.9 所示。

图 8.7 客户端用户名配置界面

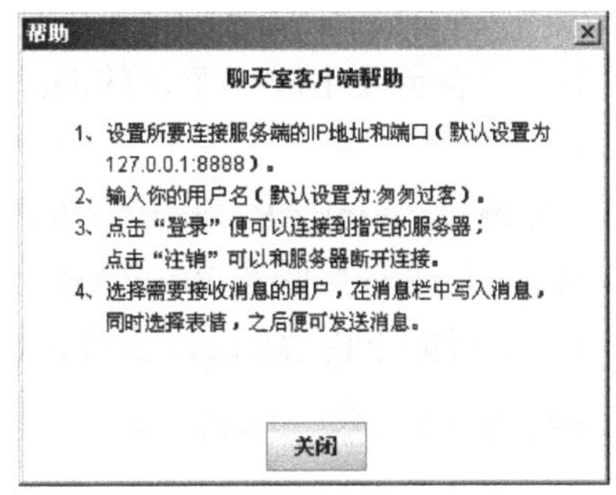

图 8.8 客户端帮助界面

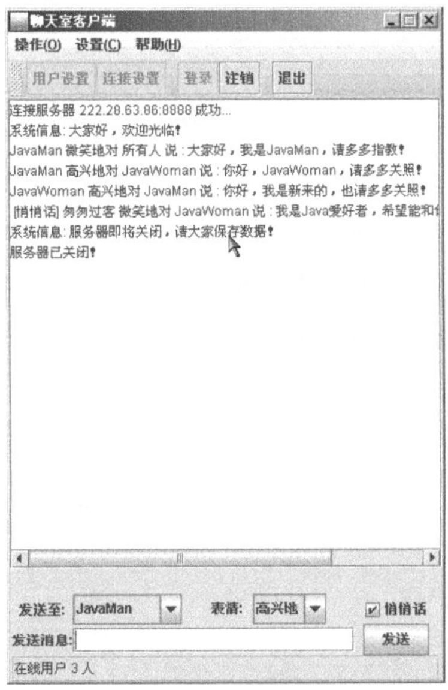

图 8.9 客户器端程序运行的主界面

8.5.4 聊天室客户端程序的发布

要发布应用程序，需要将应用程序打包。使用 jar.exe，可以把应用程序中涉及的类和图片压缩成一个.jar 文件，这样便可以发布程序。

首先编写一个清单文件，名为 MANIFEST.MF，其代码如下：

```
Manifest-Version: 1.0
Created-By: 1.6.0 (Sun Microsystems Inc.)
Main-Class: ChatClient
```

清单文件保存到 C:\Javawork\CH08\Client。

提示： 在编写清单文件时，在 Manifest-Version 和 1.0 之间必须有一个空格。同样，Main-Class 和主类 ChatClient 之间也必须有一个空格。

然后使用如下命令生成.jar 文件：

```
jar cfm ChatClient.jar MANIFEST.MF *.class
```

其中，参数 c 表示要生成一个新的.jar 文件；f 表示要生成的.jar 文件的名字；m 表示清单文件的名字。

如果安装过 WinRAR 解压缩软件，并将.jar 文件与该解压缩软件做了关联，那么 ChatClient.jar 文件的类型是 WinRAR，使得 Java 程序无法运行。因此，在发布软件时，还应该再写一个有如下内容的.bat 文件(ChatClient.bat)：

```
javaw -jar ChatClient.jar
```

可以通过双击 ChatClient.bat 来运行程序。

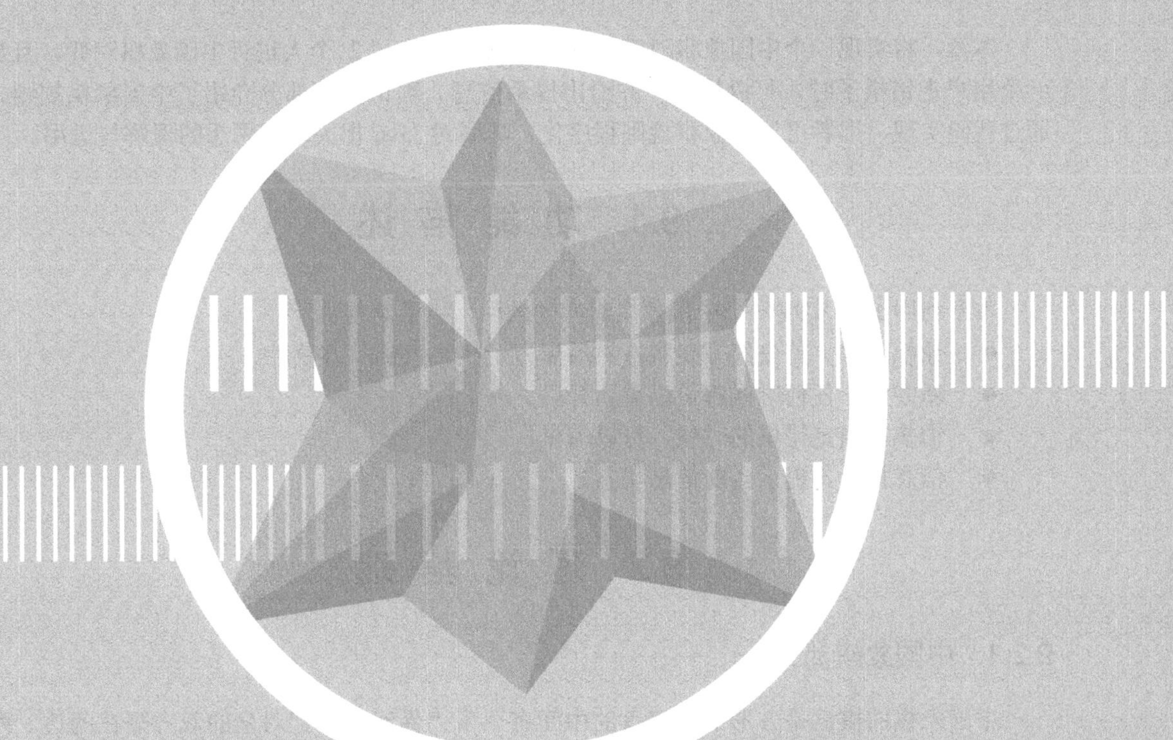

第9章

中国象棋对弈系统

本章，将实现一个中国象棋对弈软件。该软件可用于 2 个人进行中国象棋对弈，且当一个用户走错棋子时，可以悔棋，并给出提示信息。理论基础部分介绍了中国象棋规则。通过代码实现，读者可以将象棋规则程序化，巩固对 Java 相关编程思想的理解与运用。

9.1 功能描述

本章利用 Java 实现一个中国象棋对弈的软件，主要功能如下：

- 象棋对弈。首先红方走棋，然后黑方走棋，直到一方获胜。
- 新游戏。任何时候都可以重新开局。
- 悔棋。当走错棋的时候，可以悔棋。
- 信息提示。提示当前信息状态。

9.2 理论基础

9.2.1 中国象棋简介

中国象棋的棋盘是方形的，棋盘的中间有一条“界河”，把对垒的双方隔在两边。两边画有交叉线的地方共有 90 个交叉点，棋子就摆在这些交叉点上。中国象棋共有 32 枚棋子，分为黑红两组，下棋的双方各用一组，每组各有一帅(将)、两士(仕)、两相(象)、两马、两车、两炮、五兵(卒)。两人对局时，按照规定的位置将各自的棋子摆好，红方先走，然后轮流下棋子。各种棋子的走法不同，最后以把对方将死为胜，不分胜负则为和棋。

9.2.2 中国象棋走子规则

帅(将)每次只许走一步，前进、后退、横走都可以，但不能走出“九宫”。将和帅不准在同一直线上直接对面，如一方先占据，则另一方就必须回避。

士(仕)每次只许沿“九宫”斜线走一步，可进可退。

相(象)不能越过“河界”，每次斜走两步，可进可退，即俗称“相(象)走田字”。当田字中心有别的棋子时，俗称“塞(相)象眼”，则不许走过去。

马每次走一直(或一横)一斜，可进可退，即俗称“马走日字”。如果在要去的方向有别的棋子挡住。俗称“蹩马腿”，则不许走过去。

车每次可以直进、直退、横走，不限步数。

炮在不吃子的时候，走法同车一样。

兵(卒)在没有过“河界”前，每次只许向前直走一步；过“河界”后，每次可向前直走一步或横走一步，但不能后退。

9.2.3 中国象棋吃子规则

在走棋时，如果棋子能够走到的位置有对方棋子存在，就可以把对方棋子吃掉而占领那个位置。炮在吃子时必须隔一个棋子(无论是哪一方的)跳吃，即俗称“炮打隔子”。

除帅(将)外其他棋子都可以听任对方吃，或主动送吃。吃子的一方，必须立即把被吃掉的棋子从棋盘上拿走。

9.3 总 体 设 计

中国象棋对弈系统的程序由文件 Chess.java 实现。Chess.java 主要包括两个类：一个是被定义为 public 类型的类，名为 Chess，主要负责中国象棋对弈程序的执行；另一个类名为 ChessMainFrame，是程序的主框架类。程序中 Chess 类通过生成 ChessMainFrame 类的对象来执行程序。

ChessMainFrame 类主要包含四个模块：生成图形用户界面模块、完成按钮的操作模块、棋子的操作模块、棋子的移动规则模块。其中棋子的移动规则被定义为内部类，名为 ChessRule。ChessRule 类中的方法用于定义各个棋子的移动规则和吃子规则。

9.4 代 码 实 现

9.4.1 引用类包及类的定义

Chess.java 文件的整体结构如下：

```
import java.awt.*;
import java.awt.event.*;
import javax.swing.*;
import java.util.*;
import java.io.*;

/**
 *Chess 类用于执行程序
 */
public class Chess{
    public static void main(String args[]){
        //生成 ChessMainFrame 对象，执行程序
        new ChessMainFrame("中国象棋：观棋不语真君子，棋死无悔大丈夫");
    }
}

/**
 * ChessMainFrame 用于生成图形用户界面、完成按钮的操作、
 * 完成棋子的操作、定义棋子的移动规则
 */
class ChessMainFrame extends JFrame
implements ActionListener,MouseListener,Runnable{
    //模块的代码(完整代码见 9.4.2～9.4.5 节)
}
```

其中，ChessMainFrame 类只给出了定义形式，具体的代码已经省略，省略的代码在下面讲解。

9.4.2 图形用户界面模块

图形用户界面是 ChessMainFrame 类中的基本模块，它的主要作用是：定义该类中使用的变量和实例对象、通过构造函数初始化图形用户界面、添加组件和棋子、注册组件事件。该模块的代码如下：

```
//玩家
JLabel play[] = new JLabel[32];
//棋盘
JLabel image;
//窗格
Container con;
//工具栏
JToolBar jmain;
//重新开始
JButton anew;
//悔棋
JButton repent;
//退出
JButton exit;
//当前信息
JLabel text;

//保存当前操作
Vector Var;

//规则类对象(便于调用方法)
ChessRule rule;

/**
** 单击棋子
** chessManClick = true 闪烁棋子 并给线程响应
** chessManClick = false 吃棋子 停止闪烁  并给线程响应
*/
boolean chessManClick;

/**
** 控制玩家走棋
** chessPlayClick=1 黑棋走棋
** chessPlayClick=2 红棋走棋 默认红棋
** chessPlayClick=3 双方都不能走棋
*/
int chessPlayClick=2;

//控制棋子闪烁的线程
Thread tmain;
//把第一次的单击棋子给线程响应
static int Man,i;

ChessMainFrame(){
    new ChessMainFrame("中国象棋");
}
```

```
/**
** 构造函数
** 初始化图形用户界面
*/
ChessMainFrame(String Title){
    //获得窗格引用
    con = this.getContentPane();
    con.setLayout(null);
    //实例化规则类
    rule = new ChessRule();
    Var = new Vector();

    //创建工具栏
    jmain = new JToolBar();
    text = new JLabel("欢迎使用象棋对弈系统");
    //当光标放上时显示信息
    text.setToolTipText("信息提示");
    anew = new JButton(" 新 游 戏 ");
    anew.setToolTipText("重新开始新的一局");
    exit = new JButton(" 退  出 ");
    exit.setToolTipText("退出象棋对弈程序");
    repent = new JButton(" 悔  棋 ");
    repent.setToolTipText("返回到上次走棋的位置");

    //把组件添加到工具栏
    jmain.setLayout(new GridLayout(0,4));
    jmain.add(anew);
    jmain.add(repent);
    jmain.add(exit);
    jmain.add(text);
    jmain.setBounds(0,0,558,30);
    con.add(jmain);

    //添加棋子标签
    drawChessMan();

    //注册按钮监听
    anew.addActionListener(this);
    repent.addActionListener(this);
    exit.addActionListener(this);

    //注册棋子移动监听
    for (int i=0;i<32;i++){
        con.add(play[i]);
        play[i].addMouseListener(this);
    }

    //添加棋盘标签
    con.add(image = new JLabel(new ImageIcon("Main.GIF")));
    image.setBounds(0,30,558,620);
    image.addMouseListener(this);

    //注册窗体关闭监听
```

```
    this.addWindowListener(
        new WindowAdapter() {
            public void windowClosing(WindowEvent we){
                System.exit(0);
            }
        }
    );

    //窗体居中
    Dimension screenSize =
        Toolkit.getDefaultToolkit().getScreenSize();
    Dimension frameSize = this.getSize();

    if (frameSize.height > screenSize.height){
        frameSize.height = screenSize.height;
    }
    if (frameSize.width > screenSize.width){
        frameSize.width = screenSize.width;
    }

    this.setLocation(
         (screenSize.width - frameSize.width) / 2 - 280,
         (screenSize.height - frameSize.height ) / 2 - 350
    );

    //设置程序框架的属性
    this.setIconImage(new ImageIcon("红将.GIF").getImage());
    this.setResizable(false);
    this.setTitle(Title);
    this.setSize(558,670);
    this.show();
}

/**
** 添加棋子的方法
*/
public void drawChessMan(){
    //流程控制
    int i,k;
    //图标
    Icon in;

    //黑色棋子

    //车
    in = new ImageIcon("黑车.GIF");
    for (i=0,k=24;i<2;i++,k+=456){
        play[i] = new JLabel(in);
        play[i].setBounds(k,56,55,55);
        play[i].setName("车1");
    }

    //马
    in = new ImageIcon("黑马.GIF");
```

```
for (i=4,k=81;i<6;i++,k+=342){
    play[i] = new JLabel(in);
    play[i].setBounds(k,56,55,55);
    play[i].setName("马 1");
}

//象
in = new ImageIcon("黑象.GIF");
for (i=8,k=138;i<10;i++,k+=228){
    play[i] = new JLabel(in);
    play[i].setBounds(k,56,55,55);
    play[i].setName("象 1");
}

//士
in = new ImageIcon("黑士.GIF");
for (i=12,k=195;i<14;i++,k+=114){
    play[i] = new JLabel(in);
    play[i].setBounds(k,56,55,55);
    play[i].setName("士 1");
}

//卒
in = new ImageIcon("黑卒.GIF");
for (i=16,k=24;i<21;i++,k+=114){
    play[i] = new JLabel(in);
    play[i].setBounds(k,227,55,55);
    play[i].setName("卒 1" + i);
}

//炮
in = new ImageIcon("黑炮.GIF");
for (i=26,k=81;i<28;i++,k+=342){
    play[i] = new JLabel(in);
    play[i].setBounds(k,170,55,55);
    play[i].setName("炮 1" + i);
}

//将
in = new ImageIcon("黑将.GIF");
play[30] = new JLabel(in);
play[30].setBounds(252,56,55,55);
play[30].setName("将 1");

//红色棋子
//车
in = new ImageIcon("红车.GIF");
for (i=2,k=24;i<4;i++,k+=456){
    play[i] = new JLabel(in);
    play[i].setBounds(k,569,55,55);
    play[i].setName("车 2");
}
```

```
    //马
    in = new ImageIcon("红马.GIF");
    for (i=6,k=81;i<8;i++,k+=342){
        play[i] = new JLabel(in);
        play[i].setBounds(k,569,55,55);
        play[i].setName("马 2");
    }

    //相
    in = new ImageIcon("红象.GIF");
    for (i=10,k=138;i<12;i++,k+=228){
        play[i] = new JLabel(in);
        play[i].setBounds(k,569,55,55);
        play[i].setName("象 2");
    }

    //士
    in = new ImageIcon("红士.GIF");
    for (i=14,k=195;i<16;i++,k+=114){
        play[i] = new JLabel(in);
        play[i].setBounds(k,569,55,55);
        play[i].setName("士 2");
    }

    //兵
    in = new ImageIcon("红卒.GIF");
    for (i=21,k=24;i<26;i++,k+=114){
        play[i] = new JLabel(in);
        play[i].setBounds(k,398,55,55);
        play[i].setName("卒 2" + i);
    }

    //炮
    in = new ImageIcon("红炮.GIF");
    for (i=28,k=81;i<30;i++,k+=342){
        play[i] = new JLabel(in);
        play[i].setBounds(k,455,55,55);
        play[i].setName("炮 2" + i);
    }

    //帅
    in = new ImageIcon("红将.GIF");
    play[31] = new JLabel(in);
    play[31].setBounds(252,569,55,55);
    play[31].setName("帅 2");
}
```

9.4.3 按钮的操作模块

程序中有 3 个按钮，分别为“新游戏”按钮、“悔棋”按钮和“退出”按钮。当单击“新游戏”按钮时，程序重新布置棋子，并将保存当前操作的 Vector 清空；当单击【悔棋】按钮时，调用 Vector 中的数据进行悔棋操作；当单击【退出】按钮时，程序会询问是否退出，单击【是】按钮则退出对弈。按钮的操作模块的代码如下：

```
/**
** 定义按钮的事件响应
*/
public void actionPerformed(ActionEvent ae) {
    //重新开始按钮
    if (ae.getSource().equals(anew)){
        int i,k;
        //重新排列每个棋子的位置
        //黑色棋子

        //车
        for (i=0,k=24;i<2;i++,k+=456){
            play[i].setBounds(k,56,55,55);
        }

        //马
        for (i=4,k=81;i<6;i++,k+=342){
            play[i].setBounds(k,56,55,55);
        }

        //相
        for (i=8,k=138;i<10;i++,k+=228){
            play[i].setBounds(k,56,55,55);
        }

        //士
        for (i=12,k=195;i<14;i++,k+=114){
            play[i].setBounds(k,56,55,55);
        }

        //卒
        for (i=16,k=24;i<21;i++,k+=114){
            play[i].setBounds(k,227,55,55);
        }

        //炮
        for (i=26,k=81;i<28;i++,k+=342){
            play[i].setBounds(k,170,55,55);
        }

        //将
        play[30].setBounds(252,56,55,55);

        //红色棋子
        //车
        for (i=2,k=24;i<4;i++,k+=456){
            play[i].setBounds(k,569,55,55);
        }

        //马
        for (i=6,k=81;i<8;i++,k+=342){
            play[i].setBounds(k,569,55,55);
```

```
        }

        //相
        for (i=10,k=138;i<12;i++,k+=228){
            play[i].setBounds(k,569,55,55);
        }

        //士
        for (i=14,k=195;i<16;i++,k+=114){
            play[i].setBounds(k,569,55,55);
        }

        //兵
        for (i=21,k=24;i<26;i++,k+=114){
            play[i].setBounds(k,398,55,55);
        }

        //炮
        for (i=28,k=81;i<30;i++,k+=342){
            play[i].setBounds(k,455,55,55);
        }

        //帅
        play[31].setBounds(252,569,55,55);

        chessPlayClick = 2;
        text.setText("               红棋走棋");

        for (i=0;i<32;i++){
            play[i].setVisible(true);
        }
        //清除 Vector 中的内容
        Var.clear();

    }

    //悔棋按钮
    else if (ae.getSource().equals(repent)){
        try{
            //获得 setVisible 属性值
            String S = (String)Var.get(Var.size()-4);
            //获得 X 坐标
            int x = Integer.parseInt((String)Var.get(Var.size()-3));
            //获得 Y 坐标
            int y = Integer.parseInt((String)Var.get(Var.size()-2));
            //获得索引
            int M = Integer.parseInt((String)Var.get(Var.size()-1));


            //赋给棋子
            play[M].setVisible(true);
            play[M].setBounds(x,y,55,55);

            if (play[M].getName().charAt(1) == '1'){
```

```
                text.setText("            黑棋走棋");
                chessPlayClick = 1;
            }
            else{
                text.setText("            红棋走棋");
                chessPlayClick = 2;
            }

            //删除用过的坐标
            Var.remove(Var.size()-4);
            Var.remove(Var.size()-3);
            Var.remove(Var.size()-2);
            Var.remove(Var.size()-1);

            //停止旗子闪烁
            chessManClick=false;
        }

        catch(Exception e){
        }
    }

    //退出
    else if (ae.getSource().equals(exit)){
        int j=JOptionPane.showConfirmDialog(
            this,"真的要退出吗?","退出",
            JOptionPane.YES_OPTION,JOptionPane.QUESTION_MESSAGE);

        if (j == JOptionPane.YES_OPTION){
            System.exit(0);
        }
    }
}

public void mousePressed(MouseEvent me){
}
public void mouseReleased(MouseEvent me){
}
public void mouseEntered(MouseEvent me){
}
public void mouseExited(MouseEvent me){
}
```

9.4.4　棋子的操作模块

棋子的操作模块定义了线程，当单击棋子的时候，可以使棋子闪烁以表示棋子已经被选取。当单击或移动棋子时，根据棋子的编号来判断使用什么规则进行移动或吃子。需要注意的是，移动和吃子是调用规则类模块完成的。棋子的操作模块代码如下：

```
/**
** 用线程方法控制棋子闪烁
*/
public void run(){
```

```
    while (true){
        //单击棋子第一下开始闪烁
        if (chessManClick){
            play[Man].setVisible(false);

            //时间控制
            try{
                tmain.sleep(200);
            }
            catch(Exception e){
            }

            play[Man].setVisible(true);
        }

        //闪烁当前提示信息，以免用户看不见
        else {
            text.setVisible(false);

            //时间控制
            try{
                tmain.sleep(250);
            }
            catch(Exception e){
            }

            text.setVisible(true);
        }

        try{
            tmain.sleep(350);
        }
        catch (Exception e){
        }
    }
}

/**
** 单击棋子方法
*/
public void mouseClicked(MouseEvent me){

    //当前坐标
    int Ex=0,Ey=0;

    //启动线程
    if (tmain == null){
        tmain = new Thread(this);
        tmain.start();
    }

    //单击棋盘(移动棋子)
    if (me.getSource().equals(image)){
        //该红棋走棋的时候
```

```
if (chessPlayClick == 2 &&
    play[Man].getName().charAt(1) == '2'){

    Ex = play[Man].getX();
    Ey = play[Man].getY();
    //移动卒、兵
    if (Man > 15 && Man < 26){
        rule.armsRule(Man,play[Man],me);
    }

    //移动炮
    else if (Man > 25 && Man < 30){
        rule.cannonRule(play[Man],play,me);
    }

    //移动车
    else if (Man >=0 && Man < 4){
        rule.cannonRule(play[Man],play,me);
    }

    //移动马
    else if (Man > 3 && Man < 8){
        rule.horseRule(play[Man],play,me);
    }

    //移动相(象)
    else if (Man > 7 && Man < 12){
        rule.elephantRule(Man,play[Man],play,me);
    }

    //移动仕(士)
    else if (Man > 11 && Man < 16){
        rule.chapRule(Man,play[Man],play,me);
    }

    //移动将(帅)
    else if (Man == 30 || Man == 31){
        rule.willRule(Man,play[Man],play,me);
    }

    //是否走棋错误(是否在原地没有动)
    if (Ex == play[Man].getX() && Ey == play[Man].getY()){

        text.setText("               红棋走棋");
        chessPlayClick=2;
    }

    else {
        text.setText("               黑棋走棋");
        chessPlayClick=1;
    }

}//if
```

```
        //该黑棋走棋的时候
        else if (chessPlayClick == 1 &&
        play[Man].getName().charAt(1) == '1'){

            Ex = play[Man].getX();
            Ey = play[Man].getY();

            //移动卒(兵)
            if (Man > 15 && Man < 26){
                rule.armsRule(Man,play[Man],me);
            }

            //移动炮
            else if (Man > 25 && Man < 30){
                rule.cannonRule(play[Man],play,me);
            }

            //移动车
            else if (Man >=0 && Man < 4){
                rule.cannonRule(play[Man],play,me);
            }

            //移动马
            else if (Man > 3 && Man < 8){
                rule.horseRule(play[Man],play,me);
            }

            //移动相(象)
            else if (Man > 7 && Man < 12){
                rule.elephantRule(Man,play[Man],play,me);
            }

            //移动士(仕)
            else if (Man > 11 && Man < 16){
                rule.chapRule(Man,play[Man],play,me);
            }

            //移动将(帅)
            else if (Man == 30 || Man == 31){
                rule.willRule(Man,play[Man],play,me);
            }

            //是否走棋错误(是否在原地没有动)
            if (Ex == play[Man].getX() && Ey == play[Man].getY()){
                text.setText("黑棋走棋");
                chessPlayClick=1;
            }

            else {
                text.setText("红棋走棋");
                chessPlayClick=2;
            }
```

```
    }//else if

    //当前没有操作(停止闪烁)
    chessManClick=false;

}//if

//单击棋子
else{
    //第一次单击棋子(闪烁棋子)
    if (!chessManClick){
        for (int i=0;i<32;i++){
            //被单击的棋子
            if (me.getSource().equals(play[i])){
                //告诉线程让该棋子闪烁
                Man=i;
                //开始闪烁
                chessManClick=true;
                break;
            }
        }//for
    }//if

    //第二次单击棋子(吃棋子)
    else if (chessManClick){
        //当前没有操作(停止闪烁)
        chessManClick=false;

        for (i=0;i<32;i++){
            //找到被吃的棋子
            if (me.getSource().equals(play[i])){
                //该红棋吃棋的时候
                if (chessPlayClick == 2 &&
                play[Man].getName().charAt(1) == '2'){

                    Ex = play[Man].getX();
                    Ey = play[Man].getY();

                    //卒(兵)吃棋规则
                    if (Man > 15 && Man < 26){
                        rule.armsRule(play[Man],play[i]);
                    }

                    //炮吃棋规则
                    else if (Man > 25 && Man < 30){
                        rule.cannonRule(0,play[Man],play[i],play,me);
                    }

                    //车吃棋规则
                    else if (Man >=0 && Man < 4){
                        rule.cannonRule(1,play[Man],play[i],play,me);
                    }

                    //马吃棋规则
```

```
            else if (Man > 3 && Man < 8){
                rule.horseRule(play[Man],play[i],play,me);
            }

            //相(象)吃棋规则
            else if (Man > 7 && Man < 12){
                rule.elephantRule(play[Man],play[i],play);
            }

            //士(仕)吃棋规则
            else if (Man > 11 && Man < 16){
                rule.chapRule(Man,play[Man],play[i],play);
            }

            //将(帅)吃棋规则
            else if (Man == 30 || Man == 31){
                rule.willRule(Man,play[Man],play[i],play);
                play[Man].setVisible(true);
            }

            //是否走棋错误(是否在原地没有动)
            if (Ex == play[Man].getX() &&
            Ey == play[Man].getY()){

                text.setText("                红棋走棋");
                chessPlayClick=2;
                break;
            }

            else{
                text.setText("                黑棋走棋");
                chessPlayClick=1;
                break;
            }

        }//if

        //该黑棋吃棋的时候
        else if (chessPlayClick == 1 &&
        play[Man].getName().charAt(1) == '1'){

            Ex = play[Man].getX();
            Ey = play[Man].getY();

            //卒(兵)吃棋规则
            if (Man > 15 && Man < 26){
                rule.armsRule(play[Man],play[i]);
            }

            //炮吃棋规则
            else if (Man > 25 && Man < 30){
                rule.cannonRule(0,play[Man],play[i],play,me);
            }
```

```
                    //车吃棋规则
                    else if (Man >=0 && Man < 4){
                        rule.cannonRule(1,play[Man],play[i],play,me);

                    }

                    //马吃棋规则
                    else if (Man > 3 && Man < 8){
                        rule.horseRule(play[Man],play[i],play,me);
                    }

                    //相(象)吃棋规则
                    else if (Man > 7 && Man < 12){
                        rule.elephantRule(play[Man],play[i],play);
                    }

                    //士(仕)吃棋规则
                    else if (Man > 11 && Man < 16){
                        rule.chapRule(Man,play[Man],play[i],play);
                    }

                    //将(帅)吃棋规则
                    else if (Man == 30 || Man == 31){
                        rule.willRule(Man,play[Man],play[i],play);
                        play[Man].setVisible(true);
                    }

                    //是否走棋错误(是否在原地没有动)
                    if (Ex == play[Man].getX() &&
                    Ey == play[Man].getY()){

                        text.setText("黑棋走棋");
                        chessPlayClick=1;
                        break;
                    }

                    else {
                        text.setText("红棋走棋");
                        chessPlayClick=2;
                        break;
                    }

                }//else if

            }//if

        }//for


        //是否胜利
        if (!play[31].isVisible()){
            JOptionPane.showConfirmDialog(
                this,"黑棋胜利","玩家一胜利",
                JOptionPane.DEFAULT_OPTION,
```

```
                JOptionPane.WARNING_MESSAGE);
            //双方都不可以再走棋了
            chessPlayClick=3;
            text.setText("  黑棋胜利");

        }//if

        else if (!play[30].isVisible()){
            JOptionPane.showConfirmDialog(
                this,"红棋胜利","玩家二胜利",
                JOptionPane.DEFAULT_OPTION,
                JOptionPane.WARNING_MESSAGE);
            chessPlayClick=3;
            text.setText("  红棋胜利");
        }//else if

    }//else

  }//else

}
```

9.4.5 棋子的移动规则类模块

移动规则类 ChessRule 分别定义中国象棋 32 个棋子的移动(比如马走日、相走田等)规则。32 个棋子可分为卒(兵)、车炮、马、相(象)、士(仕)、将(帅)6 类棋子。每一类棋子各有两个方法，定义这类棋子的移动规则和吃子规则。ChessRule 类整体的结构代码如下(注意类中方法的实际代码在整体结构后面的 1～6 小节中)：

```
/**
** 定义中国象棋规则的类
*/
class ChessRule {
    /**卒(兵)的移动规则*/
    public void armsRule(int Man,JLabel play,MouseEvent me){}
    /**卒(兵)吃棋规则*/
    public void armsRule(JLabel play1,JLabel play2){}

    /**炮、车移动规则*/
    public void cannonRule(JLabel play,JLabel playQ[],MouseEvent me){}
    /**炮、车吃棋规则*/
    public void cannonRule(int Chess,JLabel play,JLabel playTake,
        JLabel playQ[],MouseEvent me){}

    /**马移动规则*/
    public void horseRule(JLabel play,JLabel playQ[],MouseEvent me){}
    /**马吃棋规则*/
    public void horseRule(JLabel play,JLabel playTake ,JLabel playQ[],
        MouseEvent me){}

    /**相(象)移动规则*/
    public void elephantRule(int Man,JLabel play,JLabel playQ[],
```

```
        MouseEvent me){}
    /**相(象)吃棋规则*/
    public void elephantRule(JLabel play,JLabel playTake,
        JLabel playQ[]){}

    /**士(仕)移动方法*/
    public void chapRule(int Man,JLabel play,JLabel playQ[],
        MouseEvent me){}
    /**士(仕)吃棋规则*/
    public void chapRule(int Man,JLabel play,JLabel playTake,
        JLabel playQ[]){}

    /**将(帅)移动规则*/
    public void willRule(int Man ,JLabel play,JLabel playQ[],
        MouseEvent me){}
    /**将(帅)吃棋规则*/
    public void willRule(int Man ,JLabel play,JLabel playTake,
        JLabel playQ[]){}
}
```

1．卒子的移动规则与吃子规则

```
/**卒子的移动规则*/
public void armsRule(int Man,JLabel play,MouseEvent me){
    //黑卒向下
    if (Man < 21){
        //向下移动，得到终点的坐标转换成合法的坐标
        if ((me.getY()-play.getY()) > 27 && (me.getY()-play.getY()) < 86
        && (me.getX()-play.getX()) < 55 && (me.getX()-play.getX()) > 0){

            //当前记录添加到集合(用于悔棋)
            Var.add(String.valueOf(play.isVisible()));
            Var.add(String.valueOf(play.getX()));
            Var.add(String.valueOf(play.getY()));
            Var.add(String.valueOf(Man));

            play.setBounds(play.getX(),play.getY()+57,55,55);
        }

        //向右移动，得到终点的坐标转换成合法的坐标、必须过河
        else if (play.getY() > 284 && (me.getX() - play.getX()) >= 57 &&
        (me.getX() - play.getX()) <= 112){
            play.setBounds(play.getX()+57,play.getY(),55,55);
        }

        //向左移动，得到终点的坐标转换成合法的坐标、必须过河
        else if (play.getY() > 284 && (play.getX() - me.getX()) >= 2 &&
        (play.getX() - me.getX()) <=58){
            //模糊坐标
            play.setBounds(play.getX()-57,play.getY(),55,55);
        }
    }

    //红兵向上
```

```
        else{
            //当前记录添加到集合(用于悔棋)
            Var.add(String.valueOf(play.isVisible()));
            Var.add(String.valueOf(play.getX()));
            Var.add(String.valueOf(play.getY()));
            Var.add(String.valueOf(Man));

            //向上移动，得到终点的坐标转换成合法的坐标
            if ((me.getX()-play.getX()) >= 0 && (me.getX()-play.getX()) <=
            55 && (play.getY()-me.getY())>27 && play.getY()-me.getY()<86){
                play.setBounds(play.getX(),play.getY()-57,55,55);
            }

            //向右移动，得到终点的坐标模糊成合法的坐标、必须过河
            else if (play.getY() <= 341 && (me.getX() - play.getX()) >= 57
            && (me.getX() - play.getX()) <= 112){
                play.setBounds(play.getX()+57,play.getY(),55,55);
            }

            //向左移动，得到终点的坐标转换成合法的坐标、必须过河
            else if (play.getY() <= 341 && (play.getX() - me.getX()) >= 3 &&
            (play.getX() - me.getX()) <=58){
                play.setBounds(play.getX()-57,play.getY(),55,55);
            }
        }
}//兵移动结束

/**卒(兵)吃棋规则*/
public void armsRule(JLabel play1,JLabel play2){
    //向右走
    if ((play2.getX() - play1.getX()) <= 112 && (play2.getX() -
    play1.getX()) >= 57 && (play1.getY() - play2.getY()) < 22 &&
    (play1.getY() - play2.getY()) > -22 && play2.isVisible() &&
    play1.getName().charAt(1)!=play2.getName().charAt(1)){
        //黑棋要过河才能右吃棋
        if (play1.getName().charAt(1) == '1' && play1.getY() > 284 &&
        play1.getName().charAt(1) != play2.getName().charAt(1)){

            play2.setVisible(false);
            //把对方的位置给自己
            play1.setBounds(play2.getX(),play2.getY(),55,55);
        }

        //红棋要过河才能左吃棋
        else if (play1.getName().charAt(1) == '2' && play1.getY() < 341
        && play1.getName().charAt(1) != play2.getName().charAt(1)){
            play2.setVisible(false);
            //把对方的位置给自己
            play1.setBounds(play2.getX(),play2.getY(),55,55);

        }
    }

    //向左走
    else if ((play1.getX() - play2.getX()) <= 112 && (play1.getX() -
```

```
play2.getX()) >= 57 && (play1.getY() - play2.getY()) < 22 &&
(play1.getY() - play2.getY()) > -22 && play2.isVisible() &&
play1.getName().charAt(1)!=play2.getName().charAt(1)){
    //黑棋要过河才能左吃棋
    if (play1.getName().charAt(1) == '1' && play1.getY() > 284 &&
    play1.getName().charAt(1) != play2.getName().charAt(1)){
        play2.setVisible(false);
        //把对方的位置给自己
        play1.setBounds(play2.getX(),play2.getY(),55,55);
    }

    //红棋要过河才能右吃棋
    else if (play1.getName().charAt(1) == '2' && play1.getY() < 341
    && play1.getName().charAt(1) != play2.getName().charAt(1)){
        play2.setVisible(false);
        //把对方的位置给自己
        play1.setBounds(play2.getX(),play2.getY(),55,55);

    }
}

//向上走
else if (play1.getX() - play2.getX() >= -22 && play1.getX() -
play2.getX() <= 22 && play1.getY() - play2.getY() >= -112 &&
play1.getY() - play2.getY() <= 112){
    //黑棋不能向上吃棋
    if (play1.getName().charAt(1) == '1' && play1.getY() <
    play2.getY() && play1.getName().charAt(1) !=
    play2.getName().charAt(1)){
        play2.setVisible(false);
        //把对方的位置给自己
        play1.setBounds(play2.getX(),play2.getY(),55,55);
    }

    //红棋不能向下吃棋
    else if (play1.getName().charAt(1) == '2' && play1.getY() >
    play2.getY() && play1.getName().charAt(1) !=
    play2.getName().charAt(1)){
        play2.setVisible(false);
        //把对方的位置给自己
        play1.setBounds(play2.getX(),play2.getY(),55,55);
    }
}

//当前记录添加到集合(用于悔棋)
Var.add(String.valueOf(play1.isVisible()));
Var.add(String.valueOf(play1.getX()));
Var.add(String.valueOf(play1.getY()));
Var.add(String.valueOf(Man));

//当前记录添加到集合(用于悔棋)
Var.add(String.valueOf(play2.isVisible()));
Var.add(String.valueOf(play2.getX()));
Var.add(String.valueOf(play2.getY()));
Var.add(String.valueOf(i));
```

```
}//卒(兵)吃结束
```

2．炮、车的移动规则与吃子规则

```
/**炮、车的移动规则*/
public void cannonRule(JLabel play,JLabel playQ[],MouseEvent me){
    //起点和终点之间是否有棋子
    int Count = 0;

    //上、下移动
    if (play.getX() - me.getX() <= 0 && play.getX() - me.getX() >= -55){
        //指定所有可能的Y坐标
        for (int i=56;i<=571;i+=57){
            //移动的Y坐标是否有指定坐标相近的
            if (i - me.getY() >= -27 && i - me.getY() <= 27){
                //所有的棋子
                for (int j=0;j<32;j++){
                    //找出在同一条竖线的所有棋子、但不包括自己
                    if (playQ[j].getX() - play.getX() >= -27 &&
                    playQ[j].getX() - play.getX() <= 27 &&
                    playQ[j].getName()!=play.getName() &&
                    playQ[j].isVisible()){
                        //从起点到终点(从左到右)
                        for (int k=play.getY()+57;k<i;k+=57){
                            //如果坐标大于起点，小于终点就可以知道中间是否有棋子
                            if (playQ[j].getY() < i && playQ[j].getY() >
                            play.getY()){
                                //中间有一个棋子就不可以从这条竖线过去
                                Count++;
                                break;
                            }
                        }//for

                        //从起点到终点(从右到左)
                        for (int k=i+57;k<play.getY();k+=57){
                            //找起点和终点的棋子
                            if (playQ[j].getY() < play.getY() &&
                            playQ[j].getY() > i){
                                Count++;
                                break;
                            }
                        }//for
                    }//if
                }//for

                //起点和终点没有棋子就可以移动了
                if (Count == 0){
                    //当前记录添加到集合(用于悔棋)
                    Var.add(String.valueOf(play.isVisible()));
                    Var.add(String.valueOf(play.getX()));
                    Var.add(String.valueOf(play.getY()));
                    Var.add(String.valueOf(Man));
```

```
                play.setBounds(play.getX(),i,55,55);
                break;
            }
        }//if
    }//for
}//if

//左、右移动
else if (play.getY() - me.getY() >=-27 && play.getY() - me.getY() <=
27){
    //指定所有模糊 X 坐标
    for (int i=24;i<=480;i+=57){
        //移动的 X 坐标是否有指定坐标相近的
        if (i - me.getX() >= -55 && i-me.getX() <= 0){
            //所有的棋子
            for (int j=0;j<32;j++){
                //找出在同一条横线的所有棋子、并不包括自己
                if (playQ[j].getY() - play.getY() >= -27 &&
                playQ[j].getY() - play.getY() <= 27 &&
                playQ[j].getName()!=play.getName() &&
                playQ[j].isVisible()){
                    //从起点到终点(从上到下)
                    for (int k=play.getX()+57;k<i;k+=57){
                        //大于起点、小于终点的坐标就可以知道中间是否有棋子
                        if (playQ[j].getX() < i && playQ[j].getX() >
                        play.getX()){
                            //中间有一个棋子就不可以从这条横线过去
                            Count++;
                            break;
                        }
                    }//for

                    //从起点到终点(从下到上)
                    for (int k=i+57;k<play.getX();k+=57){
                        //找起点和终点的棋子
                        if (playQ[j].getX() < play.getX() &&
                        playQ[j].getX() > i){
                            Count++;
                            break;
                        }
                    }//for
                }//if
            }//for

            //起点和终点没有棋子
            if (Count == 0){
                //当前记录添加到集合(用于悔棋)
                Var.add(String.valueOf(play.isVisible()));
                Var.add(String.valueOf(play.getX()));
                Var.add(String.valueOf(play.getY()));
                Var.add(String.valueOf(Man));

                play.setBounds(i,play.getY(),55,55);
                break;
```

```
                }
            }//if
        }//for
    }//else

}//炮、车移动方法结束


/**炮、车吃棋规则*/
public void cannonRule(int Chess,JLabel play,JLabel playTake,JLabel
playQ[],MouseEvent me){
    //起点和终点之间是否有棋子
    int Count = 0;


    //所有的棋子
    for (int j=0;j<32;j++){
        //找出在同一条竖线的所有棋子、并不包括自己
        if (playQ[j].getX() - play.getX() >= -27 && playQ[j].getX() -
        play.getX() <= 27 && playQ[j].getName()!=play.getName() &&
        playQ[j].isVisible()){

            //自己是起点，被吃的是终点(从上到下)
            for (int k=play.getY()+57;k<playTake.getY();k+=57){
                //通过大于起点、小于终点的坐标就可以知道中间是否有棋子
                if (playQ[j].getY() < playTake.getY()&& playQ[j].getY()>
                play.getY()){
                    //计算起点和终点的棋子个数
                    Count++;
                    break;
                }
            }//for

            //自己是起点，被吃的是终点(从下到上)
            for (int k=playTake.getY();k<play.getY();k+=57){
                //找起点和终点的棋子
                if (playQ[j].getY() < play.getY() && playQ[j].getY() >
                playTake.getY()){
                        Count++;
                        break;
                }
            }//for
        }//if

        //找出在同一条竖线的所有棋子、并不包括自己
        else if (playQ[j].getY() - play.getY() >= -10 && playQ[j].getY()
        - play.getY() <= 10 && playQ[j].getName()!=play.getName() &&
        playQ[j].isVisible()){
            //自己是起点，被吃的是终点(从左到右)
            for (int k=play.getX()+50;k<playTake.getX();k+=57){
                //通过大于起点、小于终点的坐标就可以知道中间是否有棋子

                if(playQ[j].getX() < playTake.getX() && playQ[j].getX()>
                play.getX()){
```

```
                Count++;
                break;
            }
        }//for

        //自己是起点，被吃的是终点(从右到左)
        for (int k=playTake.getX();k<play.getX();k+=57){
            //找起点和终点的棋子
            if (playQ[j].getX() < play.getX() && playQ[j].getX() >
            playTake.getX()){
                    Count++;
                    break;
            }
        }//for
    }//if
}//for

//起点和终点之间要有一个棋子，并且不能吃自己的棋子是炮吃子的规则
if (Count == 1 && Chess == 0 && playTake.getName().charAt(1) !=
    play.getName().charAt(1)){
    //将当前记录添加到集合(用于悔棋)
    Var.add(String.valueOf(play.isVisible()));
    Var.add(String.valueOf(play.getX()));
    Var.add(String.valueOf(play.getY()));
    Var.add(String.valueOf(Man));

    //将当前记录添加到集合(用于悔棋)
    Var.add(String.valueOf(playTake.isVisible()));
    Var.add(String.valueOf(playTake.getX()));

    Var.add(String.valueOf(playTake.getY()));
    Var.add(String.valueOf(i));

    playTake.setVisible(false);
    play.setBounds(playTake.getX(),playTake.getY(),55,55);
}

//起点和终点之间没有棋子，并且不能吃自己的棋子是车吃子的规则
else if (Count ==0  && Chess == 1 && playTake.getName().charAt(1) !=
play.getName().charAt(1)){

    //将当前记录添加到集合(用于悔棋)
    Var.add(String.valueOf(play.isVisible()));
    Var.add(String.valueOf(play.getX()));

    Var.add(String.valueOf(play.getY()));
    Var.add(String.valueOf(Man));

    //将当前记录添加到集合(用于悔棋)
    Var.add(String.valueOf(playTake.isVisible()));
    Var.add(String.valueOf(playTake.getX()));

    Var.add(String.valueOf(playTake.getY()));
    Var.add(String.valueOf(i));
```

```
        playTake.setVisible(false);
        play.setBounds(playTake.getX(),playTake.getY(),55,55);
    }

}//炮、车吃棋方法结束
```

3. 马的移动规则与吃子规则

```
/**马的移动规则*/
public void horseRule(JLabel play,JLabel playQ[],MouseEvent me){
    //保存坐标和障碍
    int Ex=0,Ey=0,Move=0;

    //上移、左边
    if (play.getX() - me.getX() >= 2 && play.getX() - me.getX() <= 57 &&
    play.getY() - me.getY() >= 87 && play.getY() - me.getY() <= 141){
        //合法的 Y 坐标
        for (int i=56;i<=571;i+=57){
            //移动的 Y 坐标是否与指定坐标相近
            if (i - me.getY() >= -27 && i - me.getY() <= 27){
                Ey = i;
                break;
            }
        }

        //合法的 X 坐标
        for (int i=24;i<=480;i+=57){
            //移动的 X 坐标是否与指定坐标相近
            if (i - me.getX() >= -55 && i-me.getX() <= 0){
                Ex = i;
                break;
            }
        }

        //正前方是否有别的棋子
        for (int i=0;i<32;i++){
            if (playQ[i].isVisible() && play.getX() - playQ[i].getX() ==
            0 && play.getY() - playQ[i].getY() == 57){
                Move = 1;
                break;
            }
        }

        //可以移动该棋子
        if (Move == 0){
            //当前记录添加到集合(用于悔棋)
            Var.add(String.valueOf(play.isVisible()));
            Var.add(String.valueOf(play.getX()));
            Var.add(String.valueOf(play.getY()));
            Var.add(String.valueOf(Man));

            play.setBounds(Ex,Ey,55,55);
        }
```

```
}//if

//左移、上边
else if (play.getY() - me.getY() >= 27 && play.getY() - me.getY() <=
86 && play.getX()-me.getX() >= 70 && play.getX()-me.getX() <=
130){
    //Y
    for (int i=56;i<=571;i+=57){
        if (i - me.getY() >= -27 && i - me.getY() <= 27){
            Ey = i;
        }
    }

    //X
    for (int i=24;i<=480;i+=57){
        if (i - me.getX() >= -55 && i-me.getX() <= 0){
            Ex = i;
        }
    }

    //正左方是否有别的棋子
    for (int i=0;i<32;i++){
        if (playQ[i].isVisible() && play.getY() - playQ[i].getY() ==
        0 && play.getX() - playQ[i].getX() == 57){
            Move = 1;
            break;
        }
    }

    if (Move == 0){
        //当前记录添加到集合(用于悔棋)
        Var.add(String.valueOf(play.isVisible()));
        Var.add(String.valueOf(play.getX()));
        Var.add(String.valueOf(play.getY()));
        Var.add(String.valueOf(Man));

        play.setBounds(Ex,Ey,55,55);
    }
}//else

//下移、右边
else if (me.getY() - play.getY() >= 87 && me.getY() - play.getY() <=
141 && me.getX()-play.getX() <= 87 && me.getX()-play.getX() >=2 ){
    //Y
    for (int i=56;i<=571;i+=57){
        if (i - me.getY() >= -27 && i - me.getY() <= 27){
            Ey = i;
        }
    }

    //X
    for (int i=24;i<=480;i+=57){
        if (i - me.getX() >= -55 && i-me.getX() <= 0){
            Ex = i;
```

```
            }
        }

        //正下方是否有别的棋子
        for (int i=0;i<32;i++){
            if (playQ[i].isVisible() && play.getX() - playQ[i].getX()==0
            && playQ[i].getY() - play.getY() == 57){
                Move = 1;
                break;
            }
        }

        if (Move == 0){
            //当前记录添加到集合(用于悔棋)
            Var.add(String.valueOf(play.isVisible()));
            Var.add(String.valueOf(play.getX()));
            Var.add(String.valueOf(play.getY()));
            Var.add(String.valueOf(Man));

            play.setBounds(Ex,Ey,55,55);
        }
    }//else

    //上移、右边
    else if (play.getY() - me.getY() >= 87 && play.getY() - me.getY() <=
    141 && me.getX() - play.getX() <= 87 && me.getX() - play.getX()>
    = 30){
        //合法的 Y 坐标
        for (int i=56;i<=571;i+=57){
            if (i - me.getY() >= -27 && i - me.getY() <= 27){
                Ey = i;
                break;
            }
        }

        //合法的 X 坐标
        for (int i=24;i<=480;i+=57){
            if (i - me.getX() >= -55 && i-me.getX() <= 0){
                Ex = i;
                break;
            }
        }

        //正前方是否有别的棋子
        for (int i=0;i<32;i++){
            System.out.println(i+"playQ[i].getX()="+playQ[i].getX());
            //System.out.println("play.getX()="+play.getX());
            if (playQ[i].isVisible() && play.getX() - playQ[i].getX() ==
            0 && play.getY() - playQ[i].getY() == 57){
                Move = 1;
                //System.out.println("play.getY()="+play.getY());
                //System.out.println("playQ[i].getY()="+playQ[i].getY());
                break;
            }
```

```
    }

    //可以移动该棋子
    if (Move == 0){
        //将当前记录添加到集合(用于悔棋)
        Var.add(String.valueOf(play.isVisible()));
        Var.add(String.valueOf(play.getX()));
        Var.add(String.valueOf(play.getY()));
        Var.add(String.valueOf(Man));

        play.setBounds(Ex,Ey,55,55);
    }
}//else

//下移、左边
else if(me.getY()-play.getY() >=87 && me.getY() - play.getY() <=141
&& play.getX() - me.getX() <= 87 && play.getX() - me.getX()>= 10){
    //合法的 Y 坐标
    for (int i=56;i<=571;i+=57){
        if (i - me.getY() >= -27 && i - me.getY() <= 27){
            Ey = i;
            break;
        }
    }

    //合法的 X 坐标
    for (int i=24;i<=480;i+=57){
        if (i - me.getX() >= -55 && i-me.getX() <= 0){
            Ex = i;
            break;
        }
    }

    //正下方是否有别的棋子
    for (int i=0;i<32;i++){
        if (playQ[i].isVisible() && play.getX() - playQ[i].getX() ==
        0 && play.getY() - playQ[i].getY() == 57){
            Move = 1;
            break;
        }
    }

    //可以移动该棋子
    if (Move == 0){
        //当前记录添加到集合(用于悔棋)
        Var.add(String.valueOf(play.isVisible()));
        Var.add(String.valueOf(play.getX()));
        Var.add(String.valueOf(play.getY()));
        Var.add(String.valueOf(Man));

        play.setBounds(Ex,Ey,55,55);
    }
}//else
```

```
//右移、上边
else if (play.getY() - me.getY() >= 30 && play.getY() - me.getY() <=
87 && me.getX()-play.getX() <= 141 && me.getX() - play.getX()>=87){
    //Y
    for (int i=56;i<=571;i+=57){
        if (i - me.getY() >= -27 && i - me.getY() <= 27){
            Ey = i;
        }
    }

    //X
    for (int i=24;i<=480;i+=57){
        if (i - me.getX() >= -55 && i-me.getX() <= 0){
            Ex = i;
        }
    }

    //正右方是否有别的棋子
    for (int i=0;i<32;i++){
        if (playQ[i].isVisible() && play.getY() - playQ[i].getY() ==
        0 && playQ[i].getX() - play.getX() == 57){
            Move = 1;
            break;
        }
    }

    if (Move == 0){
        //当前记录添加到集合(用于悔棋)
        Var.add(String.valueOf(play.isVisible()));
        Var.add(String.valueOf(play.getX()));
        Var.add(String.valueOf(play.getY()));
        Var.add(String.valueOf(Man));

        play.setBounds(Ex,Ey,55,55);
    }
}//else

//右移、下边
else if (me.getY() - play.getY() >= 30 && me.getY() - play.getY() <=
87 && me.getX()-play.getX() <=141 && me.getX() - play.getX()>= 87){
    //Y
    for (int i=56;i<=571;i+=57){
        if (i - me.getY() >= -27 && i - me.getY() <= 27){
            Ey = i;
        }
    }

    //X
    for (int i=24;i<=480;i+=57){
        if (i - me.getX() >= -55 && i-me.getX() <= 0){
            Ex = i;
        }
    }

    //正右方是否有别的棋子
```

```
    for (int i=0;i<32;i++){
        if (playQ[i].isVisible() && play.getY() - playQ[i].getY() ==
        0 && playQ[i].getX() - play.getX() == 57){
            Move = 1;
            break;
        }
    }

    if (Move == 0){
        //当前记录添加到集合(用于悔棋)
        Var.add(String.valueOf(play.isVisible()));
        Var.add(String.valueOf(play.getX()));
        Var.add(String.valueOf(play.getY()));
        Var.add(String.valueOf(Man));

        play.setBounds(Ex,Ey,55,55);
    }
}//else

//左移、下边
else if (me.getY() - play.getY() >= 30 && me.getY() - play.getY() <=
87 && play.getX()-me.getX() <= 141 && play.getX() - me.getX()>= 87){
    //Y
    for (int i=56;i<=571;i+=57){
        if (i - me.getY() >= -27 && i - me.getY() <= 27){
            Ey = i;
        }
    }

    //X
    for (int i=24;i<=480;i+=57){
        if (i - me.getX() >= -55 && i-me.getX() <= 0){
            Ex = i;
        }
    }

    //正左方是否有别的棋子
    for (int i=0;i<32;i++){
        if (playQ[i].isVisible() && play.getY() - playQ[i].getY() ==
        0 && play.getX() - playQ[i].getX() == 57){
            Move = 1;
            break;
        }
    }

    if (Move == 0){
        //当前记录添加到集合(用于悔棋)
        Var.add(String.valueOf(play.isVisible()));
        Var.add(String.valueOf(play.getX()));
        Var.add(String.valueOf(play.getY()));
        Var.add(String.valueOf(Man));

        play.setBounds(Ex,Ey,55,55);
    }
```

```
    }//else

}//马移动结束

/**马吃棋规则*/
public void horseRule(JLabel play,JLabel playTake ,JLabel
playQ[],MouseEvent me){
    //障碍
    int Move=0;
    boolean Chess=false;

    //上移、左吃
    if (play.getName().charAt(1)!=playTake.getName().charAt(1) &&
    play.getX() - playTake.getX() == 57 && play.getY() -
    playTake.getY() == 114 ){
        //正前方是否有别的棋子
        for (int i=0;i<32;i++){
            if (playQ[i].isVisible() && play.getX() - playQ[i].getX() ==
            0 && play.getY() - playQ[i].getY() == 57){
                Move = 1;
                break;
            }
        }//for

        Chess = true;

    }//if

    //上移、右吃
    else if (play.getY() - playTake.getY() == 114 && playTake.getX() -
    play.getX() == 57 ){
        //正前方是否有别的棋子
        for (int i=0;i<32;i++){
            if (playQ[i].isVisible() && play.getX() - playQ[i].getX() ==
            0 && play.getY() - playQ[i].getY() == 57){
                Move = 1;
                break;
            }
        }//for

        Chess = true;

    }//else

    //左移、上吃
    else if (play.getY() - playTake.getY() == 57 && play.getX() -
    playTake.getX() == 114){
        //正左方是否有别的棋子
        for (int i=0;i<32;i++){
            if (playQ[i].isVisible() && play.getY() - playQ[i].getY() ==
            0 && play.getX() - playQ[i].getX() == 57){
                Move = 1;
                break;
            }
```

```
    }//for

    Chess = true;

}//else

//左移、下吃
else if (playTake.getY() - play.getY() == 57 && play.getX() -
playTake.getX() == 114){
    //正左方是否有别的棋子
    for (int i=0;i<32;i++){
        if (playQ[i].isVisible() && play.getY() - playQ[i].getY() ==
        0 && play.getX() - playQ[i].getX() == 57){
            Move = 1;
            break;
        }
    }//for

    Chess = true;

}//else

//右移、上吃
else if (play.getY() - playTake.getY() == 57 && playTake.getX() -
play.getX() == 114){
    //正右方是否有别的棋子
    for (int i=0;i<32;i++){
        if (playQ[i].isVisible() && play.getY() - playQ[i].getY() ==
        0 && playQ[i].getX() - play.getX() == 57){
            Move = 1;
            break;
        }
    }//for

    Chess = true;

}//else

//右移、下吃
else if (playTake.getY() - play.getY() == 57  && playTake.getX() -
play.getX() == 114){
    //正右方是否有别的棋子
    for (int i=0;i<32;i++){
        if (playQ[i].isVisible() && play.getY() - playQ[i].getY() ==
        0 && playQ[i].getX() - play.getX() == 57){
            Move = 1;
            break;
        }
    }//for

    Chess = true;

}//else
```

```
    //下移、左吃
    else if (playTake.getY() - play.getY() == 114 && play.getX() -
    playTake.getX() == 57){
        //正下方是否有别的棋子
        for (int i=0;i<32;i++){
            if (playQ[i].isVisible() && play.getX() - playQ[i].getX() ==
            0 && play.getY() - playQ[i].getY() == -57){
                Move = 1;
                break;

            }
        }//for

        Chess = true;

    }//else

    //下移、右吃
    else if (playTake.getY() - play.getY() == 114 && playTake.getX() -
    play.getX() == 57){
        //正下方是否有别的棋子
        for (int i=0;i<32;i++){
            if (playQ[i].isVisible() && play.getX() - playQ[i].getX() ==
            0 && play.getY() - playQ[i].getY() == -57){
                Move = 1;
                break;
            }
        }//for

        Chess = true;

    }//else

    //没有障碍，并且可以吃棋，不能吃与自己同色的棋子
    if (Chess && Move == 0 && playTake.getName().charAt(1) !=
    play.getName().charAt(1)){
        //当前记录添加到集合(用于悔棋)
        Var.add(String.valueOf(play.isVisible()));
        Var.add(String.valueOf(play.getX()));
        Var.add(String.valueOf(play.getY()));
        Var.add(String.valueOf(Man));

        //当前记录添加到集合(用于悔棋)
        Var.add(String.valueOf(playTake.isVisible()));
        Var.add(String.valueOf(playTake.getX()));
        Var.add(String.valueOf(playTake.getY()));
        Var.add(String.valueOf(i));

        playTake.setVisible(false);
        play.setBounds(playTake.getX(),playTake.getY(),55,55);
    }
}
```

4. 相(象)的移动规则与吃子规则

```
/**相(象)移动的规则*/
public void elephantRule(int Man,JLabel play,JLabel playQ[],MouseEvent me){
    //坐标和障碍
    int Ex=0,Ey=0,Move=0;

    //上左
    if (play.getX() - me.getX() <= 141 && play.getX() - me.getX() >= 87
    && play.getY() - me.getY() <= 141 && play.getY() - me.getY() >= 87){
        //合法的 Y 坐标
        for (int i=56;i<=571;i+=57){
            if (i - me.getY() >= -27 && i - me.getY() <= 27){
                Ey = i;
                break;
            }
        }

        //合法的 X 坐标
        for (int i=24;i<=480;i+=57){
            if (i - me.getX() >= -55 && i-me.getX() <= 0){
                Ex = i;
                break;
            }
        }

        //左上方是否有棋子
        for (int i=0;i<32;i++){
            if (playQ[i].isVisible() && play.getX() - playQ[i].getX() ==
            57 && play.getY() - playQ[i].getY() == 57){
                Move++;
                break;
            }
        }

        //红棋不能过楚河
        if (Move == 0 && Ey >= 341 && Man > 9){
            //当前记录添加到集合(用于悔棋)
            Var.add(String.valueOf(play.isVisible()));
            Var.add(String.valueOf(play.getX()));
            Var.add(String.valueOf(play.getY()));
            Var.add(String.valueOf(Man));

            play.setBounds(Ex,Ey,55,55);
        }

        //黑棋不能过汉界
        else if (Move == 0 && Ey <= 284 && Man < 10){
            //当前记录添加到集合(用于悔棋)
            Var.add(String.valueOf(play.isVisible()));
            Var.add(String.valueOf(play.getX()));
            Var.add(String.valueOf(play.getY()));
            Var.add(String.valueOf(Man));
```

```
            play.setBounds(Ex,Ey,55,55);
        }
    }//if

    //右上
    else if (play.getY() - me.getY() <= 141 && play.getY() - me.getY()
    >= 87 &&  me.getX() - play.getX() >= 105 && me.getX() -
    play.getX() <= 170){
        //合法的 Y 坐标
        for (int i=56;i<=571;i+=57){
            if (i - me.getY() >= -27 && i - me.getY() <= 27){
                Ey = i;
                break;
            }
        }

        //合法的 X 坐标
        for (int i=24;i<=480;i+=57){
            if (i - me.getX() >= -55 && i-me.getX() <= 0){
                Ex = i;
                break;
            }
        }

        //右上方是否有棋子
        for (int i=0;i<32;i++){
            if (playQ[i].isVisible() &&  playQ[i].getX() - play.getX()
            == 57 && play.getY() - playQ[i].getY() == 57){
                Move++;
                break;
            }
        }

        //相(象)规则
        if (Move == 0 && Ey >= 341 && Man > 9){
            //当前记录添加到集合(用于悔棋)
            Var.add(String.valueOf(play.isVisible()));
            Var.add(String.valueOf(play.getX()));
            Var.add(String.valueOf(play.getY()));
            Var.add(String.valueOf(Man));

            play.setBounds(Ex,Ey,55,55);
        }

        else if (Move == 0 && Ey <= 284 && Man < 10){
            //当前记录添加到集合(用于悔棋)
            Var.add(String.valueOf(play.isVisible()));
            Var.add(String.valueOf(play.getX()));
            Var.add(String.valueOf(play.getY()));
            Var.add(String.valueOf(Man));

            play.setBounds(Ex,Ey,55,55);
        }
```

```
}// else if

//左下
else if (play.getX() - me.getX() <= 141 && play.getX() - me.getX()
>= 87 && me.getY() - play.getY() <= 141 && me.getY() -
play.getY() >= 87){
    //合法的 Y 坐标
    for (int i=56;i<=571;i+=57){
        if (i - me.getY() >= -27 && i - me.getY() <= 27){
            Ey = i;
            break;
        }
    }

    //合法的 X 坐标
    for (int i=24;i<=480;i+=57){
        if (i - me.getX() >= -55 && i-me.getX() <= 0){
            Ex = i;
            break;
        }
    }

    //左下方是否有棋子
    for (int i=0;i<32;i++){
        if (playQ[i].isVisible() && play.getX() - playQ[i].getX() ==
        57 && play.getY() - playQ[i].getY() == -57){
            Move++;
            break;
        }
    }

    //相(象)规则

    if (Move == 0 && Ey >= 341 && Man > 9){
        //当前记录添加到集合(用于悔棋)
        Var.add(String.valueOf(play.isVisible()));
        Var.add(String.valueOf(play.getX()));
        Var.add(String.valueOf(play.getY()));
        Var.add(String.valueOf(Man));

        play.setBounds(Ex,Ey,55,55);
    }

    else if (Move == 0 && Ey <= 284 && Man < 10)
    {
        //当前记录添加到集合(用于悔棋)
        Var.add(String.valueOf(play.isVisible()));
        Var.add(String.valueOf(play.getX()));
        Var.add(String.valueOf(play.getY()));
        Var.add(String.valueOf(Man));

        play.setBounds(Ex,Ey,55,55);
    }
```

```
    }//else if

    //右下
    else if (me.getX() - play.getX() >= 87 &&  me.getX() - play.getX()
    <= 141 && me.getY() - play.getY() >= 87 && me.getY() -
    play.getY() <= 141){
        //Y
        for (int i=56;i<=571;i+=57){
            if (i - me.getY() >= -27 && i - me.getY() <= 27){
                Ey = i;
            }
        }

        //X
        for (int i=24;i<=480;i+=57){
            if (i - me.getX() >= -55 && i-me.getX() <= 0){
                Ex = i;
            }
        }

        //右下方是否有棋子
        for (int i=0;i<32;i++){
            if (playQ[i].isVisible() && playQ[i].getX() - play.getX() ==
            57 && playQ[i].getY() - play.getY() == 57){
                Move = 1;
                break;
            }
        }

        //相(象)规则
        if (Move == 0 && Ey >= 341 && Man > 9){
            //当前记录添加到集合(用于悔棋)
            Var.add(String.valueOf(play.isVisible()));
            Var.add(String.valueOf(play.getX()));
            Var.add(String.valueOf(play.getY()));
            Var.add(String.valueOf(Man));

            play.setBounds(Ex,Ey,55,55);
        }

        else if (Move == 0 && Ey <= 284 && Man < 10){
            //当前记录添加到集合(用于悔棋)
            Var.add(String.valueOf(play.isVisible()));
            Var.add(String.valueOf(play.getX()));

            Var.add(String.valueOf(play.getY()));
            Var.add(String.valueOf(Man));

            play.setBounds(Ex,Ey,55,55);
        }

    }//else

}//相移动规则结束
```

```
/**相(象)吃棋的规则*/
public void elephantRule(JLabel play,JLabel playTake,JLabel playQ[]){
    //障碍
    int Move=0;
    boolean Chess=false;

    //吃左上方的棋子
    if (play.getX() - playTake.getX() >= 87 && play.getX() -
    playTake.getX() <= 141 && play.getY() - playTake.getY() >= 87 &&
    play.getY() - playTake.getY() <= 141){
        //左上方是否有棋子
        for (int i=0;i<32;i++){
            if (playQ[i].isVisible() && play.getX() - playQ[i].getX() ==
            57 && play.getY() - playQ[i].getY() == 57){
                Move++;
                break;
            }
        }//for

        Chess=true;

    }//if

    //吃右上方的棋子
    else if (playTake.getX() - play.getX() >= 87 && playTake.getX() -
    play.getX() <= 141 && play.getY() - playTake.getY() >= 87 &&
    play.getY() - playTake.getY() <= 141){
        //右上方是否有棋子
        for (int i=0;i<32;i++){
            if (playQ[i].isVisible() &&  playQ[i].getX() - play.getX()
            == 57 && play.getY() - playQ[i].getY() == 57){
                Move++;
                break;
            }
        }//for

        Chess=true;
    }//else

    //吃左下方的棋子
    else if (play.getX() - playTake.getX() >= 87 && play.getX() -
    playTake.getX() <= 141 && playTake.getY() - play.getY() >= 87 &&
    playTake.getY() - play.getY() <= 141){
        //左下方是否有棋子
        for (int i=0;i<32;i++){
            if (playQ[i].isVisible() && play.getX() - playQ[i].getX() ==
            57 && play.getY() - playQ[i].getY() == -57){
                Move++;
                break;
            }
        }//for

        Chess=true;
```

```
    }//else

    //吃右下方的棋子
    else if (playTake.getX() - play.getX() >= 87 && playTake.getX() -
    play.getX() <= 141 && playTake.getY() - play.getY() >= 87 &&
    playTake.getY() - play.getY() <= 141){
        //右下方是否有棋子
        for (int i=0;i<32;i++){
            if (playQ[i].isVisible() && playQ[i].getX() - play.getX() ==
            57 && playQ[i].getY() - play.getY() == 57){
                Move = 1;
                break;
            }
        }//for

        Chess=true;

    }//else

    //没有障碍，并且不能吃自己的棋子
    if (Chess && Move == 0 && playTake.getName().charAt(1) !=
    play.getName().charAt(1)){
        //当前记录添加到集合(用于悔棋)
        Var.add(String.valueOf(play.isVisible()));
        Var.add(String.valueOf(play.getX()));
        Var.add(String.valueOf(play.getY()));
        Var.add(String.valueOf(Man));

        //当前记录添加到集合(用于悔棋)
        Var.add(String.valueOf(playTake.isVisible()));
        Var.add(String.valueOf(playTake.getX()));
        Var.add(String.valueOf(playTake.getY()));
        Var.add(String.valueOf(i));

        playTake.setVisible(false);
        play.setBounds(playTake.getX(),playTake.getY(),55,55);
    }

}//相(象)吃棋规则结束
```

5. 士(仕)的移动规则与吃子规则

```
/**士(仕)移动的规则*/
public void chapRule(int Man,JLabel play,JLabel playQ[],MouseEvent me){
    //上、右
    if (me.getX() - play.getX() >= 29 && me.getX() - play.getX() <= 114
    && play.getY() - me.getY() >= 25 && play.getY() - me.getY() <= 90){
        //士不能超过自己的界限
        if (Man < 14 && (play.getX()+57) >= 195 && (play.getX()+57) <=
        309 && (play.getY()-57) <= 170){
            //当前记录添加到集合(用于悔棋)
            Var.add(String.valueOf(play.isVisible()));
            Var.add(String.valueOf(play.getX()));
            Var.add(String.valueOf(play.getY()));
```

```
        Var.add(String.valueOf(Man));

        play.setBounds(play.getX()+57,play.getY()-57,55,55);
    }

    //仕不能超过自己的界限
    else if (Man > 13 && (play.getY()-57) >= 455 && (play.getX()+57)
    >= 195 && (play.getX()+57) <= 309){
        //当前记录添加到集合(用于悔棋)
        Var.add(String.valueOf(play.isVisible()));
        Var.add(String.valueOf(play.getX()));
        Var.add(String.valueOf(play.getY()));
        Var.add(String.valueOf(Man));

        play.setBounds(play.getX()+57,play.getY()-57,55,55);
    }
}// else if

//上、左
else if (play.getX() - me.getX() <= 114 && play.getX() - me.getX()
>= 25 && play.getY() - me.getY() >= 20 && play.getY() -
me.getY() <= 95){
    //士不能超过自己的界限
    if (Man < 14 && (play.getX()-57) >= 195 && (play.getX()-57) <=
    309 && (play.getY()-57) <= 170){
        //当前记录添加到集合(用于悔棋)
        Var.add(String.valueOf(play.isVisible()));
        Var.add(String.valueOf(play.getX()));
        Var.add(String.valueOf(play.getY()));
        Var.add(String.valueOf(Man));

        play.setBounds(play.getX()-57,play.getY()-57,55,55);
    }

    //仕不能超过自己的界限
    else if (Man > 13 &&(play.getY()-57) >= 455 && (play.getX()-57)
    >= 195 && (play.getX()-57) <= 309){
        //当前记录添加到集合(用于悔棋)
        Var.add(String.valueOf(play.isVisible()));
        Var.add(String.valueOf(play.getX()));
        Var.add(String.valueOf(play.getY()));
        Var.add(String.valueOf(Man));

        play.setBounds(play.getX()-57,play.getY()-57,55,55);
    }
}// else if

//下、左
else if (play.getX() - me.getX() <= 114 && play.getX() - me.getX()
>= 20 && me.getY() - play.getY() >= 2 && me.getY() - play.getY()
<= 87){
    //士不能超过自己的界限
    if (Man < 14 && (play.getX()-57) >= 195 && (play.getX()-57) <=
    309 && (play.getY()+57) <= 170){
```

```
            //当前记录添加到集合(用于悔棋)
            Var.add(String.valueOf(play.isVisible()));
            Var.add(String.valueOf(play.getX()));
            Var.add(String.valueOf(play.getY()));
            Var.add(String.valueOf(Man));

            play.setBounds(play.getX()-57,play.getY()+57,55,55);
        }

        //仕不能超过自己的界限
        else if (Man > 13 && (play.getY()+57) >= 455 && (play.getX()-57)
        >= 195 && (play.getX()-57) <= 309){
            //当前记录添加到集合(用于悔棋)
            Var.add(String.valueOf(play.isVisible()));
            Var.add(String.valueOf(play.getX()));
            Var.add(String.valueOf(play.getY()));
            Var.add(String.valueOf(Man));

            play.setBounds(play.getX()-57,play.getY()+57,55,55);
        }

    }// else if


    //下、右
    else if (me.getX() - play.getX() >= 27 && me.getX() - play.getX() <=
    114 && me.getY() - play.getY() >= 2 && me.getY() - play.getY()
    <= 87){
        //士不能超过自己的界限
        if (Man < 14 && (play.getX()+57) >= 195 && (play.getX()+57) <=
        309 && (play.getY()+57) <= 170){
            //当前记录添加到集合(用于悔棋)
            Var.add(String.valueOf(play.isVisible()));
            Var.add(String.valueOf(play.getX()));
            Var.add(String.valueOf(play.getY()));
            Var.add(String.valueOf(Man));

            play.setBounds(play.getX()+57,play.getY()+57,55,55);
        }

        //仕不能超过自己的界限
        else if (Man > 13 &&(play.getY()+57) >= 455 && (play.getX()+57)
        >= 195 && (play.getX()+57) <= 309){
            //当前记录添加到集合(用于悔棋)
            Var.add(String.valueOf(play.isVisible()));
            Var.add(String.valueOf(play.getX()));
            Var.add(String.valueOf(play.getY()));
            Var.add(String.valueOf(Man));

            play.setBounds(play.getX()+57,play.getY()+57,55,55);
        }
    }//else if

}//士(仕)移动规则结束
```

```
/**士、仕吃棋规则*/
public void chapRule(int Man ,JLabel play,JLabel playTake,JLabel
playQ[]){
    //当前状态
    boolean Chap = false;

    //上、右
    if (playTake.getX() - play.getX() >= 20 && playTake.getX() -
    play.getX() <= 114 && play.getY() - playTake.getY() >= 2 &&
    play.getY() - playTake.getY() <= 87){
        //被吃的棋子是否和当前士相近
        if (Man < 14 && playTake.getX() >= 195 && playTake.getX() <= 309
        && playTake.getY() <= 170 && playTake.isVisible()){
            Chap = true;
        }

        //被吃的棋子是否和当前仕相近
        else if (Man > 13 && playTake.getX() >= 195 && playTake.getX()
        <= 309 && playTake.getY() >= 455 && playTake.isVisible()){
            Chap = true;
        }
    }//if

    //上、左
    else if (play.getX() - playTake.getX() <= 114 && play.getX() -
    playTake.getX() >= 25 && play.getY() - playTake.getY() >= 2 &&
    play.getY() - playTake.getY() <= 87){
        //被吃的棋子是否和当前士相近
        if (Man < 14 && playTake.getX() >= 195 && playTake.getX() <= 309
        && playTake.getY() <= 170 && playTake.isVisible()){
            Chap = true;
        }

        //被吃的棋子是否和当前仕相近
        else if (Man > 13 && playTake.getX() >= 195 && playTake.getX()
        <= 309 && playTake.getY() >= 455 && playTake.isVisible()){
            Chap = true;
        }
    }// else if

    //下、左
    else if (play.getX() - playTake.getX() <= 114 && play.getX() -
    playTake.getX() >= 25 && playTake.getY() - play.getY() >= 2 &&
    playTake.getY() - play.getY() <= 87){
        //被吃的棋子是否和当前士相近
        if (Man < 14 && playTake.getX() >= 195 && playTake.getX() <= 309
        && playTake.getY() <= 170 && playTake.isVisible()){
            Chap = true;
        }

        //被吃的棋子是否和当前仕相近
        else if (Man > 13 && playTake.getX() >= 195 && playTake.getX()
```

```
        <= 309 && playTake.getY() >= 455 && playTake.isVisible()){
            Chap = true;
        }
    }// else if

    //下、右
    else if (playTake.getX() - play.getX() >= 25 && playTake.getX() -
    play.getX() <= 114 && playTake.getY() - play.getY() >= 2 &&
    playTake.getY() - play.getY() <= 87){
        //被吃的棋子是否和当前士相近
        if (Man < 14 && playTake.getX() >= 195 && playTake.getX() <= 309
        && playTake.getY() <= 170 && playTake.isVisible()){
            Chap = true;
        }

        //被吃的棋子是否和当前仕相近
        else if (Man > 13 && playTake.getX() >= 195 && playTake.getX()
        <= 309 && playTake.getY() >= 455 && playTake.isVisible()){
            Chap = true;
        }
    }//else if

    //可移动，并且不能吃自己的棋子
    if (Chap && playTake.getName().charAt(1) !=
    play.getName().charAt(1)){
        //当前记录添加到集合(用于悔棋)
        Var.add(String.valueOf(play.isVisible()));
        Var.add(String.valueOf(play.getX()));
        Var.add(String.valueOf(play.getY()));
        Var.add(String.valueOf(Man));

        //当前记录添加到集合(用于悔棋)
        Var.add(String.valueOf(playTake.isVisible()));
        Var.add(String.valueOf(playTake.getX()));
        Var.add(String.valueOf(playTake.getY()));
        Var.add(String.valueOf(i));

        playTake.setVisible(false);
        play.setBounds(playTake.getX(),playTake.getY(),55,55);
    }

}//士、仕吃棋规则结束
```

6. 将(帅)的移动规则与吃子规则

```
/**将移动规则*/
public void willRule(int Man ,JLabel play,JLabel playQ[],MouseEvent me){
    //向上
    if ((me.getX()-play.getX()) >= 0 && (me.getX()-play.getX()) <= 55 &&
    (play.getY()-me.getY()) >=2 && play.getY()-me.getY() <= 87){
        //将是否超过自己的界限
        if (Man == 30 && me.getX() >= 195 && me.getX() <= 359 &&
        me.getY() <= 170){
            //当前记录添加到集合(用于悔棋)
```

```
            Var.add(String.valueOf(play.isVisible()));
            Var.add(String.valueOf(play.getX()));
            Var.add(String.valueOf(play.getY()));
            Var.add(String.valueOf(Man));

            play.setBounds(play.getX(),play.getY()-57,55,55);
        }

        //帅是否超过自己的界限
        else if (Man == 31 && me.getY() >= 455 && me.getX() >= 195 &&
        me.getX() <= 359){
            //当前记录添加到集合(用于悔棋)
            Var.add(String.valueOf(play.isVisible()));
            Var.add(String.valueOf(play.getX()));
            Var.add(String.valueOf(play.getY()));
            Var.add(String.valueOf(Man));

            play.setBounds(play.getX(),play.getY()-57,55,55);
        }
    }//if

    //向左
    else if (play.getX() - me.getX() >= 2 && play.getX() - me.getX() <=
    57 && me.getY() - play.getY() <= 27 && me.getY() - play.getY()
    >= -27){
        //将是否超过自己的界限
        if (Man == 30 && me.getX() >= 195 && me.getX() <= 359 &&
        me.getY() <= 170){
            //当前记录添加到集合(用于悔棋)
            Var.add(String.valueOf(play.isVisible()));
            Var.add(String.valueOf(play.getX()));
            Var.add(String.valueOf(play.getY()));
            Var.add(String.valueOf(Man));

            play.setBounds(play.getX()-57,play.getY(),55,55);
        }

        //帅是否超过自己的界限
        else if (Man == 31 && me.getY() >= 455 && me.getX() >= 195 &&
        me.getX() <= 359){
            //当前记录添加到集合(用于悔棋)
            Var.add(String.valueOf(play.isVisible()));
            Var.add(String.valueOf(play.getX()));
            Var.add(String.valueOf(play.getY()));
            Var.add(String.valueOf(Man));

            play.setBounds(play.getX()-57,play.getY(),55,55);
        }
    }//else if

    //向右
    else if (me.getX() - play.getX() >= 57 && me.getX() - play.getX() <=
    112 && me.getY() - play.getY() <= 27 && me.getY() - play.getY()>=
    -27){
```

```
        //将(帅)规则
        if (Man == 30 && me.getX() >= 195 && me.getX() <= 359 &&
        me.getY() <= 170){
            //当前记录添加到集合(用于悔棋)
            Var.add(String.valueOf(play.isVisible()));
            Var.add(String.valueOf(play.getX()));
            Var.add(String.valueOf(play.getY()));
            Var.add(String.valueOf(Man));

            play.setBounds(play.getX()+57,play.getY(),55,55);
        }

        else if (Man == 31 && me.getY() >= 455 && me.getX() >= 195 &&
        me.getX() <= 359){
            //当前记录添加到集合(用于悔棋)
            Var.add(String.valueOf(play.isVisible()));
            Var.add(String.valueOf(play.getX()));
            Var.add(String.valueOf(play.getY()));
            Var.add(String.valueOf(Man));

            play.setBounds(play.getX()+57,play.getY(),55,55);
        }
    }//else if

    //向下
    else if (me.getX() - play.getX() >= 0 && me.getX() - play.getX() <=
    55 && me.getY() - play.getY() <= 87 && me.getY() - play.getY()
    >= 27){
        //将(帅)规则
        if (Man == 30 && me.getX() >= 195 && me.getX() <= 359 &&
        me.getY() <= 170){
            //当前记录添加到集合(用于悔棋)
            Var.add(String.valueOf(play.isVisible()));
            Var.add(String.valueOf(play.getX()));
            Var.add(String.valueOf(play.getY()));
            Var.add(String.valueOf(Man));

            play.setBounds(play.getX(),play.getY()+57,55,55);
        }

        else if (Man == 31 && me.getY() >= 455 && me.getX() >= 195 &&
        me.getX() <= 359){
            //当前记录添加到集合(用于悔棋)
            Var.add(String.valueOf(play.isVisible()));
            Var.add(String.valueOf(play.getX()));
            Var.add(String.valueOf(play.getY()));
            Var.add(String.valueOf(Man));

            play.setBounds(play.getX(),play.getY()+57,55,55);
        }

    }//else if
}//将(帅)移动规则结束
```

```
public void willRule(int Man ,JLabel play,JLabel playTake ,JLabel
playQ[]){
    //当前状态
    boolean will = false;

    //向上吃
    if (play.getX() - playTake.getX() >= 0 && play.getX() -
    playTake.getX() <= 55 && play.getY() - playTake.getY() >= 27 &&
    play.getY() - playTake.getY() <= 87 && playTake.isVisible()){
        //被吃的棋子是否和当前将相近
        if (Man == 30 && playTake.getX() >= 195 && playTake.getX() <=
        309 && playTake.getY() <= 170){
            will = true;
        }

        //被吃的棋子是否和当前帅相近
        else if (Man == 31 && playTake.getY() >= 455 && playTake.getX()
        >= 195 && playTake.getX() <= 309){
            will = true;
        }
    }

    //向左吃
    else if (play.getX() - playTake.getX() >= 2 && play.getX() -
    playTake.getX() <= 57 && playTake.getY() - play.getY() <= 27 &&
    playTake.getY() - play.getY() >= -27 && playTake.isVisible()){
        //被吃的棋子是否和当前将相近
        if (Man == 30 && playTake.getX() >= 195 && playTake.getX() <=
        309 && playTake.getY() <= 170){
            will = true;
        }

        //被吃的棋子是否和当前帅相近
        else if (Man == 31 && playTake.getY() >= 455 && playTake.getX()
        >= 195 && playTake.getX() <= 309){
            will = true;
        }
    }

    //向右吃
    else if (playTake.getX() - play.getX() >= 2 && playTake.getX() -
    play.getX() <= 57 && playTake.getY() - play.getY() <= 27 &&
    playTake.getY() - play.getY() >= -27 && playTake.isVisible()){
        //被吃的棋子是否和当前将相近
        if (Man == 30 && playTake.getX() >= 195 && playTake.getX() <=
        309 && playTake.getY() <= 170){
            will = true;
        }

        //被吃的棋子是否和当前帅相近
        else if (Man == 31 && playTake.getY() >= 455 && playTake.getX()
        >= 195 && playTake.getX() <= 309){
            will = true;
```

```
        }
    }

    //向下
    else if (playTake.getX() - play.getX() >= 0 && playTake.getX() -
    play.getX() <= 87 && playTake.getY() - play.getY() <= 27 &&
    playTake.getY() - play.getY() >= 40 && playTake.isVisible()){
        //被吃的棋子是否和当前将相近
        if (Man == 30 && playTake.getX() >= 195 && playTake.getX() <=
        309 && playTake.getY() <= 170){
            will = true;
        }

        //被吃的棋子是否和当前帅相近
        else if (Man == 31 && playTake.getY() >= 455 && playTake.getX()
        >= 195 && playTake.getX() <= 309){
            will = true;
        }
    }

    //不能吃自己的棋子、符合当前要求
    if (playTake.getName().charAt(1)!=play.getName().charAt(1) && will){
        //当前记录添加到集合(用于悔棋)
        Var.add(String.valueOf(play.isVisible()));
        Var.add(String.valueOf(play.getX()));
        Var.add(String.valueOf(play.getY()));
        Var.add(String.valueOf(Man));

        //当前记录添加到集合(用于悔棋)
        Var.add(String.valueOf(playTake.isVisible()));
        Var.add(String.valueOf(playTake.getX()));
        Var.add(String.valueOf(playTake.getY()));
        Var.add(String.valueOf(i));

        playTake.setVisible(false);
        play.setBounds(playTake.getX(),playTake.getY(),55,55);
    }

}//将(帅)吃棋规则结束
```

9.5 程序的运行与发布

9.5.1 运行程序

将 Chess.java 文件保存到一个文件夹中，如 C:\Javawork\CH09。在使用 java 命令进行编译之前，需设置类路径：

```
C:\Javawork\CH10>set classpath=C:\Javawork\CH09
```

然后利用 javac 命令对文件进行编译：

```
javac Chess.java
```

之后，利用 java 命令执行程序：

```
java Chess
```

程序的运行界面如图 9.1～图 9.4 所示。

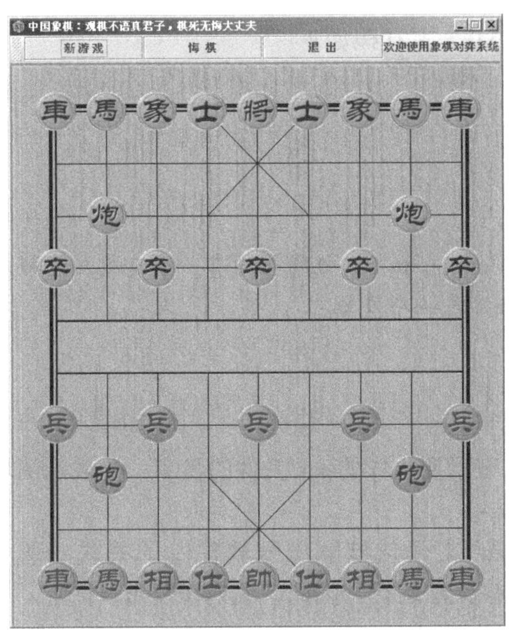

图 9.1　中国象棋对弈系统运行界面

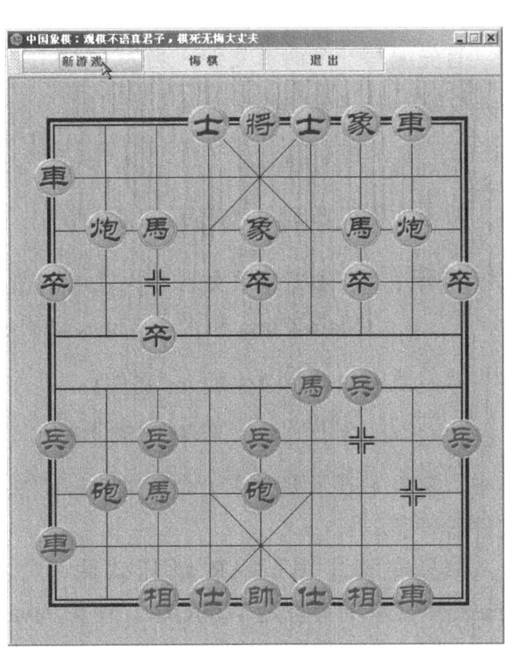

图 9.2　新游戏

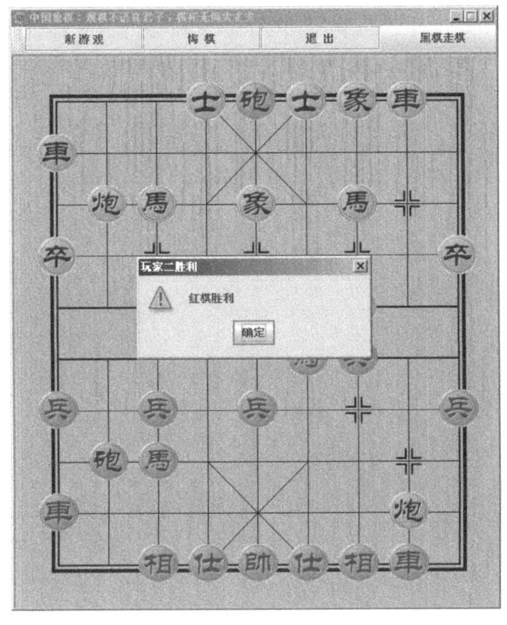

图 9.3　红方胜利界面

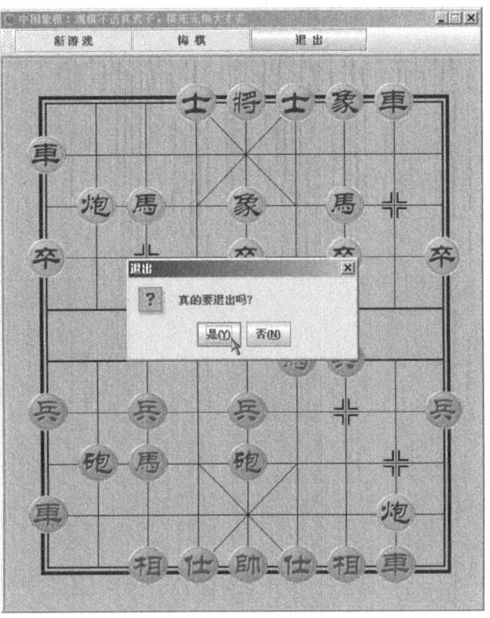

图 9.4　退出中国象棋对弈系统

9.5.2 发布程序

要发布应用程序，需要将其打包。使用 jar.exe，可以把应用程序中涉及的类和图片压缩成一个 jar 文件，这样便可以发布程序。

首先编写一个清单文件，名为 MANIFEST.MF，其代码如下：

```
Manifest-Version: 1.0
Created-By: 1.6.0 (Sun Microsystems Inc.)
Main-Class: Chess
```

清单文件保存到 C:\Javawork\CH10。

提示： 在编写清单文件时，在 Manifest-Version 和 1.0 之间必须有一个空格。同样，Main-Class 和主类 Chess 之间也必须有一个空格。

然后使用如下命令生成 jar 文件：

```
jar cfm Chess.jar MANIFEST.MF *.class
```

其中，参数 c 表示要生成一个新的 jar 文件；f 表示要生成的 jar 文件的名字；m 表示清单文件的名字。

如果安装过 WinRAR 解压软件，并将.jar 文件与该解压缩软件做了关联，那么 Chess.jar 文件的类型是 WinRAR，使得 Java 程序无法运行。因此，我们在发布软件时，还应该再写一个有如下内容的 bat 文件(Chess.bat)：

```
javaw -jar Chess.jar
```

可以通过双击 Chess.bat 文件来运行程序。

第 10 章

资产管理系统

在本章实例中，将开发一个资产管理系统。该系统主要实现了资产及人员的信息管理、资产异动(领用、归还与报废)及系统管理等功能。需求分析部分主要对系统的需求进行分析，得到系统所要具备的功能；系统设计部分主要从系统结构设计、功能结构图及工作流程描述等方面进行阐述；数据库设计部分主要从数据操作方面对数据库中所需的表进行设计；最后一部分则介绍系统程序的运行及发布。

10.1 需 求 分 析

资产设备管理是高校管理工作中一项非常重要的组成部分，应用于设备处及各相关业务部门。资产管理系统旨在在计算机上实现设备变更、设备应用监控、设备统计查询等需要大量协调的工作，从而减轻工作量。实际应用中的资产系统主要包括采购管理、资产设备管理、房屋管理等几个子系统，实现设备从申报、采购、入库、库存到领用全过程的计算机化、信息化与智能化。

本案例中的系统功能描述如下。

1. 资产信息管理

管理所有资产设备的基本信息，包括添加、修改、删除等；可以根据各种条件查询出需要的信息。

2. 人员信息管理

管理设备的使用人员信息，包括添加、修改、删除等；可以根据各种条件查询出需要的信息。

3. 资产设备的领用、归还、报废

管理设备的领用、归还与报废；查询相关信息。

4. 系统管理

维护设备分类信息数据字典。

10.2 系 统 设 计

10.2.1 结构设计

对系统进行需求分析，可将本系统分为六个模块。

- 系统管理：主要包含资产类别的维护，包括资产类别信息的添加、修改、删除、查询等。
- 资产信息管理：维护资产设备的相关信息，包括增加、修改、删除、查询资产信息。
- 人员信息管理：维护人员的相关信息，包括增加、修改、删除、查询人员信息。

- 资产领用：维护资产的领用信息，提供资产领用历史记录的查询。
- 资产归还：维护资产的归还信息，提供资产归还历史记录的查询。
- 资产报废：维护资产的报废信息，提供资产报废历史记录的查询。

10.2.2　功能结构

资产管理系统功能的结构如图 10.1 所示。

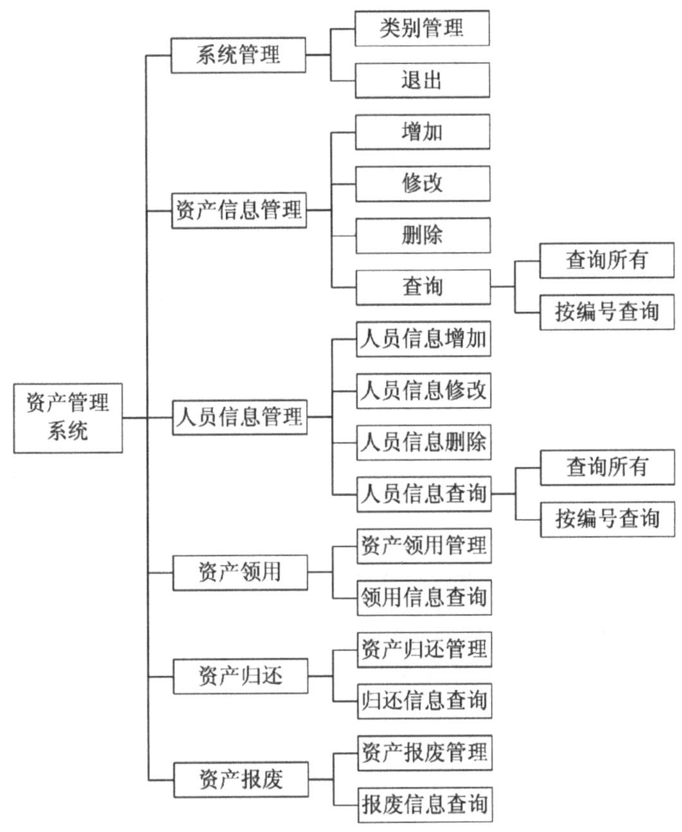

图 10.1　资产管理系统功能的结构

10.2.3　功能流程及工作流描述

1. 类别管理

用户利用类别管理模块可以实现资产类别的增加、修改、删除等操作。增加信息需要先单击“获取新编号”按钮，填写资产大类与资产小类后，再单击“增加”按钮即可添加新信息；当选择表格中已有的资产类别时，对应的信息会显示在文本框中，即可对选择的信息进行修改与删除操作。本程序通过 TypeInfo.java 实现类别管理，通过 TypeBean.java 文件进行相关的数据库操作。

2. 资产信息增加

该模块实现了增加资产信息的功能。当程序运行时会自动获得资产的新编号，然后用户输入相关的资产信息后单击“增加”按钮即可完成资产信息的添加。添加的信息会保存到数据库中。本程序通过 AssetsInfo.java 定义了通用的资产信息界面类，以供资产添加类 AddAssets.java 继承实现资产的添加，通过 AssetsBean.java 文件进行相关的数据库操作。

3．资产信息修改

该模块实现了修改资产信息的功能。首先单击“资产编号查询”按钮来查询已有的资产编号，选择资产编号后，资产的相关信息会显示在界面中，修改资产信息后单击“修改”按钮即可完成资产信息的修改。修改的信息会保存到数据库中。同样，资产信息修改类 ModifyAssets.java 继承自 AssetsInfo.java，数据库操作通过 AssetsBean.java 实现。查询资产编号通过 ModifyAssetsSearch.java 文件实现。

4．资产信息删除

该模块实现了删除资产信息的功能。首先单击“资产编号查询”按钮来查询已有的资产编号，选择资产编号后，资产的相关信息会显示在界面中，单击“删除”按钮即可完成资产信息的删除。删除的信息会保存到数据库中。资产删除通过 DeleteAssets.java 实现，其他操作与资产修改类似。

5．资产信息查询

运行资产信息查询功能模块即可完成资产信息的查询。其中，查询所有信息通过 ResultInfo.java 实现，查询一条信息通过 SearchIDInfo.java 实现。另外，人员查询也是通过这两个文件实现。

6．人员信息的增加、修改、删除、查询

人员信息管理的操作流程与资产管理类似，例如 AddPerson.java 实现了添加人员信息的功能，ModifyPerson.java 实现了修改人员信息的功能等。

7．资产领用管理

程序运行时能够罗列出所有能够领用的资产设备，用户在选择了需要领用的设备后，填入相应的信息并单击“领用”按钮即可完成资产的领用。相应的操作会记录到数据库中。资产领用通过 UseAssets.java 文件实现，领用时首先修改资产表(Assets)中的资产信息，然后再向资产操作历史表(AssetsTrjn)中添加资产领用记录，因此对应的数据库操作主要是通过 AssetsBean.java 和 AssetsTrjnBean.java 来实现的。

8．资产归还管理

程序运行时首先罗列出所有已被领用的资产设备，用户在选择了需要归还的设备后，填入相应的信息并单击“归还”按钮即可完成资产的归还。BackAssets.java 为归还管理的实现类，归还时也是先修改 Assets 表中的资产状态，再向 AssetsTrjn 表中添加记录。

9．资产报废管理

程序运行时首先罗列出所有在库的资产设备，以进行报废处理。操作与资产领用、归还类似。报废时也是先修改 Assets 表中的资产状态，再向 AssetsTrjn 表中添加记录。报废后的资产设备不能再使用。

10．资产领用、归还、报废相关信息的查询

查询功能均通过 ResultInfo.java 文件实现，数据库操作通过 AssetsTrjnBean.java 实现。

10.3　数据库设计

数据库中应包含 4 个表，即资产信息表(Assets)、人员信息表(Person)、资产操作流水表(AssetsTrjn)和资产类别管理表(AssetsType)，设计要求如表 10.1～表 10.4 所示。

表 10.1　资产信息表(Assets)

名　称	字段名称	数据类型	主　键	非　空
资产编号	AssetsID	INT	Yes	Yes
资产名称	Name	Char(20)	No	Yes
所属类型	TypeID	Char(10)	No	Yes
型号	Model	Char(30)	No	Yes
价格	Price	Char(20)	No	Yes
购买日期	BuyDate	Char(50)	No	Yes
状态	Status	Char(10)	No	Yes
备注	Other	Char(50)	No	No

表 10.2　人员信息表(Person)

名　称	字段名称	数据类型	主　键	非　空
人员编号	PersonID	INT	Yes	Yes
姓名	Name	Char(20)	No	Yes
性别	Sex	Char(4)	No	Yes
部门	Dept	Char(20)	No	Yes
职位	Job	Char(20)	No	No
其他	Other	Char(50)	No	No

表 10.3　资产操作流水表(AssetsTrjn)

名　称	字段名称	数据类型	主　键	非　空
编号	JourNo	INT	Yes	Yes
操作类型	FromAcc	Char(20)	No	Yes
资产编号	AssetsID	INT	No	Yes
操作时间	RegDate	Char(50)	No	Yes
领用人	PersonID	INT	No	Yes
用途	Use	Char(50)	No	Yes
备注	Other	Char(50)	No	No

表 10.4 资产类别管理表(AssetsType)

名 称	字段名称	数据类型	主 键	非 空
编号	TypeID	INT	Yes	Yes
资产大类	B_Type	Char(20)	No	Yes
资产小类	S_Type	Char(20)	No	Yes

10.4 详 细 设 计

10.4.1 资产管理系统主界面模块

资产管理系统主界面模块包括 AssetsMS.java 和 AssetsMain.java 两个文件。AssetsMS 是资产管理系统的主运行类，其中有运行整个程序的 main 方法，该文件生成了 AssetsMain 类的一个实例，从而生成了资产管理系统的界面，如图 10.2 所示。AssetsMain 类继承自 JFrame 类，实现了事件侦听的接口，它有一个不带参数的构造函数 AssetsMain()，用来生成 AssetsMain 的实例。AssetsMain 类将所有的功能集中到菜单栏中，并通过调用其他模块来实现资产管理系统的各个功能。以下为这两个类的代码实现。

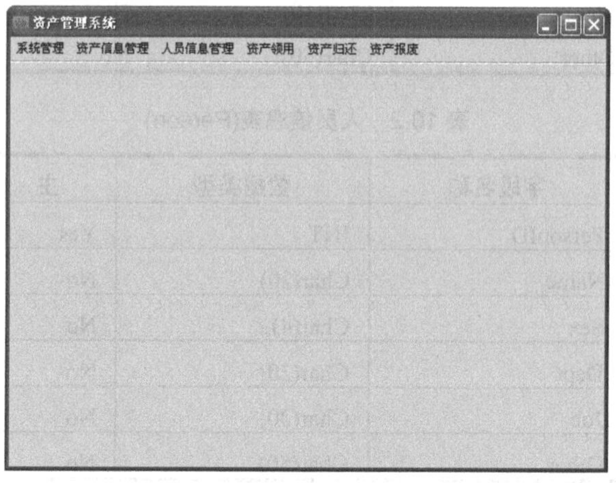

图 10.2 资产管理系统主界面

1. AssetsMS.java

```
import javax.swing.UIManager;
import java.awt.*;

/**
 * 资产管理系统运行主类
 */
public class AssetsMS {
    boolean packFrame = false;

    /**
     * 构造函数
```

```
     */
    public AssetsMS() {
        AssetsMain frame = new AssetsMain();

        if (packFrame) {
            frame.pack();
        }
        else {
            frame.validate();
        }

        //设置运行时窗口的位置
        Dimension screenSize = Toolkit.getDefaultToolkit().getScreenSize();
        Dimension frameSize = frame.getSize();
        if (frameSize.height > screenSize.height) {
            frameSize.height = screenSize.height;
        }
        if (frameSize.width > screenSize.width) {
            frameSize.width = screenSize.width;
        }
        frame.setLocation((screenSize.width - frameSize.width) / 2,
(screenSize.height - frameSize.height) / 2);
        frame.setVisible(true);
    }

    public static void main(String[] args) {
        //设置运行风格
        try {

    UIManager.setLookAndFeel(UIManager.getSystemLookAndFeelClassName());
        }
        catch(Exception e) {
            e.printStackTrace();
        }
        new AssetsMS();
    }
}
```

2. AssetsMain.java

```
import java.awt.*;
import java.awt.event.*;
import javax.swing.*;
import java.net.*;

/**
 * 资产管理系统主界面
 */
public class AssetsMain extends JFrame implements ActionListener{
    //框架的大小
    Dimension faceSize = new Dimension(600, 450);
    //程序图标
    Image icon;

    //建立菜单栏
```

```
JMenuBar mainMenu = new JMenuBar();
//建立“系统管理”菜单组
JMenu menuSystem=new JMenu();
JMenuItem itemTypeMan=new JMenuItem();
JMenuItem itemExit=new JMenuItem();
//建立“资产信息管理”菜单组
JMenu menuAssets=new JMenu();
JMenuItem itemAddAssets=new JMenuItem();
JMenuItem itemModifyAssets=new JMenuItem();
JMenuItem itemDeleteAssets=new JMenuItem();
JMenu itemSelectAssets=new JMenu();
JMenuItem itemSelectAssetsAll = new JMenuItem();
JMenuItem itemSelectAssetsID=new JMenuItem();
//建立“人员信息管理”菜单组
JMenu menuPerson=new JMenu();
JMenuItem itemAddPerson=new JMenuItem();
JMenuItem itemModifyPerson=new JMenuItem();
JMenuItem itemDeletePerson=new JMenuItem();
JMenu itemSelectPerson=new JMenu();
JMenuItem itemSelectPersonAll = new JMenuItem();
JMenuItem itemSelectPersonID=new JMenuItem();
//建立“资产领用”菜单组
JMenu menuUsing=new JMenu();
JMenuItem itemUsing=new JMenuItem();
JMenuItem itemSelectUsing=new JMenuItem();
//建立“资产归还”菜单组
JMenu menuBack=new JMenu();
JMenuItem itemBack=new JMenuItem();
JMenuItem itemSelectBack=new JMenuItem();
//建立“资产报废”菜单组
JMenu menuInvalid=new JMenu();
JMenuItem itemInvalid=new JMenuItem();
JMenuItem itemSelectInvalid=new JMenuItem();

/**
 * 程序初始化函数
 */
public AssetsMain() {
    enableEvents(AWTEvent.WINDOW_EVENT_MASK);

    //添加框架的关闭事件处理
    this.setDefaultCloseOperation(JFrame.EXIT_ON_CLOSE);
    this.pack();
    //设置框架的大小
    this.setSize(faceSize);
    //设置标题
    this.setTitle("资产管理系统");
    //程序图标
    icon = getImage("icon.gif");
    this.setIconImage(icon); //设置程序图标

    try {
        Init();
    }
```

```
        catch(Exception e) {
            e.printStackTrace();
        }
    }
    /**
     * 程序初始化函数
     */
    private void Init() throws Exception {
        Container contentPane = this.getContentPane();
        contentPane.setLayout(new BorderLayout());

        //添加菜单组
        menuSystem.setText("系统管理");
        menuSystem.setFont(new Font("Dialog", 0, 12));
        menuAssets.setText("资产信息管理");
        menuAssets.setFont(new Font("Dialog", 0, 12));
        menuPerson.setText("人员信息管理");
        menuPerson.setFont(new Font("Dialog", 0, 12));
        menuUsing.setText("资产领用") ;
        menuUsing.setFont(new Font("Dialog", 0, 12));
        menuBack.setText("资产归还");
        menuBack.setFont(new Font("Dialog", 0, 12));
        menuInvalid.setText("资产报废");
        menuInvalid.setFont(new Font("Dialog", 0, 12));


        //生成“系统管理”菜单组的选项
        itemTypeMan.setText("类别管理");
        itemTypeMan.setFont(new Font("Dialog",0,12));
        itemExit.setText("退出");
        itemExit.setFont(new Font("Dialog",0,12));
        //生成“资产信息管理”菜单组的选项
        itemAddAssets.setText("增加");
        itemAddAssets.setFont(new Font("Dialog",0,12));
        itemModifyAssets.setText("修改");
        itemModifyAssets.setFont(new Font("Dialog",0,12));
        itemDeleteAssets.setText("删除");
        itemDeleteAssets.setFont(new Font("Dialog",0,12));
        itemSelectAssets.setText("查询");
        itemSelectAssets.setFont(new Font("Dialog",0,12));
        itemSelectAssetsAll.setText("查询所有");
        itemSelectAssetsAll.setFont(new Font("Dialog",0,12));
        itemSelectAssetsID.setText("按编号查询");
        itemSelectAssetsID.setFont(new Font("Dialog",0,12));
        //生成“人员信息管理”菜单组的选项
        itemAddPerson.setText("人员信息增加");
        itemAddPerson.setFont(new Font("Dialog",0,12));
        itemModifyPerson.setText("人员信息修改");
        itemModifyPerson.setFont(new Font("Dialog",0,12));
        itemDeletePerson.setText("人员信息删除");
        itemDeletePerson.setFont(new Font("Dialog",0,12));
        itemSelectPerson.setText("查询人员信息");
        itemSelectPerson.setFont(new Font("Dialog",0,12));
```

```
itemSelectPersonAll.setText("查询所有");
itemSelectPersonAll.setFont(new Font("Dialog",0,12));
itemSelectPersonID.setText("按编号查询");
itemSelectPersonID.setFont(new Font("Dialog",0,12));
//生成“资产领用”菜单组的选项
itemUsing.setText("资产领用管理");
itemUsing.setFont(new Font("Dialog",0,12));
itemSelectUsing.setText("领用信息查询");
itemSelectUsing.setFont(new Font("Dialog",0,12));
//生成“资产归还”菜单组的选项
itemBack.setText("资产归还管理");
itemBack.setFont(new Font("Dialog",0,12));
itemSelectBack.setText("归还信息查询");
itemSelectBack.setFont(new Font("Dialog",0,12));
//生成“资产报废”菜单组的选项
itemInvalid.setText("资产报废管理");
itemInvalid.setFont(new Font("Dialog",0,12));
itemSelectInvalid.setText("报废信息查询");
itemSelectInvalid.setFont(new Font("Dialog",0,12));

//添加“系统管理”菜单组
menuSystem.add(itemTypeMan);
menuSystem.add(itemExit);
//添加“资产信息管理”菜单组
menuAssets.add(itemAddAssets);
menuAssets.add(itemModifyAssets);
menuAssets.add(itemDeleteAssets);
menuAssets.addSeparator();
menuAssets.add(itemSelectAssets);
itemSelectAssets.add(itemSelectAssetsAll);
itemSelectAssets.add(itemSelectAssetsID);
//添加“人员信息管理”菜单组
menuPerson.add(itemAddPerson);
menuPerson.add(itemModifyPerson);
menuPerson.add(itemDeletePerson);
menuPerson.addSeparator();
menuPerson.add(itemSelectPerson);
itemSelectPerson.add(itemSelectPersonAll);
itemSelectPerson.add(itemSelectPersonID);
//添加“资产领用”菜单组
menuUsing.add(itemUsing);
menuUsing.add(itemSelectUsing);
//添加“资产归还”菜单组
menuBack.add(itemBack);
menuBack.add(itemSelectBack);
//添加“资产报废”菜单组
menuInvalid.add(itemInvalid);
menuInvalid.add(itemSelectInvalid);

//添加所有的菜单组
mainMenu.add(menuSystem);
mainMenu.add(menuAssets);
mainMenu.add(menuPerson);
mainMenu.add(menuUsing);
```

```
    mainMenu.add(menuBack);
    mainMenu.add(menuInvalid);
    this.setJMenuBar(mainMenu);

    //添加事件侦听
    itemTypeMan.addActionListener(this);
    itemExit.addActionListener(this);
    itemAddAssets.addActionListener(this);
    itemModifyAssets.addActionListener(this);
    itemDeleteAssets.addActionListener(this);
    itemSelectAssetsAll.addActionListener(this);
    itemSelectAssetsID.addActionListener(this);
    itemAddPerson.addActionListener(this);
    itemModifyPerson.addActionListener(this);
    itemDeletePerson.addActionListener(this);
    itemSelectPersonAll.addActionListener(this);
    itemSelectPersonID.addActionListener(this);
    itemUsing.addActionListener(this);
    itemSelectUsing.addActionListener(this);
    itemBack.addActionListener(this);
    itemSelectBack.addActionListener(this);
    itemInvalid.addActionListener(this);
    itemSelectInvalid.addActionListener(this);


    //关闭程序时的操作
    this.addWindowListener(
        new WindowAdapter(){
            public void windowClosing(WindowEvent e){
                System.exit(0);
            }
        }
    );
}

/**
 * 事件处理
 */
public void actionPerformed(ActionEvent e) {
    Object obj = e.getSource();
    if (obj == itemExit) { //退出
        System.exit(0);
    }
    else if (obj == itemTypeMan) { //资产类别管理
        TypeInfo typeMan = new TypeInfo();
        typeMan.downInit();
        typeMan.pack();
        typeMan.setVisible(true);
    }
    else if (obj == itemAddAssets) { //增加资产信息
        AddAssets add = new AddAssets();
        add.downInit();
        add.pack();
        add.setVisible(true);
```

```
}
else if (obj == itemModifyAssets) { //修改资产信息
    ModifyAssets modify = new ModifyAssets();
    modify.downInit();
    modify.pack();
    modify.setVisible(true);
}
else if (obj == itemDeleteAssets) { //删除资产信息
    DeleteAssets delete = new DeleteAssets();
    delete.downInit();
    delete.pack();
    delete.setVisible(true);
}
else if (obj == itemSelectAssetsAll) { //查询所有资产信息
    ResultInfo result = new ResultInfo();
    result.resultAssetsAll();
}
else if (obj == itemSelectAssetsID) { //以编号查询资产信息
    SearchIDInfo info = new SearchIDInfo("Assets");
    info.pack();
    info.setVisible(true);
}
else if (obj == itemAddPerson) { //增加人员信息
    AddPerson add = new AddPerson();
    add.downInit();
    add.pack();
    add.setVisible(true);
}
else if (obj == itemModifyPerson) { //修改人员信息
    ModifyPerson modify = new ModifyPerson();
    modify.downInit();
    modify.pack();
    modify.setVisible(true);
}
else if (obj == itemDeletePerson) { //修改人员信息
    DeletePerson delete = new DeletePerson();
    delete.downInit();
    delete.pack();
    delete.setVisible(true);
}
else if (obj == itemSelectPersonAll) { //查询所有人员信息
    ResultInfo result = new ResultInfo();
    result.resultPersonAll();
}
else if (obj == itemSelectPersonID) { //以编号查询人员信息
    SearchIDInfo info = new SearchIDInfo("Person");
    info.pack();
    info.setVisible(true);
}
else if (obj == itemUsing) { //资产领用
    UseAssets use = new UseAssets();
    use.pack();
    use.setVisible(true);
}
```

```
        else if (obj == itemSelectUsing) { //资产领用查询
            ResultInfo result = new ResultInfo();
            result.resultUseAll();
        }
        else if (obj == itemBack) { //资产归还
            BackAssets back = new BackAssets();
            back.pack();
            back.setVisible(true);
        }
        else if (obj == itemSelectBack) { //资产归还查询
            ResultInfo result = new ResultInfo();
            result.resultBackAll();
        }
        else if (obj == itemInvalid) { //资产报废
            InvalidAssets invalid = new InvalidAssets();
            invalid.pack();
            invalid.setVisible(true);
        }
        else if (obj == itemSelectInvalid) { //资产报废查询
            ResultInfo result = new ResultInfo();
            result.resultInvalidAll();
        }
    }

    /**
     * 通过给定的文件名获得图像
     */
    Image getImage(String filename) {
        URLClassLoader urlLoader = (URLClassLoader)this.getClass().
            getClassLoader();
        URL url = null;
        Image image = null;
        url = urlLoader.findResource(filename);
        image = Toolkit.getDefaultToolkit().getImage(url);
        MediaTracker mediatracker = new MediaTracker(this);
        try {
            mediatracker.addImage(image, 0);
            mediatracker.waitForID(0);
        }
        catch (InterruptedException _ex) {
            image = null;
        }
        if (mediatracker.isErrorID(0)) {
            image = null;
        }
        return image;
    }
}
```

10.4.2　系统管理模块

系统管理模块主要有资产类别管理和退出系统两个功能，如图 10.3 所示。其中退出功能是在主界面实现，而资产类别管理通过 TypeInfo.java 文件实现。

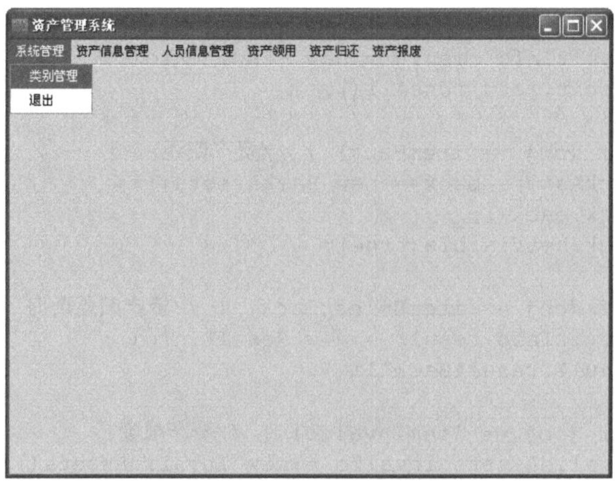

图 10.3　系统管理模块主界面

TypeInfo.java 类继承自 JFrame，提供了资产类别的增加、修改、删除查询等功能。它实现了 ActionListener 与 ListSelectionListener 接口，因此必须覆写 actionPerformed (ActionEvent e)与 valueChanged(ListSelectionEvent e)方法，以实现基本事件处理与 JTable 列被选择时的事件处理，其实现效果如图 10.4 所示。

资产类别管理

资产类别编号	资产大类	资产小类
1	办公用品	计算机
2	办公用品	打印机
3	办公用品	扫描仪
4	办公用品	服务器
5	耗材	硒鼓
6	耗材	墨盒
7	实验用品	光谱仪
8	实验用品	摇床

编号 4　大类 办公用品　小类 服务器

获取新编号　增加　修改　删除　清空　退出

图 10.4　资产类别管理运行界面

其代码如下：

```
import javax.swing.*;
import javax.swing.*;
import java.awt.*;
import java.awt.event.*;
import java.net.*;
import javax.swing.event.*;

/**
 * 资产类别信息综合管理类
 */
```

```
public class TypeInfo extends JFrame
implements ActionListener,ListSelectionListener{
    Container contentPane;
    //定义所用的面板
    JPanel upPanel = new JPanel();
    JPanel centerPanel = new JPanel();
    JPanel downPanel = new JPanel();

    //框架的大小
    Dimension faceSize = new Dimension(400,400);

    //定义图形界面元素
    JLabel jLabel1 = new JLabel();
    JLabel jLabel2 = new JLabel();
    JLabel jLabel3 = new JLabel();

    JTextField jTextField1 = new JTextField(15);
    JTextField jTextField2 = new JTextField(15);
    JTextField jTextField3 = new JTextField(15);

    JButton searchInfo = new JButton();
    JButton addInfo = new JButton();
    JButton modifyInfo = new JButton();
    JButton deleteInfo = new JButton();
    JButton clearInfo = new JButton();
    JButton saveInfo = new JButton();
    JButton eixtInfo = new JButton();

    //定义表格
    JScrollPane jScrollPane1;
    JTable jTable;
    ListSelectionModel listSelectionModel = null;
String[] colName = {"资产类别编号","资产大类","资产小类"};
    String[][] colValue;

    GridBagLayout girdBag = new GridBagLayout();
    GridBagConstraints girdBagCon;

    public TypeInfo() {
        //设置框架的大小
        this.setSize(faceSize);
        //设置标题
        this.setTitle("资产类别管理");
        this.setResizable(true);
        //设置程序图标
        this.setIconImage(getImage("icon.gif"));

        //设置运行时窗口的位置
        Dimension screenSize =
            Toolkit.getDefaultToolkit().getScreenSize();
        this.setLocation((screenSize.width - 400) / 2,
            (screenSize.height - 300) / 2 + 45);
        try {
            Init();
```

```
        }
        catch(Exception e) {
            e.printStackTrace();
        }
    }

    public void Init() throws Exception {
        contentPane = this.getContentPane();
        contentPane.setLayout(new BorderLayout());

        //中部面板的布局
        TypeBean bean = new TypeBean();
        try {
            colValue = bean.searchAll();
            jTable = new JTable(colValue,colName);
            jTable.setPreferredScrollableViewportSize(
new Dimension(400,300));
            listSelectionModel = jTable.getSelectionModel();
            listSelectionModel.setSelectionMode(
ListSelectionModel.SINGLE_SELECTION);
            listSelectionModel.addListSelectionListener(this);
            jScrollPane1 = new JScrollPane(jTable);
            jScrollPane1.setPreferredSize(new Dimension(400,300));
        }
        catch(Exception e) {
            e.printStackTrace();
        }

        upPanel.add(jScrollPane1);
        contentPane.add(upPanel,BorderLayout.NORTH);

        jLabel1.setText("编号");
        jLabel1.setFont(new Font("Dialog",0,12));
        centerPanel.add(jLabel1);
        centerPanel.add(jTextField1);

        jLabel2.setText("大类");
        jLabel2.setFont(new Font("Dialog",0,12));
        centerPanel.add(jLabel2);
        centerPanel.add(jTextField2);

        jLabel3.setText("小类");
        jLabel3.setFont(new Font("Dialog",0,12));
        centerPanel.add(jLabel3);
        centerPanel.add(jTextField3);
        contentPane.add(centerPanel,BorderLayout.CENTER);

        jTextField1.setEditable(false);
        jTextField2.setEditable(false);
        jTextField3.setEditable(false);
    }

    /**
     * 下部面板的布局
     */
```

```
public void downInit(){
    searchInfo.setText("获取新编号");
    searchInfo.setFont(new Font("Dialog",0,12));
    downPanel.add(searchInfo);
    addInfo.setText("增加");
    addInfo.setFont(new Font("Dialog",0,12));
    downPanel.add(addInfo);
    modifyInfo.setText("修改");
    modifyInfo.setFont(new Font("Dialog",0,12));
    downPanel.add(modifyInfo);
    deleteInfo.setText("删除");
    deleteInfo.setFont(new Font("Dialog",0,12));
    downPanel.add(deleteInfo);
    clearInfo.setText("清空");
    clearInfo.setFont(new Font("Dialog",0,12));
    downPanel.add(clearInfo);
    eixtInfo.setText("退出");
    eixtInfo.setFont(new Font("Dialog",0,12));
    downPanel.add(eixtInfo);

    contentPane.add(downPanel,BorderLayout.SOUTH);

    //添加事件侦听
    searchInfo.addActionListener(this);
    addInfo.addActionListener(this);
    modifyInfo.addActionListener(this);
    deleteInfo.addActionListener(this);
    clearInfo.addActionListener(this);
    eixtInfo.addActionListener(this);

    searchInfo.setEnabled(true);
    addInfo.setEnabled(false);
    modifyInfo.setEnabled(false);
    deleteInfo.setEnabled(false);
    clearInfo.setEnabled(true);
}

/**
 * 事件处理
 */
public void actionPerformed(ActionEvent e) {
    Object obj = e.getSource();
    if (obj == searchInfo) { //获取新编号
        setNull();
        TypeBean bean = new TypeBean();
        jTextField1.setText(""+bean.getId());
        jTextField2.setEditable(true);
        jTextField3.setEditable(true);

        addInfo.setEnabled(true);
        modifyInfo.setEnabled(false);
        deleteInfo.setEnabled(false);

    }
```

```
        else if (obj == addInfo) { //增加
            TypeBean bean = new TypeBean();
            bean.add(jTextField1.getText(),jTextField2.getText(),
jTextField3.getText());
            this.dispose();

            TypeInfo typeMan = new TypeInfo();
            typeMan.downInit();
            typeMan.pack();
            typeMan.setVisible(true);
        }
        else if (obj == modifyInfo) { //修改
            TypeBean bean = new TypeBean();
            bean.modify(jTextField1.getText(),jTextField2.getText(),
jTextField3.getText());
            this.dispose();

            TypeInfo typeMan = new TypeInfo();
            typeMan.downInit();
            typeMan.pack();
            typeMan.setVisible(true);
        }
        else if (obj == deleteInfo) { //删除
            TypeBean bean = new TypeBean();
            bean.delete(jTextField1.getText());
            this.dispose();

            TypeInfo typeMan = new TypeInfo();
            typeMan.downInit();
            typeMan.pack();
            typeMan.setVisible(true);

        }
        else if (obj == clearInfo) { //清空
            setNull();
        }
        else if (obj == eixtInfo) { //退出
            this.dispose();
        }
        jTable.revalidate();
    }

    /**
     * 将文本框清空
     */
    void setNull(){
        jTextField1.setText(null);
        jTextField2.setText(null);
        jTextField3.setText(null);
        jTextField2.setEditable(false);
        jTextField3.setEditable(false);
        searchInfo.setEnabled(true);
        addInfo.setEnabled(false);
        modifyInfo.setEnabled(false);
```

```
        deleteInfo.setEnabled(false);
        clearInfo.setEnabled(true);
    }

    /**
     * 当表格被选中时的操作
     */
    public void valueChanged(ListSelectionEvent lse){
        int[] selectedRow = jTable.getSelectedRows();
        int[] selectedCol = jTable.getSelectedColumns();
        //定义文本框的显示内容
        for (int i=0; i<selectedRow.length; i++){
            for (int j=0; j<selectedCol.length; j++){
                jTextField1.setText(colValue[selectedRow[i]][0]);
                jTextField2.setText(colValue[selectedRow[i]][1]);
                jTextField3.setText(colValue[selectedRow[i]][2]);
            }
        }
        //设置是否可操作
        jTextField2.setEditable(true);
        jTextField3.setEditable(true);
        searchInfo.setEnabled(true);
        addInfo.setEnabled(false);
        modifyInfo.setEnabled(true);
        deleteInfo.setEnabled(true);
        clearInfo.setEnabled(true);
    }

    /**
     * 通过给定的文件名获得图像
     */
    Image getImage(String filename) {
        URLClassLoader urlLoader = (URLClassLoader)this.getClass().
            getClassLoader();
        URL url = null;
        Image image = null;
        url = urlLoader.findResource(filename);
        image = Toolkit.getDefaultToolkit().getImage(url);
        MediaTracker mediatracker = new MediaTracker(this);
        try {
            mediatracker.addImage(image, 0);
            mediatracker.waitForID(0);
        }
        catch (InterruptedException _ex) {
            image = null;
        }
        if (mediatracker.isErrorID(0)) {
            image = null;
        }
        return image;
    }
}
```

10.4.3 资产信息管理模块

资产信息管理模块主要由 AssetsInfo.java、AddAssets.java、ModifyAssets.java、DeleteAssets.java、ModifyAssetsSearch.java 五个文件组成，其构成关系如图 10.5 所示。

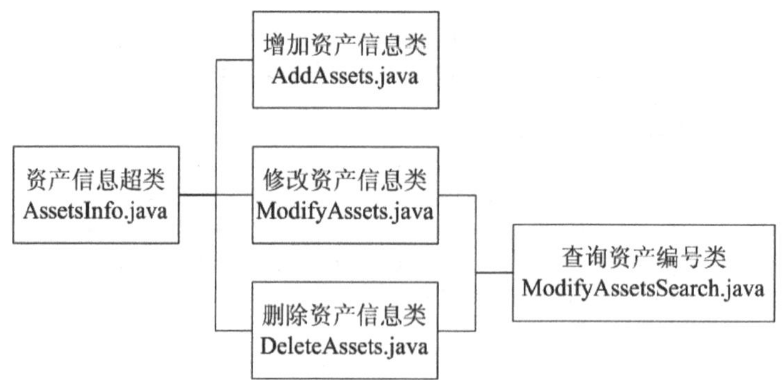

图 10.5 资产信息管理模块的功能结构

另外，资产信息管理模块中还有资产信息查询的功能，该功能和其他查询功能(人员信息查询，领用信息查询等)均通过 ResultInfo.java、SearchIDInfo.java 两个文件实现，查询功能的实现将在查询功能模块中介绍。因此，资产信息管理模块中的五个类文件组成了主界面中“资产信息管理”菜单的内容，如图 10.6 所示。

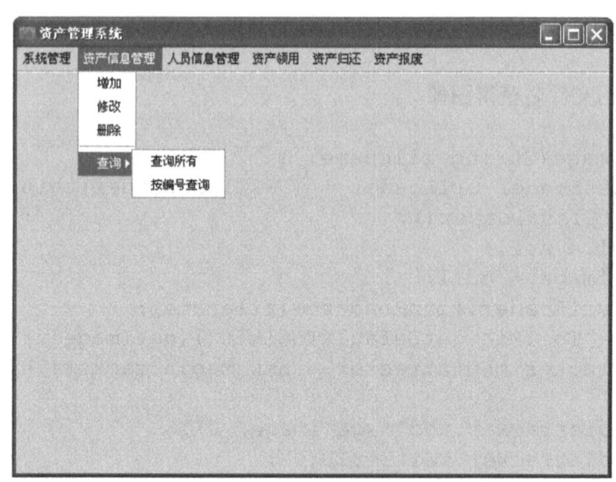

图 10.6 资产信息管理模块运行界面

1. AssetsInfo.java

该类继承自 JFrame，同时实现了 ActionListener 与 ItemListener 接口，因此在该类中覆写了 actionPerformed(ActionEvent e)与 itemStateChanged(ItemEvent e)方法，以实现基本事件处理与下拉菜单的选择事件处理。

该类是 AddAssets.java、ModifyAssets.java 和 DeleteAssets.java 这三个类的超类，由于 AddAssets、ModifyAssets 和 DeleteAssets 的界面显示有共同之处，所以编写包含共有界面的 AssetsInfo 类，可以快速实现其余三个子类的界面显示。其代码如下：

```
import javax.swing.*;
import java.awt.*;
import java.awt.event.*;
import java.net.*;

/**
 * 资产信息综合管理类
 * 提供主界面，供其他类继承
 */
public class AssetsInfo extends JFrame
implements ActionListener,ItemListener{
    Container contentPane;
    JPanel centerPanel = new JPanel();
    JPanel upPanel = new JPanel();
    JPanel downPanel = new JPanel();

    //框架的大小
    Dimension faceSize = new Dimension(800, 500);

    //定义图形界面元素
    JLabel jLabel1 = new JLabel();
    JLabel jLabel2 = new JLabel();
    JLabel jLabel3 = new JLabel();
    JLabel jLabel4 = new JLabel();
    JLabel jLabel5 = new JLabel();
    JLabel jLabel6 = new JLabel();
    JLabel jLabel7 = new JLabel();
    JLabel jLabel8 = new JLabel();
    JLabel jLabel9 = new JLabel();

    JTextField jTextField1 = new JTextField(15);  //资产编号
    JTextField jTextField2 = new JTextField(15);  //资产名称
    JTextField jTextField3 = new JTextField(15);  //所属类型
    JTextField jTextField4 = new JTextField(15);  //资产型号
    JTextField jTextField5 = new JTextField(15);  //资产价格
    JTextField jTextField6 = new JTextField(15);  //购买日期
    JTextField jTextField7 = new JTextField(15);  //资产状态
    JTextField jTextField8 = new JTextField(15);  //备注
    JTextField jTextField9 = new JTextField(46);

    JComboBox jComboBox1 = null;
    JComboBox jComboBox2 = null;

    JButton searchInfo = new JButton();
    JButton addInfo = new JButton();
    JButton modifyInfo = new JButton();
    JButton deleteInfo = new JButton();
    JButton clearInfo = new JButton();
    JButton saveInfo = new JButton();
    JButton eixtInfo = new JButton();

    JButton jBSee = new JButton();
    JButton jBSearch = new JButton();
    JButton jBExit = new JButton();
```

```
    JButton jBSum = new JButton();
    JButton jBGrade = new JButton();

    GridBagLayout girdBag = new GridBagLayout();
    GridBagConstraints girdBagCon;

    public AssetsInfo() {
        //设置框架的大小
        this.setSize(faceSize);
        //设置标题
        this.setTitle("资产综合信息管理");
        this.setResizable(false);
        //设置程序图标
        this.setIconImage(getImage("icon.gif"));

        try {
            Init();
        }
        catch(Exception e) {
            e.printStackTrace();
        }
    }

    public void Init() throws Exception {
        contentPane = this.getContentPane();
        contentPane.setLayout(new BorderLayout());

        //中部面板的布局
        centerPanel.setLayout(girdBag);

        jLabel1.setText("资 产 编 号: ");
        jLabel1.setFont(new Font("Dialog",0,12));
        girdBagCon = new GridBagConstraints();
        //girdBagCon.anchor = 10000000;
        girdBagCon.gridx = 0;
        girdBagCon.gridy = 0;
        girdBagCon.insets = new Insets(10,10,10,1);
        girdBag.setConstraints(jLabel1,girdBagCon);
        centerPanel.add(jLabel1);

        girdBagCon = new GridBagConstraints();
        girdBagCon.gridx = 1;
        girdBagCon.gridy = 0;
        girdBagCon.insets = new Insets(10,1,10,15);
        girdBag.setConstraints(jTextField1,girdBagCon);
        centerPanel.add(jTextField1);

        jLabel2.setText("资 产 名 称: ");
        jLabel2.setFont(new Font("Dialog",0,12));
        girdBagCon = new GridBagConstraints();
        girdBagCon.gridx = 2;
        girdBagCon.gridy = 0;
        girdBagCon.insets = new Insets(10,15,10,1);
        girdBag.setConstraints(jLabel2,girdBagCon);
```

```
        centerPanel.add(jLabel2);

        girdBagCon = new GridBagConstraints();
        girdBagCon.gridx = 3;
        girdBagCon.gridy = 0;
        girdBagCon.insets = new Insets(10,1,10,10);
        girdBag.setConstraints(jTextField2,girdBagCon);
        centerPanel.add(jTextField2);

        jLabel3.setText("所 属 类 型: ");
        jLabel3.setFont(new Font("Dialog",0,12));
        girdBagCon = new GridBagConstraints();
        girdBagCon.gridx = 0;
        girdBagCon.gridy = 1;
        girdBagCon.insets = new Insets(10,10,10,1);
        girdBag.setConstraints(jLabel3,girdBagCon);
        centerPanel.add(jLabel3);

        TypeBean tbean = new TypeBean();
        String[] allType = tbean.searchAllForAssets();
        jComboBox1 = new JComboBox(allType);
        girdBagCon = new GridBagConstraints();
        girdBagCon.gridx = 1;
        girdBagCon.gridy = 1;
        girdBagCon.insets = new Insets(10,1,10,15);
        girdBag.setConstraints(jComboBox1,girdBagCon);
        centerPanel.add(jComboBox1);

        jLabel4.setText("资 产 型 号: ");
        jLabel4.setFont(new Font("Dialog",0,12));
        girdBagCon = new GridBagConstraints();
        girdBagCon.gridx = 2;
        girdBagCon.gridy = 1;
        girdBagCon.insets = new Insets(10,15,10,1);
        girdBag.setConstraints(jLabel4,girdBagCon);
        centerPanel.add(jLabel4);

        girdBagCon = new GridBagConstraints();
        girdBagCon.gridx = 3;
        girdBagCon.gridy = 1;
        girdBagCon.insets = new Insets(10,1,10,10);
        girdBag.setConstraints(jTextField4,girdBagCon);
        centerPanel.add(jTextField4);

        jLabel5.setText("资 产 价 格: ");
        jLabel5.setFont(new Font("Dialog",0,12));
        girdBagCon = new GridBagConstraints();
        girdBagCon.gridx = 0;
        girdBagCon.gridy = 2;
        girdBagCon.insets = new Insets(10,10,10,1);
        girdBag.setConstraints(jLabel5,girdBagCon);
        centerPanel.add(jLabel5);

        girdBagCon = new GridBagConstraints();
        girdBagCon.gridx = 1;
```

```
        girdBagCon.gridy = 2;
        girdBagCon.insets = new Insets(10,1,10,15);
        girdBag.setConstraints(jTextField5,girdBagCon);
        centerPanel.add(jTextField5);

        jLabel6.setText("购 买 日 期: ");
        jLabel6.setFont(new Font("Dialog",0,12));
        girdBagCon = new GridBagConstraints();
        girdBagCon.gridx = 2;
        girdBagCon.gridy = 2;
        girdBagCon.insets = new Insets(10,15,10,1);
        girdBag.setConstraints(jLabel6,girdBagCon);
        centerPanel.add(jLabel6);

        girdBagCon = new GridBagConstraints();
        girdBagCon.gridx = 3;
        girdBagCon.insets = new Insets(10,1,10,10);
        girdBag.setConstraints(jTextField6,girdBagCon);
        centerPanel.add(jTextField6);

        jLabel7.setText("资 产 状 态: ");
        jLabel7.setFont(new Font("Dialog",0,12));
        girdBagCon = new GridBagConstraints();
        girdBagCon.gridx = 0;
        girdBagCon.gridy = 3;
        girdBagCon.insets = new Insets(10,10,10,1);
        girdBag.setConstraints(jLabel7,girdBagCon);
        centerPanel.add(jLabel7);

        girdBagCon = new GridBagConstraints();
        girdBagCon.gridx = 1;
        girdBagCon.gridy = 3;
        girdBagCon.insets = new Insets(10,1,10,15);
        girdBag.setConstraints(jTextField7,girdBagCon);
        centerPanel.add(jTextField7);

        jLabel8.setText("备        注: ");
        jLabel8.setFont(new Font("Dialog",0,12));
        girdBagCon = new GridBagConstraints();
        girdBagCon.gridx = 2;
        girdBagCon.gridy = 3;
        girdBagCon.insets = new Insets(10,15,10,1);
        girdBag.setConstraints(jLabel8,girdBagCon);
        centerPanel.add(jLabel8);

        girdBagCon = new GridBagConstraints();
        girdBagCon.gridx = 3;
        girdBagCon.gridy = 3;
        girdBagCon.insets = new Insets(10,1,10,10);
        girdBag.setConstraints(jTextField8,girdBagCon);
        centerPanel.add(jTextField8);

        contentPane.add(centerPanel,BorderLayout.CENTER);

        jTextField1.setEditable(false);
```

```
        jTextField2.setEditable(false);
        jTextField3.setEditable(false);
        jTextField4.setEditable(false);
        jTextField5.setEditable(false);
        jTextField6.setEditable(false);
        jTextField7.setEditable(false);
        jTextField8.setEditable(false);
    }

    /**
     * 下部面板的布局
     */
    public void downInit(){
        searchInfo.setText("查询");
        searchInfo.setFont(new Font("Dialog",0,12));
        downPanel.add(searchInfo);
        addInfo.setText("增加");
        addInfo.setFont(new Font("Dialog",0,12));
        downPanel.add(addInfo);
        modifyInfo.setText("修改");
        modifyInfo.setFont(new Font("Dialog",0,12));
        downPanel.add(modifyInfo);
        deleteInfo.setText("删除");
        deleteInfo.setFont(new Font("Dialog",0,12));
        downPanel.add(deleteInfo);
        saveInfo.setText("保存");
        saveInfo.setFont(new Font("Dialog",0,12));
        downPanel.add(saveInfo);
        clearInfo.setText("清空");
        clearInfo.setFont(new Font("Dialog",0,12));
        downPanel.add(clearInfo);
        eixtInfo.setText("退出");
        eixtInfo.setFont(new Font("Dialog",0,12));
        downPanel.add(eixtInfo);

        contentPane.add(downPanel,BorderLayout.SOUTH);

        //添加事件侦听
        searchInfo.addActionListener(this);
        addInfo.addActionListener(this);
        modifyInfo.addActionListener(this);
        deleteInfo.addActionListener(this);
        saveInfo.addActionListener(this);
        clearInfo.addActionListener(this);
        eixtInfo.addActionListener(this);

        jComboBox1.addItemListener(this);

        modifyInfo.setEnabled(false);
        deleteInfo.setEnabled(false);
        saveInfo.setEnabled(false);
        clearInfo.setEnabled(false);
    }
```

```
/**
 * 事件处理
 */
public void actionPerformed(ActionEvent e) {
    Object obj = e.getSource();
    if (obj == searchInfo) {          //查询
    }
    else if (obj == addInfo) {        //增加
    }
    else if (obj == modifyInfo) {     //修改
    }
    else if (obj == deleteInfo) {     //删除
    }
    else if (obj == saveInfo) {       //保存
    }
    else if (obj == clearInfo) {      //清空
        setNull();
    }
    else if (obj == eixtInfo) {       //退出
        this.dispose();
    }
}

/**
 * 下拉菜单事件处理
 */
public void itemStateChanged(ItemEvent e) {
    if(e.getStateChange() == ItemEvent.SELECTED){
    }
}

/**
 * 将文本框清空
 */
void setNull(){
    jTextField1.setText(null);
    jTextField2.setText(null);
    jTextField3.setText(null);
    jTextField4.setText(null);
    jTextField5.setText(null);
    jTextField6.setText(null);
    jTextField7.setText(null);
    jTextField8.setText(null);
}

/**
 * 通过给定的文件名获得图像
 */
Image getImage(String filename) {
    URLClassLoader urlLoader = (URLClassLoader)this.getClass().
        getClassLoader();
    URL url = null;
    Image image = null;
    url = urlLoader.findResource(filename);
    image = Toolkit.getDefaultToolkit().getImage(url);
    MediaTracker mediatracker = new MediaTracker(this);
```

```
        try {
            mediatracker.addImage(image, 0);
            mediatracker.waitForID(0);
        }
        catch (InterruptedException _ex) {
            image = null;
        }
        if (mediatracker.isErrorID(0)) {
            image = null;
        }
        return image;
    }
}
```

2. AddAssets.java

该类是添加资产信息的类，它继承自 AssetsInfo 类，主要实现资产信息添加的功能。由于 AssetsInfo 实现了 ActionListener 与 ListSelectionListener 接口，因此 AddAssets 类同样覆写 actionPerformed(ActionEvent e)与 valueChanged(ListSelectionEvent e)方法。该类的运行界面如图 10.7 所示。

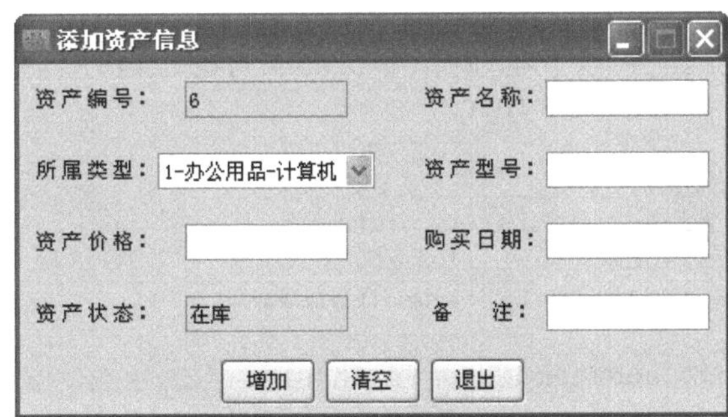

图 10.7　添加资产信息运行界面

该类的代码如下：

```
import java.awt.event.*;
import java.awt.*;
import javax.swing.*;

/**
 * 资产信息管理模块
 * 添加新的资产信息
 */
public class AddAssets extends AssetsInfo {
    AssetsBean ab = new AssetsBean();

    public AddAssets() {
        this.setTitle("添加资产信息");
        this.setResizable(false);
        jTextField1.setEditable(false);
        jTextField1.setText(""+ab.getId());
        jTextField2.setEditable(true);
```

```
        jTextField3.setText("1");
        jTextField3.setEditable(true);
        jTextField4.setEditable(true);
        jTextField5.setEditable(true);
        jTextField6.setEditable(true);
        jTextField7.setText("在库");
        jTextField7.setEditable(false);
        jTextField8.setEditable(true);

        //设置运行时窗口的位置
        Dimension screenSize = Toolkit.getDefaultToolkit().getScreenSize();
        this.setLocation((screenSize.width - 400) / 2,
            (screenSize.height - 300) / 2 + 45);
    }

    public void downInit(){
        addInfo.setText("增加");
        addInfo.setFont(new Font("Dialog",0,12));
        downPanel.add(addInfo);
        clearInfo.setText("清空");
        clearInfo.setFont(new Font("Dialog",0,12));
        downPanel.add(clearInfo);
        eixtInfo.setText("退出");
        eixtInfo.setFont(new Font("Dialog",0,12));
        downPanel.add(eixtInfo);

        //添加事件侦听
        addInfo.addActionListener(this);
        clearInfo.addActionListener(this);
        eixtInfo.addActionListener(this);

        jComboBox1.addItemListener(this);

        this.contentPane.add(downPanel,BorderLayout.SOUTH);
    }

    /**
     * 事件处理
     */
    public void actionPerformed(ActionEvent e) {
        Object obj = e.getSource();
        if (obj == eixtInfo) { //退出
            this.dispose();
        }
        else if (obj == addInfo) { //增加
            jTextField1.setEnabled(false);
            jTextField2.setEnabled(false);
            jTextField3.setEnabled(false);
            jTextField4.setEnabled(false);
            jTextField5.setEnabled(false);
            jTextField6.setEnabled(false);
            jTextField7.setEnabled(false);
            jTextField8.setEnabled(false);
```

```
            addInfo.setEnabled(false);
            clearInfo.setEnabled(false);
            eixtInfo.setEnabled(false);

            AssetsBean ab = new AssetsBean();
            ab.add(jTextField1.getText(),jTextField2.getText(),
jTextField3.getText(),jTextField4.getText(),
jTextField5.getText(),jTextField6.getText(),
jTextField7.getText(),jTextField8.getText());

            this.dispose();

            AddAssets addAssets = new AddAssets();
            addAssets.downInit();
            addAssets.pack();
            addAssets.setVisible(true);
        }
        else if (obj == clearInfo) { //清空
            setNull();
            jTextField1.setText(""+ab.getId());
        }
    }

    /**
     * 下拉菜单事件处理
     */
    public void itemStateChanged(ItemEvent e) {
        if(e.getStateChange() == ItemEvent.SELECTED){
            String tempStr = "" +e.getItem();
            int i = tempStr.indexOf("-");
            jTextField3.setText(tempStr.substring(0,i));
        }
    }
}
```

3．ModifyAssets.java

该类是修改资产信息的类，它继承自 AssetsInfo 类，主要实现资产信息修改的功能。当需要对某个资产的信息进行修改时，首先要选择资产编号，之后程序会将所查询的资产信息显示在界面上，用户可以做相应的修改。其运行界面如图 10.8 所示。

图 10.8　修改资产信息运行界面

其代码如下：

```
import java.awt.*;
import java.sql.*;
import java.awt.event.*;
import javax.swing.*;

/**
 * 资产信息管理模块
 * 修改资产信息的类
 */
public class ModifyAssets extends AssetsInfo {
    String id_str = "";
    public ModifyAssets() {
        this.setTitle("修改资产信息");
        this.setResizable(false);

        jTextField1.setEditable(false);
        jTextField1.setText("请查询编号");
        jTextField2.setEditable(false);
        jTextField3.setEditable(false);
        jTextField4.setEditable(false);
        jTextField5.setEditable(false);
        jTextField6.setEditable(false);
        jTextField7.setEditable(false);
        jTextField8.setEditable(false);
        jComboBox1.setEnabled(false);


        //设置运行时窗口的位置
        Dimension screenSize =
            Toolkit.getDefaultToolkit().getScreenSize();
        this.setLocation((screenSize.width - 400) / 2,
            (screenSize.height - 300) / 2 + 45);
    }

    public void downInit(){
        searchInfo.setText("资产编号查询");
        searchInfo.setFont(new Font("Dialog",0,12));
        downPanel.add(searchInfo);
        modifyInfo.setText("修改");
        modifyInfo.setFont(new Font("Dialog",0,12));
        downPanel.add(modifyInfo);
        clearInfo.setText("清空");
        clearInfo.setFont(new Font("Dialog",0,12));
        downPanel.add(clearInfo);
        eixtInfo.setText("退出");
        eixtInfo.setFont(new Font("Dialog",0,12));
        downPanel.add(eixtInfo);

        searchInfo.setEnabled(true);
        modifyInfo.setEnabled(false);
        clearInfo.setEnabled(true);
        eixtInfo.setEnabled(true);
```

```
        //添加事件侦听
        searchInfo.addActionListener(this);
        modifyInfo.addActionListener(this);
        clearInfo.addActionListener(this);
        eixtInfo.addActionListener(this);

        jComboBox1.addItemListener(this);

        this.contentPane.add(downPanel,BorderLayout.SOUTH);
    }

    /**
     * 事件处理
     */
    public void actionPerformed(ActionEvent e) {
        Object obj = e.getSource();
        String[] s = new String[8];

        if (obj == eixtInfo) { //退出
            this.dispose();
        }
        else if (obj == modifyInfo) { //修改
            AssetsBean modifyAssets = new AssetsBean();
            modifyAssets.modify(jTextField1.getText(),
                    jTextField2.getText(),jTextField3.getText(),
                    jTextField4.getText(),jTextField5.getText(),
                    jTextField6.getText(),jTextField7.getText(),
                    jTextField8.getText());
            modifyAssets.search(jTextField1.getText());
            s = modifyAssets.search(id_str);

            jTextField2.setText(s[0]);
            jTextField3.setText(s[1]);
            jTextField4.setText(s[2]);
            jTextField5.setText(s[3]);
            jTextField6.setText(s[4]);
            jTextField7.setText(s[5]);
            jTextField8.setText(s[6]);
        }
        else if (obj == clearInfo) { //清空
            setNull();
            jTextField1.setText("请查询编号");
            jComboBox1.setEnabled(false);
        }
        else if (obj == searchInfo) { //编号查询
            ModifyAssetsSearch modify_search =
new ModifyAssetsSearch(this);
            modify_search.pack();
            modify_search.setVisible(true);
            try{
                id_str = modify_search.getID();
            }catch(Exception ex){
                JOptionPane.showMessageDialog(null, "没有查找到该编号！");
```

```
            }

            AssetsBean searchA = new AssetsBean();
            s = searchA.search(id_str);
            if(s == null){
                JOptionPane.showMessageDialog(null, "记录不存在！");
                jTextField1.setText("请查询资产编号");
                jTextField2.setText("");
                jTextField3.setText("");
                jTextField4.setText("");
                jTextField5.setText("");
                jTextField6.setText("");
                jTextField7.setText("");
                jTextField8.setText("");

                jTextField1.setEditable(false);
                jTextField2.setEditable(false);
                jTextField3.setEditable(false);
                jTextField4.setEditable(false);
                jTextField5.setEditable(false);
                jTextField6.setEditable(false);
                jTextField7.setEditable(false);
                jTextField8.setEnabled(false);
                jComboBox1.setEnabled(false);
                return;
            }
            else{
                jTextField1.setText(id_str);
                jTextField2.setText(s[0]);
                jTextField3.setText(s[1]);
                int index = Integer.parseInt(s[1]) - 1;
                jComboBox1.setSelectedIndex(index);
                jTextField4.setText(s[2]);
                jTextField5.setText(s[3]);
                jTextField6.setText(s[4]);
                jTextField7.setText(s[5]);
                jTextField8.setText(s[6]);

                jTextField2.setEditable(true);
                jTextField3.setEditable(false);
                jTextField4.setEditable(true);
                jTextField5.setEditable(true);
                jTextField6.setEditable(true);
                jTextField7.setEditable(false);
                jTextField8.setEditable(true);
                jComboBox1.setEnabled(true);
                modifyInfo.setEnabled(true);
            }
        }
    }

    /**
     * 下拉菜单事件处理
     */
    public void itemStateChanged(ItemEvent e) {
```

```
        if(e.getStateChange() == ItemEvent.SELECTED){
            String tempStr = "" +e.getItem();
            int i = tempStr.indexOf("-");
            jTextField3.setText(tempStr.substring(0,i));
        }
    }
}
```

4. DeleteAssets.java

DeleteAssets 类是删除资产信息的类，它同样继承自 AssetsInfo 类。其运行界面如图 10.9 所示。

图 10.9 删除资产信息运行界面

其代码如下：

```
import java.awt.*;
import java.sql.*;
import java.awt.event.*;
import javax.swing.*;

/**
 * 资产信息管理模块
 * 删除资产信息的类
 */
public class DeleteAssets extends AssetsInfo{
    String id_str = "";

    public DeleteAssets() {
        this.setTitle("删除资产信息");
        this.setResizable(false);

        jTextField1.setEditable(false);
        jTextField1.setText("请查询资产编号");
        jTextField2.setEditable(false);
        jTextField3.setEditable(false);
        jTextField4.setEditable(false);
        jTextField5.setEditable(false);
        jTextField6.setEditable(false);
        jTextField7.setEditable(false);
        jTextField8.setEditable(false);
        jComboBox1.setEditable(false);
```

```
        jComboBox1.setEnabled(false);

        //设置运行时窗口的位置
        Dimension screenSize =
            Toolkit.getDefaultToolkit().getScreenSize();
        this.setLocation((screenSize.width - 400) / 2,
            (screenSize.height - 300) / 2 + 45);
    }

    public void downInit(){
        searchInfo.setText("资产编号查询");
        searchInfo.setFont(new Font("Dialog",0,12));
        downPanel.add(searchInfo);
        deleteInfo.setText("删除");
        deleteInfo.setFont(new Font("Dialog",0,12));
        downPanel.add(deleteInfo);
        eixtInfo.setText("退出");
        eixtInfo.setFont(new Font("Dialog",0,12));
        downPanel.add(eixtInfo);

        searchInfo.setEnabled(true);
        deleteInfo.setEnabled(false);
        eixtInfo.setEnabled(true);

        //添加事件侦听
        searchInfo.addActionListener(this);
        deleteInfo.addActionListener(this);
        eixtInfo.addActionListener(this);

        contentPane.add(downPanel,BorderLayout.SOUTH);
    }

    /**
     * 事件处理
     */
    public void actionPerformed(ActionEvent e) {
        Object obj = e.getSource();
        String[] s = new String[8];

        if (obj == eixtInfo) { //退出
            this.dispose();
        }
        else if (obj == deleteInfo) { //删除
            int ifdel =
                JOptionPane.showConfirmDialog(
                    null,"真的要删除该信息?","提示信息",
                    JOptionPane.YES_NO_OPTION,
                    JOptionPane.INFORMATION_MESSAGE );
            if(ifdel == JOptionPane.YES_OPTION){
                AssetsBean ab = new AssetsBean();
                ab.delete(jTextField1.getText());

                this.dispose();
```

```
                DeleteAssets delete = new DeleteAssets();
                delete.downInit();
                delete.pack();
                delete.setVisible(true);
            }
            else{
                return;
            }
        }
        else if (obj == searchInfo) { //编号查询
            ModifyAssetsSearch modify_search =
                new ModifyAssetsSearch(this);
            modify_search.pack();
            modify_search.setVisible(true);
            id_str = modify_search.getID();
            AssetsBean searchA = new AssetsBean();
            s = searchA.search(id_str);

            if(s == null){
                JOptionPane.showMessageDialog(null, "记录不存在！");
                jTextField1.setText("请查询资产编号");
                jTextField2.setText("");
                jTextField3.setText("");
                jTextField4.setText("");
                jTextField5.setText("");
                jTextField6.setText("");
                jTextField7.setText("");
                jTextField8.setText("");
                deleteInfo.setEnabled(false);
                return;
            }
            else{
                jTextField1.setText(id_str);
                jTextField2.setText(s[0]);
                jTextField3.setText(s[1]);
                int index = Integer.parseInt(s[1]) - 1;
                jComboBox1.setSelectedIndex(index);
                jTextField4.setText(s[2]);
                jTextField5.setText(s[3]);
                jTextField6.setText(s[4]);
                jTextField7.setText(s[5]);
                jTextField8.setText(s[6]);
                deleteInfo.setEnabled(true);
            }
        }
    }
}
```

5. ModifyAssetsSearch.java

ModifyAssetsSearch 类是选择资产编号的类，该类会将选择的资产编号返回给调用它的类。调用它的类包括 ModifyAssets 类和 DeleteAssets 类。其运行界面如图 10.10 所示。

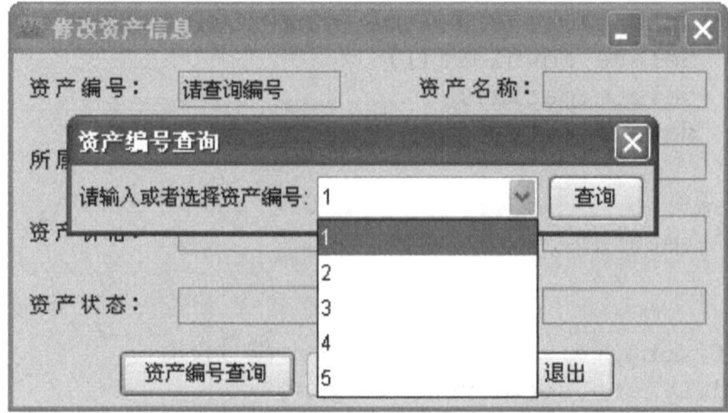

图 10.10　选择资产编号的运行界面

ModifyAssetsSearch 类的代码如下：

```
import javax.swing.*;
import java.awt.*;
import java.awt.event.*;

/**
 * 资产信息管理模块
 * 根据资产编号查询资产信息，以供调用者修改或删除
 */
public class ModifyAssetsSearch extends JDialog
implements ActionListener{
    Container contentPane;
    String[] s;
    //框架的大小
    Dimension faceSize = new Dimension(300, 100);
    JLabel jLabel1 = new JLabel();
    JComboBox selectID;
    JButton searchInfo = new JButton();


    public ModifyAssetsSearch(JFrame frame) {
        super(frame, true);
        this.setTitle("资产编号查询");
        this.setResizable(false);
        try {
            Init();
        }
        catch (Exception e) {
            e.printStackTrace();
        }
        //设置运行位置，使对话框居中
        Dimension screenSize =
            Toolkit.getDefaultToolkit().getScreenSize();
        this.setLocation( (int) (screenSize.width - 400) / 2 ,
                          (int) (screenSize.height - 300) / 2 +45);
    }

    private void Init() throws Exception {
        this.setSize(faceSize);
```

```
        contentPane = this.getContentPane();
        contentPane.setLayout(new FlowLayout());

        jLabel1.setText("请输入或者选择资产编号:");
        jLabel1.setFont(new Font("Dialog",0,12));
        contentPane.add(jLabel1);

        AssetsBean getId = new AssetsBean();
        s = getId.getAllId();

        selectID = new JComboBox(s);

        selectID.setEditable(true);
        selectID.setFont(new Font("Dialog",0,12));
        contentPane.add(selectID);

        searchInfo.setText("查询");
        searchInfo.setFont(new Font("Dialog",0,12));
        contentPane.add(searchInfo);

        searchInfo.addActionListener(this);

    }

    /**
     * 事件处理
     */
    public void actionPerformed(ActionEvent e) {
        Object obj = e.getSource();
        if (obj == selectID) { //退出
            this.dispose();
        }
        else if (obj == searchInfo) { //修改
            this.dispose();
        }
    }

    /**
     * 返回选择的编号
     */
    public String getID(){
        return (String)this.selectID.getSelectedItem();
    }
}
```

11.4.4　人员信息管理模块

与资产信息管理一样，人员信息管理模块主要由 PersonInfo.java、AddPerson.java、ModifyPerson.java、DeletePerson.java、ModifyPersonSearch.java 五个文件组成，其构成关系如图 10.11 所示。

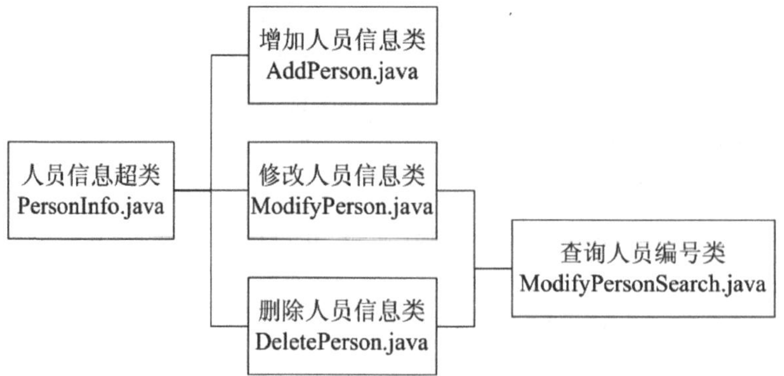

图 10.11　人员信息管理模块的功能结构

人员信息管理模块中的信息查询功能仍通过 ResultInfo.java、SearchIDInfo.java 两个文件实现，会在查询功能模块中介绍。人员信息管理模块中的 5 个类文件组成了主界面中“人员信息管理”菜单的内容，如图 10.12 所示。

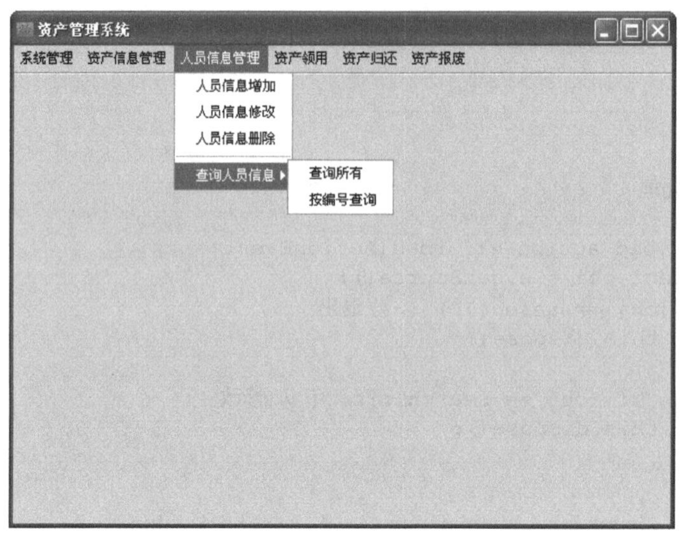

图 10.12　人员信息管理模块运行界面

1．PersonInfo.java

该类继承自 JFrame，是 AddPerson.java、ModifyPerson.java 和 DeletePerson.java 这三个类的超类，用于快速实现其三个子类的界面显示。其代码如下：

```
import javax.swing.*;
import java.awt.*;
import java.awt.event.*;
import java.net.*;

/**
 * 人员信息综合管理类
 * 提供主界面，供其他类继承
 */
public class PersonInfo extends JFrame
```

```
implements ActionListener{
    Container contentPane;
    JPanel centerPanel = new JPanel();
    JPanel upPanel = new JPanel();
    JPanel downPanel = new JPanel();

    //框架的大小
    Dimension faceSize = new Dimension(800, 500);

    //定义图形界面元素
    JLabel jLabel1 = new JLabel();
    JLabel jLabel2 = new JLabel();
    JLabel jLabel3 = new JLabel();
    JLabel jLabel4 = new JLabel();
    JLabel jLabel5 = new JLabel();
    JLabel jLabel6 = new JLabel();
    JLabel jLabel7 = new JLabel();
    JLabel jLabel8 = new JLabel();
    JLabel jLabel9 = new JLabel();

    JTextField jTextField1 = new JTextField(15);
    JTextField jTextField2 = new JTextField(15);
    JTextField jTextField3 = new JTextField(15);
    JTextField jTextField4 = new JTextField(15);
    JTextField jTextField5 = new JTextField(15);
    JTextField jTextField6 = new JTextField(15);
    JTextField jTextField7 = new JTextField(15);
    JTextField jTextField8 = new JTextField(15);
    JTextField jTextField9 = new JTextField(46);

    JButton searchInfo = new JButton();
    JButton addInfo = new JButton();
    JButton modifyInfo = new JButton();
    JButton deleteInfo = new JButton();
    JButton clearInfo = new JButton();
    JButton saveInfo = new JButton();
    JButton eixtInfo = new JButton();

    JButton jBSee = new JButton();
    JButton jBSearch = new JButton();
    JButton jBExit = new JButton();
    JButton jBSum = new JButton();
    JButton jBGrade = new JButton();

    GridBagLayout girdBag = new GridBagLayout();
    GridBagConstraints girdBagCon;

    public PersonInfo() {
        //设置框架的大小
        this.setSize(faceSize);
        //设置标题
        this.setTitle("人员综合信息管理");
        this.setResizable(false);
        //设置程序图标
```

```
        this.setIconImage(getImage("icon.gif"));

        try {
            Init();
        }
        catch(Exception e) {
            e.printStackTrace();
        }
    }

    public void Init() throws Exception {
        contentPane = this.getContentPane();
        contentPane.setLayout(new BorderLayout());

        //中部面板的布局
        centerPanel.setLayout(girdBag);

        jLabel1.setText("编        号: ");
        jLabel1.setFont(new Font("Dialog",0,12));
        girdBagCon = new GridBagConstraints();
        girdBagCon.gridx = 0;
        girdBagCon.gridy = 0;
        girdBagCon.insets = new Insets(10,10,10,1);
        girdBag.setConstraints(jLabel1,girdBagCon);
        centerPanel.add(jLabel1);

        girdBagCon = new GridBagConstraints();
        girdBagCon.gridx = 1;
        girdBagCon.gridy = 0;
        girdBagCon.insets = new Insets(10,1,10,15);
        girdBag.setConstraints(jTextField1,girdBagCon);
        centerPanel.add(jTextField1);

        jLabel2.setText("姓        名: ");
        jLabel2.setFont(new Font("Dialog",0,12));
        girdBagCon = new GridBagConstraints();
        girdBagCon.gridx = 2;
        girdBagCon.gridy = 0;
        girdBagCon.insets = new Insets(10,15,10,1);
        girdBag.setConstraints(jLabel2,girdBagCon);
        centerPanel.add(jLabel2);

        girdBagCon = new GridBagConstraints();
        girdBagCon.gridx = 3;
        girdBagCon.gridy = 0;
        girdBagCon.insets = new Insets(10,1,10,10);
        girdBag.setConstraints(jTextField2,girdBagCon);
        centerPanel.add(jTextField2);

        jLabel3.setText("性        别: ");
        jLabel3.setFont(new Font("Dialog",0,12));
        girdBagCon = new GridBagConstraints();
        girdBagCon.gridx = 0;
        girdBagCon.gridy = 1;
        girdBagCon.insets = new Insets(10,10,10,1);
```

```
girdBag.setConstraints(jLabel3,girdBagCon);
centerPanel.add(jLabel3);

girdBagCon = new GridBagConstraints();
girdBagCon.gridx = 1;
girdBagCon.gridy = 1;
girdBagCon.insets = new Insets(10,1,10,15);
girdBag.setConstraints(jTextField3,girdBagCon);
centerPanel.add(jTextField3);

jLabel4.setText("部        门: ");
jLabel4.setFont(new Font("Dialog",0,12));
girdBagCon = new GridBagConstraints();
girdBagCon.gridx = 2;
girdBagCon.gridy = 1;
girdBagCon.insets = new Insets(10,15,10,1);
girdBag.setConstraints(jLabel4,girdBagCon);
centerPanel.add(jLabel4);

girdBagCon = new GridBagConstraints();
girdBagCon.gridx = 3;
girdBagCon.gridy = 1;
girdBagCon.insets = new Insets(10,1,10,10);
girdBag.setConstraints(jTextField4,girdBagCon);
centerPanel.add(jTextField4);

jLabel5.setText("职        位: ");
jLabel5.setFont(new Font("Dialog",0,12));
girdBagCon = new GridBagConstraints();
girdBagCon.gridx = 0;
girdBagCon.gridy = 2;
girdBagCon.insets = new Insets(10,10,10,1);
girdBag.setConstraints(jLabel5,girdBagCon);
centerPanel.add(jLabel5);

girdBagCon = new GridBagConstraints();
girdBagCon.gridx = 1;
girdBagCon.gridy = 2;
girdBagCon.insets = new Insets(10,1,10,15);
girdBag.setConstraints(jTextField5,girdBagCon);
centerPanel.add(jTextField5);

jLabel6.setText("其        他: ");
jLabel6.setFont(new Font("Dialog",0,12));
girdBagCon = new GridBagConstraints();
girdBagCon.gridx = 2;
girdBagCon.gridy = 2;
girdBagCon.insets = new Insets(10,15,10,1);
girdBag.setConstraints(jLabel6,girdBagCon);
centerPanel.add(jLabel6);

girdBagCon = new GridBagConstraints();
girdBagCon.gridx = 3;
girdBagCon.insets = new Insets(10,1,10,10);
girdBag.setConstraints(jTextField6,girdBagCon);
```

```
        centerPanel.add(jTextField6);

        contentPane.add(centerPanel,BorderLayout.CENTER);

        jTextField1.setEditable(false);
        jTextField2.setEditable(false);
        jTextField3.setEditable(false);
        jTextField4.setEditable(false);
        jTextField5.setEditable(false);
        jTextField6.setEditable(false);
    }

    /**
     * 下部面板的布局
     */
    public void downInit(){
        searchInfo.setText("查询");
        searchInfo.setFont(new Font("Dialog",0,12));
        downPanel.add(searchInfo);
        addInfo.setText("增加");
        addInfo.setFont(new Font("Dialog",0,12));
        downPanel.add(addInfo);
        modifyInfo.setText("修改");
        modifyInfo.setFont(new Font("Dialog",0,12));
        downPanel.add(modifyInfo);
        deleteInfo.setText("删除");
        deleteInfo.setFont(new Font("Dialog",0,12));
        downPanel.add(deleteInfo);
        saveInfo.setText("保存");
        saveInfo.setFont(new Font("Dialog",0,12));
        downPanel.add(saveInfo);
        clearInfo.setText("清空");
        clearInfo.setFont(new Font("Dialog",0,12));
        downPanel.add(clearInfo);
        eixtInfo.setText("退出");
        eixtInfo.setFont(new Font("Dialog",0,12));
        downPanel.add(eixtInfo);

        contentPane.add(downPanel,BorderLayout.SOUTH);

        //添加事件侦听
        searchInfo.addActionListener(this);
        addInfo.addActionListener(this);
        modifyInfo.addActionListener(this);
        deleteInfo.addActionListener(this);
        saveInfo.addActionListener(this);
        clearInfo.addActionListener(this);
        eixtInfo.addActionListener(this);

        modifyInfo.setEnabled(false);
        deleteInfo.setEnabled(false);
        saveInfo.setEnabled(false);
        clearInfo.setEnabled(false);
    }
```

```
/**
 * 事件处理
 */
public void actionPerformed(ActionEvent e) {
    Object obj = e.getSource();
    if (obj == searchInfo) {        //查询
    }
    else if (obj == addInfo) {      //增加
    }
    else if (obj == modifyInfo) {   //修改
    }
    else if (obj == deleteInfo) {   //删除
    }
    else if (obj == saveInfo) {     //保存
    }
    else if (obj == clearInfo) {    //清空
        setNull();
    }
    else if (obj == eixtInfo) {     //退出
        this.dispose();
    }
}

/**
 * 将文本框清空
 */
void setNull(){
    jTextField1.setText(null);
    jTextField2.setText(null);
    jTextField3.setText(null);
    jTextField4.setText(null);
    jTextField5.setText(null);
    jTextField6.setText(null);
    jTextField7.setText(null);
    jTextField8.setText(null);
}

/**
 * 通过给定的文件名获得图像
 */
Image getImage(String filename) {
    URLClassLoader urlLoader = (URLClassLoader)this.getClass().
        getClassLoader();
    URL url = null;
    Image image = null;
    url = urlLoader.findResource(filename);
    image = Toolkit.getDefaultToolkit().getImage(url);
    MediaTracker mediatracker = new MediaTracker(this);
    try {
        mediatracker.addImage(image, 0);
        mediatracker.waitForID(0);
    }
    catch (InterruptedException _ex) {
```

```
            image = null;
        }
        if (mediatracker.isErrorID(0)) {
            image = null;
        }
        return image;
    }
}
```

2. AddPerson.java

该类是添加资产信息的类，它继承自 PersonInfo 类，主要实现人员信息添加的功能。该类的运行界面如图 10.13 所示。

图 10.13　增加人员信息运行界面

其代码如下：

```
import java.awt.event.*;
import java.awt.*;
import javax.swing.*;

/**
 * 人员信息管理模块
 * 添加新的人员信息
 */
public class AddPerson extends PersonInfo {
    PersonBean pb = new PersonBean();

    public AddPerson() {
        this.setTitle("添加人员信息");
        this.setResizable(false);
        jTextField1.setEditable(false);
        jTextField1.setText(""+pb.getId());
        jTextField2.setEditable(true);
        jTextField3.setEditable(true);
        jTextField4.setEditable(true);
        jTextField5.setEditable(true);
        jTextField6.setEditable(true);


        //设置运行时窗口的位置
        Dimension screenSize = Toolkit.getDefaultToolkit().getScreenSize();
        this.setLocation((screenSize.width - 400) / 2,
```

```
        (screenSize.height - 300) / 2 + 45);
}

public void downInit(){
    addInfo.setText("增加");
    addInfo.setFont(new Font("Dialog",0,12));
    downPanel.add(addInfo);
    clearInfo.setText("清空");
    clearInfo.setFont(new Font("Dialog",0,12));
    downPanel.add(clearInfo);
    eixtInfo.setText("退出");
    eixtInfo.setFont(new Font("Dialog",0,12));
    downPanel.add(eixtInfo);

    //添加事件侦听
    addInfo.addActionListener(this);
    clearInfo.addActionListener(this);
    eixtInfo.addActionListener(this);

    this.contentPane.add(downPanel,BorderLayout.SOUTH);
}

/**
 * 事件处理
 */
public void actionPerformed(ActionEvent e) {
    Object obj = e.getSource();
    if (obj == eixtInfo) { //退出
        this.dispose();
    }
    else if (obj == addInfo) { //增加
        jTextField1.setEnabled(false);
        jTextField2.setEnabled(false);
        jTextField3.setEnabled(false);
        jTextField4.setEnabled(false);
        jTextField5.setEnabled(false);
        jTextField6.setEnabled(false);

        addInfo.setEnabled(false);
        clearInfo.setEnabled(false);
        eixtInfo.setEnabled(false);
        //添加信息
        PersonBean pb1 = new PersonBean();
        pb1.add(jTextField1.getText(),
                jTextField2.getText(),jTextField3.getText(),
                jTextField4.getText(),jTextField5.getText(),
                jTextField6.getText());

        this.dispose();
        //重新生成界面
        AddPerson ap = new AddPerson();
        ap.downInit();
        ap.pack();
        ap.setVisible(true);
```

```
        }
        else if (obj == clearInfo) { //清空
            setNull();
            jTextField1.setText(""+pb.getId());
        }
    }
}
```

3．ModifyPerson.java

该类是修改人员信息的类，它继承自 PersonInfo 类，主要实现人员信息修改的功能。其运行界面如图 10.14 所示。

图 10.14　修改人员信息运行界面

其代码如下：

```
import java.awt.*;
import java.sql.*;
import java.awt.event.*;
import javax.swing.*;

/**
 * 人员信息管理模块
 * 修改人员信息的类
 */
public class ModifyPerson extends PersonInfo {
    String id_str = "";
    public ModifyPerson() {
        this.setTitle("修改人员信息");
        this.setResizable(false);

        jTextField1.setEditable(false);
        jTextField1.setText("请查询编号");
        jTextField2.setEditable(false);
        jTextField3.setEditable(false);
        jTextField4.setEditable(false);
        jTextField5.setEditable(false);
        jTextField6.setEditable(false);
        jTextField7.setEditable(false);
        jTextField8.setEditable(false);


        //设置运行时窗口的位置
```

```
    Dimension screenSize =
            Toolkit.getDefaultToolkit().getScreenSize();
    this.setLocation((screenSize.width - 400) / 2,
        (screenSize.height - 300) / 2 + 45);
}

public void downInit(){
    searchInfo.setText("人员编号查询");
    searchInfo.setFont(new Font("Dialog",0,12));
    downPanel.add(searchInfo);
    modifyInfo.setText("修改");
    modifyInfo.setFont(new Font("Dialog",0,12));
    downPanel.add(modifyInfo);
    clearInfo.setText("清空");
    clearInfo.setFont(new Font("Dialog",0,12));
    downPanel.add(clearInfo);
    eixtInfo.setText("退出");
    eixtInfo.setFont(new Font("Dialog",0,12));
    downPanel.add(eixtInfo);

    searchInfo.setEnabled(true);
    modifyInfo.setEnabled(false);
    clearInfo.setEnabled(true);
    eixtInfo.setEnabled(true);

    //添加事件侦听
    searchInfo.addActionListener(this);
    modifyInfo.addActionListener(this);
    clearInfo.addActionListener(this);
    eixtInfo.addActionListener(this);

    this.contentPane.add(downPanel,BorderLayout.SOUTH);
}

/**
 * 事件处理
 */
public void actionPerformed(ActionEvent e) {
    Object obj = e.getSource();
    String[] s = new String[8];

    if (obj == eixtInfo) { //退出
        this.dispose();
    }
    else if (obj == modifyInfo) { //修改
        PersonBean modifyPerson = new PersonBean();
        modifyPerson.modify(jTextField1.getText(),
                jTextField2.getText(),jTextField3.getText(),
                jTextField4.getText(), jTextField5.getText(),
                jTextField6.getText());
        modifyPerson.search(jTextField1.getText());
        s = modifyPerson.search(id_str);

        jTextField2.setText(s[0]);
```

```
        jTextField3.setText(s[1]);
        jTextField4.setText(s[2]);
        jTextField5.setText(s[3]);
        jTextField6.setText(s[4]);
        jTextField7.setText(s[5]);
        jTextField8.setText(s[6]);
    }
    else if (obj == clearInfo) { //清空
        setNull();
        jTextField1.setText("请查询编号");
    }
    else if (obj == searchInfo) { //编号查询

        ModifyPersonSearch modify_search = new ModifyPersonSearch(this);
        modify_search.pack();
        modify_search.setVisible(true);
        try{
            id_str = modify_search.getID();
        }catch(Exception ex){
            JOptionPane.showMessageDialog(null, "没有查找到该编号！");
        }

        PersonBean searchA = new PersonBean();
        s = searchA.search(id_str);
        if(s == null){
            JOptionPane.showMessageDialog(null, "记录不存在！");
            jTextField1.setText("请查询编号");
            jTextField2.setText("");
            jTextField3.setText("");
            jTextField4.setText("");
            jTextField5.setText("");
            jTextField6.setText("");

            jTextField1.setEditable(false);
            jTextField2.setEditable(false);
            jTextField3.setEditable(false);
            jTextField4.setEditable(false);
            jTextField5.setEditable(false);
            jTextField6.setEditable(false);
            return;
        }
        else{
            jTextField1.setText(id_str);
            jTextField2.setText(s[0]);
            jTextField3.setText(s[1]);
            jTextField4.setText(s[2]);
            jTextField5.setText(s[3]);
            jTextField6.setText(s[4]);

            jTextField2.setEditable(true);
            jTextField3.setEditable(true);
            jTextField4.setEditable(true);
            jTextField5.setEditable(true);
            jTextField6.setEditable(true);
```

```
                modifyInfo.setEnabled(true);
            }
        }
    }
}
```

4．DeletePerson.java

DeletePerson 类是删除人员信息的类，它同样继承自 PersonInfo 类。其运行界面如图 10.15 所示。

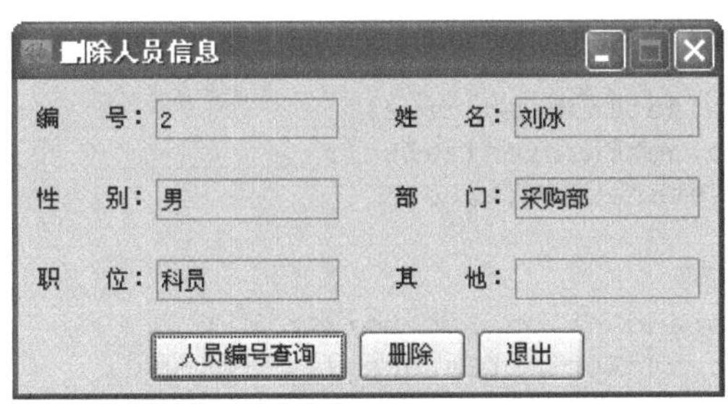

图 10.15　删除人员信息运行界面

其代码如下：

```
import java.awt.*;
import java.sql.*;
import java.awt.event.*;
import javax.swing.*;

/**
 * 人员信息管理模块
 * 删除人员信息的类
 */
public class DeletePerson extends PersonInfo{
    String id_str = "";

    public DeletePerson() {
        this.setTitle("删除人员信息");
        this.setResizable(false);

        jTextField1.setEditable(false);
        jTextField1.setText("请查询人员编号");
        jTextField2.setEditable(false);
        jTextField3.setEditable(false);
        jTextField4.setEditable(false);
        jTextField5.setEditable(false);
        jTextField6.setEditable(false);


        //设置运行时窗口的位置
        Dimension screenSize =
            Toolkit.getDefaultToolkit().getScreenSize();
        this.setLocation((screenSize.width - 400) / 2,
            (screenSize.height - 300) / 2 + 45);
```

```
    }

    public void downInit(){
        searchInfo.setText("人员编号查询");
        searchInfo.setFont(new Font("Dialog",0,12));
        downPanel.add(searchInfo);
        deleteInfo.setText("删除");
        deleteInfo.setFont(new Font("Dialog",0,12));
        downPanel.add(deleteInfo);
        eixtInfo.setText("退出");
        eixtInfo.setFont(new Font("Dialog",0,12));
        downPanel.add(eixtInfo);

        searchInfo.setEnabled(true);
        deleteInfo.setEnabled(false);
        eixtInfo.setEnabled(true);

        //添加事件侦听
        searchInfo.addActionListener(this);
        deleteInfo.addActionListener(this);
        eixtInfo.addActionListener(this);

        contentPane.add(downPanel,BorderLayout.SOUTH);
    }

    /**
     * 事件处理
     */
    public void actionPerformed(ActionEvent e) {
        Object obj = e.getSource();
        String[] s = new String[8];

        if (obj == eixtInfo) { //退出
            this.dispose();
        }
        else if (obj == deleteInfo) { //删除
            int ifdel = JOptionPane.showConfirmDialog(null,
                        "真的要删除该信息? ","提示信息",
            JOptionPane.YES_NO_OPTION,JOptionPane.INFORMATION_MESSAGE );
            if(ifdel == JOptionPane.YES_OPTION){
                PersonBean ab = new PersonBean();
                ab.delete(jTextField1.getText());

                this.dispose();

                DeletePerson delete = new DeletePerson();
                delete.downInit();
                delete.pack();
                delete.setVisible(true);
            }
            else{
                return;
            }
        }
```

```
        else if (obj == searchInfo) { //编号查询
            ModifyPersonSearch modify_search =
                new ModifyPersonSearch(this);
            modify_search.pack();
            modify_search.setVisible(true);
            id_str = modify_search.getID();
            PersonBean searchA = new PersonBean();
            s = searchA.search(id_str);

            if(s == null){
                JOptionPane.showMessageDialog(null, "记录不存在！");
                jTextField1.setText("请查询人员编号");
                jTextField2.setText("");
                jTextField3.setText("");
                jTextField4.setText("");
                jTextField5.setText("");
                jTextField6.setText("");
                deleteInfo.setEnabled(false);
                return;
            }
            else{
                jTextField1.setText(id_str);
                jTextField2.setText(s[0]);
                jTextField3.setText(s[1]);
                jTextField4.setText(s[2]);
                jTextField5.setText(s[3]);
                jTextField6.setText(s[4]);
                deleteInfo.setEnabled(true);
            }

        }
    }
}
```

5．ModifyPersonSearch.java

ModifyPersonSearch 类是选择人员编号的类，该类会将选择出的人员编号返回给调用它的类。调用它的类包括 ModifyPerson 类和 DeletePerson 类。其运行界面如图 10.16 所示。

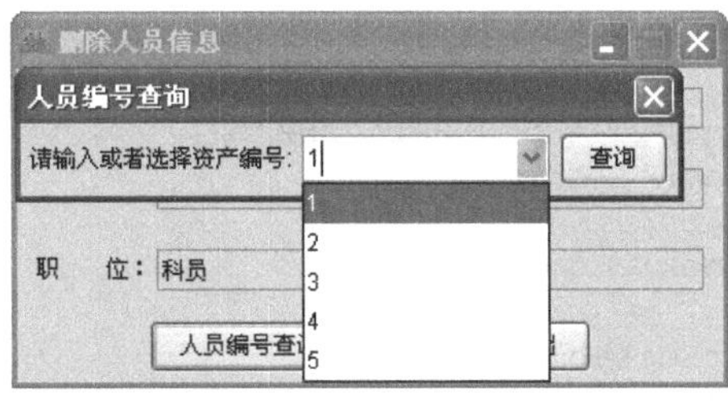

图 10.16　人员编号查询的运行界面

ModifyPersonSearch 类的代码如下：

```
import javax.swing.*;
import java.awt.*;
import java.awt.event.*;
```

```
/**
 * 人员信息管理模块
 * 根据人员编号查询信息，以供调用者修改或删除
 */
public class ModifyPersonSearch extends JDialog
implements ActionListener{
    Container contentPane;
    String[] s;
    //框架的大小
    Dimension faceSize = new Dimension(300, 100);
    JLabel jLabel1 = new JLabel();
    JComboBox selectID;
    JButton searchInfo = new JButton();


    public ModifyPersonSearch(JFrame frame) {
        super(frame, true);
        this.setTitle("人员编号查询");
        this.setResizable(false);
        try {
            Init();
        }
        catch (Exception e) {
            e.printStackTrace();
        }
        //设置运行位置，使对话框居中
        Dimension screenSize =
            Toolkit.getDefaultToolkit().getScreenSize();
        this.setLocation( (int) (screenSize.width - 400) / 2 ,
                        (int) (screenSize.height - 300) / 2 +45);

    }

    private void Init() throws Exception {
        this.setSize(faceSize);
        contentPane = this.getContentPane();
        contentPane.setLayout(new FlowLayout());

        jLabel1.setText("请输入或者选择人员编号:");
        jLabel1.setFont(new Font("Dialog",0,12));
        contentPane.add(jLabel1);

        PersonBean getId = new PersonBean();
        s = getId.getAllId();

        selectID = new JComboBox(s);

        selectID.setEditable(true);
        selectID.setFont(new Font("Dialog",0,12));
        contentPane.add(selectID);

        searchInfo.setText("查询");
        searchInfo.setFont(new Font("Dialog",0,12));
        contentPane.add(searchInfo);

        searchInfo.addActionListener(this);
```

```
    }

    /**
     * 事件处理
     */
    public void actionPerformed(ActionEvent e) {
        Object obj = e.getSource();
        if (obj == selectID) { //退出
            this.dispose();
        }
        else if (obj == searchInfo) { //修改
            this.dispose();
        }
    }

    /**
     * 返回选择的编号
     */
    public String getID(){
        return (String)this.selectID.getSelectedItem();
    }
}
```

11.4.5　资产操作管理模块

本系统对资产的操作主要有资产领用、资产归还和资产报废三种。资产操作管理模块主要由 UseAssets.java、BackAssets.java 和 InvalidAssets.java 三个文件组成，分别实现资产领用、归还、报废的管理界面。

资产操作管理模块中的信息查询功能也是通过 ResultInfo.java、SearchIDInfo.java 两个文件实现，会在查询功能模块中介绍。图 10.17 为资产领用模块的运行界面。

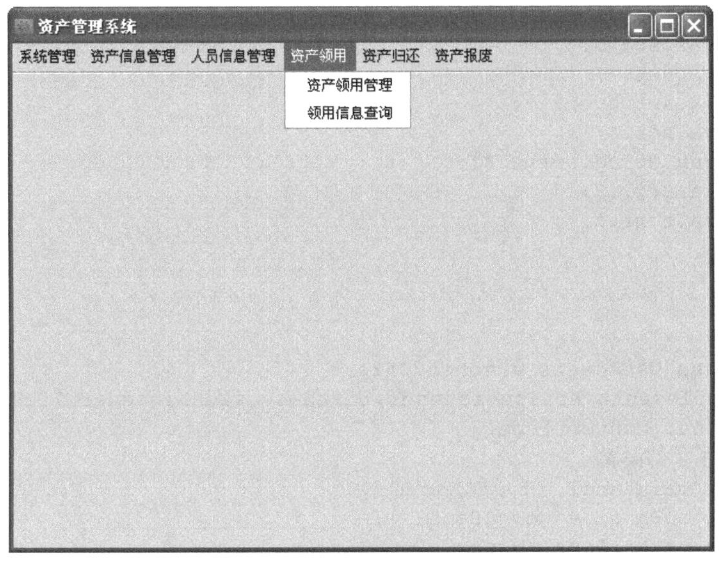

图 10.17　资产领用模块运行界面

1. UseAssets.java

该类继承自 JFrame，同时实现了 ActionListener、ItemListener 和 ListSelectionListener 接口，因此该类覆写了 actionPerformed(ActionEvent e)、itemStateChanged(ItemEvent e)和 valueChanged(ListSelectionEvent e)方法，以实现基本事件处理、下拉菜单选择事件处理和表格选择事件的处理。UseAssets 类首先通过 AssetsBean 类从 Assets 表中选择出“在库”的设备并通过 JTable 显示，用户选择需要领用的设备并填写相应的信息即可完成领用操作。领用时首先通过 AssetsBean 类修改设备状态为“借出”，再利用 AssetsTrjnBean 类向数据库中插入领用记录。该类的运行界面如图 10.18 所示。

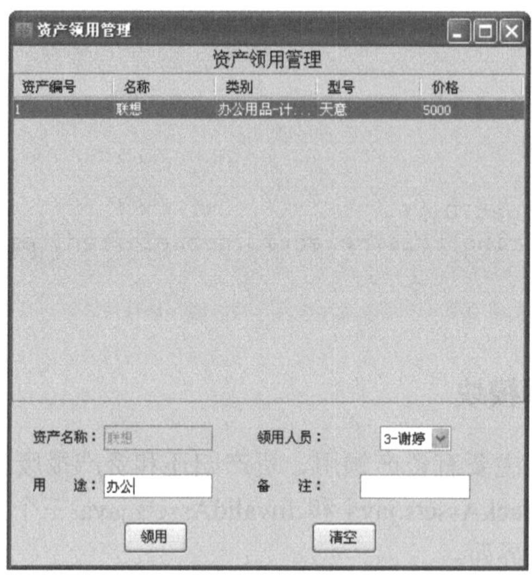

图 10.18　资产领用管理模块运行界面

其代码如下：

```
import javax.swing.*;
import java.awt.*;
import java.awt.event.*;
import java.net.*;
import javax.swing.event.*;
import java.util.*;
import java.text.*;

/**
 * 资产领用
 */
public class UseAssets extends JFrame
        implements ActionListener,ListSelectionListener,ItemListener{
    Container contentPane;
    //定义所用的面板
    JPanel mainPanel = new JPanel();
    JPanel upPanel = new JPanel();
    JPanel centerPanel = new JPanel();
    JPanel downPanel = new JPanel();
```

```
    //定义图形界面元素
    JLabel jLabel = new JLabel();
    JLabel jLabel1 = new JLabel();
    JLabel jLabel2 = new JLabel();
    JLabel jLabel3 = new JLabel();
    JLabel jLabel4 = new JLabel();

    String JourNo = "1";
    String FromAcc = "设备借用";    //操作类型
    String AssetsID = null;  //资产编号
    JComboBox jComboBox1 = null;   //领用人
    String PersonID = "1";
    JTextField jTextField1 = new JTextField(15);  //资产名称
    JTextField jTextField2 = new JTextField(15);  //用途
    JTextField jTextField3 = new JTextField(15);  //备注

    JButton modifyInfo = new JButton();
    JButton clearInfo = new JButton();

    //定义表格
    JScrollPane jScrollPane1;
    JTable jTable;
    ListSelectionModel listSelectionModel = null;
   String[] colName = {"资产编号","名称","类别","型号","价格"};
    String[][] colValue;

    GridBagLayout girdBag = new GridBagLayout();
    GridBagConstraints girdBagCon;

    public UseAssets() {
        this.setLayout(new BorderLayout());
        this.setTitle("资产领用管理");
        //设置程序图标
        this.setIconImage(getImage("icon.gif"));
        //设置运行位置，使对话框居中
        Dimension screenSize =
            Toolkit.getDefaultToolkit().getScreenSize();
        this.setLocation( (int) (screenSize.width - 400) / 2 ,
                        (int) (screenSize.height - 500) / 2 + 45);
        try {
            Init();  //上部面板布局
            makeFrame(); //生成主界面
            addListener();
        }
        catch(Exception e) {
            e.printStackTrace();
        }
    }

    /**
     * 上部面板的布局
     */
    public void Init() throws Exception {
        AssetsBean bean = new AssetsBean();
```

```
upPanel.setLayout(girdBag);

try {
    jLabel.setText("资产领用管理");
    jLabel.setFont(new Font("Dialog",0,16));
    girdBagCon = new GridBagConstraints();
    girdBagCon.gridx = 0;
    girdBagCon.gridy = 0;
    girdBagCon.gridwidth  = 4;
    girdBagCon.gridheight  = 1;
    girdBagCon.insets = new Insets(0,10,0,10);
    girdBag.setConstraints(jLabel,girdBagCon);
    upPanel.add(jLabel);

    colValue = bean.searchAllForUse();
    jTable = new JTable(colValue,colName);
    jTable.setPreferredScrollableViewportSize(
        new Dimension(450,280));
    listSelectionModel = jTable.getSelectionModel();
    listSelectionModel.setSelectionMode(
        ListSelectionModel.SINGLE_SELECTION);
    listSelectionModel.addListSelectionListener(this);
    jScrollPane1 = new JScrollPane(jTable);
    jScrollPane1.setPreferredSize(new Dimension(450,280));

    girdBagCon = new GridBagConstraints();
    girdBagCon.gridx = 0;
    girdBagCon.gridy = 1;
    girdBagCon.gridwidth  = 4;
    girdBagCon.gridheight  = 1;
    girdBagCon.insets = new Insets(0,0,10,0);
    girdBag.setConstraints(jScrollPane1,girdBagCon);
    upPanel.add(jScrollPane1);

    jLabel1.setText("资产名称：");
    jLabel1.setFont(new Font("Dialog",0,12));
    girdBagCon = new GridBagConstraints();
    girdBagCon.gridx = 0;
    girdBagCon.gridy = 2;
    girdBagCon.insets = new Insets(10,20,10,1);
    girdBag.setConstraints(jLabel1,girdBagCon);
    upPanel.add(jLabel1);

    girdBagCon = new GridBagConstraints();
    girdBagCon.gridx = 1;
    girdBagCon.gridy = 2;
    girdBagCon.insets = new Insets(10,1,10,20);
    girdBag.setConstraints(jTextField1,girdBagCon);
    upPanel.add(jTextField1);

    jLabel2.setText("领用人员：");
    jLabel2.setFont(new Font("Dialog",0,12));
    girdBagCon = new GridBagConstraints();
    girdBagCon.gridx = 2;
    girdBagCon.gridy = 2;
```

```
        girdBagCon.insets = new Insets(10,20,10,1);
        girdBag.setConstraints(jLabel2,girdBagCon);
        upPanel.add(jLabel2);

        PersonBean pbean = new PersonBean();
        String[] allType = pbean.searchAllName();
        jComboBox1 = new JComboBox(allType);
        girdBagCon = new GridBagConstraints();
        girdBagCon.gridx = 3;
        girdBagCon.gridy = 2;
        girdBagCon.insets = new Insets(10,1,10,20);
        girdBag.setConstraints(jComboBox1,girdBagCon);
        upPanel.add(jComboBox1);

        jLabel3.setText("用途：");
        jLabel3.setFont(new Font("Dialog",0,12));
        girdBagCon = new GridBagConstraints();
        girdBagCon.gridx = 0;
        girdBagCon.gridy = 3;
        girdBagCon.insets = new Insets(10,20,10,1);
        girdBag.setConstraints(jLabel3,girdBagCon);
        upPanel.add(jLabel3);

        girdBagCon = new GridBagConstraints();
        girdBagCon.gridx = 1;
        girdBagCon.gridy = 3;
        girdBagCon.insets = new Insets(10,1,10,20);
        girdBag.setConstraints(jTextField2,girdBagCon);
        upPanel.add(jTextField2);

        jLabel4.setText("备注：");
        jLabel4.setFont(new Font("Dialog",0,12));
        girdBagCon = new GridBagConstraints();
        girdBagCon.gridx = 2;
        girdBagCon.gridy = 3;
        girdBagCon.insets = new Insets(10,20,10,1);
        girdBag.setConstraints(jLabel4,girdBagCon);
        upPanel.add(jLabel4);

        girdBagCon = new GridBagConstraints();
        girdBagCon.gridx = 3;
        girdBagCon.gridy = 3;
        girdBagCon.insets = new Insets(10,1,10,20);
        girdBag.setConstraints(jTextField3,girdBagCon);
        upPanel.add(jTextField3);

        modifyInfo.setText("领用");
        modifyInfo.setFont(new Font("Dialog",0,12));
        girdBagCon = new GridBagConstraints();
        girdBagCon.gridx = 0;
        girdBagCon.gridy = 4;
        girdBagCon.gridwidth  = 2;
        girdBagCon.gridheight  = 1;
        girdBagCon.insets = new Insets(10,80,10,20);
        girdBag.setConstraints(modifyInfo,girdBagCon);
```

```
        upPanel.add(modifyInfo);

        clearInfo.setText("清空");
        clearInfo.setFont(new Font("Dialog",0,12));
        girdBagCon = new GridBagConstraints();
        girdBagCon.gridx = 2;
        girdBagCon.gridy = 4;
        girdBagCon.gridwidth  = 2;
        girdBagCon.gridheight  = 1;
        girdBagCon.insets = new Insets(10,20,10,80);
        girdBag.setConstraints(clearInfo,girdBagCon);
        upPanel.add(clearInfo);

        jTextField1.setEnabled(false);
        jTextField2.setEnabled(false);
        jTextField3.setEnabled(false);
    }
    catch(Exception e) {
        e.printStackTrace();
    }
}

/**
 * 生成主界面
 */
public void makeFrame() throws Exception{
    contentPane = this.getContentPane();
    contentPane.setLayout(new BorderLayout());
    contentPane.add(upPanel,BorderLayout.SOUTH);
}

/**
 * 将文本框清空
 */
void setNull(){
    jTextField1.setText(null);
    jTextField2.setText(null);
    jTextField3.setText(null);
    jTextField1.setEnabled(false);
    jTextField2.setEnabled(false);
    jTextField3.setEnabled(false);
}

/**
 * 添加事件侦听
 */
public void addListener() throws Exception {
    //添加事件侦听
    modifyInfo.addActionListener(this);
    clearInfo.addActionListener(this);

    jComboBox1.addItemListener(this);
}

/**
 * 事件处理
 */
```

```
public void actionPerformed(ActionEvent e) {
    Object obj = e.getSource();
    if (obj == modifyInfo) { //修改
        AssetsBean bean = new AssetsBean();
        bean.updateStatus(AssetsID,"借出");

        AssetsTrjnBean atbean = new AssetsTrjnBean();
        JourNo = ""+atbean.getId();//取得 ID
        java.util.Date now = new java.util.Date();
        DateFormat date = DateFormat.getDateTimeInstance();
        String f4 = ""+date.format(now);
        atbean.add(JourNo,"设备借用",AssetsID,f4,PersonID,
                jTextField2.getText(),jTextField2.getText());
        //重新生成界面
        this.dispose();

        UseAssets useAssets = new UseAssets();
        useAssets.pack();
        useAssets.setVisible(true);
    }
    else if (obj == clearInfo) { //清空
        setNull();
    }
    jTable.revalidate();
}

/**
 * 当表格被选中时的操作
 */
public void valueChanged(ListSelectionEvent lse){
    int[] selectedRow = jTable.getSelectedRows();
    int[] selectedCol = jTable.getSelectedColumns();
    //定义文本框的显示内容
    for (int i=0; i<selectedRow.length; i++){
        for (int j=0; j<selectedCol.length; j++){
            jTextField1.setText(colValue[selectedRow[i]][1]);//名称
            AssetsID = colValue[selectedRow[i]][0];//资产编号
        }
    }
    //设置是否可操作
    jTextField2.setEnabled(true);
    jTextField3.setEnabled(true);
    modifyInfo.setEnabled(true);
    clearInfo.setEnabled(true);
}

/**
 * 下拉菜单事件处理
 */
public void itemStateChanged(ItemEvent e) {
    if(e.getStateChange() == ItemEvent.SELECTED){
        String tempStr = "" +e.getItem();
        int i = tempStr.indexOf("-");
        PersonID = tempStr.substring(0,i);
    }
}
```

```
    /**
     * 通过给定的文件名获得图像
     */
    Image getImage(String filename) {
        URLClassLoader urlLoader = (URLClassLoader)this.getClass().
            getClassLoader();
        URL url = null;
        Image image = null;
        url = urlLoader.findResource(filename);
        image = Toolkit.getDefaultToolkit().getImage(url);
        MediaTracker mediatracker = new MediaTracker(this);
        try {
            mediatracker.addImage(image, 0);
            mediatracker.waitForID(0);
        }
        catch (InterruptedException _ex) {
            image = null;
        }
        if (mediatracker.isErrorID(0)) {
            image = null;
        }
        return image;
    }
}
```

2. BackAssets.java

该类继承自 JFrame，与 UseAssets 类一样也实现了 ActionListener、ItemListener 和 ListSelectionListener 接口。BackAssets 类也是通过 AssetsBean 类从 Assets 表中选择“借出”的设备并通过 JTable 显示，用户选择并填写信息后即可完成资产归还操作。归还时通过 AssetsBean 类修改设备状态为“在库”，再利用 AssetsTrjnBean 类向数据库中插入归还记录。该类的运行界面如图 10.19 所示。

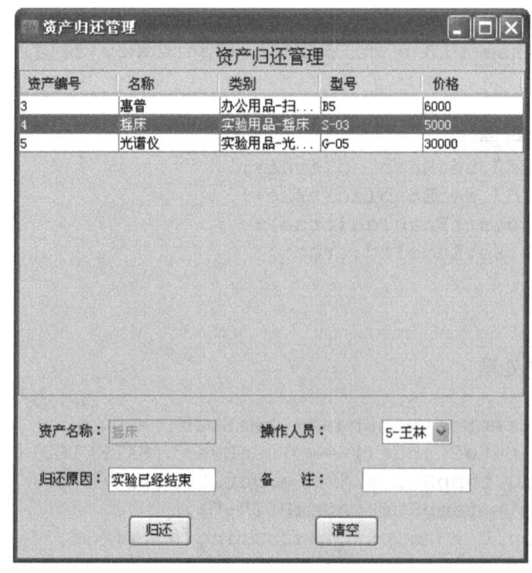

图 10.19　资产归还管理模块运行界面

其代码如下：

```
import javax.swing.*;
import java.awt.*;
import java.awt.event.*;
import java.net.*;
import javax.swing.event.*;
import java.util.*;
import java.text.*;

/**
 * 资产归还
 */
public class BackAssets extends JFrame
        implements ActionListener,ListSelectionListener,ItemListener{
    Container contentPane;
    //定义所用的面板
    JPanel mainPanel = new JPanel();
    JPanel upPanel = new JPanel();
    JPanel centerPanel = new JPanel();
    JPanel downPanel = new JPanel();

    //定义图形界面元素
    JLabel jLabel = new JLabel();
    JLabel jLabel1 = new JLabel();
    JLabel jLabel2 = new JLabel();
    JLabel jLabel3 = new JLabel();
    JLabel jLabel4 = new JLabel();

    String JourNo = "1";
    String FromAcc = "设备归还";    //操作类型
    String AssetsID = null;  //资产编号
    JComboBox jComboBox1 = null;   //领用人
    String PersonID = "1";
    JTextField jTextField1 = new JTextField(15);  //资产名称
    JTextField jTextField2 = new JTextField(15);  //用途
    JTextField jTextField3 = new JTextField(15);  //备注

    JButton modifyInfo = new JButton();
    JButton clearInfo = new JButton();

    //定义表格
    JScrollPane jScrollPane1;
    JTable jTable;
    ListSelectionModel listSelectionModel = null;
    String[] colName = {"资产编号","名称","类别","型号","价格"};
    String[][] colValue;

    GridBagLayout girdBag = new GridBagLayout();
    GridBagConstraints girdBagCon;

    public BackAssets() {
        this.setLayout(new BorderLayout());
        this.setTitle("资产归还管理");
        //设置程序图标
        this.setIconImage(getImage("icon.gif"));
```

```
        //设置运行位置，使对话框居中
        Dimension screenSize =
            Toolkit.getDefaultToolkit().getScreenSize();
        this.setLocation( (int) (screenSize.width - 400) / 2 ,
                         (int) (screenSize.height - 500) / 2 + 45);
        try {
            Init();  //上部面板布局
            makeFrame(); //生成主界面
            addListener();
        }
        catch(Exception e) {
            e.printStackTrace();
        }
    }

    /**
     * 上部面板的布局
     */
    public void Init() throws Exception {
        AssetsBean bean = new AssetsBean();
        upPanel.setLayout(girdBag);

        try {
            jLabel.setText("资产归还管理");
            jLabel.setFont(new Font("Dialog",0,16));
            girdBagCon = new GridBagConstraints();
            girdBagCon.gridx = 0;
            girdBagCon.gridy = 0;
            girdBagCon.gridwidth  = 4;
            girdBagCon.gridheight  = 1;
            girdBagCon.insets = new Insets(0,10,0,10);
            girdBag.setConstraints(jLabel,girdBagCon);
            upPanel.add(jLabel);

            colValue = bean.searchAllForBack();
            jTable = new JTable(colValue,colName);
            jTable.setPreferredScrollableViewportSize(
                new Dimension(450,280));
            listSelectionModel = jTable.getSelectionModel();
            listSelectionModel.setSelectionMode(
                ListSelectionModel.SINGLE_SELECTION);
            listSelectionModel.addListSelectionListener(this);
            jScrollPane1 = new JScrollPane(jTable);
            jScrollPane1.setPreferredSize(new Dimension(450,280));

            girdBagCon = new GridBagConstraints();
            girdBagCon.gridx = 0;
            girdBagCon.gridy = 1;
            girdBagCon.gridwidth  = 4;
            girdBagCon.gridheight  = 1;
            girdBagCon.insets = new Insets(0,0,10,0);
            girdBag.setConstraints(jScrollPane1,girdBagCon);
            upPanel.add(jScrollPane1);

            jLabel1.setText("资产名称：");
            jLabel1.setFont(new Font("Dialog",0,12));
            girdBagCon = new GridBagConstraints();
```

```
girdBagCon.gridx = 0;
girdBagCon.gridy = 2;
girdBagCon.insets = new Insets(10,20,10,1);
girdBag.setConstraints(jLabel1,girdBagCon);
upPanel.add(jLabel1);

girdBagCon = new GridBagConstraints();
girdBagCon.gridx = 1;
girdBagCon.gridy = 2;
girdBagCon.insets = new Insets(10,1,10,20);
girdBag.setConstraints(jTextField1,girdBagCon);
upPanel.add(jTextField1);

jLabel2.setText("操作人员: ");
jLabel2.setFont(new Font("Dialog",0,12));
girdBagCon = new GridBagConstraints();
girdBagCon.gridx = 2;
girdBagCon.gridy = 2;
girdBagCon.insets = new Insets(10,20,10,1);
girdBag.setConstraints(jLabel2,girdBagCon);
upPanel.add(jLabel2);

PersonBean pbean = new PersonBean();
String[] allType = pbean.searchAllName();
jComboBox1 = new JComboBox(allType);
girdBagCon = new GridBagConstraints();
girdBagCon.gridx = 3;
girdBagCon.gridy = 2;
girdBagCon.insets = new Insets(10,1,10,20);
girdBag.setConstraints(jComboBox1,girdBagCon);
upPanel.add(jComboBox1);

jLabel3.setText("归还原因: ");
jLabel3.setFont(new Font("Dialog",0,12));
girdBagCon = new GridBagConstraints();
girdBagCon.gridx = 0;
girdBagCon.gridy = 3;
girdBagCon.insets = new Insets(10,20,10,1);
girdBag.setConstraints(jLabel3,girdBagCon);
upPanel.add(jLabel3);

girdBagCon = new GridBagConstraints();
girdBagCon.gridx = 1;
girdBagCon.gridy = 3;
girdBagCon.insets = new Insets(10,1,10,20);
girdBag.setConstraints(jTextField2,girdBagCon);
upPanel.add(jTextField2);

jLabel4.setText("备        注: ");
jLabel4.setFont(new Font("Dialog",0,12));
girdBagCon = new GridBagConstraints();
girdBagCon.gridx = 2;
girdBagCon.gridy = 3;
girdBagCon.insets = new Insets(10,20,10,1);
girdBag.setConstraints(jLabel4,girdBagCon);
upPanel.add(jLabel4);
```

```
        girdBagCon = new GridBagConstraints();
        girdBagCon.gridx = 3;
        girdBagCon.gridy = 3;
        girdBagCon.insets = new Insets(10,1,10,20);
        girdBag.setConstraints(jTextField3,girdBagCon);
        upPanel.add(jTextField3);

        modifyInfo.setText("归还");
        modifyInfo.setFont(new Font("Dialog",0,12));
        girdBagCon = new GridBagConstraints();
        girdBagCon.gridx = 0;
        girdBagCon.gridy = 4;
        girdBagCon.gridwidth  = 2;
        girdBagCon.gridheight  = 1;
        girdBagCon.insets = new Insets(10,80,10,20);
        girdBag.setConstraints(modifyInfo,girdBagCon);
        upPanel.add(modifyInfo);

        clearInfo.setText("清空");
        clearInfo.setFont(new Font("Dialog",0,12));
        girdBagCon = new GridBagConstraints();
        girdBagCon.gridx = 2;
        girdBagCon.gridy = 4;
        girdBagCon.gridwidth  = 2;
        girdBagCon.gridheight  = 1;
        girdBagCon.insets = new Insets(10,20,10,80);
        girdBag.setConstraints(clearInfo,girdBagCon);
        upPanel.add(clearInfo);

        jTextField1.setEnabled(false);
        jTextField2.setEnabled(false);
        jTextField3.setEnabled(false);
    }
    catch(Exception e) {
        e.printStackTrace();
    }

    //添加上部面板
    //mainPanel.add(upPanel,BorderLayout.NORTH);
}

/**
 * 生成主界面
 */
public void makeFrame() throws Exception{
    contentPane = this.getContentPane();
    contentPane.setLayout(new BorderLayout());
    contentPane.add(upPanel,BorderLayout.SOUTH);
}

/**
 * 将文本框清空
 */
void setNull(){
    jTextField1.setText(null);
    jTextField2.setText(null);
    jTextField3.setText(null);
```

```
        jTextField1.setEnabled(false);
        jTextField2.setEnabled(false);
        jTextField3.setEnabled(false);
    }

    /**
     * 添加事件侦听
     */
    public void addListener() throws Exception {
        //添加事件侦听
        modifyInfo.addActionListener(this);
        clearInfo.addActionListener(this);

        jComboBox1.addItemListener(this);
    }

    /**
     * 事件处理
     */
    public void actionPerformed(ActionEvent e) {
        Object obj = e.getSource();
        if (obj == modifyInfo) { //修改
            AssetsBean bean = new AssetsBean();
            bean.updateStatus(AssetsID,"在库");

            AssetsTrjnBean atbean = new AssetsTrjnBean();
            JourNo = ""+atbean.getId();//取得 ID
            java.util.Date now = new java.util.Date();
            DateFormat date = DateFormat.getDateTimeInstance();
            String f4 = ""+date.format(now);
            atbean.add(JourNo,"设备归还",AssetsID,f4,PersonID,
                jTextField2.getText(),jTextField2.getText());
            //重新生成界面
            this.dispose();

            BackAssets backAssets = new BackAssets();
            backAssets.pack();
            backAssets.setVisible(true);
        }
        else if (obj == clearInfo) { //清空
            setNull();
        }
        jTable.revalidate();
    }

    /**
     * 当表格被选中时的操作
     */
    public void valueChanged(ListSelectionEvent lse){
        int[] selectedRow = jTable.getSelectedRows();
        int[] selectedCol = jTable.getSelectedColumns();
        //定义文本框的显示内容
        for (int i=0; i<selectedRow.length; i++){
            for (int j=0; j<selectedCol.length; j++){
                jTextField1.setText(colValue[selectedRow[i]][1]);//名称
                AssetsID = colValue[selectedRow[i]][0];//资产编号
```

```
            }
        }
        //设置是否可操作
        jTextField2.setEnabled(true);
        jTextField3.setEnabled(true);
        modifyInfo.setEnabled(true);
        clearInfo.setEnabled(true);
    }

    /**
     * 下拉菜单事件处理
     */
    public void itemStateChanged(ItemEvent e) {
        if(e.getStateChange() == ItemEvent.SELECTED){
            String tempStr = "" +e.getItem();
            int i = tempStr.indexOf("-");
            PersonID = tempStr.substring(0,i);
        }
    }

    /**
     * 通过给定的文件名获得图像
     */
    Image getImage(String filename) {
        URLClassLoader urlLoader = (URLClassLoader)this.getClass().
            getClassLoader();
        URL url = null;
        Image image = null;
        url = urlLoader.findResource(filename);
        image = Toolkit.getDefaultToolkit().getImage(url);
        MediaTracker mediatracker = new MediaTracker(this);
        try {
            mediatracker.addImage(image, 0);
            mediatracker.waitForID(0);
        }
        catch (InterruptedException _ex) {
            image = null;
        }
        if (mediatracker.isErrorID(0)) {
            image = null;
        }
        return image;
    }
}
```

3. InvalidAssets.java

InvalidAssets 类的实现与前两个操作类的实现方式类似，也是通过 AssetsBean 类从 Assets 表中选择“在库”的设备并通过 JTable 显示，再通过 AssetsBean 类修改设备状态为“报废”，最后利用 AssetsTrjnBean 类向数据库中插入设备报废记录。该类的运行界面如图 10.20 所示。

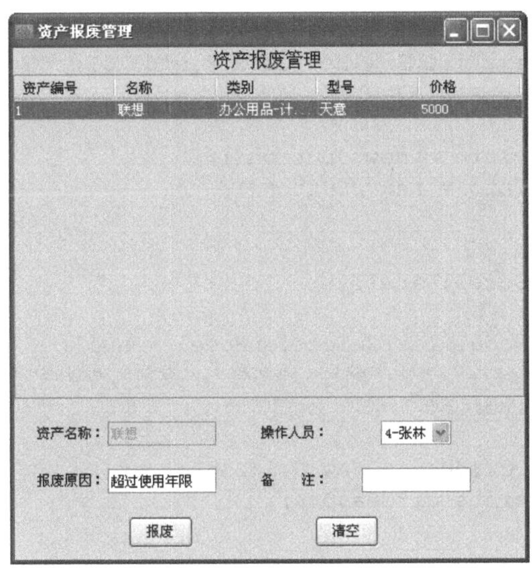

图 10.20 资产报废管理模块运行界面

其代码如下：

```
import javax.swing.*;
import java.awt.*;
import java.awt.event.*;
import java.net.*;
import javax.swing.event.*;
import java.util.*;
import java.text.*;

/**
 * 资产报废
 */
public class InvalidAssets extends JFrame
        implements ActionListener,ListSelectionListener,ItemListener{
    Container contentPane;
    //定义所用的面板
    JPanel mainPanel = new JPanel();
    JPanel upPanel = new JPanel();
    JPanel centerPanel = new JPanel();
    JPanel downPanel = new JPanel();

    //定义图形界面元素
    JLabel jLabel = new JLabel();
    JLabel jLabel1 = new JLabel();
    JLabel jLabel2 = new JLabel();
    JLabel jLabel3 = new JLabel();
    JLabel jLabel4 = new JLabel();

    String JourNo = "1";
    String FromAcc = "设备报废";      //操作类型
    String AssetsID = null;           //资产编号
    JComboBox jComboBox1 = null;      //领用人
    String PersonID = "1";
```

```
JTextField jTextField1 = new JTextField(15);  //资产名称
JTextField jTextField2 = new JTextField(15);  //用途
JTextField jTextField3 = new JTextField(15);  //备注

JButton modifyInfo = new JButton();
JButton clearInfo = new JButton();

//定义表格
JScrollPane jScrollPane1;
JTable jTable;
ListSelectionModel listSelectionModel = null;
String[] colName = {"资产编号","名称","类别","型号","价格"};
String[][] colValue;

GridBagLayout girdBag = new GridBagLayout();
GridBagConstraints girdBagCon;

public InvalidAssets() {
    this.setLayout(new BorderLayout());
    this.setTitle("资产报废管理");
    //设置程序图标
    this.setIconImage(getImage("icon.gif"));
    //设置运行位置，使对话框居中
    Dimension screenSize =
        Toolkit.getDefaultToolkit().getScreenSize();
    this.setLocation( (int) (screenSize.width - 400) / 2 ,
                    (int) (screenSize.height - 500) / 2 + 45);
    try {
        Init();
        makeFrame(); //生成主界面
        addListener();
    }
    catch(Exception e) {
        e.printStackTrace();
    }
}

/**
 * 上部面板的布局
 */
public void Init() throws Exception {
    AssetsBean bean = new AssetsBean();
    upPanel.setLayout(girdBag);

    try {
        jLabel.setText("资产报废管理");
        jLabel.setFont(new Font("Dialog",0,16));
        girdBagCon = new GridBagConstraints();
        girdBagCon.gridx = 0;
        girdBagCon.gridy = 0;
        girdBagCon.gridwidth  = 4;
        girdBagCon.gridheight  = 1;
        girdBagCon.insets = new Insets(0,10,0,10);
        girdBag.setConstraints(jLabel,girdBagCon);
```

```
upPanel.add(jLabel);

colValue = bean.searchAllForUse();
jTable = new JTable(colValue,colName);
jTable.setPreferredScrollableViewportSize(
    new Dimension(450,280));
listSelectionModel = jTable.getSelectionModel();
listSelectionModel.setSelectionMode(
    ListSelectionModel.SINGLE_SELECTION);
listSelectionModel.addListSelectionListener(this);
jScrollPane1 = new JScrollPane(jTable);
jScrollPane1.setPreferredSize(new Dimension(450,280));

girdBagCon = new GridBagConstraints();
girdBagCon.gridx = 0;
girdBagCon.gridy = 1;
girdBagCon.gridwidth  = 4;
girdBagCon.gridheight  = 1;
girdBagCon.insets = new Insets(0,0,10,0);
girdBag.setConstraints(jScrollPane1,girdBagCon);
upPanel.add(jScrollPane1);

jLabel1.setText("资产名称：");
jLabel1.setFont(new Font("Dialog",0,12));
girdBagCon = new GridBagConstraints();
girdBagCon.gridx = 0;
girdBagCon.gridy = 2;
girdBagCon.insets = new Insets(10,20,10,1);
girdBag.setConstraints(jLabel1,girdBagCon);
upPanel.add(jLabel1);

girdBagCon = new GridBagConstraints();
girdBagCon.gridx = 1;
girdBagCon.gridy = 2;
girdBagCon.insets = new Insets(10,1,10,20);
girdBag.setConstraints(jTextField1,girdBagCon);
upPanel.add(jTextField1);

jLabel2.setText("操作人员：");
jLabel2.setFont(new Font("Dialog",0,12));
girdBagCon = new GridBagConstraints();
girdBagCon.gridx = 2;
girdBagCon.gridy = 2;
girdBagCon.insets = new Insets(10,20,10,1);
girdBag.setConstraints(jLabel2,girdBagCon);
upPanel.add(jLabel2);

PersonBean pbean = new PersonBean();
String[] allType = pbean.searchAllName();
jComboBox1 = new JComboBox(allType);
girdBagCon = new GridBagConstraints();
girdBagCon.gridx = 3;
girdBagCon.gridy = 2;
girdBagCon.insets = new Insets(10,1,10,20);
girdBag.setConstraints(jComboBox1,girdBagCon);
```

```
upPanel.add(jComboBox1);

jLabel3.setText("报废原因: ");
jLabel3.setFont(new Font("Dialog",0,12));
girdBagCon = new GridBagConstraints();
girdBagCon.gridx = 0;
girdBagCon.gridy = 3;
girdBagCon.insets = new Insets(10,20,10,1);
girdBag.setConstraints(jLabel3,girdBagCon);
upPanel.add(jLabel3);

girdBagCon = new GridBagConstraints();
girdBagCon.gridx = 1;
girdBagCon.gridy = 3;
girdBagCon.insets = new Insets(10,1,10,20);
girdBag.setConstraints(jTextField2,girdBagCon);
upPanel.add(jTextField2);

jLabel4.setText("备        注: ");
jLabel4.setFont(new Font("Dialog",0,12));
girdBagCon = new GridBagConstraints();
girdBagCon.gridx = 2;
girdBagCon.gridy = 3;
girdBagCon.insets = new Insets(10,20,10,1);
girdBag.setConstraints(jLabel4,girdBagCon);
upPanel.add(jLabel4);

girdBagCon = new GridBagConstraints();
girdBagCon.gridx = 3;
girdBagCon.gridy = 3;
girdBagCon.insets = new Insets(10,1,10,20);
girdBag.setConstraints(jTextField3,girdBagCon);
upPanel.add(jTextField3);

modifyInfo.setText("报废");
modifyInfo.setFont(new Font("Dialog",0,12));
girdBagCon = new GridBagConstraints();
girdBagCon.gridx = 0;
girdBagCon.gridy = 4;
girdBagCon.gridwidth  = 2;
girdBagCon.gridheight  = 1;
girdBagCon.insets = new Insets(10,80,10,20);
girdBag.setConstraints(modifyInfo,girdBagCon);
upPanel.add(modifyInfo);

clearInfo.setText("清空");
clearInfo.setFont(new Font("Dialog",0,12));
girdBagCon = new GridBagConstraints();
girdBagCon.gridx = 2;
girdBagCon.gridy = 4;
girdBagCon.gridwidth  = 2;
girdBagCon.gridheight  = 1;
girdBagCon.insets = new Insets(10,20,10,80);
girdBag.setConstraints(clearInfo,girdBagCon);
upPanel.add(clearInfo);
```

```
            jTextField1.setEnabled(false);
            jTextField2.setEnabled(false);
            jTextField3.setEnabled(false);
        }
        catch(Exception e) {
            e.printStackTrace();
        }

        //添加上部面板
        //mainPanel.add(upPanel,BorderLayout.NORTH);
    }

    /**
     * 生成主界面
     */
    public void makeFrame() throws Exception{
        contentPane = this.getContentPane();
        contentPane.setLayout(new BorderLayout());
        contentPane.add(upPanel,BorderLayout.SOUTH);
    }

    /**
     * 将文本框清空
     */
    void setNull(){
        jTextField1.setText(null);
        jTextField2.setText(null);
        jTextField3.setText(null);
        jTextField1.setEnabled(false);
        jTextField2.setEnabled(false);
        jTextField3.setEnabled(false);
    }

    /**
     * 添加事件侦听
     */
    public void addListener() throws Exception {
        //添加事件侦听
        modifyInfo.addActionListener(this);
        clearInfo.addActionListener(this);

        jComboBox1.addItemListener(this);
    }

    /**
     * 事件处理
     */
    public void actionPerformed(ActionEvent e) {
        Object obj = e.getSource();
        if (obj == modifyInfo) { //修改
            AssetsBean bean = new AssetsBean();
            bean.updateStatus(AssetsID,"报废");
```

```
            AssetsTrjnBean atbean = new AssetsTrjnBean();
            JourNo = ""+atbean.getId();//取得 ID
            java.util.Date now = new java.util.Date();
            DateFormat date = DateFormat.getDateTimeInstance();
            String f4 = ""+date.format(now);
            atbean.add(JourNo,"设备报废",AssetsID,f4,PersonID,
                    jTextField2.getText(),jTextField2.getText());
            //重新生成界面
            this.dispose();

            InvalidAssets invalidAssets = new InvalidAssets();
            invalidAssets.pack();
            invalidAssets.setVisible(true);
        }
        else if (obj == clearInfo) { //清空
            setNull();
        }
        jTable.revalidate();
    }

    /**
     * 当表格被选中时的操作
     */
    public void valueChanged(ListSelectionEvent lse){
        int[] selectedRow = jTable.getSelectedRows();
        int[] selectedCol = jTable.getSelectedColumns();
        //定义文本框的显示内容
        for (int i=0; i<selectedRow.length; i++){
            for (int j=0; j<selectedCol.length; j++){
                jTextField1.setText(colValue[selectedRow[i]][1]);//名称
                AssetsID = colValue[selectedRow[i]][0];//资产编号
            }
        }
        //设置是否可操作
        jTextField2.setEnabled(true);
        jTextField3.setEnabled(true);
        modifyInfo.setEnabled(true);
        clearInfo.setEnabled(true);
    }

    /**
     * 下拉菜单事件处理
     */
    public void itemStateChanged(ItemEvent e) {
        if(e.getStateChange() == ItemEvent.SELECTED){
            String tempStr = "" +e.getItem();
            int i = tempStr.indexOf("-");
            PersonID = tempStr.substring(0,i);
        }
    }

    /**
     * 通过给定的文件名获得图像
     */
```

```
    Image getImage(String filename) {
        URLClassLoader urlLoader = (URLClassLoader)this.getClass().
            getClassLoader();
        URL url = null;
        Image image = null;
        url = urlLoader.findResource(filename);
        image = Toolkit.getDefaultToolkit().getImage(url);
        MediaTracker mediatracker = new MediaTracker(this);
        try {
            mediatracker.addImage(image, 0);
            mediatracker.waitForID(0);
        }
        catch (InterruptedException _ex) {
            image = null;
        }
        if (mediatracker.isErrorID(0)) {
            image = null;
        }
        return image;
    }
}
```

11.4.6　信息查询模块

信息查询模块由 ResultInfo.java 和 SearchIDInfo.java 两个文件组成，主要提供了资产信息、人员信息、资产领用信息、资产归还信息、资产报废信息的查询功能。其中 ResultInfo 类定义了不同的方法以提供不同的查询数据，例如 resultInvalidAll()方法提供了查询所有报废记录的功能；SearchIDInfo 类提供按照资产编号和人员编号来查询资产信息和人员信息的功能。

1. ResultInfo.java

该类继承自 JFrame，图 10.21 所示为查询所有资产信息的运行界面。

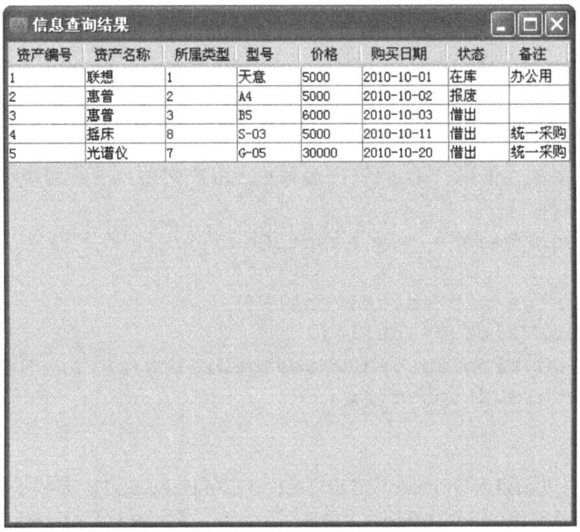

信息查询结果

资产编号	资产名称	所属类型	型号	价格	购买日期	状态	备注
1	联想	1	天意	5000	2010-10-01	在库	办公用
2	惠普	2	A4	5000	2010-10-02	报废	
3	惠普	3	B5	6000	2010-10-03	借出	
4	摇床	8	S-03	5000	2010-10-11	借出	统一采购
5	光谱仪	7	G-05	30000	2010-10-20	借出	统一采购

图 10.21　信息查询模块运行界面

其代码如下：

```
import java.awt.*;
import java.sql.*;
import javax.swing.*;
import javax.swing.table.*;
import java.util.*;
import java.awt.event.*;
import java.net.*;

/**
 * 查询结果的基础类
 */
public class ResultInfo extends JFrame {
    JLabel jLabel1 = new JLabel();
    JButton jBExit = new JButton();
    JScrollPane jScrollPane1 ;
    JTable jTable;

    String sNum;
    //String[] colName;
    String[][] colValue;
    String sColValue;
    String sColName;
    String sFromValue;
    String sToValue;
    String tableID;

    /**
     * 返回 Assets 表所有的记录
     */
    public void resultAssetsAll(){
        this.setTitle("信息查询结果");
        //设置程序图标
        this.setIconImage(getImage("icon.gif"));
        //设置运行位置，使对话框居中
       Dimension screenSize = Toolkit.getDefaultToolkit().getScreenSize();
        this.setLocation( (int) (screenSize.width - 400) / 2 ,
                        (int) (screenSize.height - 500) / 2 + 45);

        String[] colName = {"资产编号","资产名称","所属类型","型号","价格","购
买日期","状态","备注"};
        AssetsBean bean = new AssetsBean();
        try {
            colValue = bean.searchAll();
            if(colValue == null){
                JOptionPane.showMessageDialog(null, "没有符合条件的记录");
                this.dispose();
            }
            else{
                jTable = new JTable(colValue,colName);
                jScrollPane1 = new JScrollPane(jTable);
               this.getContentPane().add(jScrollPane1,BorderLayout.CENTER);
```

```
                this.pack();
                this.setVisible(true);
            }
        }
        catch(Exception e) {
            e.printStackTrace();
        }
    }

    /**
     * 返回 Assets 表特定 ID 记录
     */
    public void resultAssetsID(String ID) {
        this.tableID = ID;

        this.setTitle("信息查询结果");
        this.setIconImage(getImage("icon.gif"));
        //设置运行位置，使对话框居中
       Dimension screenSize = Toolkit.getDefaultToolkit().getScreenSize();
        this.setLocation( (int) (screenSize.width - 400) / 2 ,
                        (int) (screenSize.height - 500) / 2 + 45);

        String[] colName = {"资产编号","资产名称","所属类型","型号","价格","购
买日期","状态","备注"};
        AssetsBean bean = new AssetsBean();
        try {
            colValue = bean.searchAll(tableID);
            if(colValue == null){
                this.dispose();
                JOptionPane.showMessageDialog(null, "没有符合条件的记录");

            }
            else{
                jTable = new JTable(colValue,colName);
                jScrollPane1 = new JScrollPane(jTable);

    this.getContentPane().add(jScrollPane1,BorderLayout.CENTER);
                this.pack();
                this.setVisible(true);
            }
        }
        catch(Exception e) {
            e.printStackTrace();
        }
    }

    /**
     * 返回 Person 表所有的记录
     */
    public void resultPersonAll(){
        this.setTitle("信息查询结果");
        //设置框架的大小
        this.setSize(new Dimension(1500, 450));
        //设置程序图标
```

```
        this.setIconImage(getImage("icon.gif"));
        //设置运行位置，使对话框居中
        Dimension screenSize = Toolkit.getDefaultToolkit().getScreenSize();
        this.setLocation( (int) (screenSize.width - 400) / 2 ,
                        (int) (screenSize.height - 500) / 2 + 45);

        String[] colName = {"人员编号","姓名","性别","部门","职位","其他"};
        PersonBean bean = new PersonBean();
        try {
            colValue = bean.searchAll();
            if(colValue == null){
                JOptionPane.showMessageDialog(null, "没有符合条件的记录");
                this.dispose();
            }
            else{
                jTable = new JTable(colValue,colName);
                jScrollPane1 = new JScrollPane(jTable);
                this.getContentPane().add(jScrollPane1,BorderLayout.CENTER);
                this.pack();
                this.setVisible(true);
            }
        }
        catch(Exception e) {
            e.printStackTrace();
        }
    }

    /**
     * 返回 Person 表特定 ID 记录
     */
    public void resultPersonID(String ID) {
        this.tableID = ID;

        this.setTitle("信息查询结果");
        this.setIconImage(getImage("icon.gif"));
        //设置运行位置，使对话框居中
        Dimension screenSize = Toolkit.getDefaultToolkit().getScreenSize();
        this.setLocation( (int) (screenSize.width - 400) / 2 ,
                        (int) (screenSize.height - 500) / 2 + 45);

        String[] colName = {"人员编号","姓名","性别","部门","职位","其他"};
        PersonBean bean = new PersonBean();
        try {
            colValue = bean.searchAll(tableID);
            if(colValue == null){
                this.dispose();
                JOptionPane.showMessageDialog(null, "没有符合条件的记录");

            }
            else{
                jTable = new JTable(colValue,colName);
                jScrollPane1 = new JScrollPane(jTable);
                this.getContentPane().add(jScrollPane1,BorderLayout.CENTER);
                this.pack();
```

```
                this.setVisible(true);
            }
        }
        catch(Exception e) {
            e.printStackTrace();
        }
    }

    /**
     * 返回设备借用的所有记录
     */
    public void resultUseAll(){
        this.setTitle("信息查询结果");
        //设置框架的大小
        this.setSize(new Dimension(1500, 450));
        //设置程序图标
        this.setIconImage(getImage("icon.gif"));
        //设置运行位置，使对话框居中
        Dimension screenSize = Toolkit.getDefaultToolkit().getScreenSize();
        this.setLocation( (int) (screenSize.width - 400) / 2 ,
                        (int) (screenSize.height - 500) / 2 + 45);

        String[] colName = {"编号","资产名称","操作时间","领用人","用途","备注"};
        AssetsTrjnBean bean = new AssetsTrjnBean();
        try {
            colValue = bean.searchAllForUse();
            if(colValue == null){
                JOptionPane.showMessageDialog(null, "没有符合条件的记录");
                this.dispose();
            }
            else{
                jTable = new JTable(colValue,colName);
                jScrollPane1 = new JScrollPane(jTable);
                this.getContentPane().add(jScrollPane1,BorderLayout.CENTER);
                this.pack();
                this.setVisible(true);
            }
        }
        catch(Exception e) {
            e.printStackTrace();
        }
    }

    /**
     * 返回设备归还的所有记录
     */
    public void resultBackAll(){
        this.setTitle("信息查询结果");
        //设置框架的大小
        this.setSize(new Dimension(1500, 450));
        //设置程序图标
        this.setIconImage(getImage("icon.gif"));
        //设置运行位置，使对话框居中
        Dimension screenSize = Toolkit.getDefaultToolkit().getScreenSize();
```

```
        this.setLocation( (int) (screenSize.width - 400) / 2 ,
                    (int) (screenSize.height - 500) / 2 + 45);

        String[] colName = {"编号","资产名称","操作时间","领用人","用途","备注"};
        AssetsTrjnBean bean = new AssetsTrjnBean();
        try {
            colValue = bean.searchAllForBack();
            if(colValue == null){
                JOptionPane.showMessageDialog(null, "没有符合条件的记录");
                this.dispose();
            }
            else{
                jTable = new JTable(colValue,colName);
                jScrollPane1 = new JScrollPane(jTable);
                this.getContentPane().add(jScrollPane1,BorderLayout.CENTER);
                this.pack();
                this.setVisible(true);
            }
        }
        catch(Exception e) {
            e.printStackTrace();
        }
    }

    /**
     * 返回设备报废的所有记录
     */
    public void resultInvalidAll(){
        this.setTitle("信息查询结果");
        //设置框架的大小
        this.setSize(new Dimension(1500, 450));
        //设置程序图标
        this.setIconImage(getImage("icon.gif"));
        //设置运行位置，使对话框居中
        Dimension screenSize = Toolkit.getDefaultToolkit().getScreenSize();
        this.setLocation( (int) (screenSize.width - 400) / 2 ,
                    (int) (screenSize.height - 500) / 2 + 45);

        String[] colName = {"编号","资产名称","操作时间","领用人","用途","备注"};
        AssetsTrjnBean bean = new AssetsTrjnBean();
        try {
            colValue = bean.searchAllForInvalid();
            if(colValue == null){
                JOptionPane.showMessageDialog(null, "没有符合条件的记录");
                this.dispose();
            }
            else{
                jTable = new JTable(colValue,colName);
                jScrollPane1 = new JScrollPane(jTable);
                this.getContentPane().add(jScrollPane1,BorderLayout.CENTER);
                this.pack();
                this.setVisible(true);
            }
        }
```

```
        catch(Exception e) {
            e.printStackTrace();
        }
    }

    /**
     * 通过给定的文件名获得图像
     */
    Image getImage(String filename) {
        URLClassLoader urlLoader = (URLClassLoader)this.getClass().
            getClassLoader();
        URL url = null;
        Image image = null;
        url = urlLoader.findResource(filename);
        image = Toolkit.getDefaultToolkit().getImage(url);
        MediaTracker mediatracker = new MediaTracker(this);
        try {
            mediatracker.addImage(image, 0);
            mediatracker.waitForID(0);
        }
        catch (InterruptedException _ex) {
            image = null;
        }
        if (mediatracker.isErrorID(0)) {
            image = null;
        }
        return image;
    }
}
```

2. SearchIDInfo.java

该类提供查询某一编号的功能，并将编号返回给 ResultInfo 类，以查询出所提供编号对应的数据。其代码如下：

```
import javax.swing.*;
import java.awt.*;
import java.awt.event.*;
import java.net.*;

/**
 * 信息查询模块
 * 根据编号查询信息
 */
public class SearchIDInfo extends JFrame implements ActionListener{
    Container contentPane;
    //框架的大小
    Dimension faceSize = new Dimension(300, 100);
    JLabel jLabel1 = new JLabel();
    JLabel jLabel2 = new JLabel();
    JTextField jTextField = new JTextField(4);
    JButton searchInfo = new JButton();
    String tablename = null;
```

```
    public SearchIDInfo(String str) {
        //设置标题
        this.setTitle("按编号查询");
        this.setResizable(false);
        //设置程序图标
        this.setIconImage(getImage("icon.gif"));

        this.tablename = str;

        try {
            Init();
        }
        catch (Exception e) {
            e.printStackTrace();
        }
        //设置运行位置，使对话框居中
        Dimension screenSize =
Toolkit.getDefaultToolkit().getScreenSize();
        this.setLocation( (int) (screenSize.width - 100) / 2 ,
                        (int) (screenSize.height - 300) / 2 + 45);
    }

    private void Init() throws Exception {
        this.setSize(faceSize);
        contentPane = this.getContentPane();
        contentPane.setLayout(new FlowLayout());

        jLabel1.setText("请输入编号: ");
        jLabel1.setFont(new Font("Dialog",0,12));
        contentPane.add(jLabel1);

        jTextField.setText(null);
        jTextField.setFont(new Font("Dialog",0,12));
        contentPane.add(jTextField);

        searchInfo.setText("确定");
        searchInfo.setFont(new Font("Dialog",0,12));
        contentPane.add(searchInfo);

        searchInfo.addActionListener(this);
    }

    /**
     * 事件处理
     */
    public void actionPerformed(ActionEvent e) {
        Object obj = e.getSource();
        if (obj == searchInfo) { //查询
            if(tablename == "Assets" ){
                ResultInfo result = new ResultInfo();
                result.resultAssetsID(jTextField.getText());
                this.dispose();
            }
            else if(tablename == "Person" ){
```

```
                ResultInfo result = new ResultInfo();
                result.resultPersonID(jTextField.getText());
                this.dispose();
            }
        }
    }

    /**
     * 通过给定的文件名获得图像
     */
    Image getImage(String filename) {
        URLClassLoader urlLoader = (URLClassLoader)this.getClass().
            getClassLoader();
        URL url = null;
        Image image = null;
        url = urlLoader.findResource(filename);
        image = Toolkit.getDefaultToolkit().getImage(url);
        MediaTracker mediatracker = new MediaTracker(this);
        try {
            mediatracker.addImage(image, 0);
            mediatracker.waitForID(0);
        }
        catch (InterruptedException _ex) {
            image = null;
        }
        if (mediatracker.isErrorID(0)) {
            image = null;
        }
        return image;
    }
}
```

11.4.7　数据库操作模块

1. Database.java

该类是对数据库进行操作的类，包括连接数据库、执行 SQL 语句、关闭数据库连接等。其代码如下：

```
import java.sql.*;

/**
 * 连接数据库的类
 */
public class Database {

    private Statement stmt=null;
    ResultSet rs=null;
    private Connection conn=null;
    String sql;
    String strurl="jdbc:odbc:scmanage";

    public Database(){
    }
```

```
    /**
     * 打开数据库连接
     */
    public void OpenConn()throws Exception{
        try{
            Class.forName("sun.jdbc.odbc.JdbcOdbcDriver");
            conn=DriverManager.getConnection(strurl);
        }
        catch(Exception e){
            System.err.println("OpenConn:"+e.getMessage());
        }
    }

    /**
     * 执行 sql 语句，返回结果集 rs
     */
    public ResultSet executeQuery(String sql){
        stmt = null;
        rs=null;
        try{

    stmt=conn.createStatement(ResultSet.TYPE_SCROLL_INSENSITIVE,ResultSe
t.CONCUR_READ_ONLY);
            rs=stmt.executeQuery(sql);
        }
        catch(SQLException e){
            System.err.println("executeQuery:"+e.getMessage());
        }
        return rs;
    }

    /**
     * 执行 sql 语句
     */
    public void executeUpdate(String sql){
        stmt=null;
        rs=null;
        try{

    stmt=conn.createStatement(ResultSet.TYPE_SCROLL_INSENSITIVE,ResultSe
t.CONCUR_READ_ONLY);
            stmt.executeQuery(sql);
            conn.commit();
        }
        catch(SQLException e){
            System.err.println("executeUpdate:"+e.getMessage());
        }
    }

    public void closeStmt(){
        try{
            stmt.close();
        }
        catch(SQLException e){
```

```
            System.err.println("closeStmt:"+e.getMessage());
        }
    }

    /**
     * 关闭数据库连接
     */
    public void closeConn(){
        try{
            conn.close();
        }
        catch(SQLException ex){
            System.err.println("aq.closeConn:"+ex.getMessage());
        }
    }

    /**
     * 转换编码
     */
    public static String toGBK(String str){
        try {
            if(str==null)
                str = "";
            else
                str=new String(str.getBytes("ISO-8859-1"),"GBK");
        }
        catch (Exception e) {
                System.out.println(e);
            }
        return str;
    }
}
```

2. TypeBean.java

该类是用于对资产类别信息进行数据库操作的类，包括增加、修改、删除、查询等基础操作，也包括为其他功能模块提供查询相关数据等操作。其代码如下：

```
import java.util.*;
import java.sql.*;
import javax.swing.*;

/**
 * 有关资产类型信息数据库操作的类
 */
public class TypeBean {
    String sql;
    ResultSet rs = null;

    String field1;      //TypeID;
    String field2;      //B_Type;
    String field3;      //S_Type;

    String colName;//列名
```

```
    String colValue;//列值
    String colValue2;//列值


    /**
     * 添加信息
     */
    public void add(String f1, String f2, String f3){

        Database DB = new Database();

        this.field1 = f1;
        this.field2 = f2;
        this.field3 = f3;


        if(field2 == null||field2.equals("")){
            JOptionPane.showMessageDialog(null, "请输入资产大类", "错误",
JOptionPane.ERROR_MESSAGE);
            return;
        }
        else if (field3 == null||field3.equals("")){
            JOptionPane.showMessageDialog(null, "请输入资产小类", "错误",
JOptionPane.ERROR_MESSAGE);
            return;
        }
        else{
            sql = "insert into AssetsType(TypeID,B_Type,S_Type) values
('"+field1+"','"+field2+"','"+field3+"')";

            try{
                DB.OpenConn();
                DB.executeUpdate(sql);
               JOptionPane.showMessageDialog(null,"成功添加一条新的记录！");

            }
            catch(Exception e){
                System.out.println(e);
                JOptionPane.showMessageDialog(null, "保存失败", "错误",
JOptionPane.ERROR_MESSAGE);
            }
            finally {
                DB.closeStmt();
                DB.closeConn();
            }
        }
    }

    /**
     * 修改信息
     */
    public void modify(String f1, String f2, String f3){

        Database DB = new Database();
```

```
        this.field1 = f1;
        this.field2 = f2;
        this.field3 = f3;

        if(field2 == null||field2.equals("")){
            JOptionPane.showMessageDialog(null, "请输入资产大类", "错误",
JOptionPane.ERROR_MESSAGE);
            return;
        }
        else if (field3 == null||field3.equals("")){
            JOptionPane.showMessageDialog(null, "请输入资产小类", "错误",
JOptionPane.ERROR_MESSAGE);
            return;
        }
        else{
            sql = "update AssetsType set B_Type = '"+field2+"', S_Type =
'"+field3+"' where TypeID = "+field1+"";
            try{
                DB.OpenConn();
                DB.executeUpdate(sql);
               JOptionPane.showMessageDialog(null,"成功修改一条新的记录！");
            }
            catch(Exception e){
                System.out.println(e);
                JOptionPane.showMessageDialog(null, "更新失败", "错误",
JOptionPane.ERROR_MESSAGE);
            }
            finally {
                DB.closeStmt();
                DB.closeConn();
            }
        }
    }

    /**
     * 删除信息
     */
    public void delete(String f1){

        Database DB = new Database();
        this.field1 = f1;

        sql = "delete from AssetsType where TypeID = "+field1+"";
        try{
            DB.OpenConn();
            DB.executeUpdate(sql);
            JOptionPane.showMessageDialog(null,"成功删除一条新的记录！");
        }
        catch(Exception e){
            System.out.println(e);
            JOptionPane.showMessageDialog(null, "删除失败", "错误",
JOptionPane.ERROR_MESSAGE);
        }
```

```
    finally {
        DB.closeStmt();
        DB.closeConn();
    }
}

/**
 * 根据编号查询信息
 */
public String[] search(String f1){

    Database DB = new Database();
    this.field1 = f1;
    String[] s = new String[7];
    sql = "select * from AssetsType where TypeID = "+field1+"";

    try{
        DB.OpenConn();
        rs = DB.executeQuery(sql);
        if(rs.next()){
            s[0] = rs.getString("TypeID");
            s[1] = rs.getString("B_Type");
            s[2] = rs.getString("S_Type");
        }
        else
            s = null;
    }
    catch(Exception e){
    }
    finally {
        DB.closeStmt();
        DB.closeConn();
    }
    return s;
}

/**
 * 查询所有记录
 */
public String[][] searchAll(){

    Database DB = new Database();
    String[][] sn = null;
    int row = 0;
    int i = 0;
    sql = "select * from AssetsType order by TypeID";
    try{
        DB.OpenConn();
        rs = DB.executeQuery(sql);

        if(rs.last()){
            row = rs.getRow();
        }

        if(row == 0){
```

```
            sn = new String[1][6];
            sn[0][0] = "  ";
            sn[0][1] = "  ";
            sn[0][2] = "  ";
        }
        else{
            sn = new String[row][6];
            rs.first();
            rs.previous();
            while(rs.next()){
                sn[i][0] = rs.getString("TypeID");
                sn[i][1] = rs.getString("B_Type");
                sn[i][2] = rs.getString("S_Type");
                i++;
            }
        }
    }
    catch(Exception e){
    }
    finally {
        DB.closeStmt();
        DB.closeConn();
    }
    return sn;
}

/**
 * 为资产管理提供查询
 */
public String[] searchAllForAssets(){

    Database DB = new Database();
    String[] sn = null;
    int row = 0;
    int i = 0;
    sql = "select * from AssetsType order by TypeID";
    try{
        DB.OpenConn();
        rs = DB.executeQuery(sql);

        if(rs.last()){
            row = rs.getRow();
        }

        if(row == 0){
            sn[0] = "";
            sn[1] = "";
            sn[2] = "";
        }
        else{
            sn = new String[row];
            rs.first();
            rs.previous();
            while(rs.next()){
```

```
                    sn[i] = rs.getString("TypeID")+"-
"+rs.getString("B_Type")+"-"+rs.getString("S_Type");
                    i++;
                }
            }
        }
        catch(Exception e){
        }
        finally {
            DB.closeStmt();
            DB.closeConn();
        }
        return sn;
    }

    /**
     * 人员信息综合查询(按照 ID 进行查询)
     */
    public String[][] searchAll(String f1){
        this.field1 = f1;
        Database DB = new Database();
        String[][] sn = null;
        int row = 0;
        int i = 0;
        sql = "select * from AssetsType where TypeID="+field1+" order by
TypeID";
        try{
            DB.OpenConn();
            rs = DB.executeQuery(sql);

            if(rs.last()){
                row = rs.getRow();
            }

            if(row == 0){
                sn = null;
            }
            else{
                sn = new String[row][6];
                rs.first();
                rs.previous();
                while(rs.next()){
                    sn[i][0] = rs.getString("TypeID");
                    sn[i][1] = rs.getString("B_Type");
                    sn[i][2] = rs.getString("S_Type");
                    i++;
                }
            }
        }
        catch(Exception e){
        }
        finally {
            DB.closeStmt();
            DB.closeConn();
        }
```

```
        return sn;
    }

    /**
     * 获得新的 ID
     */
    public int getId(){
        Database DB = new Database();
        int ID = 1;
        sql = "select max(TypeID) from AssetsType";
        try{
            DB.OpenConn();
            rs = DB.executeQuery(sql);
            if(rs.next()){
                ID = rs.getInt(1) + 1;
            }
            else
                ID = 1;
        }
        catch(Exception e){
        }
        finally {
            DB.closeStmt();
            DB.closeConn();
        }
        return ID;
    }

    /**
     * 获得表中的所有编号
     */
    public String[] getAllId(){
        String[] s = null;
        int row = 0;
        int i = 0;
        Database DB = new Database();
        sql = "select TypeID from AssetsType order by TypeID";

        try{
            DB.OpenConn();
            rs = DB.executeQuery(sql);
            if(rs.last()){
                row = rs.getRow();
            }

            if(row == 0){
                s = null;
            }
            else{
                s = new String[row];
                rs.first();
                rs.previous();
                while(rs.next()){
                    s[i] = rs.getString(1);
```

```
                    i++;
                }
            }
        }
        catch(Exception e){
            System.out.println(e);
        }
        finally {
            DB.closeStmt();
            DB.closeConn();
        }
        return s;
    }

    /**
     * 根据编号查询信息
     */
    public String getDeptStr(String f1){

        Database DB = new Database();
        this.field1 = f1;
        String s = "";
        sql = "select * from AssetsType where TypeID = "+field1;

        try{
            DB.OpenConn();
            rs = DB.executeQuery(sql);
            if(rs.next()){
                s = rs.getString("B_Type")+"-"+rs.getString("S_Type");
            }
            else
                s = null;
        }
        catch(Exception e){
        }
        finally {
            DB.closeStmt();
            DB.closeConn();
        }
        return s;
    }
}
```

3. AssetsBean.java

该类是用于对资产信息进行数据库操作的类，包括资产信息的增加、修改、删除、查询等基础操作，也包括为其他功能模块提供查询相关数据等操作。其代码如下：

```
import java.util.*;
import java.util.*;
import java.sql.*;
import javax.swing.*;

/**
```

```
 * 有关资产信息数据库操作的类
 */
public class AssetsBean {
    String sql;
    ResultSet rs = null;

    String field1;     //assetsID;
    String field2;     //assetsName;
    String field3;     //typeID;
    String field4;     //model;
    String field5;     //price;
    String field6;     //buyDate;
    String field7;     //status;
    String field8;     //other;

    String colName;//列名
    String colValue;//列值
    String colValue2;//列值


    /**
     * 添加设备信息
     */
    public void add(String f1, String f2, String f3, String f4, String
f5, String f6, String f7, String f8){

        Database DB = new Database();

        this.field1 = f1;
        this.field2 = f2;
        this.field3 = f3;
        this.field4 = f4;
        this.field5 = f5;
        this.field6 = f6;
        this.field7 = f7;
        this.field8 = f8;

        if(field1 == null||field1.equals("")){
            JOptionPane.showMessageDialog(null, "请输入资产编号", "错误",
JOptionPane.ERROR_MESSAGE);
            return;
        }
        else if (field2 == null||field2.equals("")){
            JOptionPane.showMessageDialog(null, "请输入设备名称", "错误",
JOptionPane.ERROR_MESSAGE);
            return;
        }
        else if (field3 == null||field3.equals("")){
            JOptionPane.showMessageDialog(null, "请输入设备型号", "错误",
JOptionPane.ERROR_MESSAGE);
            return;
        }
        else if (field4 == null||field4.equals("")){
```

```
            JOptionPane.showMessageDialog(null, "请输入设备价格", "错误",
JOptionPane.ERROR_MESSAGE);
            return;
        }
        else if (field5 == null||field5.equals("")){
            JOptionPane.showMessageDialog(null, "请输入设备价格", "错误",
JOptionPane.ERROR_MESSAGE);
            return;
        }
        else{
            sql = "insert into
Assets(AssetsID,Name,TypeID,Model,Price,BuyDate,Status,Other) values
('"+field1+"','"+field2+"','"+field3+"','"+field4+"','"+field5+"','"+fie
ld6+"','"+field7+"','"+field8+"')";

            try{
                DB.OpenConn();
                DB.executeUpdate(sql);
               JOptionPane.showMessageDialog(null,"成功添加一条新的记录！");

            }
            catch(Exception e){
                System.out.println(e);
                JOptionPane.showMessageDialog(null, "保存失败", "错误",
JOptionPane.ERROR_MESSAGE);
            }
            finally {
                DB.closeStmt();
                DB.closeConn();
            }
        }
    }

    /**
     * 修改设备信息
     */
    public void modify(String f1, String f2, String f3, String f4,
String f5, String f6, String f7, String f8){

        Database DB = new Database();

        this.field1 = f1;
        this.field2 = f2;
        this.field3 = f3;
        this.field4 = f4;
        this.field5 = f5;
        this.field6 = f6;
        this.field7 = f7;
        this.field8 = f8;

        if(field1 == null||field1.equals("")){
            JOptionPane.showMessageDialog(null, "请输入资产编号", "错误",
JOptionPane.ERROR_MESSAGE);
            return;
```

```
        }
        else if (field2 == null||field2.equals("")){
            JOptionPane.showMessageDialog(null, "请输入设备名称", "错误",
JOptionPane.ERROR_MESSAGE);
            return;
        }
        else if (field3 == null||field3.equals("")){
            JOptionPane.showMessageDialog(null, "请输入设备型号", "错误",
JOptionPane.ERROR_MESSAGE);
            return;
        }
        else if (field4 == null||field4.equals("")){
            JOptionPane.showMessageDialog(null, "请输入设备价格", "错误",
JOptionPane.ERROR_MESSAGE);
            return;
        }
        else if (field5 == null||field5.equals("")){
            JOptionPane.showMessageDialog(null, "请输入设备价格", "错误",
JOptionPane.ERROR_MESSAGE);
            return;
        }
        else{
            sql = "update Assets set Name = '"+field2+"', typeID =
'"+field3+"', model = '"+field4+"', price = '"+field5+"', buyDate =
'"+field6+"', status = '"+field7+"', other = '"+field8+"' where AssetsID
= "+field1+"";
            try{
                DB.OpenConn();
                DB.executeUpdate(sql);
               JOptionPane.showMessageDialog(null,"成功修改一条新的记录！");
            }
            catch(Exception e){
                System.out.println(e);
                JOptionPane.showMessageDialog(null, "更新失败", "错误",
JOptionPane.ERROR_MESSAGE);
            }
            finally {
                DB.closeStmt();
                DB.closeConn();
            }
        }
    }

    /**
     * 删除信息
     */
    public void delete(String f1){

        Database DB = new Database();
        this.field1 = f1;

        sql = "delete from Assets where AssetsID = "+field1+"";
        try{
            DB.OpenConn();
```

```
            DB.executeUpdate(sql);
            JOptionPane.showMessageDialog(null,"成功删除一条新的记录！");
        }
        catch(Exception e){
            System.out.println(e);
            JOptionPane.showMessageDialog(null, "删除失败", "错误",
JOptionPane.ERROR_MESSAGE);
        }
        finally {
            DB.closeStmt();
            DB.closeConn();
        }
    }

    /**
     * 根据编号查询信息
     */
    public String[] search(String f1){

        Database DB = new Database();
        this.field1 = f1;
        String[] s = new String[7];
        sql = "select * from Assets where AssetsID = "+field1+"";

        try{
            DB.OpenConn();
            rs = DB.executeQuery(sql);
            if(rs.next()){
                s[0] = rs.getString("Name");
                s[1] = rs.getString("TypeID");
                s[2] = rs.getString("Model");
                s[3] = rs.getString("Price");
                s[4] = rs.getString("BuyDate");
                s[5] = rs.getString("Status");
                s[6] = rs.getString("Other");
            }
            else
                s = null;
        }
        catch(Exception e){
        }
        finally {
            DB.closeStmt();
            DB.closeConn();
        }
        return s;
    }

    /**
     * 资产信息综合查询(查询所有记录)
     */
    public String[][] searchAll(){

        Database DB = new Database();
        String[][] sn = null;
```

```
        int row = 0;
        int i = 0;
        sql = "select * from Assets order by AssetsID";
        try{
            DB.OpenConn();
            rs = DB.executeQuery(sql);

            if(rs.last()){
                row = rs.getRow();
            }

            if(row == 0){
                sn = null;
            }
            else{
                sn = new String[row][8];
                rs.first();
                rs.previous();
                while(rs.next()){
                    sn[i][0] = rs.getString("AssetsID");
                    sn[i][1] = rs.getString("Name");
                    sn[i][2] = rs.getString("TypeID");
                    sn[i][3] = rs.getString("Model");
                    sn[i][4] = rs.getString("Price");
                    sn[i][5] = rs.getString("BuyDate");
                    sn[i][6] = rs.getString("Status");
                    sn[i][7] = rs.getString("Other");
                    i++;
                }
            }
        }
        catch(Exception e){
        }
        finally {
            DB.closeStmt();
            DB.closeConn();
        }
        return sn;
    }

    /**
     * 资产信息综合查询(按照 ID 进行查询)
     */
    public String[][] searchAll(String f1){
        this.field1 = f1;
        Database DB = new Database();
        String[][] sn = null;
        int row = 0;
        int i = 0;
        sql = "select * from Assets where AssetsID="+field1+" order by
AssetsID";
        try{
            DB.OpenConn();
            rs = DB.executeQuery(sql);
```

```
        if(rs.last()){
            row = rs.getRow();
        }

        if(row == 0){
            sn = null;
        }
        else{
            sn = new String[row][8];
            rs.first();
            rs.previous();
            while(rs.next()){
                sn[i][0] = rs.getString("AssetsID");
                sn[i][1] = rs.getString("Name");
                sn[i][2] = rs.getString("TypeID");
                sn[i][3] = rs.getString("Model");
                sn[i][4] = rs.getString("Price");
                sn[i][5] = rs.getString("BuyDate");
                sn[i][6] = rs.getString("Status");
                sn[i][7] = rs.getString("Other");
                i++;
            }
        }
    }
    catch(Exception e){
    }
    finally {
        DB.closeStmt();
        DB.closeConn();
    }

    return sn;
}

/**
 * 获得新的 ID
 */
public int getId(){
    Database DB = new Database();
    int ID = 1;
    sql = "select max(AssetsID) from Assets";
    try{
        DB.OpenConn();
        rs = DB.executeQuery(sql);
        if(rs.next()){
            ID = rs.getInt(1) + 1;
        }
        else
            ID = 1;
    }
    catch(Exception e){
    }
    finally {
        DB.closeStmt();
        DB.closeConn();
```

```
    }
    return ID;
}

/**
 * 获得表中的所有编号
 */
public String[] getAllId(){
    String[] s = null;
    int row = 0;
    int i = 0;
    Database DB = new Database();
    sql = "select AssetsID from Assets";

    try{
        DB.OpenConn();
        rs = DB.executeQuery(sql);
        if(rs.last()){
            row = rs.getRow();
        }

        if(row == 0){
            s = null;
        }
        else{
            s = new String[row];
            rs.first();
            rs.previous();
            while(rs.next()){
                s[i] = rs.getString(1);
                i++;
            }
        }
    }
    catch(Exception e){
        System.out.println(e);
    }
    finally {
        DB.closeStmt();
        DB.closeConn();
    }
    return s;
}

/**
 * 根据编号查询信息
 */
public String getAssetsName(String f1){

    Database DB = new Database();
    this.field1 = f1;
    String s = "";
    sql = "select name from Assets where AssetsID = "+field1+"";

    try{
```

```
            DB.OpenConn();
            rs = DB.executeQuery(sql);
            if(rs.next()){
                s = rs.getString("name");
            }
            else
                s = null;
        }
        catch(Exception e){
        }
        finally {
            DB.closeStmt();
            DB.closeConn();
        }
        return s;
    }

    /**
     * 为资产领用及报废返回数据
     */
    public String[][] searchAllForUse(){

        Database DB = new Database();
        TypeBean abean = new TypeBean();
        String[][] sn = null;
        int row = 0;
        int i = 0;
        sql = "select * from Assets where Status='在库' order by
AssetsID";
        try{
            DB.OpenConn();
            rs = DB.executeQuery(sql);

            if(rs.last()){
                row = rs.getRow();
            }

            if(row == 0){
                sn = new String[1][5];
                sn[0][0] = "  ";
                sn[0][1] = "  ";
                sn[0][2] = "  ";
                sn[0][3] = "  ";
                sn[0][4] = "  ";
            }
            else{
                sn = new String[row][5];
                rs.first();
                rs.previous();
                while(rs.next()){
                    sn[i][0] = rs.getString("AssetsID");
                    sn[i][1] = rs.getString("Name");
                    sn[i][2] = abean.getDeptStr(rs.getString("TypeID"));
                    sn[i][3] = rs.getString("Model");
                    sn[i][4] = rs.getString("Price");
```

```
                    i++;
                }
            }
        }
        catch(Exception e){
        }
        finally {
            DB.closeStmt();
            DB.closeConn();
        }
        return sn;
    }

    /**
     * 为资产归还返回数据
     */
    public String[][] searchAllForBack(){

        Database DB = new Database();
        TypeBean abean = new TypeBean();
        String[][] sn = null;
        int row = 0;
        int i = 0;
        sql = "select * from Assets where Status='借出' order by
AssetsID";
        try{
            DB.OpenConn();
            rs = DB.executeQuery(sql);

            if(rs.last()){
                row = rs.getRow();
            }

            if(row == 0){
                sn = new String[1][5];
                sn[0][0] = "  ";
                sn[0][1] = "  ";
                sn[0][2] = "  ";
                sn[0][3] = "  ";
                sn[0][4] = "  ";
            }
            else{
                sn = new String[row][5];
                rs.first();
                rs.previous();
                while(rs.next()){
                    sn[i][0] = rs.getString("AssetsID");
                    sn[i][1] = rs.getString("Name");
                    sn[i][2] = abean.getDeptStr(rs.getString("TypeID"));
                    sn[i][3] = rs.getString("Model");
                    sn[i][4] = rs.getString("Price");
                    i++;
                }
            }
        }
```

```
        catch(Exception e){
        }
        finally {
            DB.closeStmt();
            DB.closeConn();
        }
        return sn;
    }

    /**
     * 修改信息
     */
    public void updateStatus(String f1,String f7){

        Database DB = new Database();

        this.field1 = f1;
        this.field7 = f7;

        sql = "update Assets set Status ='"+field7+"' where AssetsID =
"+field1;

        try{
            DB.OpenConn();
            DB.executeUpdate(sql);
            JOptionPane.showMessageDialog(null,"操作成功！");
        }
        catch(Exception e){
            System.out.println(e);
            JOptionPane.showMessageDialog(null, "更新失败", "错误",
JOptionPane.ERROR_MESSAGE);
        }
        finally {
            DB.closeStmt();
            DB.closeConn();
        }
    }
}
```

4．PersonBean.java

该类是用于对人员信息进行数据库操作的类，包括人员信息的增加、修改、查询等基础操作，也包括为其他功能模块提供查询相关数据等操作。其代码如下：

```
import java.util.*;
import java.sql.*;
import javax.swing.*;

/**
 * 有关人员信息数据库操作的类
 */
public class PersonBean {
    String sql;
    ResultSet rs = null;
```

```
    String field1;     //PersonID;
    String field2;     //Name;
    String field3;     //Sex;
    String field4;     //Dept;
    String field5;     //Job;
    String field6;     //Other;

    String colName;//列名
    String colValue;//列值
    String colValue2;//列值

    /**
     * 添加信息
     */
    public void add(String f1, String f2, String f3, String f4, String
f5, String f6){

        Database DB = new Database();

        this.field1 = f1;
        this.field2 = f2;
        this.field3 = f3;
        this.field4 = f4;
        this.field5 = f5;
        this.field6 = f6;


        if(field2 == null||field2.equals("")){
            JOptionPane.showMessageDialog(null, "请输入人员姓名", "错误",
JOptionPane.ERROR_MESSAGE);
            return;
        }
        else if (field3 == null||field3.equals("")){
            JOptionPane.showMessageDialog(null, "请输入性别", "错误",
JOptionPane.ERROR_MESSAGE);
            return;
        }
        else if (field4 == null||field4.equals("")){
            JOptionPane.showMessageDialog(null, "请输入工作部门", "错误",
JOptionPane.ERROR_MESSAGE);
            return;
        }

        else{
            sql = "insert into Person(PersonID,Name,Sex,Dept,Job,Other)
values('"+field1+"','"+field2+"','"+field3+"','"+field4+"','"+field5+"',
'"+field6+"')";

            try{
                DB.OpenConn();
                DB.executeUpdate(sql);
               JOptionPane.showMessageDialog(null,"成功添加一条新的记录！");
```

```
            }
            catch(Exception e){
                System.out.println(e);
                JOptionPane.showMessageDialog(null, "保存失败", "错误",
JOptionPane.ERROR_MESSAGE);
            }
            finally {
                DB.closeStmt();
                DB.closeConn();
            }
        }
    }

    /**
     * 修改信息
     */
    public void modify(String f1, String f2, String f3, String f4,
String f5, String f6){

        Database DB = new Database();

        this.field1 = f1;
        this.field2 = f2;
        this.field3 = f3;
        this.field4 = f4;
        this.field5 = f5;
        this.field6 = f6;


        if(field2 == null||field2.equals("")){
            JOptionPane.showMessageDialog(null, "请输入人员姓名", "错误",
JOptionPane.ERROR_MESSAGE);
            return;
        }
        else if (field3 == null||field3.equals("")){
            JOptionPane.showMessageDialog(null, "请输入性别", "错误",
JOptionPane.ERROR_MESSAGE);
            return;
        }
        else if (field4 == null||field4.equals("")){
            JOptionPane.showMessageDialog(null, "请输入工作部门", "错误",
JOptionPane.ERROR_MESSAGE);
            return;
        }

        else{
            sql = "update Person set Name = '"+field2+"', Sex =
'"+field3+"', Dept = '"+field4+"', Job = '"+field5+"', Other =
'"+field6+"' where PersonID = "+field1+"";
            try{
                DB.OpenConn();
                DB.executeUpdate(sql);
               JOptionPane.showMessageDialog(null,"成功修改一条新的记录！");
            }
```

```
            catch(Exception e){
                System.out.println(e);
                JOptionPane.showMessageDialog(null, "更新失败", "错误",
JOptionPane.ERROR_MESSAGE);
            }
            finally {
                DB.closeStmt();
                DB.closeConn();
            }
        }
    }

    /**
     * 删除信息
     */
    public void delete(String f1){

        Database DB = new Database();
        this.field1 = f1;

        sql = "delete from Person where PersonID = "+field1+"";
        try{
            DB.OpenConn();
            DB.executeUpdate(sql);
            JOptionPane.showMessageDialog(null,"成功删除一条新的记录！");
        }
        catch(Exception e){
            System.out.println(e);
            JOptionPane.showMessageDialog(null, "删除失败", "错误",
JOptionPane.ERROR_MESSAGE);
        }
        finally {
            DB.closeStmt();
            DB.closeConn();
        }
    }

    /**
     * 根据编号查询信息
     */
    public String[] search(String f1){

        Database DB = new Database();
        this.field1 = f1;
        String[] s = new String[7];
        sql = "select * from Person where PersonID = "+field1+"";

        try{
            DB.OpenConn();
            rs = DB.executeQuery(sql);
            if(rs.next()){
                s[0] = rs.getString("Name");
                s[1] = rs.getString("Sex");
                s[2] = rs.getString("Dept");
                s[3] = rs.getString("Job");
```

```
                s[4] = rs.getString("Other");
            }
            else
                s = null;
        }
        catch(Exception e){
        }
        finally {
            DB.closeStmt();
            DB.closeConn();
        }
        return s;
    }

    /**
     * 为资产管理提供查询
     */
    public String[] searchAllName(){

        Database DB = new Database();
        String[] sn = null;
        int row = 0;
        int i = 0;
        sql = "select personid,name from person order by personid";
        try{
            DB.OpenConn();
            rs = DB.executeQuery(sql);

            if(rs.last()){
                row = rs.getRow();
            }

            if(row == 0){
                sn[0] = "";
                sn[1] = "";
            }
            else{
                sn = new String[row];
                rs.first();
                rs.previous();
                while(rs.next()){
                    sn[i] = rs.getString("personid")+"-
"+rs.getString("name");
                    i++;
                }
            }
        }
        catch(Exception e){
        }
        finally {
            DB.closeStmt();
            DB.closeConn();
        }
        return sn;
    }
```

```
/**
 * 人员信息综合查询(查询所有记录)
 */
public String[][] searchAll(){

    Database DB = new Database();
    String[][] sn = null;
    int row = 0;
    int i = 0;
    sql = "select * from Person order by PersonID";
    try{
        DB.OpenConn();
        rs = DB.executeQuery(sql);

        if(rs.last()){
            row = rs.getRow();
        }

        if(row == 0){
            sn = null;
        }
        else{
            sn = new String[row][6];
            rs.first();
            rs.previous();
            while(rs.next()){
                sn[i][0] = rs.getString("PersonID");
                sn[i][1] = rs.getString("Name");
                sn[i][2] = rs.getString("Sex");
                sn[i][3] = rs.getString("Dept");
                sn[i][4] = rs.getString("Job");
                sn[i][5] = rs.getString("Other");
                i++;
            }
        }
    }
    catch(Exception e){
    }
    finally {
        DB.closeStmt();
        DB.closeConn();
    }
    return sn;
}

/**
 * 人员信息综合查询(按照 ID 进行查询)
 */
public String[][] searchAll(String f1){
    this.field1 = f1;
    Database DB = new Database();
    String[][] sn = null;
    int row = 0;
    int i = 0;
```

```
        sql = "select * from Person where PersonID="+field1+" order by
PersonID";
        try{
            DB.OpenConn();
            rs = DB.executeQuery(sql);

            if(rs.last()){
                row = rs.getRow();
            }

            if(row == 0){
                sn = null;
            }
            else{
                sn = new String[row][6];
                rs.first();
                rs.previous();
                while(rs.next()){
                    sn[i][0] = rs.getString("PersonID");
                    sn[i][1] = rs.getString("Name");
                    sn[i][2] = rs.getString("Sex");
                    sn[i][3] = rs.getString("Dept");
                    sn[i][4] = rs.getString("Job");
                    sn[i][5] = rs.getString("Other");
                    i++;
                }
            }
        }
        catch(Exception e){
        }
        finally {
            DB.closeStmt();
            DB.closeConn();
        }

        return sn;
    }

    /**
     * 获得新的 ID
     */
    public int getId(){
        Database DB = new Database();
        int ID = 1;
        sql = "select max(PersonID) from Person";
        try{
            DB.OpenConn();
            rs = DB.executeQuery(sql);
            if(rs.next()){
                ID = rs.getInt(1) + 1;
            }
            else
                ID = 1;
        }
        catch(Exception e){
```

```
    }
    finally {
        DB.closeStmt();
        DB.closeConn();
    }
    return ID;
}

/**
 * 获得表中的所有编号
 */
public String[] getAllId(){
    String[] s = null;
    int row = 0;
    int i = 0;
    Database DB = new Database();
    sql = "select PersonID from Person";

    try{
        DB.OpenConn();
        rs = DB.executeQuery(sql);
        if(rs.last()){
            row = rs.getRow();
        }

        if(row == 0){
            s = null;
        }
        else{
            s = new String[row];
            rs.first();
            rs.previous();
            while(rs.next()){
                s[i] = rs.getString(1);
                i++;
            }
        }
    }
    catch(Exception e){
        System.out.println(e);
    }
    finally {
        DB.closeStmt();
        DB.closeConn();
    }
    return s;
}

/**
 * 根据编号查询姓名
 */
public String getPersonName(String f1){

    Database DB = new Database();
    this.field1 = f1;
```

```
        String s = "";
        sql = "select name from Person where PersonID = "+field1+"";

        try{
            DB.OpenConn();
            rs = DB.executeQuery(sql);
            if(rs.next()){
                s = rs.getString("name");
            }
            else
                s = null;
        }
        catch(Exception e){
        }
        finally {
            DB.closeStmt();
            DB.closeConn();
        }
        return s;
    }
}
```

5. AssetsTrjnBean.java

该类是用于对 AssetsTrjn 表进行数据库操作的类，包括增加记录和查询功能。特别需要注意的是，资产的操作记录一般情况是要长时间保存的，程序本身不提供修改及删除功能。其代码如下：

```
import java.util.*;
import java.sql.*;
import javax.swing.*;
import java.text.DateFormat;

/**
 * 资产领用、归还的数据库操作类
 */
public class AssetsTrjnBean {
    String sql;
    ResultSet rs = null;

    String field1;      //JourNo;
    String field2;      //FromAcc;
    String field3;      //OldInfo;
    String field4;      //NewInfo;
    String field5;      //ChgTime;
    String field6;      //RegDate;
    String field7;      //PersonID;

    String colName;//列名
    String colValue;//列值
    String colValue2;//列值


    /**
```

```
     * 添加信息
     */
    public void add(String f1, String f2, String f3, String f4, String
f5, String f6, String f7){

        Database DB = new Database();

        this.field1 = f1;
        this.field2 = f2;
        this.field3 = f3;
        this.field4 = f4;
        this.field5 = f5;
        this.field6 = f6;
        this.field7 = f7;

        sql = "insert into
AssetsTrjn(JourNo,FromAcc,AssetsID,RegDate,PersonID,Use,Other) "
            +"values
('"+field1+"','"+field2+"','"+field3+"','"+field4+"','"+field5+"','"+fie
ld6+"','"+field7+"')";
        System.out.println("sql="+sql);
        try{
            DB.OpenConn();
            DB.executeUpdate(sql);
        }
        catch(Exception e){
            System.out.println(e);
            JOptionPane.showMessageDialog(null, "保存失败", "错误",
JOptionPane.ERROR_MESSAGE);
        }
        finally {
            DB.closeStmt();
            DB.closeConn();
        }
    }



    /**
     * 查询所有记录
     */
    public String[][] searchAllForUse(){

        Database DB = new Database();

        AssetsBean aBean = new AssetsBean();
        PersonBean pBean = new PersonBean();

        String[][] sn = null;
        int row = 0;
        int i = 0;
        sql = "SELECT * FROM AssetsTrjn where Fromacc='设备借用' order by
JourNo";

        try{
```

```
            DB.OpenConn();
            rs = DB.executeQuery(sql);

            if(rs.last()){
                row = rs.getRow();
            }

            if(row == 0){
                sn = new String[1][6];
                sn[0][0] = "  ";
                sn[0][1] = "  ";
                sn[0][2] = "  ";
                sn[0][3] = "  ";
                sn[0][4] = "  ";
                sn[0][5] = "  ";
            }
            else{
                sn = new String[row][6];
                rs.first();
                rs.previous();
                while(rs.next()){
                    sn[i][0] = rs.getString("JourNo");
                    sn[i][1] = aBean.getAssetsName(rs.getString("AssetsID"));
                    sn[i][2] = rs.getString("RegDate");
                    sn[i][3] = pBean.getPersonName(rs.getString("PersonID"));
                    sn[i][4] = rs.getString("Use");
                    sn[i][5] = rs.getString("Other");
                    i++;
                }
            }
        }
        catch(Exception e){
        }
        finally {
            DB.closeStmt();
            DB.closeConn();
        }
        return sn;
    }

    /**
     * 查询所有记录
     */
    public String[][] searchAllForBack(){

        Database DB = new Database();

        AssetsBean aBean = new AssetsBean();
        PersonBean pBean = new PersonBean();

        String[][] sn = null;
        int row = 0;
        int i = 0;
        sql = "SELECT * FROM AssetsTrjn where Fromacc='设备归还' order by
JourNo";
```

```
        try{
            DB.OpenConn();
            rs = DB.executeQuery(sql);

            if(rs.last()){
                row = rs.getRow();
            }

            if(row == 0){
                sn = new String[1][6];
                sn[0][0] = "  ";
                sn[0][1] = "  ";
                sn[0][2] = "  ";
                sn[0][3] = "  ";
                sn[0][4] = "  ";
                sn[0][5] = "  ";
            }
            else{
                sn = new String[row][6];
                rs.first();
                rs.previous();
                while(rs.next()){
                    sn[i][0] = rs.getString("JourNo");
                    sn[i][1] = aBean.getAssetsName(rs.getString("AssetsID"));
                    sn[i][2] = rs.getString("RegDate");
                    sn[i][3] = pBean.getPersonName(rs.getString("PersonID"));
                    sn[i][4] = rs.getString("Use");
                    sn[i][5] = rs.getString("Other");
                    i++;
                }
            }
        }
        catch(Exception e){
        }
        finally {
            DB.closeStmt();
            DB.closeConn();
        }
        return sn;
    }

    /**
     * 查询所有记录
     */
    public String[][] searchAllForInvalid(){

        Database DB = new Database();

        AssetsBean aBean = new AssetsBean();
        PersonBean pBean = new PersonBean();

        String[][] sn = null;
        int row = 0;
        int i = 0;
```

```
        sql = "SELECT * FROM AssetsTrjn where Fromacc='设备报废' order by
JourNo";

        try{
            DB.OpenConn();
            rs = DB.executeQuery(sql);

            if(rs.last()){
                row = rs.getRow();
            }

            if(row == 0){
                sn = new String[1][6];
                sn[0][0] = "  ";
                sn[0][1] = "  ";
                sn[0][2] = "  ";
                sn[0][3] = "  ";
                sn[0][4] = "  ";
                sn[0][5] = "  ";
            }
            else{
                sn = new String[row][6];
                rs.first();
                rs.previous();
                while(rs.next()){
                    sn[i][0] = rs.getString("JourNo");
                    sn[i][1] = aBean.getAssetsName(rs.getString("AssetsID"));
                    sn[i][2] = rs.getString("RegDate");
                    sn[i][3] = pBean.getPersonName(rs.getString("PersonID"));
                    sn[i][4] = rs.getString("Use");
                    sn[i][5] = rs.getString("Other");
                    i++;
                }
            }
        }
        catch(Exception e){
        }
        finally {
            DB.closeStmt();
            DB.closeConn();
        }
        return sn;
    }

    /**
     * 获得新的 ID
     */
    public int getId(){
        Database DB = new Database();
        int ID = 1;
        sql = "select max(JourNo) from AssetsTrjn";
        try{
            DB.OpenConn();
            rs = DB.executeQuery(sql);
            if(rs.next()){
```

```
                ID = rs.getInt(1) + 1;
            }
            else
                ID = 1;
        }
        catch(Exception e){
        }
        finally {
            DB.closeStmt();
            DB.closeConn();
        }
        return ID;
    }
}
```

10.5　程序的运行与发布

10.5.1　配置数据源

在运行程序之前，首先要进行数据源的配置，Windows XP 中数据源的具体配置步骤如下。

(1) 在 Windows XP 的桌面上用鼠标单击【开始】按钮，在弹出的菜单中选择【设置】|【控制面板】命令，打开【控制面板】对话框；双击【管理工具】图标，进入管理工具对话框；双击【数据源(ODBC)】图标，打开数据源配置窗口，单击【系统 DSN】选项卡标签，如图 10.22 所示。

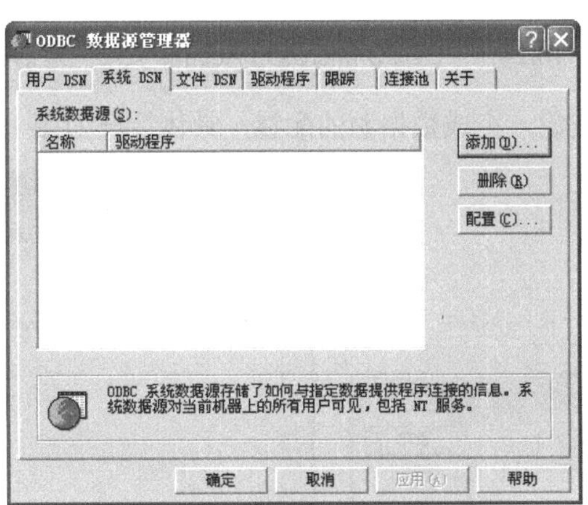

图 10.22　数据源配置对话框

(2) 单击【添加】按钮，选择数据源的驱动程序，在这里，我们选择的是 Access，如图 10.23 所示，然后单击【完成】按钮。

(3) 配置数据源名称、说明(可不填写)，单击【选择】按钮指定数据库文件的位置，如图 10.24 和图 10.25 所示(数据库文件 Assets.mdb 使用 Office 中的 Access 软件依照表 10.1～表 10.4 预先建立)。

图 10.23 “创建新数据源”对话框

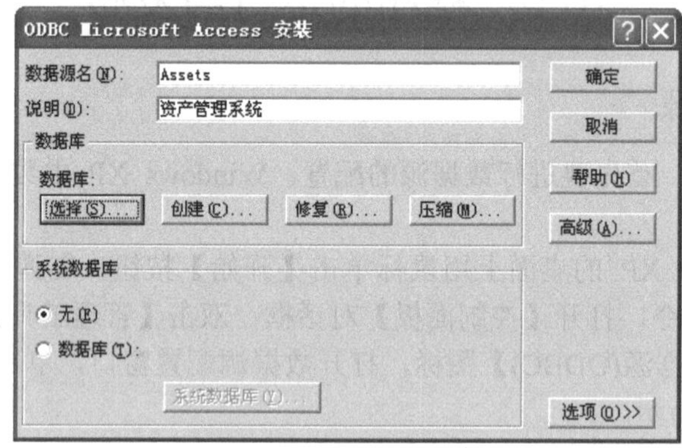

图 10.24 “ODBC Microsoft Access 安装”对话框

(4) 单击【确定】按钮，完成数据源的配置，具体情况如图 10.26 所示。

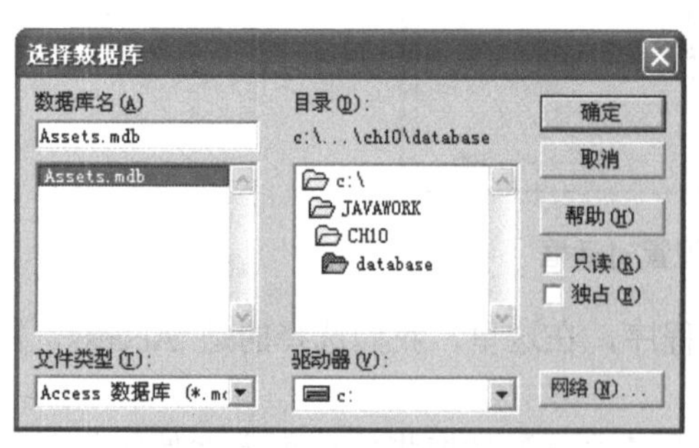

图 10.25 数据库选择界面

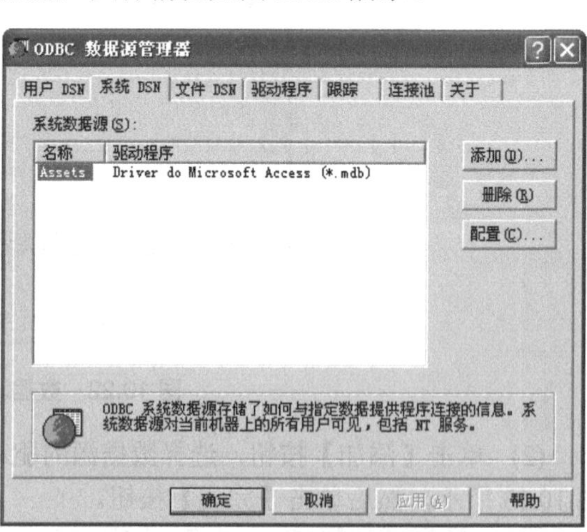

图 10.26 完成数据源配置界面

10.5.2　运行程序

将上面提到的 Java 文件保存到同一个文件夹中(如 C:\Javawork\CH10)。在利用 javac 命令对文件进行编译之前，首先要设置 classpath：

```
C:\Javawork\CH10>set classpath=C:\Javawork\CH10
```

然后利用 javac 命令对文件进行编译：

```
javac AssetsMS.java
```

之后，利用 java 命令执行程序：

```
java AssetsMS
```

10.5.3　发布程序

要发布应用程序，需要将其打包。使用 jar.exe，可以把应用程序中涉及的类和图片压缩成一个 jar 文件，这样便可以发布程序。

首先编写一个清单文件，名为 MANIFEST.MF，其代码如下：

```
Manifest-Version: 1.0
Created-By: 1.6.0 (Sun Microsystems Inc.)
Main-Class: AssetsMS
```

将清单文件保存到 C:\Javawork\CH10。

提示： 在编写清单文件时，在 Manifest-Version 和 1.0 之间必须有一个空格。同样，Main-Class 和主类 AssetsMs 之间也必须有一个空格。

然后使用如下命令生成 jar 文件：

```
jar cfm AssetsMS.jar MANIFEST.MF *.class *.gif
```

其中，参数 c 表示要生成一个新的 jar 文件；f 表示要生成的 jar 文件的名字；m 表示清单文件的名字。

如果安装过 WinRAR 解压软件，并将.jar 文件与该解压缩软件做了关联，那么 AssetsMS.jar 文件的类型是 WinRAR，使得 Java 程序无法运行。因此，在发布软件时，还应该再写一个有如下内容的 bat 文件(AssetsMS.bat)：

```
javaw -jar AssetsMS.jar
```

可以通过双击 AssetsMS.bat 来运行程序。

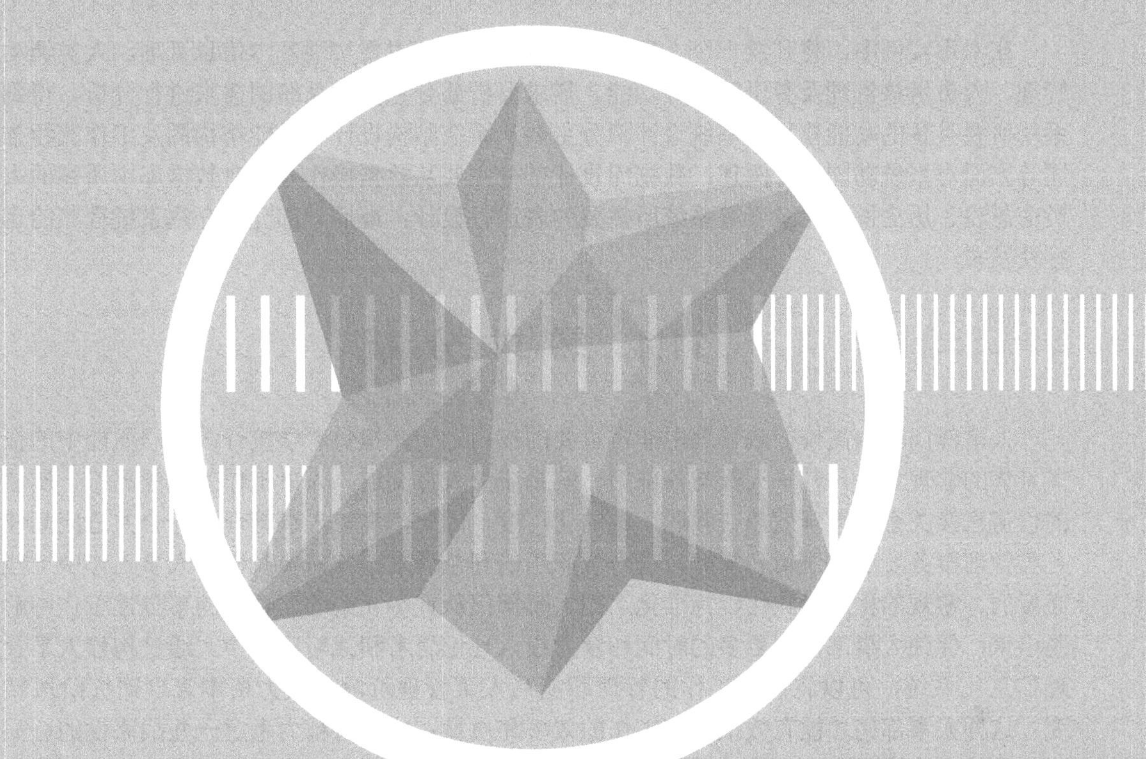

第 11 章

人事管理系统

在本章实例中，将开发一个人事管理系统。该系统主要实现基本信息管理、人员调动管理、人员考核管理及劳资管理等功能。需求分析部分主要对系统的需求进行分析，得到系统所要具备的功能模块；系统设计部分主要从系统结构设计、功能结构图及工作流程描述等方面对系统功能进行阐述；数据库设计部分主要从数据操作方面对数据库中所需的人员信息表、历史操作记录表等系统所需要的表进行设计；最后一部分则介绍系统程序的运行及发布。

11.1 需求分析

人事部门作为高校行政管理中非常重要的部门之一，担负着学校行政管理职能中的很多具体的管理业务，几乎天天与各部门、院系或个人打交道，人事工作效率的高低、质量的优劣直接关系到管理效益在教职工中的认可度。因此，高校人事管理要符合并适应高校各类管理事务发展的逻辑和规律，符合教职工的利益诉求；并需要我们将人事工作中一些必要的、常规的程序简约化、标准化，把人事部门从许多冗杂的、烦琐的事务性工作中解脱出来，促使人事部门将更多的时间和精力投入理论思考和战略决策中。通过构建人事管理信息化系统，可以将人事工作的管理职能从人事管理阶段向人力资本管理研究阶段转变，这样人事部门才能有效地提高工作的效率和质量；才能有精力考虑一些战略性的、高附加值的人力资源管理工作；才能打造现代师资管理数字平台，为师资队伍远景规划提供科学的数字依据；才能为学校各部门提供增值服务，为校领导的科学化决策提供重要依据。为此，高校人事管理系统通常高度集成了新进人员管理模块、组织机构管理模块、教职工信息管理模块、工作简历模块、学习简历模块、家庭信息情况、专业技术职务模块、行政党务职务模块、校内调动管理模块、攻读硕博管理模块、资格培训管理模块、合同信息登记管理模块、考核管理模块、劳资管理模块、退休管理模块、离校管理模块、报表模块和档案管理模块，以此优化业务流程，使数据共享一致。本书通过其中核心的几个模块，讲解人事系统的基本功能及 Java 实现，为读者能够继续深入学习提供基础及帮助。

本案例的系统功能描述如下。

1. 基本信息管理

管理人员的基本信息，包括增加员工信息、修改基础信息、删除员工信息、查询基础信息；维护部门信息，包括增加、修改、删除、查询等操作。

2. 人员调动管理

管理人员的调动情况，记录人员的调动历史并提供查询功能。

3. 人员考核管理

管理人员的考核情况，记录人员的考核历史并提供查询功能。

4. 劳资管理

管理人员的劳资分配情况，记录人员的劳资更改历史并提供查询功能。

11.2 系统设计

11.2.1 结构设计

根据系统需求分析，本系统将分为四个模块。

1. 基本信息管理

管理人员基本信息和部门信息，包括人员信息和部门信息的添加、修改、删除、查询。

2. 人员调动管理

管理人员调动情况，同时保存人员调动的历史记录，能够查询人员的调动记录。

3. 人员考核管理

管理人员考核情况，同时保存人员考核的历史记录，能够查询人员的考核记录。

4. 劳资管理

管理人员薪酬情况，同时保存薪酬变更的历史记录，能够查询薪酬的变更记录。

11.2.2 功能结构

人事管理系统的功能结构如图 11.1 所示。

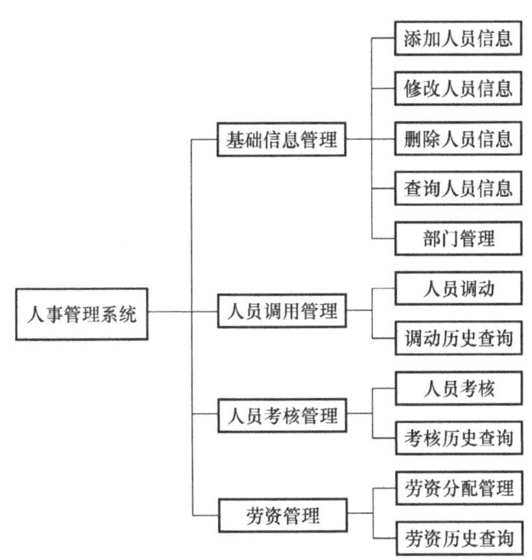

图 11.1　人事管理系统的功能结构

11.2.3 功能流程及工作流描述

1. 添加人员信息

用户利用添加人员信息管理模块可以实现人员信息的增加。当用户输入完整的个人信息后，单击“增加”按钮即可增加人员信息。本程序通过 Node11Panel.java 实现操作界面，通过 PersonBean.java 文件进行相关的数据库操作。

2. 修改人员信息

首先在程序左下角选择要修改信息的人员，选择后，人员的详细信息会显示出来，修改信息后单击“修改”按钮即可完成人员信息的修改，修改的信息会保存到数据库中。人员信息修改通过 Nodc12Panel.java 实现操作界面，通过 PersonBean.java 文件进行相关的数据库操作。

3. 删除人员信息

在显示的表格中选择要删除的人员，单击“删除”按钮即可完成删除任务，删除的信息会保存到数据库中。人员信息删除通过 Node13Panel.java 实现操作界面，数据库操作仍是通过 PersonBean.java 实现。

4. 查询人员信息

可以通过 Node14Panel.java 文件实现查询所有人员信息的功能。

5. 部门管理

用户利用部门管理模块可以实现部门的增加、修改、删除等操作。单击“获取新编号”按钮，填写一级部门名称与二级部门名称后，单击“增加”按钮即可添加新信息；当选择表格中已有的部门信息时，对应的信息会显示在文本框中，即可对选择的信息进行修改与删除操作。部门管理通过 Node15Panel.java 实现操作界面，通过 DeptBean.java 文件进行相关的数据库操作。

6. 人员调动

程序运行时能够列出所有人员的信息，用户在表格中选择了需要进行部门调动的人员后，在右下角选择要调入的新部门并单击“调入新部门”按钮即可完成调动工作，相应的操作会记录到数据库中。人员调动模块通过 Node21Panel.java 文件实现操作界面，调动时首先修改人员信息表(Person)中的部门信息，然后再向历史操作记录表(Histrjn)中添加人员调动记录，因此对应的数据库操作主要是通过 PersonBean.java 和 HistrjnBean.java 来实现的。通过 Node22Panel.java 可以实现查询所有部门调动的历史数据。

7. 人员考核

程序运行时能够列出所有人员的信息，用户在表格中选择了需要进行考核的人员后，在右下角选择考核结果并单击“确定”按钮即可完成考核工作。新进人员默认为“未考核”状态。考核的相关操作会记录到数据库中。人员考核模块通过 Node31Panel.java 文件实现操作界面，考核时首先修改人员信息表(Person)中的考核信息，然后再向历史操作记录表(Histrjn)中添加人员考核记录，数据库操作也是通过 PersonBean.java 和 HistrjnBean.java 来实现的。通过 Node32Panel.java 可以实现查询与所有人员考核相关的历史数据。

8. 劳资管理

劳资管理操作与考核、调动管理类似，人员初始薪酬为“0”，通过劳资管理分配薪酬。劳资管理模块通过 Node41Panel.java 文件实现操作界面，数据库操作也是通过 PersonBean.java 和 HistrjnBean.java 来实现。Node42Panel.java 实现查询所有劳资分配的历史数据。

11.3　数据库设计

数据库中应包含 3 个表，即人员信息表(Person)、历史操作记录表(Histrjn)和部门管理表(Dept)，设计要求如表 11.1～表 11.3 所示。

表 11.1　人员信息表(Person)

名　称	字段名称	数据类型	主　键	非　空
人员编号	PersonID	int	Yes	Yes
姓名	Name	Char(20)	No	Yes
性别	Sex	Char(10)	No	Yes
出生年月	Birth	Char(30)	No	Yes
民族	Nat	Char(20)	No	Yes
地址	Address	Char(50)	No	Yes
部门	DeptID	Char(10)	No	Yes
薪酬	Salary	Char(20)	No	Yes
考核	Assess	Char(20)	No	Yes
其他	Other	Char(50)	No	No

表 11.2　历史操作记录表(Histrjn)

名　称	字段名称	数据类型	主　键	非　空
流水编号	JourNo	int	Yes	Yes
操作类型	FromAcc	Char(20)	No	Yes
原始信息	OldInfo	Char(50)	No	Yes
更新信息	NewInfo	Char(50)	No	Yes
变更次数	ChgTime	Char(10)	No	Yes
变更日期	RegDate	Char(20)	No	Yes
人员编号	PersonID	Char(50)	No	Yes

表 11.3　部门管理表(Dept)

名　称	字段名称	数据类型	主　键	非　空
编号	DeptID	int	Yes	Yes
一级部门	B_Dept	Char(20)	No	Yes
二级部门	S_Dept	Char(20)	No	Yes

11.4 详细设计

11.4.1 人事管理系统主界面模块

人事管理系统主界面模块包括 HrMS.java 和 HrMain.java 两个文件。HrMS 是人事管理系统的主运行类，其中有运行整个程序的 main 方法，该文件生成 HrMain 类的一个实例，从而生成了人事管理系统的界面，如图 11.2 所示。HrMain 类继承自 JFrame 类，实现了事件侦听的接口，它有一个不带参数的构造函数 HrMain()，用来生成 HrMain 的实例。HrMain 类采用树的管理模式，用 JSplitPane 类将整个界面分为左右两个部分。其中左侧实现了人事管理系统的功能树，采用 JTree 类构建，同时实现了 TreeSelectionListener 接口，定义了该接口所必须实现的 valueChanged(TreeSelectionEvent e) 方法，这样可以处理 JTree 所产生的事件。当 JTree 的 TreeSelectionEvent 事件发生时，调用 JSplitPane 的 setRightComponent(Component comp)方法将定义好的 JPanel 加入右侧，实现不同的管理界面。以下为这两个类的代码实现。

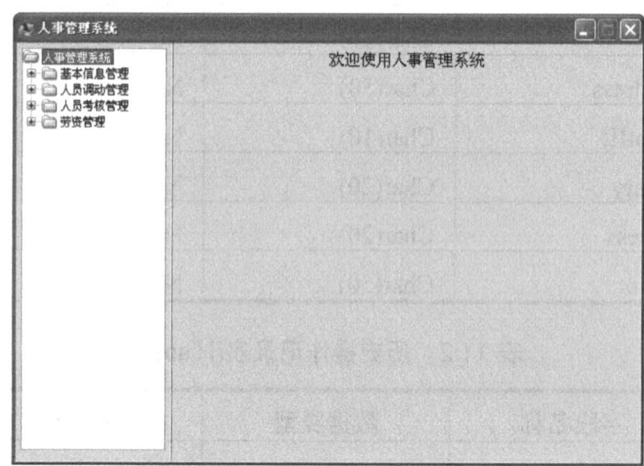

图 11.2 人事管理系统主界面

1. HrMS.java

HrMS.java 文件中的代码如下：

```
import javax.swing.UIManager;
import java.awt.*;

/**
 * 人事管理系统运行主类
 */
public class HrMS {
    boolean packFrame = false;

    /**
     * 构造函数
     */
    public HrMS() {
```

```
        HrMain frame = new HrMain();

        if (packFrame) {
            frame.pack();
        }
        else {
            frame.validate();
        }

        //设置运行时窗口的位置
        Dimension screenSize = Toolkit.getDefaultToolkit().getScreenSize();
        Dimension frameSize = frame.getSize();
        if (frameSize.height > screenSize.height) {
            frameSize.height = screenSize.height;
        }
        if (frameSize.width > screenSize.width) {
            frameSize.width = screenSize.width;
        }
        frame.setLocation((screenSize.width - frameSize.width) / 2,
        (screenSize.height - frameSize.height) / 2);
        frame.setVisible(true);
    }

    public static void main(String[] args) {
        //设置运行风格
        try {
            UIManager.setLookAndFeel(
            UIManager.getSystemLookAndFeelClassName());
        }
        catch(Exception e) {
            e.printStackTrace();
        }

        new HrMS();

    }
}
```

2. HrMain.java

HrMain.java 文件中的代码如下：

```
import java.awt.*;
import java.awt.event.*;
import javax.swing.*;
import javax.swing.event.*;
import javax.swing.tree.*;
import java.net.*;

/**
 * 人事管理系统主界面
 */
public class HrMain extends JFrame
implements ActionListener,TreeSelectionListener{
```

```
//框架的大小
Dimension faceSize = new Dimension(650, 450);
//程序图标
Image icon;

//建立 JTree 菜单
JTree tree;
DefaultMutableTreeNode root;  //人事管理系统
DefaultMutableTreeNode node1; //人员基本信息维护
DefaultMutableTreeNode node2; //部门信息管理
DefaultMutableTreeNode node3; //人员调动管理
DefaultMutableTreeNode node4; //人员考核管理
DefaultMutableTreeNode node5; //劳资管理
DefaultMutableTreeNode leafnode;
TreePath treePath;

//主界面面板
public static JSplitPane splitPane;
JPanel panel1;
JPanel panel2;
JPanel panel3;
JLabel welcome = new JLabel();
JScrollPane scrollPane;

/**
 * 程序初始化函数
 */
 public HrMain() {
    enableEvents(AWTEvent.WINDOW_EVENT_MASK);

    //添加框架的关闭事件处理
    this.setDefaultCloseOperation(JFrame.EXIT_ON_CLOSE);
    this.pack();
    //设置框架的大小
    this.setSize(faceSize);
    //设置标题
    this.setTitle("人事管理系统");
    //程序图标
    icon = getImage("icon.png");
    this.setIconImage(icon); //设置程序图标
    //设置自定义大小
    this.setResizable(false);

    try {
        Init();
    }
    catch(Exception e) {
        e.printStackTrace();
    }
}
/**
 * 程序初始化函数
 */
private void Init() throws Exception {
```

```
//Container contentPane = this.getContentPane();
//contentPane.setLayout(new BorderLayout());

//添加 JTree 菜单
root = new DefaultMutableTreeNode("人事管理系统");
node1 = new DefaultMutableTreeNode("基本信息管理");
node2 = new DefaultMutableTreeNode("人员调动管理");
node3 = new DefaultMutableTreeNode("人员考核管理");
node4 = new DefaultMutableTreeNode("劳资管理");
//人员基本信息
root.add(node1);
leafnode = new DefaultMutableTreeNode("添加人员信息");
node1.add(leafnode);
leafnode = new DefaultMutableTreeNode("修改人员信息");
node1.add(leafnode);
leafnode = new DefaultMutableTreeNode("删除人员信息");
node1.add(leafnode);
leafnode = new DefaultMutableTreeNode("查询人员信息");
node1.add(leafnode);
leafnode = new DefaultMutableTreeNode("部门管理");
node1.add(leafnode);
//人员调动管理
root.add(node2);
leafnode = new DefaultMutableTreeNode("人员调动");
node2.add(leafnode);
leafnode = new DefaultMutableTreeNode("调动历史查询");
node2.add(leafnode);
//人员考核管理
root.add(node3);
leafnode = new DefaultMutableTreeNode("人员考核");
node3.add(leafnode);
leafnode = new DefaultMutableTreeNode("考核历史查询");
node3.add(leafnode);
//劳资管理
root.add(node4);
leafnode = new DefaultMutableTreeNode("劳资分配管理");
node4.add(leafnode);
leafnode = new DefaultMutableTreeNode("劳资历史查询");
node4.add(leafnode);
//生成左侧的 JTree
tree = new JTree(root);
scrollPane = new JScrollPane(tree);
scrollPane.setPreferredSize(new Dimension(150,400));
tree.getSelectionModel().setSelectionMode(
    TreeSelectionModel.SINGLE_TREE_SELECTION);
//生成 JPanel
panel1 = new JPanel();
panel2 = new JPanel();
panel3 = new JPanel();
panel1.add(scrollPane);
welcome.setText("欢迎使用人事管理系统");
welcome.setFont(new Font("Dialog",0,16));
panel3.add(welcome);
```

```
        //生成 JSplitPane 并设置参数
        splitPane = new JSplitPane();
        splitPane.setOneTouchExpandable(false);
        splitPane.setContinuousLayout(true);
        splitPane.setPreferredSize(new Dimension(150, 400));
        splitPane.setOrientation(JSplitPane.HORIZONTAL_SPLIT);
        splitPane.setLeftComponent(panel1);
        splitPane.setRightComponent(panel3);
        splitPane.setDividerSize(2);
        splitPane.setDividerLocation(161);
        //生成主界面
        this.setContentPane(splitPane);
        this.setVisible(true);

        //添加事件侦听
        tree.addTreeSelectionListener(this);

        //关闭程序时的操作
        this.addWindowListener(
            new WindowAdapter(){
                public void windowClosing(WindowEvent e){
                    System.exit(0);
                }
            }
        );
    }

    /**
     * 事件处理
     */
    public void actionPerformed(ActionEvent e) {

    }

    /**
     * JTree 事件处理
     */
    public void valueChanged(TreeSelectionEvent tse) {
        DefaultMutableTreeNode dnode =
            (DefaultMutableTreeNode)tse.getPath().getLastPathComponent();
        System.out.println("dnode="+dnode);
        String node_str = dnode.toString();
        if (node_str == "人事管理系统") {
            splitPane.setRightComponent(panel3);
        }
        //人员基本信息管理树
        else if (node_str == "基本信息管理") {
            //当选中后展开或关闭叶子节点
            treePath = new TreePath(node1.getPath());
            if(tree.isExpanded(treePath))
                tree.collapsePath(treePath);
            else
                tree.expandPath(treePath);
```

```
}
else if (node_str == "添加人员信息") {
    Node11Panel node11Panel = new Node11Panel();
    splitPane.setRightComponent(node11Panel);
}
else if (node_str == "修改人员信息") {
    Node12Panel node12Panel = new Node12Panel();
    splitPane.setRightComponent(node12Panel);
}
else if (node_str == "删除人员信息") {
    Node13Panel node13Panel = new Node13Panel();
    splitPane.setRightComponent(node13Panel);
}
else if (node_str == "查询人员信息") {
    Node14Panel node14Panel = new Node14Panel();
    splitPane.setRightComponent(node14Panel);
}
else if (node_str == "部门管理") {
    Node15Panel node15Panel = new Node15Panel ();
    splitPane.setRightComponent(node15Panel);
}
//人员调动管理树
else if (node_str == "人员调动管理") {
    //当选中后展开或关闭叶子节点
    treePath = new TreePath(node2.getPath());
    if(tree.isExpanded(treePath))
        tree.collapsePath(treePath);
    else
        tree.expandPath(treePath);
}
else if (node_str == "人员调动") {
    Node21Panel node21Panel = new Node21Panel();
    splitPane.setRightComponent(node21Panel);
}
else if (node_str == "调动历史查询") {
    Node22Panel node22Panel = new Node22Panel();
    splitPane.setRightComponent(node22Panel);
}
//人员考核管理树
else if (node_str == "人员考核管理") {
    //当选中后展开或关闭叶子节点
    treePath = new TreePath(node3.getPath());
    if(tree.isExpanded(treePath))
        tree.collapsePath(treePath);
    else
        tree.expandPath(treePath);
}
else if (node_str == "人员考核") {
    Node31Panel node31Panel = new Node31Panel();
    splitPane.setRightComponent(node31Panel);
}
else if (node_str == "考核历史查询") {
    Node32Panel node32Panel = new Node32Panel();
    splitPane.setRightComponent(node32Panel);
```

```
        }
        //劳资管理树
        else if (node_str == "劳资管理") {
            //当选中后展开或关闭叶子节点
            treePath = new TreePath(node4.getPath());
            if(tree.isExpanded(treePath))
                tree.collapsePath(treePath);
            else
                tree.expandPath(treePath);
        }
        else if (node_str == "劳资分配管理") {
            Node41Panel node41Panel = new Node41Panel();
            splitPane.setRightComponent(node41Panel);
        }
        else if (node_str == "劳资历史查询") {
            Node42Panel nod42Panel = new Node42Panel();
            splitPane.setRightComponent(nod42Panel);
        }
    }

    /**
     * 通过给定的文件名获得图像
     */
    Image getImage(String filename) {
        URLClassLoader urlLoader = (URLClassLoader)this.getClass().
            getClassLoader();
        URL url = null;
        Image image = null;
        url = urlLoader.findResource(filename);
        image = Toolkit.getDefaultToolkit().getImage(url);
        MediaTracker mediatracker = new MediaTracker(this);
        try {
            mediatracker.addImage(image, 0);
            mediatracker.waitForID(0);
        }
        catch (InterruptedException _ex) {
            image = null;
        }
        if (mediatracker.isErrorID(0)) {
            image = null;
        }

        return image;
    }
}
```

11.4.2 基础信息管理模块

人事管理系统采用树形管理，基础信息管理模块为其一个节点，下面共有 5 个叶子。叶子继承自 JPanel，用于设计不同的管理界面。定义好界面以后，通过调用 JSplitPane 的 setRightComponent(Component comp)方法将 JPanel 加入右侧。本系统中，叶子节点采用统一规则命名，如 Node12Panel.java 为节点一的第二个叶子节点，它所对应的内容为基础信息管理模块(节点一)下的修改人员信息(第二叶子节点)管理，其他的以此类推。因此，基础信息管理模块主要由五个文件组成，分别对应添加人员信息、修改人员信息、删除人员信息、查询人员信息和部门管理这 5 个功能模块。其运行结果如图 11.3 所示。

1. Node11Panel.java

该类用于增加人员信息，继承自 JPanel，它实现了 ActionListener 和 ItemListener 接口，因此必须覆写 actionPerformed(ActionEvent e)与 itemStateChanged(ItemEvent e)方法，以实现基本事件处理与下拉菜单被选择时的事件处理，其实现效果如图 11.4 所示。

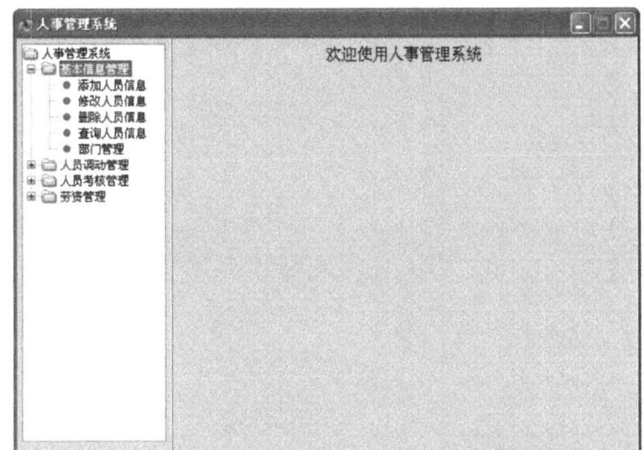

图 11.3　基础信息管理模块运行界面

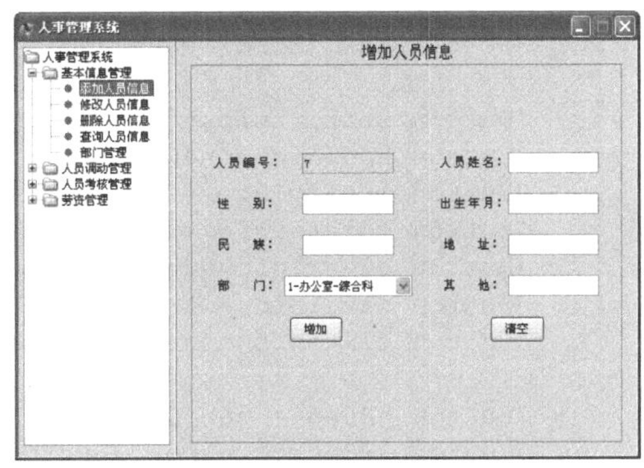

图 11.4　Node11Panel 的运行界面

Node11Panel.java 文件中的代码如下：

```
import javax.swing.*;
import java.awt.*;
import java.awt.event.*;
import java.net.*;

/**
 * 树形结构中第一节点下的第一叶子节点
 * 增加人员信息
 */
public class Node11Panel extends JPanel
implements ActionListener,ItemListener{
    JPanel centerPanel = new JPanel();
    JPanel upPanel = new JPanel();

    //定义图形界面元素
    JLabel jLabel = new JLabel();
    JLabel jLabel1 = new JLabel();
    JLabel jLabel2 = new JLabel();
    JLabel jLabel3 = new JLabel();
    JLabel jLabel4 = new JLabel();
    JLabel jLabel5 = new JLabel();
    JLabel jLabel6 = new JLabel();
    JLabel jLabel7 = new JLabel();
    JLabel jLabel8 = new JLabel();
```

```
    JLabel jLabel9 = new JLabel();

    JTextField jTextField1 = new JTextField(15);  //编号
    JTextField jTextField2 = new JTextField(15);  //姓名
    JTextField jTextField3 = new JTextField(15);  //性别
    JTextField jTextField4 = new JTextField(15);  //出生年月
    JTextField jTextField5 = new JTextField(15);  //民族
    JTextField jTextField6 = new JTextField(15);  //地址
    JComboBox jComboBox1 = null;  //部门
    String DeptID = "1";
    String Salary = "0";       //薪酬
    String Assess = "未考核"; //考核
    JTextField jTextField8 = new JTextField(15);  //其他

    JScrollPane jScrollPane1;

    JButton searchInfo = new JButton();
    JButton addInfo = new JButton();
    JButton modifyInfo = new JButton();
    JButton deleteInfo = new JButton();
    JButton clearInfo = new JButton();
    JButton saveInfo = new JButton();
    JButton eixtInfo = new JButton();

    JButton jBSee = new JButton();
    JButton jBSearch = new JButton();
    JButton jBExit = new JButton();
    JButton jBSum = new JButton();
    JButton jBGrade = new JButton();

    GridBagLayout girdBag = new GridBagLayout();
    GridBagConstraints girdBagCon;

    PersonBean bean = new PersonBean();

    public Node11Panel() {
        this.setLayout(new BorderLayout());
        try {
            jScrollPane1Init(); //上部面板布局
            panelInit();         //中部面板布局
            addListener();
        }
        catch(Exception e) {
            e.printStackTrace();
        }
    }

    /**
     * jScrollPane1 面板的布局
     */
    public void jScrollPane1Init() throws Exception {
        centerPanel.setLayout(girdBag);

        centerPanel.setLayout(girdBag);
```

```
jLabel1.setText("人 员 编 号：");
jLabel1.setFont(new Font("Dialog",0,12));
girdBagCon = new GridBagConstraints();
girdBagCon.gridx = 0;
girdBagCon.gridy = 1;
girdBagCon.insets = new Insets(0,10,10,1);
girdBag.setConstraints(jLabel1,girdBagCon);
centerPanel.add(jLabel1);

girdBagCon = new GridBagConstraints();
girdBagCon.gridx = 1;
girdBagCon.gridy = 1;
girdBagCon.insets = new Insets(0,1,10,15);
girdBag.setConstraints(jTextField1,girdBagCon);
centerPanel.add(jTextField1);

jLabel2.setText("人 员 姓 名：");
jLabel2.setFont(new Font("Dialog",0,12));
girdBagCon = new GridBagConstraints();
girdBagCon.gridx = 2;
girdBagCon.gridy = 1;
girdBagCon.insets = new Insets(0,15,10,1);
girdBag.setConstraints(jLabel2,girdBagCon);
centerPanel.add(jLabel2);

girdBagCon = new GridBagConstraints();
girdBagCon.gridx = 3;
girdBagCon.gridy = 1;
girdBagCon.insets = new Insets(0,1,10,10);
girdBag.setConstraints(jTextField2,girdBagCon);
centerPanel.add(jTextField2);

jLabel3.setText("性　　　别：");
jLabel3.setFont(new Font("Dialog",0,12));
girdBagCon = new GridBagConstraints();
girdBagCon.gridx = 0;
girdBagCon.gridy = 2;
girdBagCon.insets = new Insets(10,10,10,1);
girdBag.setConstraints(jLabel3,girdBagCon);
centerPanel.add(jLabel3);

girdBagCon = new GridBagConstraints();
girdBagCon.gridx = 1;
girdBagCon.gridy = 2;
girdBagCon.insets = new Insets(10,1,10,15);
girdBag.setConstraints(jTextField3,girdBagCon);
centerPanel.add(jTextField3);

jLabel4.setText("出 生 年 月：");
jLabel4.setFont(new Font("Dialog",0,12));
girdBagCon = new GridBagConstraints();
girdBagCon.gridx = 2;
girdBagCon.gridy = 2;
girdBagCon.insets = new Insets(10,15,10,1);
girdBag.setConstraints(jLabel4,girdBagCon);
```

```
centerPanel.add(jLabel4);

girdBagCon = new GridBagConstraints();
girdBagCon.gridx = 3;
girdBagCon.gridy = 2;
girdBagCon.insets = new Insets(10,1,10,10);
girdBag.setConstraints(jTextField4,girdBagCon);
centerPanel.add(jTextField4);

jLabel5.setText("民        族: ");
jLabel5.setFont(new Font("Dialog",0,12));
girdBagCon = new GridBagConstraints();
girdBagCon.gridx = 0;
girdBagCon.gridy = 3;
girdBagCon.insets = new Insets(10,10,10,1);
girdBag.setConstraints(jLabel5,girdBagCon);
centerPanel.add(jLabel5);

girdBagCon = new GridBagConstraints();
girdBagCon.gridx = 1;
girdBagCon.gridy = 3;
girdBagCon.insets = new Insets(10,1,10,15);
girdBag.setConstraints(jTextField5,girdBagCon);
centerPanel.add(jTextField5);

jLabel6.setText("地        址: ");
jLabel6.setFont(new Font("Dialog",0,12));
girdBagCon = new GridBagConstraints();
girdBagCon.gridx = 2;
girdBagCon.gridy = 3;
girdBagCon.insets = new Insets(10,15,10,1);
girdBag.setConstraints(jLabel6,girdBagCon);
centerPanel.add(jLabel6);

girdBagCon = new GridBagConstraints();
girdBagCon.gridx = 3;
girdBagCon.gridy = 3;
girdBagCon.insets = new Insets(10,1,10,10);
girdBag.setConstraints(jTextField6,girdBagCon);
centerPanel.add(jTextField6);

jLabel7.setText("部        门: ");
jLabel7.setFont(new Font("Dialog",0,12));
girdBagCon = new GridBagConstraints();
girdBagCon.gridx = 0;
girdBagCon.gridy = 4;
girdBagCon.insets = new Insets(10,10,10,1);
girdBag.setConstraints(jLabel7,girdBagCon);
centerPanel.add(jLabel7);

DeptBean dbean = new DeptBean();
String[] allType = dbean.searchAllForNode();
jComboBox1 = new JComboBox(allType);
girdBagCon = new GridBagConstraints();
girdBagCon.gridx = 1;
```

```
    girdBagCon.gridy = 4;
    girdBagCon.insets = new Insets(10,1,10,15);
    girdBag.setConstraints(jComboBox1,girdBagCon);
    centerPanel.add(jComboBox1);

    jLabel8.setText("其        他: ");
    jLabel8.setFont(new Font("Dialog",0,12));
    girdBagCon = new GridBagConstraints();
    girdBagCon.gridx = 2;
    girdBagCon.gridy = 4;
    girdBagCon.insets = new Insets(10,15,10,1);
    girdBag.setConstraints(jLabel8,girdBagCon);
    centerPanel.add(jLabel8);

    girdBagCon = new GridBagConstraints();
    girdBagCon.gridx = 3;
    girdBagCon.gridy = 4;
    girdBagCon.insets = new Insets(10,1,10,10);
    girdBag.setConstraints(jTextField8,girdBagCon);
    centerPanel.add(jTextField8);

    addInfo.setText("增加");
    addInfo.setFont(new Font("Dialog",0,12));
    girdBagCon = new GridBagConstraints();
    girdBagCon.gridx = 0;
    girdBagCon.gridy = 5;
    girdBagCon.gridwidth  = 2;
    girdBagCon.gridheight  = 1;
    girdBagCon.insets = new Insets(10,10,10,10);
    girdBag.setConstraints(addInfo,girdBagCon);
    centerPanel.add(addInfo);

    clearInfo.setText("清空");
    clearInfo.setFont(new Font("Dialog",0,12));
    girdBagCon = new GridBagConstraints();
    girdBagCon.gridx = 2;
    girdBagCon.gridy = 5;
    girdBagCon.gridwidth  = 2;
    girdBagCon.gridheight  = 1;
    girdBagCon.insets = new Insets(10,10,10,10);
    girdBag.setConstraints(clearInfo,girdBagCon);
    centerPanel.add(clearInfo);

}

public void panelInit() throws Exception {
    upPanel.setLayout(girdBag);

    jLabel.setText("增加人员信息");
    jLabel.setFont(new Font("Dialog",0,16));
    girdBagCon = new GridBagConstraints();
    girdBagCon.gridx = 0;
    girdBagCon.gridy = 0;
    girdBagCon.insets = new Insets(0,10,0,10);
    girdBag.setConstraints(jLabel,girdBagCon);
```

```
        upPanel.add(jLabel);

        jScrollPanel = new JScrollPane(centerPanel);
        jScrollPanel.setPreferredSize(new Dimension(450,380));

        girdBagCon = new GridBagConstraints();
        girdBagCon.gridx = 0;
        girdBagCon.gridy = 1;
        girdBagCon.insets = new Insets(0,0,0,0);
        girdBag.setConstraints(jScrollPanel,girdBagCon);
        upPanel.add(jScrollPanel);

        this.add(upPanel,BorderLayout.NORTH);

        jTextField1.setEditable(false);
        jTextField2.setEditable(true);
        jTextField3.setEditable(true);
        jTextField4.setEditable(true);
        jTextField5.setEditable(true);
        jTextField6.setEditable(true);
        jTextField8.setEditable(true);

        jTextField1.setText(""+bean.getId());
    }

    /**
     * 添加事件侦听
     */
    public void addListener() throws Exception {
        //添加事件侦听
        addInfo.addActionListener(this);
        clearInfo.addActionListener(this);
        jComboBox1.addItemListener(this);
    }

    /**
     * 事件处理
     */
    public void actionPerformed(ActionEvent e) {
        Object obj = e.getSource();
        if (obj == addInfo) { //增加
            bean.add(jTextField1.getText(),jTextField2.getText(),
                    jTextField3.getText(),jTextField4.getText(),
                    jTextField5.getText(),jTextField6.getText(),
                    DeptID,Salary,Assess,jTextField8.getText());
            Node11Panel node11Panel = new Node11Panel();
            HrMain.splitPane.setRightComponent(node11Panel);
        }
        else if (obj == clearInfo) { //清空
            setNull();
        }
    }

    /**
```

```
     * 将文本框清空
     */
    void setNull(){
        jTextField2.setText(null);
        jTextField3.setText(null);
        jTextField4.setText(null);
        jTextField5.setText(null);
        jTextField6.setText(null);
        jTextField8.setText(null);
    }

    /**
     * 下拉菜单事件处理
     */
    public void itemStateChanged(ItemEvent e) {
        if(e.getStateChange() == ItemEvent.SELECTED){
            String tempStr = ""+e.getItem();
            int i = tempStr.indexOf("-");
            DeptID = tempStr.substring(0,i);
        }
    }
}
```

2. Node12Panel.java

该类用于实现修改人员信息的界面，其运行效果如图 11.5 所示。

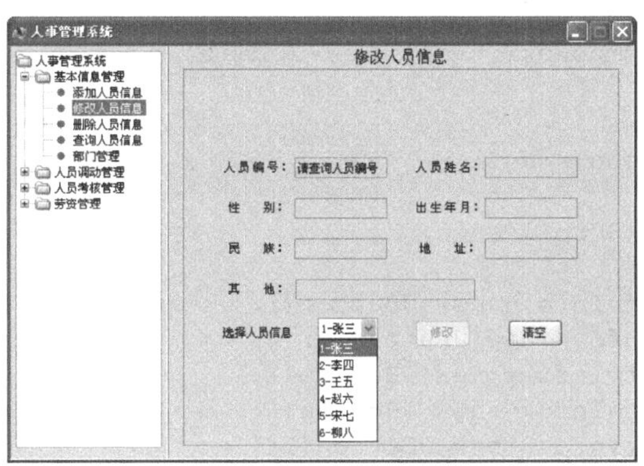

图 11.5　Node12Panel 的运行界面

Node12Panel.java 文件中的代码如下：

```
import javax.swing.*;
import java.awt.*;
import java.awt.event.*;
import java.net.*;

/**
 * 树中第一节点下的第二叶子节点
 * 修改人员信息
 */
public class Node12Panel extends JPanel
```

```
implements ActionListener,ItemListener{
    JPanel centerPanel = new JPanel();
    JPanel upPanel = new JPanel();

    //定义图形界面元素
    JLabel jLabel = new JLabel();
    JLabel jLabel1 = new JLabel();
    JLabel jLabel2 = new JLabel();
    JLabel jLabel3 = new JLabel();
    JLabel jLabel4 = new JLabel();
    JLabel jLabel5 = new JLabel();
    JLabel jLabel6 = new JLabel();
    JLabel jLabel7 = new JLabel();
    JLabel jLabel8 = new JLabel();
    JLabel jLabel9 = new JLabel();

    JTextField jTextField1 = new JTextField(15);  //编号
    JTextField jTextField2 = new JTextField(15);  //姓名
    JTextField jTextField3 = new JTextField(15);  //性别
    JTextField jTextField4 = new JTextField(15);  //出生年月
    JTextField jTextField5 = new JTextField(15);  //民族
    JTextField jTextField6 = new JTextField(15);  //地址
    String DeptID = "";  //部门
    String Salary = "";  //薪酬
    String Assess = "";  //考核
    JTextField jTextField8 = new JTextField(30);  //其他

    JComboBox jComboBox1 = null;  //人员信息

    String  personID = "";
    String[] person = null;

    JScrollPane jScrollPane1;

    JButton searchInfo = new JButton();
    JButton addInfo = new JButton();
    JButton modifyInfo = new JButton();
    JButton deleteInfo = new JButton();
    JButton clearInfo = new JButton();
    JButton saveInfo = new JButton();
    JButton eixtInfo = new JButton();

    JButton jBSee = new JButton();
    JButton jBSearch = new JButton();
    JButton jBExit = new JButton();
    JButton jBSum = new JButton();
    JButton jBGrade = new JButton();

    GridBagLayout girdBag = new GridBagLayout();
    GridBagConstraints girdBagCon;

    PersonBean bean = new PersonBean();

    public Node12Panel() {
```

```
    this.setLayout(new BorderLayout());
    try {
        jScrollPane1Init(); //上部面板布局
        panelInit();         //中部面板布局
        addListener();
    }
    catch(Exception e) {
        e.printStackTrace();
    }
}

/**
 * jScrollPane1 面板的布局
 */
public void jScrollPane1Init() throws Exception {
    centerPanel.setLayout(girdBag);

    centerPanel.setLayout(girdBag);
    jLabel1.setText("人 员 编 号: ");
    jLabel1.setFont(new Font("Dialog",0,12));
    girdBagCon = new GridBagConstraints();
    girdBagCon.gridx = 0;
    girdBagCon.gridy = 1;
    girdBagCon.insets = new Insets(0,10,10,1);
    girdBag.setConstraints(jLabel1,girdBagCon);
    centerPanel.add(jLabel1);

    girdBagCon = new GridBagConstraints();
    girdBagCon.gridx = 1;
    girdBagCon.gridy = 1;
    girdBagCon.insets = new Insets(0,1,10,15);
    girdBag.setConstraints(jTextField1,girdBagCon);
    centerPanel.add(jTextField1);

    jLabel2.setText("人 员 姓 名: ");
    jLabel2.setFont(new Font("Dialog",0,12));
    girdBagCon = new GridBagConstraints();
    girdBagCon.gridx = 2;
    girdBagCon.gridy = 1;
    girdBagCon.insets = new Insets(0,15,10,1);
    girdBag.setConstraints(jLabel2,girdBagCon);
    centerPanel.add(jLabel2);

    girdBagCon = new GridBagConstraints();
    girdBagCon.gridx = 3;
    girdBagCon.gridy = 1;
    girdBagCon.insets = new Insets(0,1,10,10);
    girdBag.setConstraints(jTextField2,girdBagCon);
    centerPanel.add(jTextField2);

    jLabel3.setText("性        别: ");
    jLabel3.setFont(new Font("Dialog",0,12));
    girdBagCon = new GridBagConstraints();
    girdBagCon.gridx = 0;
```

```
girdBagCon.gridy = 2;
girdBagCon.insets = new Insets(10,10,10,1);
girdBag.setConstraints(jLabel3,girdBagCon);
centerPanel.add(jLabel3);

girdBagCon = new GridBagConstraints();
girdBagCon.gridx = 1;
girdBagCon.gridy = 2;
girdBagCon.insets = new Insets(10,1,10,15);
girdBag.setConstraints(jTextField3,girdBagCon);
centerPanel.add(jTextField3);

jLabel4.setText("出 生 年 月：");
jLabel4.setFont(new Font("Dialog",0,12));
girdBagCon = new GridBagConstraints();
girdBagCon.gridx = 2;
girdBagCon.gridy = 2;
girdBagCon.insets = new Insets(10,15,10,1);
girdBag.setConstraints(jLabel4,girdBagCon);
centerPanel.add(jLabel4);

girdBagCon = new GridBagConstraints();
girdBagCon.gridx = 3;
girdBagCon.gridy = 2;
girdBagCon.insets = new Insets(10,1,10,10);
girdBag.setConstraints(jTextField4,girdBagCon);
centerPanel.add(jTextField4);

jLabel5.setText("民        族：");
jLabel5.setFont(new Font("Dialog",0,12));
girdBagCon = new GridBagConstraints();
girdBagCon.gridx = 0;
girdBagCon.gridy = 3;
girdBagCon.insets = new Insets(10,10,10,1);
girdBag.setConstraints(jLabel5,girdBagCon);
centerPanel.add(jLabel5);

girdBagCon = new GridBagConstraints();
girdBagCon.gridx = 1;
girdBagCon.gridy = 3;
girdBagCon.insets = new Insets(10,1,10,15);
girdBag.setConstraints(jTextField5,girdBagCon);
centerPanel.add(jTextField5);

jLabel6.setText("地        址：");
jLabel6.setFont(new Font("Dialog",0,12));
girdBagCon = new GridBagConstraints();
girdBagCon.gridx = 2;
girdBagCon.gridy = 3;
girdBagCon.insets = new Insets(10,15,10,1);
girdBag.setConstraints(jLabel6,girdBagCon);
centerPanel.add(jLabel6);

girdBagCon = new GridBagConstraints();
girdBagCon.gridx = 3;
```

```
girdBagCon.gridy = 3;
girdBagCon.insets = new Insets(10,1,10,10);
girdBag.setConstraints(jTextField6,girdBagCon);
centerPanel.add(jTextField6);

jLabel8.setText("其        他：");
jLabel8.setFont(new Font("Dialog",0,12));
girdBagCon = new GridBagConstraints();
girdBagCon.gridx = 0;
girdBagCon.gridy = 4;
girdBagCon.insets = new Insets(10,10,10,1);
girdBag.setConstraints(jLabel8,girdBagCon);
centerPanel.add(jLabel8);

girdBagCon = new GridBagConstraints();
girdBagCon.gridx = 1;
girdBagCon.gridy = 4;
girdBagCon.gridwidth  = 3;
girdBagCon.gridheight  = 1;
girdBagCon.insets = new Insets(10,1,10,115);
girdBag.setConstraints(jTextField8,girdBagCon);
centerPanel.add(jTextField8);

jLabel9.setText("选择人员信息");
jLabel9.setFont(new Font("Dialog",0,12));
girdBagCon = new GridBagConstraints();
girdBagCon.gridx = 0;
girdBagCon.gridy = 5;
girdBagCon.insets = new Insets(10,10,10,1);
girdBag.setConstraints(jLabel9,girdBagCon);
centerPanel.add(jLabel9);

String[] allType = bean.getAllId();
jComboBox1 = new JComboBox(allType);
girdBagCon = new GridBagConstraints();
girdBagCon.gridx = 1;
girdBagCon.gridy = 5;
girdBagCon.gridwidth  = 1;
girdBagCon.gridheight  = 1;
girdBagCon.insets = new Insets(1,10,10,10);
girdBag.setConstraints(jComboBox1,girdBagCon);
centerPanel.add(jComboBox1);

modifyInfo.setText("修改");
modifyInfo.setFont(new Font("Dialog",0,12));
girdBagCon = new GridBagConstraints();
girdBagCon.gridx = 2;
girdBagCon.gridy = 5;
girdBagCon.insets = new Insets(10,10,10,10);
girdBag.setConstraints(modifyInfo,girdBagCon);
centerPanel.add(modifyInfo);
modifyInfo.setEnabled(false);

clearInfo.setText("清空");
clearInfo.setFont(new Font("Dialog",0,12));
```

```
        girdBagCon = new GridBagConstraints();
        girdBagCon.gridx = 3;
        girdBagCon.gridy = 5;
        girdBagCon.insets = new Insets(10,10,10,10);
        girdBag.setConstraints(clearInfo,girdBagCon);
        centerPanel.add(clearInfo);
    }

    public void panelInit() throws Exception {
        upPanel.setLayout(girdBag);

        jLabel.setText("修改人员信息");
        jLabel.setFont(new Font("Dialog",0,16));
        girdBagCon = new GridBagConstraints();
        girdBagCon.gridx = 0;
        girdBagCon.gridy = 0;
        girdBagCon.insets = new Insets(0,10,0,10);
        girdBag.setConstraints(jLabel,girdBagCon);
        upPanel.add(jLabel);

        jScrollPane1 = new JScrollPane(centerPanel);
        jScrollPane1.setPreferredSize(new Dimension(450,380));

        girdBagCon = new GridBagConstraints();
        girdBagCon.gridx = 0;
        girdBagCon.gridy = 1;
        girdBagCon.insets = new Insets(0,0,0,0);
        girdBag.setConstraints(jScrollPane1,girdBagCon);
        upPanel.add(jScrollPane1);

        this.add(upPanel,BorderLayout.NORTH);

        jTextField1.setEditable(false);
        jTextField2.setEditable(false);
        jTextField3.setEditable(false);
        jTextField4.setEditable(false);
        jTextField5.setEditable(false);
        jTextField6.setEditable(false);
        jTextField8.setEditable(false);

        jTextField1.setText("请查询人员编号");
    }

    /**
     * 添加事件侦听
     */
    public void addListener() throws Exception {
        //添加事件侦听
        modifyInfo.addActionListener(this);
        clearInfo.addActionListener(this);
        searchInfo.addActionListener(this);
        jComboBox1.addItemListener(this);
    }

    /**
```

```
     * 事件处理
     */
    public void actionPerformed(ActionEvent e) {
        Object obj = e.getSource();
        String[] s = new String[10];
        if (obj == modifyInfo) { //修改
            bean.modify(jTextField1.getText(),jTextField2.getText(),
                    jTextField3.getText(),jTextField4.getText(),
                    jTextField5.getText(),jTextField6.getText(),
                    DeptID,Salary,Assess,jTextField8.getText());
            Node12Panel node12Panel = new Node12Panel();
            HrMain.splitPane.setRightComponent(node12Panel);
        }
        else if (obj == searchInfo) { //编号查询
        }
        else if (obj == clearInfo) { //清空
            setNull();
        }
    }

    /**
     * 将文本框清空
     */
    void setNull(){
        jTextField2.setText(null);
        jTextField3.setText(null);
        jTextField4.setText(null);
        jTextField5.setText(null);
        jTextField6.setText(null);
        jTextField8.setText(null);
        jTextField1.setText("请查询人员编号");

        jTextField2.setEditable(false);
        jTextField3.setEditable(false);
        jTextField4.setEditable(false);
        jTextField5.setEditable(false);
        jTextField6.setEditable(false);
        jTextField8.setEditable(false);
        modifyInfo.setEnabled(false);
    }

    /**
     * 下拉菜单事件处理
     */
    public void itemStateChanged(ItemEvent e) {
        if(e.getStateChange() == ItemEvent.SELECTED){
            String tempStr = ""+e.getItem();
            int i = tempStr.indexOf("-");
            personID = tempStr.substring(0,i);
            person = bean.search(personID);
            //数组初始化
            jTextField1.setText(person[0]);
            jTextField2.setText(person[1]);
            jTextField3.setText(person[2]);
```

```
            jTextField4.setText(person[3]);
            jTextField5.setText(person[4]);
            jTextField6.setText(person[5]);
            DeptID = ""+person[6];
            Salary = ""+person[7];
            Assess = ""+person[8];
            jTextField8.setText(person[9]);

            jTextField2.setEditable(true);
            jTextField3.setEditable(true);
            jTextField4.setEditable(true);
            jTextField5.setEditable(true);
            jTextField6.setEditable(true);
            jTextField8.setEditable(true);

            modifyInfo.setEnabled(true);
        }
    }
}
```

3. Node13Panel.java

该类用来实现删除人员信息的操作界面，实现了 ActionListener 和 ListSelectionListener 接口，因此必须覆写 actionPerformed(ActionEvent e)与 valueChanged(ListSelectionEvent e)方法，以实现基本事件处理与 JTable 列被选择时的事件处理，其运行效果如图 11.6 所示。

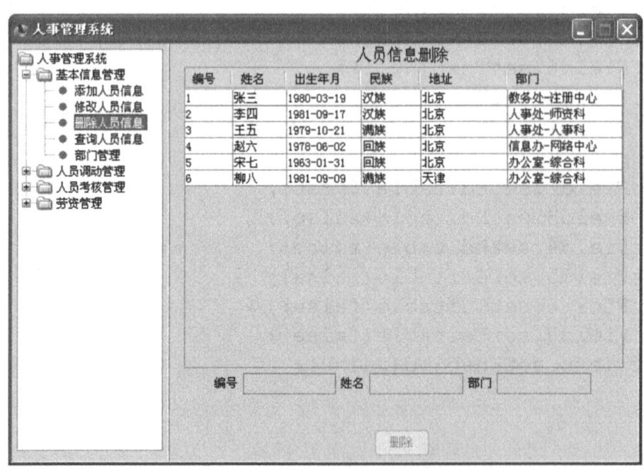

图 11.6　Node13Panel 的运行界面

Node13Panel.java 的代码如下：

```
import javax.swing.*;
import java.awt.*;
import java.awt.event.*;
import java.net.*;
import javax.swing.event.*;

/**
 * 树中第一节点下的第三叶子节点
```

```
 * 人员信息删除管理
 */
public class Node13Panel extends JPanel
implements ActionListener,ListSelectionListener{
    //定义所用的面板
    JPanel upPanel = new JPanel();
    JPanel centerPanel = new JPanel();
    JPanel downPanel = new JPanel();

    //定义图形界面元素
    JLabel jLabel = new JLabel();
    JLabel jLabel1 = new JLabel();
    JLabel jLabel2 = new JLabel();
    JLabel jLabel3 = new JLabel();

    JTextField jTextField1 = new JTextField(15);
    JTextField jTextField2 = new JTextField(15);
    JTextField jTextField3 = new JTextField(15);

    JButton searchInfo = new JButton();
    JButton addInfo = new JButton();
    JButton modifyInfo = new JButton();
    JButton deleteInfo = new JButton();
    JButton clearInfo = new JButton();
    JButton saveInfo = new JButton();
    JButton eixtInfo = new JButton();

    //定义表格
    JScrollPane jScrollPane1;
    JTable jTable;
    ListSelectionModel listSelectionModel = null;
   String[] colName = {"编号","姓名","出生年月","民族","地址","部门"};
    String[][] colValue;

    GridBagLayout girdBag = new GridBagLayout();
    GridBagConstraints girdBagCon;

    public Node13Panel() {
        this.setLayout(new BorderLayout());
        try {
            upInit();           //上部面板布局
            centerInit();    //中部面板布局
            downInit();       //下部面板布局
            addListener();
        }
        catch(Exception e) {
            e.printStackTrace();
        }
    }

    /**
     * 上部面板的布局
     */
    public void upInit() throws Exception {
        PersonBean bean = new PersonBean();
        upPanel.setLayout(girdBag);
```

```
        try {
            jLabel.setText("人员信息删除");
            jLabel.setFont(new Font("Dialog",0,16));
            girdBagCon = new GridBagConstraints();
            girdBagCon.gridx = 0;
            girdBagCon.gridy = 0;
            girdBagCon.insets = new Insets(0,10,0,10);
            girdBag.setConstraints(jLabel,girdBagCon);
            centerPanel.add(jLabel);
            upPanel.add(jLabel);

            colValue = bean.searchAll();
            jTable = new JTable(colValue,colName);
            jTable.setPreferredScrollableViewportSize(
                new Dimension(450,300));
            listSelectionModel = jTable.getSelectionModel();
            listSelectionModel.setSelectionMode(
                ListSelectionModel.SINGLE_SELECTION);
            listSelectionModel.addListSelectionListener(this);
            jScrollPane1 = new JScrollPane(jTable);
            jScrollPane1.setPreferredSize(new Dimension(450,300));

            girdBagCon = new GridBagConstraints();
            girdBagCon.gridx = 0;
            girdBagCon.gridy = 1;
            girdBagCon.insets = new Insets(0,0,0,0);
            girdBag.setConstraints(jScrollPane1,girdBagCon);
            upPanel.add(jScrollPane1);
        }
        catch(Exception e) {
            e.printStackTrace();
        }
        //添加上部面板
        this.add(upPanel,BorderLayout.NORTH);
    }

    /**
     * 中部面板的布局
     */
    public void centerInit() throws Exception {
        jLabel1.setText("编号");
        jLabel1.setFont(new Font("Dialog",0,12));
        centerPanel.add(jLabel1);
        centerPanel.add(jTextField1);

        jLabel2.setText("姓名");
        jLabel2.setFont(new Font("Dialog",0,12));
        centerPanel.add(jLabel2);
        centerPanel.add(jTextField2);

        jLabel3.setText("部门");
        jLabel3.setFont(new Font("Dialog",0,12));
        centerPanel.add(jLabel3);
        centerPanel.add(jTextField3);
        //添加中部面板
        this.add(centerPanel,BorderLayout.CENTER);
```

```
    //设置是否可操作
    jTextField1.setEditable(false);
    jTextField2.setEditable(false);
    jTextField3.setEditable(false);
}

/**
 * 下部面板的布局
 */
public void downInit(){
    deleteInfo.setText("删除");
    deleteInfo.setFont(new Font("Dialog",0,12));
    downPanel.add(deleteInfo);
    //添加下部面板
    this.add(downPanel,BorderLayout.SOUTH);
    //设置是否可操作
    deleteInfo.setEnabled(false);
}

/**
 * 添加事件侦听
 */
public void addListener() throws Exception {
    //添加事件侦听
    deleteInfo.addActionListener(this);
}

/**
 * 事件处理
 */
public void actionPerformed(ActionEvent e) {
    Object obj = e.getSource();
    if (obj == deleteInfo) { //删除
        PersonBean bean = new PersonBean();
        HistrjnBean hb = new HistrjnBean();
        if(hb.isRows(jTextField1.getText()))
            bean.delete(jTextField1.getText());
        else
            JOptionPane.showMessageDialog(null,
                "已有数据关联，无法删除。", "错误",
    JOptionPane.ERROR_MESSAGE);
        //重新生成界面
        Node13Panel node13Panel = new Node13Panel();
        HrMain.splitPane.setRightComponent(node13Panel);
    }
    jTable.revalidate();
}

/**
 * 当表格被选中时的操作
 */
public void valueChanged(ListSelectionEvent lse){
    int[] selectedRow = jTable.getSelectedRows();
    int[] selectedCol = jTable.getSelectedColumns();
    //定义文本框的显示内容
    for (int i=0; i<selectedRow.length; i++){
```

```
            for (int j=0; j<selectedCol.length; j++){
                jTextField1.setText(colValue[selectedRow[i]][0]);
                jTextField2.setText(colValue[selectedRow[i]][1]);
                jTextField3.setText(colValue[selectedRow[i]][2]);
            }
        }
        //设置是否可操作
        deleteInfo.setEnabled(true);
    }
}
```

4. Node14Panel.java

该类用于实现查询人员信息的操作界面，其运行效果如图 11.7 所示。

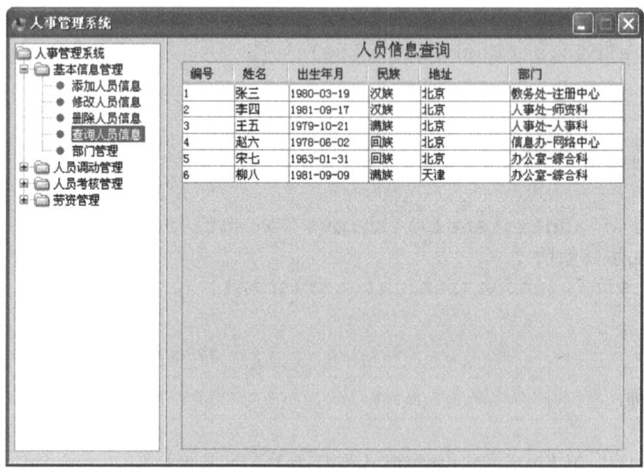

图 11.7 Node14Panel 的运行界面

Node14Panel.java 的代码如下：

```
import javax.swing.*;
import java.awt.*;
import java.awt.event.*;
import java.net.*;
import javax.swing.event.*;

/**
 * 树中第一节点下的第四叶子节点
 * 人员信息查询管理
 */
public class Node14Panel extends JPanel implements ActionListener{
    //定义所用的面板
    JPanel upPanel = new JPanel();
    JPanel centerPanel = new JPanel();
    JPanel downPanel = new JPanel();

    //定义图形界面元素
    JLabel jLabel = new JLabel();
    JLabel jLabel1 = new JLabel();
    JLabel jLabel2 = new JLabel();
    JLabel jLabel3 = new JLabel();
```

```
//定义表格
JScrollPane jScrollPane1;
JTable jTable;
ListSelectionModel listSelectionModel = null;
String[] colName = {"编号","姓名","出生年月","民族","地址","部门"};
String[][] colValue;

GridBagLayout girdBag = new GridBagLayout();
GridBagConstraints girdBagCon;

public Node14Panel() {
    this.setLayout(new BorderLayout());
    try {
        upInit();        //上部面板布局
        centerInit();    //中部面板布局
        downInit();      //下部面板布局
        addListener();
    }
    catch(Exception e) {
        e.printStackTrace();
    }
}

/**
 * 上部面板的布局
 */
public void upInit() throws Exception {
    PersonBean bean = new PersonBean();
    upPanel.setLayout(girdBag);

    try {
        jLabel.setText("人员信息查询");
        jLabel.setFont(new Font("Dialog",0,16));
        girdBagCon = new GridBagConstraints();
        girdBagCon.gridx = 0;
        girdBagCon.gridy = 0;
        girdBagCon.insets = new Insets(0,10,0,10);
        girdBag.setConstraints(jLabel,girdBagCon);
        centerPanel.add(jLabel);
        upPanel.add(jLabel);

        colValue = bean.searchAll();
        jTable = new JTable(colValue,colName);
        jTable.setPreferredScrollableViewportSize(
        new Dimension(450,380));
        jScrollPane1 = new JScrollPane(jTable);
        jScrollPane1.setPreferredSize(new Dimension(450,380));

        girdBagCon = new GridBagConstraints();
        girdBagCon.gridx = 0;
        girdBagCon.gridy = 1;
        girdBagCon.insets = new Insets(0,0,0,0);
        girdBag.setConstraints(jScrollPane1,girdBagCon);
        upPanel.add(jScrollPane1);
    }
    catch(Exception e) {
        e.printStackTrace();
```

```
        }
        //添加上部面板
        this.add(upPanel,BorderLayout.NORTH);
    }

    /**
     * 中部面板的布局
     */
    public void centerInit() throws Exception {
    }

    /**
     * 下部面板的布局
     */
    public void downInit(){
    }

    /**
     * 添加事件侦听
     */
    public void addListener() throws Exception {
    }

    /**
     * 事件处理
     */
    public void actionPerformed(ActionEvent e) {
    }
}
```

5. Node15Panel.java

该类用于实现部门管理的界面，其运行结果如图 11.8 所示。

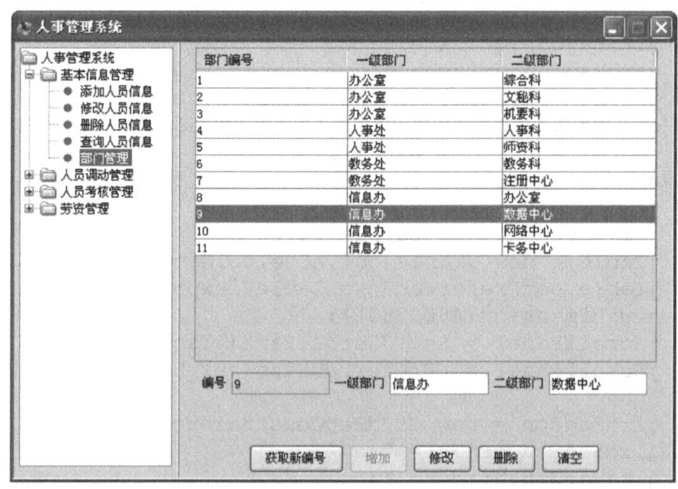

图 11.8　Node15Panel 的运行界面

Node15Panel.java 的代码实现如下：

```
import javax.swing.*;
import java.awt.*;
```

```
import java.awt.event.*;
import java.net.*;
import javax.swing.event.*;

/**
 * 树中第一节点下的第五叶子节点
 * 部门管理
 */
public class Node15Panel extends JPanel
implements ActionListener,ListSelectionListener{
    //定义所用的面板
    JPanel upPanel = new JPanel();
    JPanel centerPanel = new JPanel();
    JPanel downPanel = new JPanel();

    //定义图形界面元素
    JLabel jLabel1 = new JLabel();
    JLabel jLabel2 = new JLabel();
    JLabel jLabel3 = new JLabel();

    JTextField jTextField1 = new JTextField(15);
    JTextField jTextField2 = new JTextField(15);
    JTextField jTextField3 = new JTextField(15);

    JButton searchInfo = new JButton();
    JButton addInfo = new JButton();
    JButton modifyInfo = new JButton();
    JButton deleteInfo = new JButton();
    JButton clearInfo = new JButton();
    JButton saveInfo = new JButton();
    JButton eixtInfo = new JButton();

    //定义表格
    JScrollPane jScrollPane1;
    JTable jTable;
    ListSelectionModel listSelectionModel = null;
    String[] colName = {"部门编号","一级部门","二级部门"};
    String[][] colValue;

    GridBagLayout girdBag = new GridBagLayout();
    GridBagConstraints girdBagCon;

    public Node15Panel() {
        this.setLayout(new BorderLayout());
        try {
            upInit();        //上部面板布局
            centerInit();    //中部面板布局
            downInit();      //下部面板布局
            addListener();
        }
        catch(Exception e) {
            e.printStackTrace();
        }
    }

    /**
```

```
     * 上部面板的布局
     */
    public void upInit() throws Exception {
        DeptBean bean = new DeptBean();

        try {
            colValue = bean.searchAll();
            jTable = new JTable(colValue,colName);
            jTable.setPreferredScrollableViewportSize(
            new Dimension(450,300));
            listSelectionModel = jTable.getSelectionModel();
            listSelectionModel.setSelectionMode(
            ListSelectionModel.SINGLE_SELECTION);
            listSelectionModel.addListSelectionListener(this);
            jScrollPanel = new JScrollPane(jTable);
            jScrollPanel.setPreferredSize(new Dimension(450,300));
        }
        catch(Exception e) {
            e.printStackTrace();
        }

        upPanel.add(jScrollPanel);
        //添加上部面板
        this.add(upPanel,BorderLayout.NORTH);
    }

    /**
     * 中部面板的布局
     */
    public void centerInit() throws Exception {
        jLabel1.setText("编号");
        jLabel1.setFont(new Font("Dialog",0,12));
        centerPanel.add(jLabel1);
        centerPanel.add(jTextField1);

        jLabel2.setText("一级部门");
        jLabel2.setFont(new Font("Dialog",0,12));
        centerPanel.add(jLabel2);
        centerPanel.add(jTextField2);

        jLabel3.setText("二级部门");
        jLabel3.setFont(new Font("Dialog",0,12));
        centerPanel.add(jLabel3);
        centerPanel.add(jTextField3);
        //添加中部面板
        this.add(centerPanel,BorderLayout.CENTER);
        //设置是否可操作
        jTextField1.setEditable(false);
        jTextField2.setEditable(false);
        jTextField3.setEditable(false);
    }

    /**
     * 下部面板的布局
     */
    public void downInit(){
```

```
        searchInfo.setText("获取新编号");
        searchInfo.setFont(new Font("Dialog",0,12));
        downPanel.add(searchInfo);
        addInfo.setText("增加");
        addInfo.setFont(new Font("Dialog",0,12));
        downPanel.add(addInfo);
        modifyInfo.setText("修改");
        modifyInfo.setFont(new Font("Dialog",0,12));
        downPanel.add(modifyInfo);
        deleteInfo.setText("删除");
        deleteInfo.setFont(new Font("Dialog",0,12));
        downPanel.add(deleteInfo);
        clearInfo.setText("清空");
        clearInfo.setFont(new Font("Dialog",0,12));
        downPanel.add(clearInfo);
        //添加下部面板
        this.add(downPanel,BorderLayout.SOUTH);
        //设置是否可操作
        searchInfo.setEnabled(true);
        addInfo.setEnabled(false);
        modifyInfo.setEnabled(false);
        deleteInfo.setEnabled(false);
        clearInfo.setEnabled(true);
    }

    /**
     * 添加事件侦听
     */
    public void addListener() throws Exception {
        //添加事件侦听
        searchInfo.addActionListener(this);
        addInfo.addActionListener(this);
        modifyInfo.addActionListener(this);
        deleteInfo.addActionListener(this);
        clearInfo.addActionListener(this);
    }

    /**
     * 事件处理
     */
    public void actionPerformed(ActionEvent e) {
        Object obj = e.getSource();
        if (obj == searchInfo) {
            setNull();
            //获取新编号
            DeptBean bean = new DeptBean();
            jTextField1.setText(""+bean.getId());
            jTextField2.setEditable(true);
            jTextField3.setEditable(true);
            //设置是否可操作
            addInfo.setEnabled(true);
            modifyInfo.setEnabled(false);
            deleteInfo.setEnabled(false);

        }
        else if (obj == addInfo) { //增加
```

```
            DeptBean bean = new DeptBean();
            bean.add(jTextField1.getText(),jTextField2.getText(),
            jTextField3.getText());
            //重新生成界面
            Node15Panel dp = new Node15Panel();
            HrMain.splitPane.setRightComponent(dp);
        }
        else if (obj == modifyInfo) { //修改
            DeptBean bean = new DeptBean();
            bean.modify(jTextField1.getText(),jTextField2.getText(),
            jTextField3.getText());
            //重新生成界面
            Node15Panel dp = new Node15Panel();
            HrMain.splitPane.setRightComponent(dp);
        }
        else if (obj == deleteInfo) { //删除
            DeptBean bean = new DeptBean();
            bean.delete(jTextField1.getText());
            //重新生成界面
            Node15Panel dp = new Node15Panel();
            HrMain.splitPane.setRightComponent(dp);
        }
        else if (obj == clearInfo) { //清空
            setNull();
        }
        jTable.revalidate();
    }

    /**
     * 将文本框清空
     */
    void setNull(){
        jTextField1.setText(null);
        jTextField2.setText(null);
        jTextField3.setText(null);
        jTextField2.setEditable(false);
        jTextField3.setEditable(false);
        searchInfo.setEnabled(true);
        addInfo.setEnabled(false);
        modifyInfo.setEnabled(false);
        deleteInfo.setEnabled(false);
        clearInfo.setEnabled(true);
    }
    /**
     * 当表格被选中时的操作
     */
    public void valueChanged(ListSelectionEvent lse){
        int[] selectedRow = jTable.getSelectedRows();
        int[] selectedCol = jTable.getSelectedColumns();
        //定义文本框的显示内容
        for (int i=0; i<selectedRow.length; i++){
            for (int j=0; j<selectedCol.length; j++){
                jTextField1.setText(colValue[selectedRow[i]][0]);
                jTextField2.setText(colValue[selectedRow[i]][1]);
                jTextField3.setText(colValue[selectedRow[i]][2]);
            }
```

```
        }
        //设置是否可操作
        jTextField2.setEditable(true);
        jTextField3.setEditable(true);
        searchInfo.setEnabled(true);
        addInfo.setEnabled(false);
        modifyInfo.setEnabled(true);
        deleteInfo.setEnabled(true);
        clearInfo.setEnabled(true);
    }
}
```

11.4.3　人员调动管理模块

人员调动管理为人事管理系统功能树的第二个节点，其下有两个叶子，分别实现人员调动和调动历史查询的功能。在本系统的设计中，为了简化系统结构，人员调动主要是人员所属的部门信息发生变化，人员所属的部门信息保存在人员信息表(Person)中，而人员调动所引起的变化信息保存在历史操作记录表(Histrjn)中，这样便通过历史操作记录表，记录了所有的信息变更情况(在本系统中包括人员调动、考核管理和劳资管理)。在实际系统中，人员调动通常需要设计更为复杂的数据库操作，但是基础操作大体相同。用历史流水表来保存操作记录(或者其他记录)的方式也是很常见的，如高校的一卡通系统、网络管理系统等。但在实际的系统中，历史流水往往只保存相关的操作代码，而用操作代码控制表来保存代码与实际含义的对应关系，感兴趣的读者可以查询相关资料深入研究，本书力争用最短的篇幅讲述最核心的内容。人员调动管理模块的运行界面如图 11.9 所示。

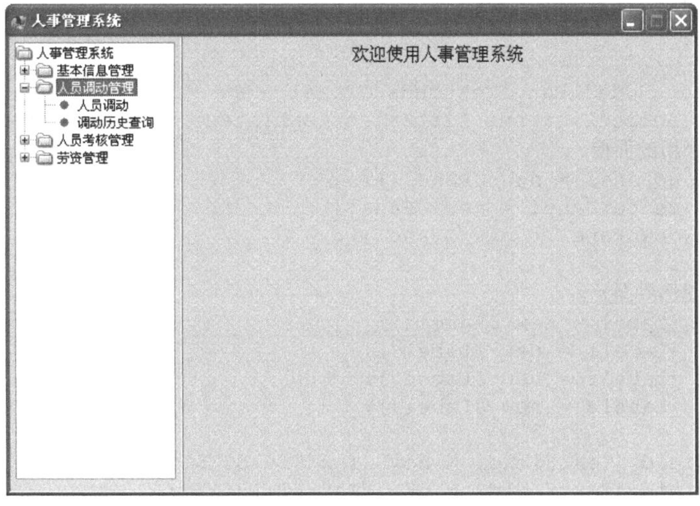

图 11.9　人员调动管理模块运行界面

1. Node21Panel.java

该类用于实现人员调动管理的操作界面，其运行界面如图 11.10 所示。

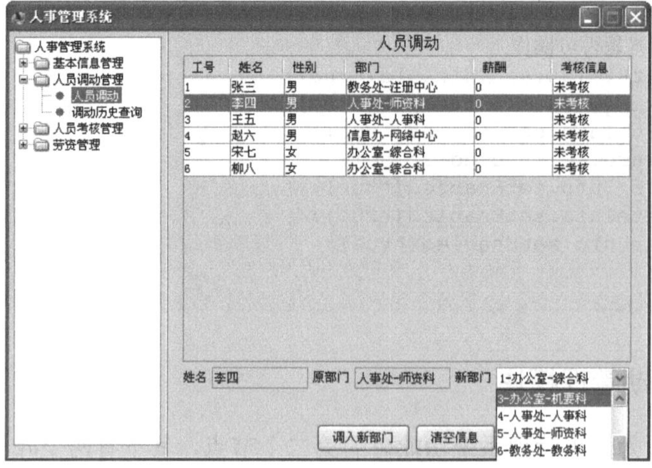

图 11.10　Node21Panel 的运行界面

Node21Panel.java 的代码如下：

```
import javax.swing.*;
import java.awt.*;
import java.awt.event.*;
import java.net.*;
import javax.swing.event.*;
import java.util.*;
import java.text.*;

/**
 * 树中第二节点下的第一叶子节点
 * 人员调动
 */
public class Node21Panel extends JPanel
implements ActionListener,ListSelectionListener,ItemListener{
    //定义所用的面板
    JPanel upPanel = new JPanel();
    JPanel centerPanel = new JPanel();
    JPanel downPanel = new JPanel();

    //定义图形界面元素
    JLabel jLabel = new JLabel();
    JLabel jLabel1 = new JLabel();
    JLabel jLabel2 = new JLabel();
    JLabel jLabel3 = new JLabel();

    JTextField jTextField1 = new JTextField(15);
    JTextField jTextField2 = new JTextField(15);
    String DeptID = "1";
    String PersonID = null;
    String oldDeptID = null;

    JComboBox jComboBox1 = null;

    JButton modifyInfo = new JButton();
    JButton clearInfo = new JButton();
```

```
//定义表格
JScrollPane jScrollPane1;
JTable jTable;
ListSelectionModel listSelectionModel = null;
String[] colName = {"工号","姓名","性别","部门","薪酬","考核信息"};
String[][] colValue;

GridBagLayout girdBag = new GridBagLayout();
GridBagConstraints girdBagCon;

public Node21Panel() {
    this.setLayout(new BorderLayout());
    try {
        upInit();        //上部面板布局
        centerInit();    //中部面板布局
        downInit();      //下部面板布局
        addListener();
    }
    catch(Exception e) {
        e.printStackTrace();
    }
}

/**
 * 上部面板的布局
 */
public void upInit() throws Exception {
    PersonBean bean = new PersonBean();
    upPanel.setLayout(girdBag);

    try {
        jLabel.setText("人员调动");
        jLabel.setFont(new Font("Dialog",0,16));
        girdBagCon = new GridBagConstraints();
        girdBagCon.gridx = 0;
        girdBagCon.gridy = 0;
        girdBagCon.insets = new Insets(0,10,0,10);
        girdBag.setConstraints(jLabel,girdBagCon);
        upPanel.add(jLabel);

        colValue = bean.searchAllForNode();
        jTable = new JTable(colValue,colName);
        jTable.setPreferredScrollableViewportSize(
            new Dimension(450,300));
        listSelectionModel = jTable.getSelectionModel();
        listSelectionModel.setSelectionMode(
            ListSelectionModel.SINGLE_SELECTION);
        listSelectionModel.addListSelectionListener(this);
        jScrollPane1 = new JScrollPane(jTable);
        jScrollPane1.setPreferredSize(new Dimension(450,300));

        girdBagCon = new GridBagConstraints();
        girdBagCon.gridx = 0;
        girdBagCon.gridy = 1;
        girdBagCon.insets = new Insets(0,0,0,0);
        girdBag.setConstraints(jScrollPane1,girdBagCon);
        upPanel.add(jScrollPane1);
```

```
    }
    catch(Exception e) {
        e.printStackTrace();
    }

    //添加上部面板
    this.add(upPanel,BorderLayout.NORTH);
}

/**
 * 中部面板的布局
 */
public void centerInit() throws Exception {
    jLabel1.setText("姓名");
    jLabel1.setFont(new Font("Dialog",0,12));
    centerPanel.add(jLabel1);
    centerPanel.add(jTextField1);

    jLabel2.setText("原部门");
    jLabel2.setFont(new Font("Dialog",0,12));
    centerPanel.add(jLabel2);
    centerPanel.add(jTextField2);

    jLabel3.setText("新部门");
    jLabel3.setFont(new Font("Dialog",0,12));
    centerPanel.add(jLabel3);
    DeptBean tbean = new DeptBean();
    String[] allType = tbean.searchAllForNode();
    jComboBox1 = new JComboBox(allType);
    centerPanel.add(jComboBox1);
    //添加中部面板
    this.add(centerPanel,BorderLayout.CENTER);
    //设置是否可操作
    jTextField1.setEditable(false);
    jTextField2.setEditable(false);
    jComboBox1.setEnabled(false);
}

/**
 * 下部面板的布局
 */
public void downInit(){
    modifyInfo.setText("调入新部门");
    modifyInfo.setFont(new Font("Dialog",0,12));
    downPanel.add(modifyInfo);
    clearInfo.setText("清空信息");
    clearInfo.setFont(new Font("Dialog",0,12));
    downPanel.add(clearInfo);
    //添加下部面板
    this.add(downPanel,BorderLayout.SOUTH);
    //设置是否可操作
    modifyInfo.setEnabled(false);
    clearInfo.setEnabled(true);
}

/**
```

```
     * 添加事件侦听
     */
    public void addListener() throws Exception {
        //添加事件侦听
        modifyInfo.addActionListener(this);
        clearInfo.addActionListener(this);

        jComboBox1.addItemListener(this);
    }

    /**
     * 事件处理
     */
    public void actionPerformed(ActionEvent e) {
        Object obj = e.getSource();
        if (obj == modifyInfo) { //修改
            PersonBean bean = new PersonBean();
            oldDeptID = bean.getDeptId(PersonID);
            if(oldDeptID == DeptID||oldDeptID.equals(DeptID)){
                JOptionPane.showMessageDialog(null,"请选择不同的部门",
                    "错误", JOptionPane.ERROR_MESSAGE);
                oldDeptID = null;
                return;
            }else{
                bean.updateDept(PersonID,DeptID);
                HistrjnBean hbean = new HistrjnBean();
                String f1 = ""+hbean.getId();
                String f5 = ""+hbean.getChgTime("人员调动",PersonID);
                java.util.Date now = new java.util.Date();
                DateFormat date = DateFormat.getDateTimeInstance();
                String f6 = ""+date.format(now);
                hbean.add(f1,"人员调动",oldDeptID,DeptID,f5,f6,PersonID);
                //重新生成界面
                Node21Panel dp = new Node21Panel();
                HrMain.splitPane.setRightComponent(dp);
            }
        }
        else if (obj == clearInfo) { //清空
            setNull();
        }
        jTable.revalidate();
    }

    /**
     * 将文本框清空
     */
    void setNull(){
        jTextField1.setText(null);
        jTextField2.setText(null);
        jTextField1.setEditable(false);
        jTextField2.setEditable(false);
        modifyInfo.setEnabled(false);
        clearInfo.setEnabled(true);
        jComboBox1.setEnabled(false);
    }
```

```
    /**
     * 表格被选中时的操作
     */
    public void valueChanged(ListSelectionEvent lse){
        int[] selectedRow = jTable.getSelectedRows();
        int[] selectedCol = jTable.getSelectedColumns();
        //定义文本框的显示内容
        for (int i=0; i<selectedRow.length; i++){
            for (int j=0; j<selectedCol.length; j++){
                jTextField1.setText(colValue[selectedRow[i]][1]);//姓名
                jTextField2.setText(colValue[selectedRow[i]][3]);//部门
                PersonID = colValue[selectedRow[i]][0];//工号
            }
        }
        //设置是否可操作
        jComboBox1.setEnabled(true);
        modifyInfo.setEnabled(true);
        clearInfo.setEnabled(true);
    }

    /**
     * 下拉菜单事件处理
     */
    public void itemStateChanged(ItemEvent e) {
        if(e.getStateChange() == ItemEvent.SELECTED){
            String tempStr = "" +e.getItem();
            int i = tempStr.indexOf("-");
            DeptID = tempStr.substring(0,i);
        }
    }
}
```

2. Node22Panel.java

该类用于实现人员调动历史查询的界面，其运行界面如图 11.11 所示。

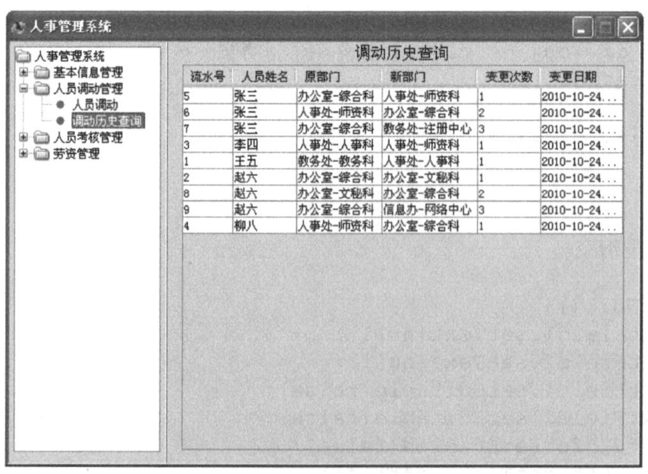

图 11.11　Node22Panel 的运行界面

Node22Panel.java 的代码如下：

```
import javax.swing.*;
import java.awt.*;
import java.awt.event.*;
import java.net.*;
import javax.swing.event.*;
import java.util.*;
import java.text.*;

/**
 * 树中第二节点下的第二叶子节点
 * 调动历史查询
 */
public class Node22Panel extends JPanel implements ActionListener{
    //定义所用的面板
    JPanel upPanel = new JPanel();
    JPanel centerPanel = new JPanel();
    JPanel downPanel = new JPanel();

    //定义图形界面元素
    JLabel jLabel = new JLabel();
    JLabel jLabel1 = new JLabel();
    JLabel jLabel2 = new JLabel();
    JLabel jLabel3 = new JLabel();

    //定义表格
    JScrollPane jScrollPane1;
    JTable jTable;
    ListSelectionModel listSelectionModel = null;
    String[] colName = {"流水号","人员姓名","原部门","新部门","变更次数",
        "变更日期"};
    String[][] colValue;

    GridBagLayout girdBag = new GridBagLayout();
    GridBagConstraints girdBagCon;

    public Node22Panel() {
        this.setLayout(new BorderLayout());
        try {
            upInit();       //上部面板布局
            centerInit();   //中部面板布局
            downInit();     //下部面板布局
            addListener();
        }
        catch(Exception e) {
            e.printStackTrace();
        }
    }

    /**
     * 上部面板的布局
     */
    public void upInit() throws Exception {
        HistrjnBean bean = new HistrjnBean();
        upPanel.setLayout(girdBag);
```

```
        try {
            jLabel.setText("调动历史查询");
            jLabel.setFont(new Font("Dialog",0,16));
            girdBagCon = new GridBagConstraints();
            girdBagCon.gridx = 0;
            girdBagCon.gridy = 0;
            girdBagCon.insets = new Insets(0,10,0,10);
            girdBag.setConstraints(jLabel,girdBagCon);
            centerPanel.add(jLabel);
            upPanel.add(jLabel);

            colValue = bean.searchAllForDept();
            jTable = new JTable(colValue,colName);
            jTable.setPreferredScrollableViewportSize(
            new Dimension(450,380));
            jScrollPane1 = new JScrollPane(jTable);
            jScrollPane1.setPreferredSize(new Dimension(450,380));
            girdBagCon = new GridBagConstraints();
            girdBagCon.gridx = 0;
            girdBagCon.gridy = 1;
            girdBagCon.insets = new Insets(0,0,0,0);
            girdBag.setConstraints(jScrollPane1,girdBagCon);
            upPanel.add(jScrollPane1);
        }
        catch(Exception e) {
            e.printStackTrace();
        }
        //添加上部面板
        this.add(upPanel,BorderLayout.NORTH);
    }

    /**
     * 中部面板的布局
     */
    public void centerInit() throws Exception {
    }

    /**
     * 下部面板的布局
     */
    public void downInit(){
    }

    /**
     * 添加事件侦听
     */
    public void addListener() throws Exception {
    }

    /**
     * 事件处理
     */
    public void actionPerformed(ActionEvent e) {
    }
}
```

11.4.4　人员考核管理模块

人员考核管理为人事管理系统功能树的第三个节点，其下有两个叶子，分别实现人员考核和考核历史查询的功能。同样，人员考核其实是实现了人员基本信息表中 Assess 字段的变更，变更的历史流水也会保存在 Histrjn 表中。人员考核管理模块的运行界面如图 11.12 所示。

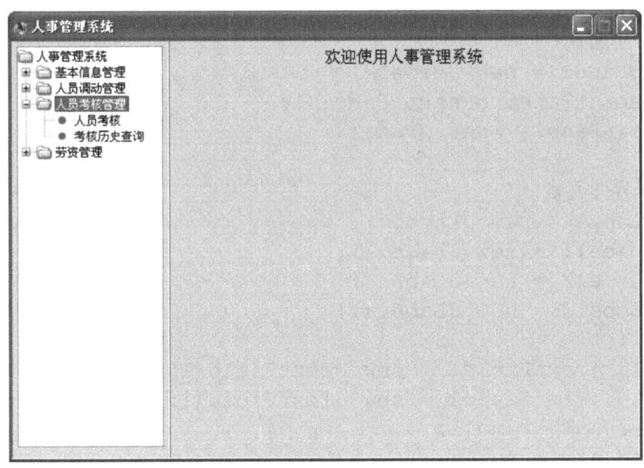

图 11.12　人员考核管理模块运行界面

1．Node31Panel.java

该类用于实现人员考核管理的界面，其运行界面如图 11.13 所示。

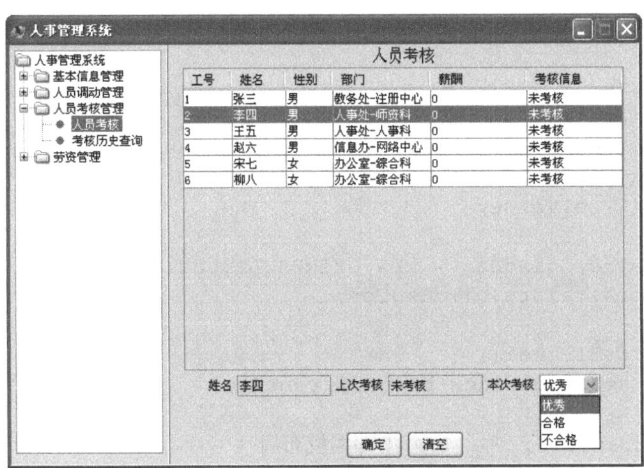

图 11.13　Node31Panel 的运行界面

Node31Panel.java 的代码如下：

```
import javax.swing.*;
import java.awt.*;
import java.awt.event.*;
import java.net.*;
```

```
import javax.swing.event.*;
import java.util.*;
import java.text.*;

/**
 * 树中第三节点下的第一叶子节点
 * 人员考核
 */
public class Node31Panel extends JPanel
implements ActionListener,ListSelectionListener,ItemListener{
    //定义所用的面板
    JPanel upPanel = new JPanel();
    JPanel centerPanel = new JPanel();
    JPanel downPanel = new JPanel();

    //定义图形界面元素
    JLabel jLabel = new JLabel();
    JLabel jLabel1 = new JLabel();
    JLabel jLabel2 = new JLabel();
    JLabel jLabel3 = new JLabel();

    JTextField jTextField1 = new JTextField(15);
    JTextField jTextField2 = new JTextField(15);
    String PersonID = null;
    String oldInfo = null;
    String newInfo = "优秀";

    JComboBox jComboBox1 = null;

    JButton modifyInfo = new JButton();
    JButton clearInfo = new JButton();

    //定义表格
    JScrollPane jScrollPane1;
    JTable jTable;
    ListSelectionModel listSelectionModel = null;
   String[] colName = {"工号","姓名","性别","部门","薪酬","考核信息"};
    String[][] colValue;

    GridBagLayout girdBag = new GridBagLayout();
    GridBagConstraints girdBagCon;

    public Node31Panel() {
        this.setLayout(new BorderLayout());
        try {
            upInit();         //上部面板布局
            centerInit();     //中部面板布局
            downInit();       //下部面板布局
            addListener();
        }
        catch(Exception e) {
            e.printStackTrace();
        }
    }
```

```
/**
 * 上部面板的布局
 */
public void upInit() throws Exception {
    PersonBean bean = new PersonBean();
    upPanel.setLayout(girdBag);

    try {
        jLabel.setText("人员考核");
        jLabel.setFont(new Font("Dialog",0,16));
        girdBagCon = new GridBagConstraints();
        girdBagCon.gridx = 0;
        girdBagCon.gridy = 0;
        girdBagCon.insets = new Insets(0,10,0,10);
        girdBag.setConstraints(jLabel,girdBagCon);
        centerPanel.add(jLabel);
        upPanel.add(jLabel);

        colValue = bean.searchAllForNode();
        jTable = new JTable(colValue,colName);
        jTable.setPreferredScrollableViewportSize(
        new Dimension(450,300));
        listSelectionModel = jTable.getSelectionModel();
        listSelectionModel.setSelectionMode(
        ListSelectionModel.SINGLE_SELECTION);
        listSelectionModel.addListSelectionListener(this);
        jScrollPane1 = new JScrollPane(jTable);
        jScrollPane1.setPreferredSize(new Dimension(450,300));

        girdBagCon = new GridBagConstraints();
        girdBagCon.gridx = 0;
        girdBagCon.gridy = 1;
        girdBagCon.insets = new Insets(0,0,0,0);
        girdBag.setConstraints(jScrollPane1,girdBagCon);
        upPanel.add(jScrollPane1);
    }
    catch(Exception e) {
        e.printStackTrace();
    }

    //添加上部面板
    this.add(upPanel,BorderLayout.NORTH);
}

/**
 * 中部面板的布局
 */
public void centerInit() throws Exception {
    jLabel1.setText("姓名");
    jLabel1.setFont(new Font("Dialog",0,12));
    centerPanel.add(jLabel1);
    centerPanel.add(jTextField1);
```

```
        jLabel2.setText("上次考核");
        jLabel2.setFont(new Font("Dialog",0,12));
        centerPanel.add(jLabel2);
        centerPanel.add(jTextField2);

        jLabel3.setText("本次考核");
        jLabel3.setFont(new Font("Dialog",0,12));
        centerPanel.add(jLabel3);
        String[] allType = {"优秀","合格","不合格"};
        jComboBox1 = new JComboBox(allType);
        centerPanel.add(jComboBox1);
        //添加中部面板
        this.add(centerPanel,BorderLayout.CENTER);
        //设置是否可操作
        jTextField1.setEditable(false);
        jTextField2.setEditable(false);
        jComboBox1.setEnabled(false);
    }

    /**
     * 下部面板的布局
     */
    public void downInit(){
        modifyInfo.setText("确定");
        modifyInfo.setFont(new Font("Dialog",0,12));
        downPanel.add(modifyInfo);
        clearInfo.setText("清空");
        clearInfo.setFont(new Font("Dialog",0,12));
        downPanel.add(clearInfo);
        //添加下部面板
        this.add(downPanel,BorderLayout.SOUTH);
        //设置是否可操作
        modifyInfo.setEnabled(false);
        clearInfo.setEnabled(true);
    }

    /**
     * 添加事件侦听
     */
    public void addListener() throws Exception {
        //添加事件侦听
        modifyInfo.addActionListener(this);
        clearInfo.addActionListener(this);

        jComboBox1.addItemListener(this);
    }

    /**
     * 事件处理
     */
    public void actionPerformed(ActionEvent e) {
        Object obj = e.getSource();
        if (obj == modifyInfo) { //修改
```

```
        PersonBean bean = new PersonBean();
        oldInfo = jTextField2.getText();
        bean.updateAssess(PersonID,newInfo);
        HistrjnBean hbean = new HistrjnBean();
        String f1 = ""+hbean.getId();
        String f5 = ""+hbean.getChgTime("人员考核",PersonID);
        java.util.Date now = new java.util.Date();
        DateFormat date = DateFormat.getDateTimeInstance();
        String f6 = ""+date.format(now);
        hbean.add(f1,"人员考核",oldInfo,newInfo,f5,f6,PersonID);
        //重新生成界面
        Node31Panel dp = new Node31Panel();
        HrMain.splitPane.setRightComponent(dp);

    }
    else if (obj == clearInfo) { //清空
        setNull();
    }
    jTable.revalidate();
}

/**
 * 将文本框清空
 */
void setNull(){
    jTextField1.setText(null);
    jTextField2.setText(null);
    jTextField1.setEditable(false);
    jTextField2.setEditable(false);
    modifyInfo.setEnabled(false);
    clearInfo.setEnabled(true);
    jComboBox1.setEnabled(false);
}

/**
 * 当表格被选中时的操作
 */
public void valueChanged(ListSelectionEvent lse){
    int[] selectedRow = jTable.getSelectedRows();
    int[] selectedCol = jTable.getSelectedColumns();
    //定义文本框的显示内容
    for (int i=0; i<selectedRow.length; i++){
        for (int j=0; j<selectedCol.length; j++){
            jTextField1.setText(colValue[selectedRow[i]][1]);//姓名
            jTextField2.setText(colValue[selectedRow[i]][5]);//考核
            PersonID = colValue[selectedRow[i]][0];//工号
        }
    }
    //设置是否可操作
    jComboBox1.setEnabled(true);
    modifyInfo.setEnabled(true);
    clearInfo.setEnabled(true);
}
```

```
    /**
     * 下拉菜单事件处理
     */
    public void itemStateChanged(ItemEvent e) {
        if(e.getStateChange() == ItemEvent.SELECTED){
            newInfo = "" +e.getItem();
        }
    }
}
```

2. Node32Panel.java

该类用于实现人员考核历史查询的界面，其运行界面如图 11.14 所示。

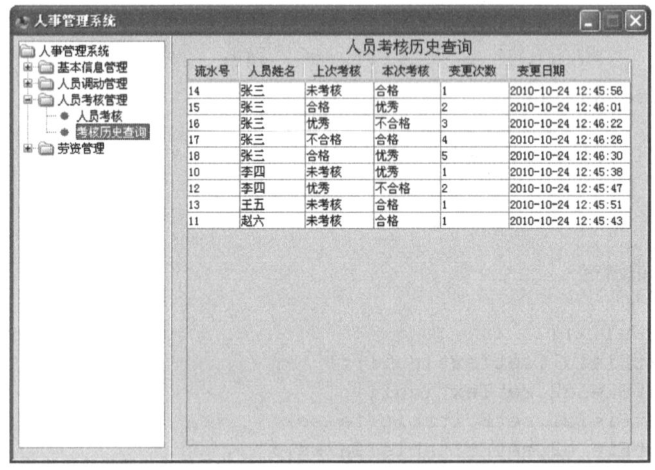

图 11.14　Node32Panel 的运行界面

Node32Panel.java 的代码如下：

```
import javax.swing.*;
import java.awt.*;
import java.awt.event.*;
import java.net.*;
import javax.swing.event.*;
import java.util.*;
import java.text.*;

/**
 * 树中第三节点下的第二叶子节点
 * 人员考核历史查询
 */
public class Node32Panel extends JPanel implements ActionListener{
    //定义所用的面板
    JPanel upPanel = new JPanel();
    JPanel centerPanel = new JPanel();
    JPanel downPanel = new JPanel();

    //定义图形界面元素
    JLabel jLabel = new JLabel();
    JLabel jLabel1 = new JLabel();
```

```
    JLabel jLabel2 = new JLabel();
    JLabel jLabel3 = new JLabel();

    //定义表格
    JScrollPane jScrollPane1;
    JTable jTable;
    ListSelectionModel listSelectionModel = null;
    String[] colName =
        {"流水号","人员姓名","上次考核","本次考核","变更次数","变更日期"};
    String[][] colValue;

    GridBagLayout girdBag = new GridBagLayout();
    GridBagConstraints girdBagCon;

    public Node32Panel() {
        this.setLayout(new BorderLayout());
        try {
            upInit();        //上部面板布局
            centerInit();    //中部面板布局
            downInit();      //下部面板布局
            addListener();
        }
        catch(Exception e) {
            e.printStackTrace();
        }
    }

    /**
     * 上部面板的布局
     */
    public void upInit() throws Exception {
        HistrjnBean bean = new HistrjnBean();
        upPanel.setLayout(girdBag);

        try {
            jLabel.setText("人员考核历史查询");
            jLabel.setFont(new Font("Dialog",0,16));
            girdBagCon = new GridBagConstraints();
            girdBagCon.gridx = 0;
            girdBagCon.gridy = 0;
            girdBagCon.insets = new Insets(0,10,0,10);
            girdBag.setConstraints(jLabel,girdBagCon);
            centerPanel.add(jLabel);
            upPanel.add(jLabel);

            colValue = bean.searchAllForAssess();
            jTable = new JTable(colValue,colName);
            jTable.setPreferredScrollableViewportSize(
            new Dimension(450,380));
            jScrollPane1 = new JScrollPane(jTable);
            jScrollPane1.setPreferredSize(new Dimension(450,380));

            girdBagCon = new GridBagConstraints();
            girdBagCon.gridx = 0;
```

```
            girdBagCon.gridy = 1;
            girdBagCon.insets = new Insets(0,0,0,0);
            girdBag.setConstraints(jScrollPanel,girdBagCon);
            upPanel.add(jScrollPanel);
        }
        catch(Exception e) {
            e.printStackTrace();
        }

        //添加上部面板
        this.add(upPanel,BorderLayout.NORTH);
    }

    /**
     * 中部面板的布局
     */
    public void centerInit() throws Exception {
    }

    /**
     * 下部面板的布局
     */
    public void downInit(){
    }

    /**
     * 添加事件侦听
     */
    public void addListener() throws Exception {
    }

    /**
     * 事件处理
     */
    public void actionPerformed(ActionEvent e) {
        jTable.revalidate();
    }
}
```

11.4.5　劳资管理模块

劳资管理为人事管理系统功能树的第四个节点，其下有两个叶子，分别实现劳资分配管理和劳资历史查询的功能。劳资管理其实是实现了人员基本信息表中 Salary 字段的变更，变更的历史流水同样会保存到 Histrjn 表中。信息查询的运行主界面如图 11.15 所示。

1. Node41Panel.java

该类用于实现劳资分配管理的界面，其运行界面如图 11.16 所示。

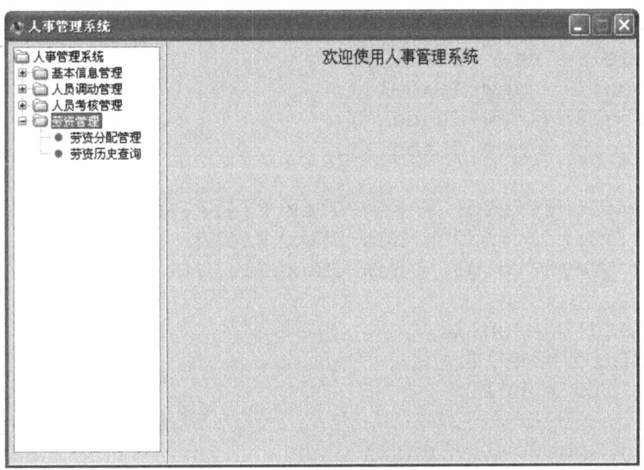

图 11.15　劳资管理模块运行界面

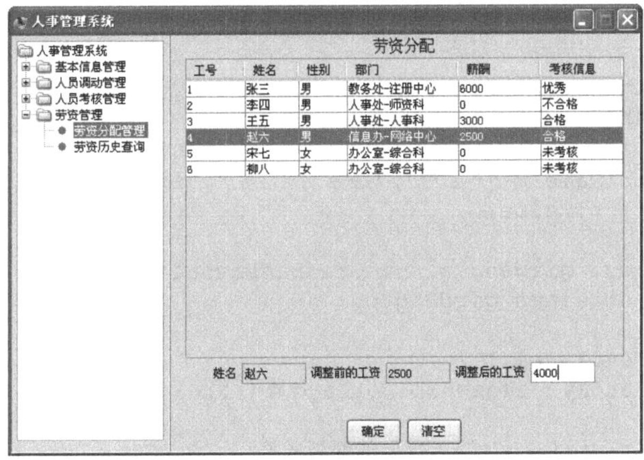

图 11.16　Node41Panel 的运行界面

Node41Panel.java 的代码如下：

```
import javax.swing.*;
import java.awt.*;
import java.awt.event.*;
import java.net.*;
import javax.swing.event.*;
import java.util.*;
import java.text.*;

/**
 * 树中第四节点下的第一叶子节点
 * 劳资分配
 */
public class Node41Panel extends JPanel
implements ActionListener,ListSelectionListener{
    //定义所用的面板
    JPanel upPanel = new JPanel();
    JPanel centerPanel = new JPanel();
    JPanel downPanel = new JPanel();
```

```
    //定义图形界面元素
    JLabel jLabel = new JLabel();
    JLabel jLabel1 = new JLabel();
    JLabel jLabel2 = new JLabel();
    JLabel jLabel3 = new JLabel();

    JTextField jTextField1 = new JTextField(10);
    JTextField jTextField2 = new JTextField(10);
    JTextField jTextField3 = new JTextField(10);

    String PersonID = null;
    String oldInfo = null;
    String newInfo = null;

    JComboBox jComboBox1 = null;

    JButton modifyInfo = new JButton();
    JButton clearInfo = new JButton();

    //定义表格
    JScrollPane jScrollPane1;
    JTable jTable;
    ListSelectionModel listSelectionModel = null;
    String[] colName = {"工号","姓名","性别","部门","薪酬","考核信息"};
    String[][] colValue;

    GridBagLayout girdBag = new GridBagLayout();
    GridBagConstraints girdBagCon;

    public Node41Panel() {
        this.setLayout(new BorderLayout());
        try {
            upInit();          //上部面板布局
            centerInit();      //中部面板布局
            downInit();        //下部面板布局
            addListener();
        }
        catch(Exception e) {
            e.printStackTrace();
        }
    }

    /**
     * 上部面板的布局
     */
    public void upInit() throws Exception {
        PersonBean bean = new PersonBean();
        upPanel.setLayout(girdBag);

        try {
            jLabel.setText("劳资分配");
            jLabel.setFont(new Font("Dialog",0,16));
            girdBagCon = new GridBagConstraints();
            girdBagCon.gridx = 0;
            girdBagCon.gridy = 0;
            girdBagCon.insets = new Insets(0,10,0,10);
            girdBag.setConstraints(jLabel,girdBagCon);
```

```
            centerPanel.add(jLabel);
            upPanel.add(jLabel);

            colValue = bean.searchAllForNode();
            jTable = new JTable(colValue,colName);
            jTable.setPreferredScrollableViewportSize(
            new Dimension(450,300));
            listSelectionModel = jTable.getSelectionModel();
            listSelectionModel.setSelectionMode(
            ListSelectionModel.SINGLE_SELECTION);
            listSelectionModel.addListSelectionListener(this);
            jScrollPane1 = new JScrollPane(jTable);
            jScrollPane1.setPreferredSize(new Dimension(450,300));

            girdBagCon = new GridBagConstraints();
            girdBagCon.gridx = 0;
            girdBagCon.gridy = 1;
            girdBagCon.insets = new Insets(0,0,0,0);
            girdBag.setConstraints(jScrollPane1,girdBagCon);
            upPanel.add(jScrollPane1);
        }
        catch(Exception e) {
            e.printStackTrace();
        }

        //添加上部面板
        this.add(upPanel,BorderLayout.NORTH);
    }

    /**
     * 中部面板的布局
     */
    public void centerInit() throws Exception {
        jLabel1.setText("姓名");
        jLabel1.setFont(new Font("Dialog",0,12));
        centerPanel.add(jLabel1);
        centerPanel.add(jTextField1);

        jLabel2.setText("调整前的工资");
        jLabel2.setFont(new Font("Dialog",0,12));
        centerPanel.add(jLabel2);
        centerPanel.add(jTextField2);
        jLabel3.setText("调整后的工资");
        jLabel3.setFont(new Font("Dialog",0,12));
        centerPanel.add(jLabel3);
        centerPanel.add(jTextField3);
        //添加中部面板
        this.add(centerPanel,BorderLayout.CENTER);
        //设置是否可操作
        jTextField1.setEditable(false);
        jTextField2.setEditable(false);
    }

    /**
     * 下部面板的布局
     */
    public void downInit(){
```

```
    modifyInfo.setText("确定");
    modifyInfo.setFont(new Font("Dialog",0,12));
    downPanel.add(modifyInfo);
    clearInfo.setText("清空");
    clearInfo.setFont(new Font("Dialog",0,12));
    downPanel.add(clearInfo);
    //添加下部面板
    this.add(downPanel,BorderLayout.SOUTH);
    //设置是否可操作
    modifyInfo.setEnabled(false);
    clearInfo.setEnabled(true);
}

/**
 * 添加事件侦听
 */
public void addListener() throws Exception {
    //添加事件侦听
    modifyInfo.addActionListener(this);
    clearInfo.addActionListener(this);
}

/**
 * 事件处理
 */
public void actionPerformed(ActionEvent e) {
    Object obj = e.getSource();
    if (obj == modifyInfo) { //修改

        PersonBean bean = new PersonBean();
        oldInfo = jTextField2.getText();
        newInfo = jTextField3.getText();
        bean.updateSalary(PersonID,newInfo);

        HistrjnBean hbean = new HistrjnBean();
        String f1 = ""+hbean.getId();
        String f5 = ""+hbean.getChgTime("劳资分配",PersonID);
        java.util.Date now = new java.util.Date();
        DateFormat date = DateFormat.getDateTimeInstance();
        String f6 = ""+date.format(now);
        hbean.add(f1,"劳资分配",oldInfo,newInfo,f5,f6,PersonID);
        //重新生成界面
        Node41Panel dp = new Node41Panel();
        HrMain.splitPane.setRightComponent(dp);
    }
    else if (obj == clearInfo) { //清空
        setNull();
    }
    jTable.revalidate();
}

/**
 * 将文本框清空
 */
void setNull(){
    jTextField1.setText(null);
```

```
        jTextField2.setText(null);
        jTextField1.setEditable(false);
        jTextField2.setEditable(false);
        modifyInfo.setEnabled(false);
        clearInfo.setEnabled(true);
    }

    /**
     * 当表格被选中时的操作
     */
    public void valueChanged(ListSelectionEvent lse){
        int[] selectedRow = jTable.getSelectedRows();
        int[] selectedCol = jTable.getSelectedColumns();
        //定义文本框的显示内容
        for (int i=0; i<selectedRow.length; i++){
            for (int j=0; j<selectedCol.length; j++){
                jTextField1.setText(colValue[selectedRow[i]][1]);//姓名
                jTextField2.setText(colValue[selectedRow[i]][4]);//工资
                PersonID = colValue[selectedRow[i]][0];//工号
            }
        }
        //设置是否可操作
        modifyInfo.setEnabled(true);
        clearInfo.setEnabled(true);
    }
}
```

2. Node42Panel.java

该类用于实现劳资管理历史查询的界面，其运行界面如图 11.17 所示。

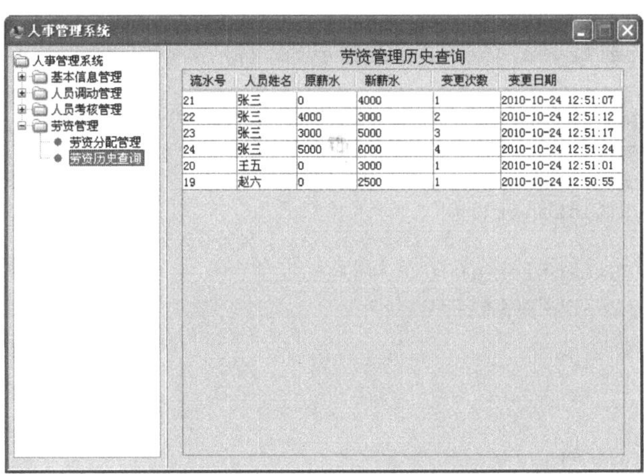

图 11.17　Node42Panel 的运行界面

Node42Panel.java 的代码如下：

```
import javax.swing.*;
import java.awt.*;
import java.awt.event.*;
import java.net.*;
import javax.swing.event.*;
```

```
import java.util.*;
import java.text.*;

/**
 * 树中第四节点下的第二叶子节点
 * 劳资管理历史查询
 */
public class Node42Panel extends JPanel implements ActionListener{
    //定义所用的面板
    JPanel upPanel = new JPanel();
    JPanel centerPanel = new JPanel();
    JPanel downPanel = new JPanel();

    //定义图形界面元素
    JLabel jLabel = new JLabel();
    JLabel jLabel1 = new JLabel();
    JLabel jLabel2 = new JLabel();
    JLabel jLabel3 = new JLabel();

    //定义表格
    JScrollPane jScrollPane1;
    JTable jTable;
    ListSelectionModel listSelectionModel = null;
    String[] colName = {"流水号","人员姓名","原薪水",
        "新薪水","变更次数","变更日期"};
    String[][] colValue;

    GridBagLayout girdBag = new GridBagLayout();
    GridBagConstraints girdBagCon;

    public Node42Panel() {
        this.setLayout(new BorderLayout());
        try {
            upInit();        //上部面板布局
            centerInit();    //中部面板布局
            downInit();      //下部面板布局
            addListener();
        }
        catch(Exception e) {
            e.printStackTrace();
        }
    }

    /**
     * 上部面板的布局
     */
    public void upInit() throws Exception {
        HistrjnBean bean = new HistrjnBean();
        upPanel.setLayout(girdBag);

        try {
            jLabel.setText("劳资管理历史查询");
            jLabel.setFont(new Font("Dialog",0,16));
            girdBagCon = new GridBagConstraints();
```

```
            girdBagCon.gridx = 0;
            girdBagCon.gridy = 0;
            girdBagCon.insets = new Insets(0,10,0,10);
            girdBag.setConstraints(jLabel,girdBagCon);
            centerPanel.add(jLabel);
            upPanel.add(jLabel);

            colValue = bean.searchAllForSalary();
            jTable = new JTable(colValue,colName);
            jTable.setPreferredScrollableViewportSize(
                new Dimension(450,380));
            jScrollPane1 = new JScrollPane(jTable);
            jScrollPane1.setPreferredSize(new Dimension(450,380));

            girdBagCon = new GridBagConstraints();
            girdBagCon.gridx = 0;
            girdBagCon.gridy = 1;
            girdBagCon.insets = new Insets(0,0,0,0);
            girdBag.setConstraints(jScrollPane1,girdBagCon);
            upPanel.add(jScrollPane1);
        }
        catch(Exception e) {
            e.printStackTrace();
        }

        //添加上部面板
        this.add(upPanel,BorderLayout.NORTH);
    }

    /**
     * 中部面板的布局
     */
    public void centerInit() throws Exception {
    }

    /**
     * 下部面板的布局
     */
    public void downInit(){
    }

    /**
     * 添加事件侦听
     */
    public void addListener() throws Exception {
    }

    /**
     * 事件处理
     */
    public void actionPerformed(ActionEvent e) {
    }
}
```

11.4.6 数据库操作模块

1. Database.java

该类用于实现对数据库的操作，包括连接数据库、执行 SQL 语句、关闭数据库连接等。其代码如下：

```
import java.sql.*;

/**
 * 连接数据库的类
 */
public class Database {

    private Statement stmt=null;
    ResultSet rs=null;
    private Connection conn=null;
    String sql;
    String strurl="jdbc:odbc:HrMS";

    public Database(){
    }

    /**
     * 打开数据库连接
     */
    public void OpenConn()throws Exception{
        try{
            Class.forName("sun.jdbc.odbc.JdbcOdbcDriver");
            conn=DriverManager.getConnection(strurl);
        }
        catch(Exception e){
            System.err.println("OpenConn:"+e.getMessage());
        }
    }

    /**
     * 执行 SQL 语句，返回结果集 rs
     */
    public ResultSet executeQuery(String sql){
        stmt = null;
        rs=null;
        try{
        stmt=conn.createStatement(ResultSet.TYPE_SCROLL_INSENSITIVE,
        ResultSet.CONCUR_READ_ONLY);
            rs=stmt.executeQuery(sql);
        }
        catch(SQLException e){
            System.err.println("executeQuery:"+e.getMessage());
        }
        return rs;
    }
```

```
    /**
     * 执行 SQL 语句
     */
    public void executeUpdate(String sql){
        stmt=null;
        rs=null;
        try{
        stmt=conn.createStatement(ResultSet.TYPE_SCROLL_INSENSITIVE,
        ResultSet.CONCUR_READ_ONLY);
            stmt.executeQuery(sql);
            conn.commit();
        }
        catch(SQLException e){
            System.err.println("executeUpdate:"+e.getMessage());
        }
    }

    public void closeStmt(){
        try{
            stmt.close();
        }
        catch(SQLException e){
            System.err.println("closeStmt:"+e.getMessage());
        }
    }

    /**
     * 关闭数据库连接
     */
    public void closeConn(){
        try{
            conn.close();
        }
        catch(SQLException ex){
            System.err.println("aq.closeConn:"+ex.getMessage());
        }
    }

    /**
     * 转换编码
     */
    public static String toGBK(String str){
        try {
            if(str==null)
                str = "";
            else
                str=new String(str.getBytes("ISO-8859-1"),"GBK");
        }
        catch (Exception e) {
            System.out.println(e);
}
        return str;
    }
}
```

2. PersonBean.java

该类用于实现对人员信息表进行数据库操作的功能，包括人员信息的增加、修改、删除、查询等。其代码如下：

```
import java.util.*;
import java.sql.*;
import javax.swing.*;

/**
 * 有关人员信息数据库操作的类
 */
public class PersonBean {
    String sql;
    ResultSet rs = null;

    String field1;     //PersonID;
    String field2;     //Name;
    String field3;     //Sex;
    String field4;     //Birth;
    String field5;     //Nat;
    String field6;     //Address;
    String field7;     //DeptID;
    String field8;     //Salary;
    String field9;     //Assess;
    String field10;    //Other;

    String colName;//列名
    String colValue;//列值
    String colValue2;//列值


    /**
     * 添加信息
     */
    public void add(String f1, String f2, String f3, String f4,
    String f5,String f6, String f7, String f8,
    String f9, String f10){

        Database DB = new Database();

        this.field1 = f1;
        this.field2 = f2;
        this.field3 = f3;
        this.field4 = f4;
        this.field5 = f5;
        this.field6 = f6;
        this.field7 = f7;
        this.field8 = f8;
        this.field9 = f9;
        this.field10 = f10;

        if(field2 == null||field2.equals("")){
```

```
        JOptionPane.showMessageDialog(null, "请输入员工姓名", "错误",
            JOptionPane.ERROR_MESSAGE);
        return;
    }
    else if (field3 == null||field3.equals("")){
        JOptionPane.showMessageDialog(null, "请输入性别", "错误",
        JOptionPane.ERROR_MESSAGE);
        return;
    }
    else if (field4 == null||field4.equals("")){
        JOptionPane.showMessageDialog(null, "请输入出生年月", "错误",
                JOptionPane.ERROR_MESSAGE);
        return;
    }
    else if (field5 == null||field5.equals("")){
        JOptionPane.showMessageDialog(null, "请输入民族", "错误",
            JOptionPane.ERROR_MESSAGE);
        return;
    }
    else if (field6 == null||field6.equals("")){
        JOptionPane.showMessageDialog(null, "请输入地址", "错误",
            JOptionPane.ERROR_MESSAGE);
        return;
    }
    else if (field7 == null||field7.equals("")){
        JOptionPane.showMessageDialog(null, "请输入部门", "错误",
            JOptionPane.ERROR_MESSAGE);
        return;
    }
    else if (field8 == null||field8.equals("")){
        JOptionPane.showMessageDialog(null, "请输入薪酬", "错误",
        JOptionPane.ERROR_MESSAGE);
        return;
    }

    else{
        sql = "insert into Person(PersonID,Name,Sex, Birth,Nat,
                Address,DeptID,Salary,Assess,Other) "+"values
                ('"+field1+"','"+field2+"','"+field3+"','"+field4+"',
                '"+field5+"','"+field6+"','"+field7+"','"+field8+"',
                '"+field9+"',
        '"+field10+"')";
        try{
            DB.OpenConn();
            DB.executeUpdate(sql);
           JOptionPane.showMessageDialog(null,"成功添加一条新的记录！");
        }
        catch(Exception e){
            System.out.println(e);
            JOptionPane.showMessageDialog(null, "保存失败", "错误",
                JOptionPane.ERROR_MESSAGE);
        }
        finally {
            DB.closeStmt();
```

```
                DB.closeConn();
            }
        }
    }

    /**
     * 修改信息
     */
    public void modify(String f1, String f2, String f3, String f4,
    String f5,String f6, String f7, String f8, String f9, String f10){

        Database DB = new Database();

        this.field1 = f1;
        this.field2 = f2;
        this.field3 = f3;
        this.field4 = f4;
        this.field5 = f5;
        this.field6 = f6;
        this.field7 = f7;
        this.field8 = f8;
        this.field9 = f9;
        this.field10 = f10;

        if(field2 == null||field2.equals("")){
            JOptionPane.showMessageDialog(null, "请输入员工姓名", "错误",
                JOptionPane.ERROR_MESSAGE);
            return;
        }
        else if (field3 == null||field3.equals("")){
            JOptionPane.showMessageDialog(null, "请输入性别", "错误",
                JOptionPane.ERROR_MESSAGE);
            return;
        }
        else if (field4 == null||field4.equals("")){
            JOptionPane.showMessageDialog(null, "请输入出生年月", "错误",
                JOptionPane.ERROR_MESSAGE);
            return;
        }
        else if (field5 == null||field5.equals("")){
            JOptionPane.showMessageDialog(null, "请输入民族", "错误",
                JOptionPane.ERROR_MESSAGE);
            return;
        }
        else if (field6 == null||field6.equals("")){
            JOptionPane.showMessageDialog(null, "请输入地址", "错误",
                JOptionPane.ERROR_MESSAGE);
            return;
        }
        else if (field7 == null||field7.equals("")){
            JOptionPane.showMessageDialog(null, "请输入部门", "错误",
            JOptionPane.ERROR_MESSAGE);
            return;
        }
```

```
    else if (field8 == null||field8.equals("")){
        JOptionPane.showMessageDialog(null, "请输入薪酬", "错误",
            JOptionPane.ERROR_MESSAGE);
        return;
    }

    else{
        sql = "update Person set Name = '"+field2+"', "+
                                   "Sex = '"+field3+"', "+
                                   "Birth = '"+field4+"', "+
                                   "Nat = '"+field5+"', "+
                                   "Address = '"+field6+"', "+
                                   "DeptID = '"+field7+"', "+
                                   "Salary = '"+field8+"', "+
                                   "Assess = '"+field9+"', "+
                                   "Other = '"+field10+"' "+
                                   "where PersonID = "+field1+"";
        try{
            DB.OpenConn();
            DB.executeUpdate(sql);
           JOptionPane.showMessageDialog(null,"成功修改一条新的记录！");
        }
        catch(Exception e){
            System.out.println(e);
            JOptionPane.showMessageDialog(null, "更新失败", "错误",
            JOptionPane.ERROR_MESSAGE);
        }
        finally {
            DB.closeStmt();
            DB.closeConn();
        }
    }
}

/**
 * 删除信息
 */
public void delete(String f1){

    Database DB = new Database();
    this.field1 = f1;

    sql = "delete from Person where PersonID = "+field1+"";
    try{
        DB.OpenConn();
        DB.executeUpdate(sql);
        JOptionPane.showMessageDialog(null,"成功删除一条新的记录！");
    }
    catch(Exception e){
        System.out.println(e);
        JOptionPane.showMessageDialog(null, "删除失败", "错误",
        JOptionPane.ERROR_MESSAGE);
    }
    finally {
```

```
            DB.closeStmt();
            DB.closeConn();
        }
    }

    /**
     * 根据编号查询信息
     */
    public String[] search(String f1){

        Database DB = new Database();
        this.field1 = f1;
        String[] s = new String[10];
        sql = "select * from Person where PersonID = "+field1+"";

        try{
            DB.OpenConn();
            rs = DB.executeQuery(sql);
            if(rs.next()){
                s[0] = rs.getString("PersonID");
                s[1] = rs.getString("Name");
                s[2] = rs.getString("Sex");
                s[3] = rs.getString("Birth");
                s[4] = rs.getString("Nat");
                s[5] = rs.getString("Address");
                s[6] = rs.getString("DeptID");
                s[7] = rs.getString("Salary");
                s[8] = rs.getString("Assess");
                s[9] = rs.getString("Other");
            }
            else
                s = null;
        }
        catch(Exception e){
        }
        finally {
            DB.closeStmt();
            DB.closeConn();
        }
        return s;
    }

    /**
     * 人员信息综合查询(查询所有记录)
     */
    public String[][] searchAllForNode(){

        Database DB = new Database();
        String[][] sn = null;
        int row = 0;
        int i = 0;
        sql = "SELECT PersonID,Name,Sex,Dept.DeptID as
              DeptID,B_Dept,S_Dept,Salary,Assess FROM Dept,Person where
              Dept.DeptID = Person.DeptID order by PersonID";
```

```
    try{
        DB.OpenConn();
        rs = DB.executeQuery(sql);

        if(rs.last()){
            row = rs.getRow();
        }

        if(row == 0){
            sn = new String[1][6];
            sn[0][0] = "  ";
            sn[0][1] = "  ";
            sn[0][2] = "  ";
            sn[0][3] = "  ";
            sn[0][4] = "  ";
            sn[0][5] = "  ";
        }
        else{
            sn = new String[row][6];
            rs.first();
            rs.previous();
            while(rs.next()){
                sn[i][0] = rs.getString("PersonID");
                sn[i][1] = rs.getString("Name");
                sn[i][2] = rs.getString("Sex");
                sn[i][3] = rs.getString("B_Dept")+"-
                          "+rs.getString("S_Dept");
                sn[i][4] = rs.getString("Salary");
                sn[i][5] = rs.getString("Assess");
                i++;
            }
        }
    }
    catch(Exception e){
    }
    finally {
        DB.closeStmt();
        DB.closeConn();
    }
    return sn;
}

/**
 * 修改信息
 */
public void updateDept(String f1,String f7){

    Database DB = new Database();

    this.field1 = f1;
    this.field7 = f7;

    sql = "update Person set DeptID = "+field7+" where PersonID =
          "+field1;
```

```
        try{
            DB.OpenConn();
            DB.executeUpdate(sql);

            JOptionPane.showMessageDialog(null,"人员调动成功！");
        }
        catch(Exception e){
            System.out.println(e);
            JOptionPane.showMessageDialog(null, "更新失败", "错误",
                JOptionPane.ERROR_MESSAGE);
        }
        finally {
            DB.closeStmt();
            DB.closeConn();
        }
    }

    /**
     * 修改信息
     */
    public void updateSalary(String f1,String f8){

        Database DB = new Database();

        this.field1 = f1;
        this.field8 = f8;

        sql = "update Person set Salary ='"+field8+"' where PersonID =
                "+field1;

        try{
            DB.OpenConn();
            DB.executeUpdate(sql);

            JOptionPane.showMessageDialog(null,"劳资更改成功！");
        }
        catch(Exception e){
            System.out.println(e);
            JOptionPane.showMessageDialog(null, "更新失败", "错误",
                JOptionPane.ERROR_MESSAGE);
        }
        finally {
            DB.closeStmt();
            DB.closeConn();
        }
    }

    /**
     * 修改信息
     */
    public void updateAssess(String f1,String f9){

        Database DB = new Database();
```

```
    this.field1 = f1;
    this.field9 = f9;

    sql = "update Person set Assess ='"+field9+"' where PersonID =
    "+field1;
    try{
        DB.OpenConn();
        DB.executeUpdate(sql);

        JOptionPane.showMessageDialog(null,"人员考核成功！");
    }
    catch(Exception e){
        System.out.println(e);
        JOptionPane.showMessageDialog(null, "更新失败", "错误",
            JOptionPane.ERROR_MESSAGE);
    }
    finally {
        DB.closeStmt();
        DB.closeConn();
    }
}

/**
 * 人员信息综合查询
 */
public String[][] searchAll(){
    Database DB = new Database();
    String[][] sn = null;
    int row = 0;
    int i = 0;
    sql = "select * from Person order by PersonID";
    try{
        DB.OpenConn();
        rs = DB.executeQuery(sql);

        if(rs.last()){
            row = rs.getRow();
        }

        if(row == 0){
            sn = new String[1][6];
            sn[0][0] = "  ";
            sn[0][1] = "  ";
            sn[0][2] = "  ";
            sn[0][3] = "  ";
            sn[0][4] = "  ";
            sn[0][5] = "  ";
        }
        else{
            sn = new String[row][6];
            rs.first();
            rs.previous();
            while(rs.next()){
                sn[i][0] = rs.getString("PersonID");
                sn[i][1] = rs.getString("Name");
```

```
                    sn[i][2] = rs.getString("Birth");
                    sn[i][3] = rs.getString("Nat");
                    sn[i][4] = rs.getString("Address");
                    DeptBean dp = new DeptBean();
                    sn[i][5] = dp.getDeptStr(rs.getString("DeptID"));
                    i++;
                }
            }
        }
        catch(Exception e){
        }
        finally {
            DB.closeStmt();
            DB.closeConn();
        }

        return sn;
    }

    /**
     * 获得新的 ID
     */
    public int getId(){
        Database DB = new Database();
        int ID = 1;
        sql = "select max(PersonID) from Person";
        try{
            DB.OpenConn();
            rs = DB.executeQuery(sql);
            if(rs.next()){
                ID = rs.getInt(1) + 1;
            }
            else
                ID = 1;
        }
        catch(Exception e){
        }
        finally {
            DB.closeStmt();
            DB.closeConn();
        }
        return ID;
    }

    /**
     * 取得 DeptID
     */
    public String getDeptId(String f1){
        Database DB = new Database();
        sql = "select DeptID from Person where personID="+f1;
        String deptid = null;
        try{
            DB.OpenConn();
            rs = DB.executeQuery(sql);
            if(rs.next()){
```

```
                deptid = rs.getString("DeptID");
            }
            else
                deptid = "";
        }
        catch(Exception e){
        }
        finally {
            DB.closeStmt();
            DB.closeConn();
        }
        return deptid;
    }

    /**
     * 取得 name
     */
    public String getName(String f1){
        Database DB = new Database();
        sql = "select Name from Person where personID="+f1;
        String name = null;
        try{
            DB.OpenConn();
            rs = DB.executeQuery(sql);
            if(rs.next()){
                name = rs.getString("Name");
            }
            else
                name = "";
        }
        catch(Exception e){
        }
        finally {
            DB.closeStmt();
            DB.closeConn();
        }
        return name;
    }

    /**
     * 获得表中的所有编号
     */
    public String[] getAllId(){
        String[] s = null;
        int row = 0;
        int i = 0;
        Database DB = new Database();
        sql = "select PersonID,name from Person order by PersonID";

        try{
            DB.OpenConn();
            rs = DB.executeQuery(sql);
            if(rs.last()){
                row = rs.getRow();
            }
```

```
            if(row == 0){
                s = null;
            }
            else{
                s = new String[row];
                rs.first();
                rs.previous();
                while(rs.next()){
                    s[i] = rs.getString(1)+"-"+rs.getString(2);
                    i++;
                }
            }
        }
        catch(Exception e){
            System.out.println(e);
        }
        finally {
            DB.closeStmt();
            DB.closeConn();
        }
        return s;
    }
}
```

3. DeptBean.java

该类用于实现对部门相关信息进行数据库操作的功能，包括部门信息的增加、修改、删除、查询等。其代码如下：

```
import java.util.*;
import java.sql.*;
import javax.swing.*;

/**
 * 有关部门信息数据库操作的类
 */
public class DeptBean {
    String sql;
    ResultSet rs = null;

    String field1;     //DeptID;
    String field2;     //B_Dept;
    String field3;     //S_Dept;

    String colName;//列名
    String colValue;//列值
    String colValue2;//列值


    /**
     * 添加信息
     */
    public void add(String f1, String f2, String f3){
```

```
    Database DB = new Database();

    this.field1 = f1;
    this.field2 = f2;
    this.field3 = f3;


    if(field2 == null||field2.equals("")){
       JOptionPane.showMessageDialog(null, "请输入一级部门名称", "错误",
        JOptionPane.ERROR_MESSAGE);
        return;
    }
    else if (field3 == null||field3.equals("")){
       JOptionPane.showMessageDialog(null, "请输入二级部门名称", "错误",
            JOptionPane.ERROR_MESSAGE);
        return;
    }
    else{
        sql = "insert into Dept(DeptID,B_Dept,S_Dept) values
              ('"+field1+"','"+field2+"','"+field3+"')";

        try{
            DB.OpenConn();
            DB.executeUpdate(sql);
           JOptionPane.showMessageDialog(null,"成功添加一条新的记录！");

        }
        catch(Exception e){
            System.out.println(e);
            JOptionPane.showMessageDialog(null, "保存失败", "错误",
                JOptionPane.ERROR_MESSAGE);
        }
        finally {
            DB.closeStmt();
            DB.closeConn();
        }
    }
}

/**
 * 修改信息
 */
public void modify(String f1, String f2, String f3){

    Database DB = new Database();

    this.field1 = f1;
    this.field2 = f2;
    this.field3 = f3;

    if(field2 == null||field2.equals("")){
       JOptionPane.showMessageDialog(null, "请输入一级部门名称", "错误",
            JOptionPane.ERROR_MESSAGE);
```

```
            return;
        }
        else if (field3 == null||field3.equals("")){
            JOptionPane.showMessageDialog(null, "请输入二级部门名称", "错误",
                    JOptionPane.ERROR_MESSAGE);
            return;
        }
        else{
            sql = "update Dept set B_Dept = '"+field2+"', S_Dept =
                    '"+field3+"' where DeptID = "+field1+"";
            try{
                DB.OpenConn();
                DB.executeUpdate(sql);
                JOptionPane.showMessageDialog(null,"成功修改一条新的记录！");
            }
            catch(Exception e){
                System.out.println(e);
                JOptionPane.showMessageDialog(null, "更新失败", "错误",
                    JOptionPane.ERROR_MESSAGE);
            }
            finally {
                DB.closeStmt();
                DB.closeConn();
            }
        }
    }

    /**
     * 删除信息
     */
    public void delete(String f1){

        Database DB = new Database();
        this.field1 = f1;

        sql = "delete from Dept where DeptID = "+field1+"";
        try{
            DB.OpenConn();
            DB.executeUpdate(sql);
            JOptionPane.showMessageDialog(null,"成功删除一条新的记录！");
        }
        catch(Exception e){
            JOptionPane.showMessageDialog(null, "删除失败", "错误",
            JOptionPane.ERROR_MESSAGE);
            System.out.println(e);
        }
        finally {
            DB.closeStmt();
            DB.closeConn();
        }
    }

    /**
     * 根据编号查询信息
```

```
 */
public String[] search(String f1){

    Database DB = new Database();
    this.field1 = f1;
    String[] s = new String[7];
    sql = "select * from Dept where DeptID = "+field1+"";

    try{
        DB.OpenConn();
        rs = DB.executeQuery(sql);
        if(rs.next()){
            s[0] = rs.getString("DeptID");
            s[1] = rs.getString("B_Dept");
            s[2] = rs.getString("S_Dept");
        }
        else
            s = null;
    }
    catch(Exception e){
    }
    finally {
        DB.closeStmt();
        DB.closeConn();
    }
    return s;
}

/**
 * 查询所有记录
 */
public String[][] searchAll(){

    Database DB = new Database();
    String[][] sn = null;
    int row = 0;
    int i = 0;
    sql = "select * from Dept order by DeptID";
    try{
        DB.OpenConn();
        rs = DB.executeQuery(sql);

        if(rs.last()){
            row = rs.getRow();
        }

        if(row == 0){
            sn = new String[1][3];
            sn[0][0] = "  ";
            sn[0][1] = "  ";
            sn[0][2] = "  ";
        }
        else{
            sn = new String[row][3];
            rs.first();
```

```
                rs.previous();
                while(rs.next()){
                    sn[i][0] = rs.getString("DeptID");
                    sn[i][1] = rs.getString("B_Dept");
                    sn[i][2] = rs.getString("S_Dept");
                    i++;
                }
            }
        }
        catch(Exception e){
        }
        finally {
            DB.closeStmt();
            DB.closeConn();
        }
        return sn;
    }

    /**
     * 为人事管理提供查询
     */
    public String[] searchAllForNode(){

        Database DB = new Database();
        String[] sn = null;
        int row = 0;
        int i = 0;
        sql = "select * from Dept order by DeptID";
        try{
            DB.OpenConn();
            rs = DB.executeQuery(sql);

            if(rs.last()){
                row = rs.getRow();
            }

            if(row == 0){
                sn[0] = "";
                sn[1] = "";
                sn[2] = "";
            }
            else{
                sn = new String[row];
                rs.first();
                rs.previous();
                while(rs.next()){
                    sn[i] = rs.getString("DeptID")+"-
                    "+rs.getString("B_Dept")+"-"+rs.getString("S_Dept");
                    i++;
                }
            }
        }
        catch(Exception e){
        }
        finally {
```

```
            DB.closeStmt();
            DB.closeConn();
        }
        return sn;
    }

    /**
     * 人员信息综合查询(按照 ID 进行查询)
     */
    public String[][] searchAll(String f1){
        this.field1 = f1;
        Database DB = new Database();
        String[][] sn = null;
        int row = 0;
        int i = 0;
        sql = "select * from Dept where DeptID="+field1+" order by
                DeptID";
        try{
            DB.OpenConn();
            rs = DB.executeQuery(sql);

            if(rs.last()){
                row = rs.getRow();
            }

            if(row == 0){
                sn = null;
            }
            else{
                sn = new String[row][6];
                rs.first();
                rs.previous();
                while(rs.next()){
                    sn[i][0] = rs.getString("DeptID");
                    sn[i][1] = rs.getString("B_Dept");
                    sn[i][2] = rs.getString("S_Dept");
                    i++;
                }
            }
        }
        catch(Exception e){
        }
        finally {
            DB.closeStmt();
            DB.closeConn();
        }

        return sn;
    }

    /**
     * 获得新的 ID
     */
    public int getId(){
        Database DB = new Database();
```

```
        int ID = 1;
        sql = "select max(DeptID) from Dept";
        try{
            DB.OpenConn();
            rs = DB.executeQuery(sql);
            if(rs.next()){
                ID = rs.getInt(1) + 1;
            }
            else
                ID = 1;
        }
        catch(Exception e){
        }
        finally {
            DB.closeStmt();
            DB.closeConn();
        }
        return ID;
    }

    /**
     * 获得表中的所有编号
     */
    public String[] getAllId(){
        String[] s = null;
        int row = 0;
        int i = 0;
        Database DB = new Database();
        sql = "select DeptID from DeptType order by DeptID";

        try{
            DB.OpenConn();
            rs = DB.executeQuery(sql);
            if(rs.last()){
                row = rs.getRow();
            }

            if(row == 0){
                s = null;
            }
            else{
                s = new String[row];
                rs.first();
                rs.previous();
                while(rs.next()){
                    s[i] = rs.getString(1);
                    i++;
                }
            }
        }
        catch(Exception e){
            System.out.println(e);
        }
        finally {
            DB.closeStmt();
```

```
                DB.closeConn();
            }
            return s;
        }
        /**
         * 根据编号查询信息
         */
        public String getDeptStr(String f1){

            Database DB = new Database();
            this.field1 = f1;
            String s = "";
            sql = "select * from Dept where DeptID = "+field1+"";

            try{
                DB.OpenConn();
                rs = DB.executeQuery(sql);
                if(rs.next()){
                    s = rs.getString("B_Dept")+"-"+rs.getString("S_Dept");
                }
                else
                    s = null;
            }
            catch(Exception e){
            }
            finally {
                DB.closeStmt();
                DB.closeConn();
            }
            return s;
        }
}
```

4．HistrjnBean.java

该类用于实现对历史流水相关信息进行数据库操作的功能，包括增加流水信息、提供多种方式的查询等。由于历史流水通常是长时间保存，故不能对其进行修改、删除等操作。其代码如下：

```
import java.util.*;
import java.sql.*;
import javax.swing.*;
import java.text.DateFormat;

/**
 * 有历史流水数据库操作的类
 */
public class HistrjnBean {
    String sql;
    ResultSet rs = null;

    String field1;      //JourNo;
    String field2;      //FromAcc;
    String field3;      //OldInfo;
    String field4;      //NewInfo;
```

```
String field5;     //ChgTime;
String field6;     //RegDate;
String field7;     //PersonID;

String colName;//列名
String colValue;//列值
String colValue2;//列值


/**
 * 添加信息
 */
public void add(String f1, String f2, String f3, String f4, String
    f5, String f6, String f7){

    Database DB = new Database();

    this.field1 = f1;
    this.field2 = f2;
    this.field3 = f3;
    this.field4 = f4;
    this.field5 = f5;
    this.field6 = f6;
    this.field7 = f7;

    sql = "insert into Histrjn(JourNo,FromAcc,OldInfo,NewInfo,
        ChgTime,RegDate,PersonID) "
       +"values ('"+field1+"','"+field2+"','"+field3+"','"+field4+"',
        '"+field5+"','"+field6+"','"+field7+"')";
    System.out.println("sql="+sql);
    try{
        DB.OpenConn();
        DB.executeUpdate(sql);
    }
    catch(Exception e){
        System.out.println(e);
        JOptionPane.showMessageDialog(null, "保存失败", "错误",
        JOptionPane.ERROR_MESSAGE);
    }
    finally {
        DB.closeStmt();
        DB.closeConn();
    }
}



/**
 * 查询所有记录
 */
public String[][] searchAllForDept(){

    Database DB = new Database();
```

```
    DeptBean deptBean = new DeptBean();

    String[][] sn = null;
    int row = 0;
    int i = 0;
    sql = "SELECT * FROM Histrjn,Person where Fromacc='人员调动' and
          Person.PersonID=Histrjn.PersonID order by Histrjn.PersonID,
         ChgTime";

    try{
        DB.OpenConn();
        rs = DB.executeQuery(sql);

        if(rs.last()){
            row = rs.getRow();
        }

        if(row == 0){
            sn = new String[1][6];
            sn[0][0] = "  ";
            sn[0][1] = "  ";
            sn[0][2] = "  ";
            sn[0][3] = "  ";
            sn[0][4] = "  ";
            sn[0][5] = "  ";
        }
        else{
            sn = new String[row][6];
            rs.first();
            rs.previous();
            while(rs.next()){
                sn[i][0] = rs.getString("JourNo");
                sn[i][1] = rs.getString("Name");
                sn[i][2] = deptBean.getDeptStr(rs.getString
                 ("OldInfo"));
                sn[i][3] = deptBean.getDeptStr(rs.getString
                 ("NewInfo"));
                sn[i][4] = rs.getString("ChgTime");
                sn[i][5] = rs.getString("RegDate");
                i++;
            }
        }
    }
    catch(Exception e){
    }
    finally {
        DB.closeStmt();
        DB.closeConn();
    }
    return sn;
}

/**
 * 查询所有记录
 */
```

```
public String[][] searchAllForSalary(){

    Database DB = new Database();
    String[][] sn = null;
    int row = 0;
    int i = 0;
    sql = "SELECT * FROM Histrjn,Person where Fromacc='劳资分配' and
        Person.PersonID=Histrjn.PersonID order by Histrjn.PersonID,ChgTime";

    try{
        DB.OpenConn();
        rs = DB.executeQuery(sql);

        if(rs.last()){
            row = rs.getRow();
        }

        if(row == 0){
            sn = new String[1][6];
            sn[0][0] = "  ";
            sn[0][1] = "  ";
            sn[0][2] = "  ";
            sn[0][3] = "  ";
            sn[0][4] = "  ";
            sn[0][5] = "  ";
        }
        else{
            sn = new String[row][6];
            rs.first();
            rs.previous();
            while(rs.next()){
                sn[i][0] = rs.getString("JourNo");
                sn[i][1] = rs.getString("Name");
                sn[i][2] = rs.getString("OldInfo");
                sn[i][3] = rs.getString("NewInfo");
                sn[i][4] = rs.getString("ChgTime");
                sn[i][5] = rs.getString("RegDate");
                i++;
            }
        }
    }
    catch(Exception e){
    }
    finally {
        DB.closeStmt();
        DB.closeConn();
    }
    return sn;
}

/**
 * 查询所有记录
 */
public String[][] searchAllForAssess(){
```

```
    Database DB = new Database();

    String[][] sn = null;
    int row = 0;
    int i = 0;
    sql = "SELECT * FROM Histrjn,Person where Fromacc='人员考核' and
        Person.PersonID=Histrjn.PersonID order by Histrjn.PersonID,ChgTime";

    try{
        DB.OpenConn();
        rs = DB.executeQuery(sql);

        if(rs.last()){
            row = rs.getRow();
        }

        if(row == 0){
            sn = new String[1][6];
            sn[0][0] = "  ";
            sn[0][1] = "  ";
            sn[0][2] = "  ";
            sn[0][3] = "  ";
            sn[0][4] = "  ";
            sn[0][5] = "  ";
        }
        else{
            sn = new String[row][6];
            rs.first();
            rs.previous();
            while(rs.next()){
                sn[i][0] = rs.getString("JourNo");
                sn[i][1] = rs.getString("Name");
                sn[i][2] = rs.getString("OldInfo");
                sn[i][3] = rs.getString("NewInfo");
                sn[i][4] = rs.getString("ChgTime");
                sn[i][5] = rs.getString("RegDate");
                i++;
            }
        }
    }
    catch(Exception e){
    }
    finally {
        DB.closeStmt();
        DB.closeConn();
    }
    return sn;
}

/**
 * 获得新的 ID
 */
public int getId(){
    Database DB = new Database();
    int ID = 1;
```

```
        sql = "select max(JourNo) from Histrjn";
        try{
            DB.OpenConn();
            rs = DB.executeQuery(sql);
            if(rs.next()){
                ID = rs.getInt(1) + 1;
            }
            else
                ID = 1;
        }
        catch(Exception e){
        }
        finally {
            DB.closeStmt();
            DB.closeConn();
        }
        return ID;
    }

    /**
     * 获得新的 ID
     */
    public int getChgTime(String f2, String f7){
        Database DB = new Database();
        int ID = 1;
        sql = "select max(ChgTime) from Histrjn where FromAcc='"+f2+"'
              and PersonID="+f7;
        System.out.println("sql="+sql);
        try{
            DB.OpenConn();
            rs = DB.executeQuery(sql);
            if(rs.next()){
                ID = rs.getInt(1) + 1;
            }
            else
                ID = 1;
        }
        catch(Exception e){
        }
        finally {
            DB.closeStmt();
            DB.closeConn();
        }
        return ID;
    }

    /**
     * 判断是否有记录
     */
    public boolean isRows(String f7){
        Database DB = new Database();

        boolean have = true;
        sql = "select * from Histrjn where PersonID="+f7;
        try{
```

```
            DB.OpenConn();
            rs = DB.executeQuery(sql);
            if(rs.next()){
                have = false;
            }
        }
        catch(Exception e){
        }
        finally {
            DB.closeStmt();
            DB.closeConn();
        }
        return have;
    }
}
```

11.5　程序的运行与发布

11.5.1　配置数据源

在运行程序之前，首先要进行数据源的配置，在 Windows XP 中配置数据源的具体步骤如下。

(1)　在 Windows XP 的桌面上用鼠标单击“开始”按钮，在弹出的菜单中选择“设置”|“控制面板”命令，打开“控制面板”窗口；双击“管理工具”图标，进入管理工具对话框；双击“数据源(ODBC)”图标，打开数据源配置对话框，切换到“系统 DSN”选项卡，如图 11.18 所示。

(2)　单击“添加”按钮，选择数据源的驱动程序，在这里，我们选择的是 Access，如图 11.19 所示，然后单击“完成”按钮。

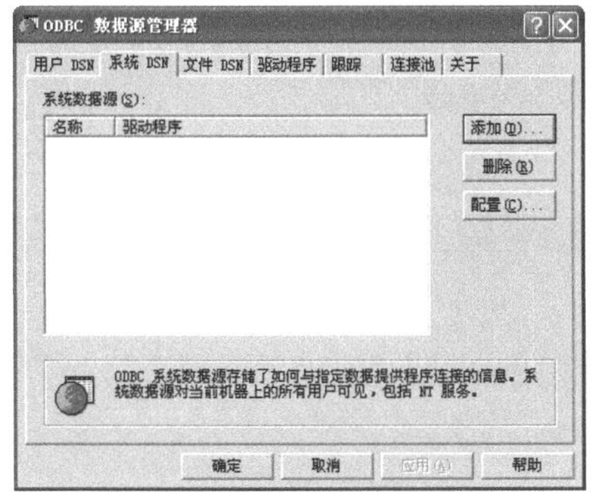

图 11.18　数据源配置对话框

图 11.19　“创建新数据源”对话框

(3)　配置数据源名称、说明(可不填写)，单击“选择”按钮指定数据库文件的位置，如图 11.20 和图 11.21 所示(数据库文件 HrMS.mdb 使用 Office 中的 Access 软件依照表 11.1～表 11.3 预先建立)。

(4)　单击“确定”按钮，完成数据源的配置，具体情况如图 11.22 所示。

图 11.20　“ODBC Microsoft Access 安装”对话框

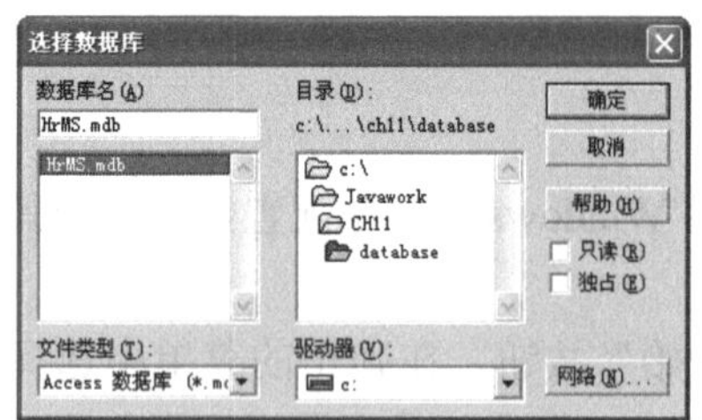

图 11.21　“选择数据库”对话框

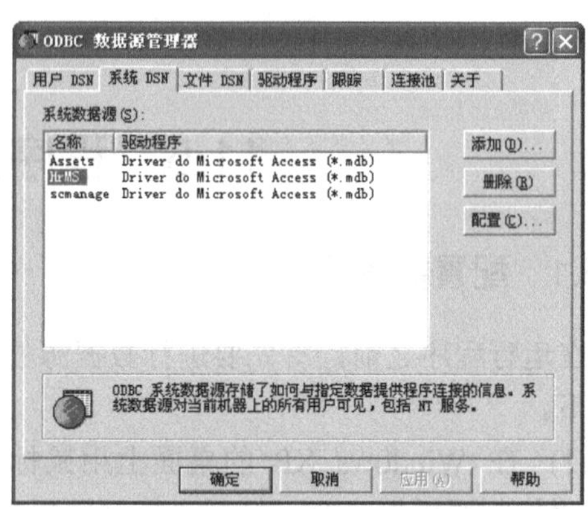

图 11.22　完成数据源配置

11.5.2　运行程序

将上面提到的 Java 文件保存到同一个文件夹中(如 C:\Javawork\CH11)。在利用 javac 命令对文件进行编译之前，首先要设置 classpath：

```
C:\Javawork\CH11>set classpath=C:\Javawork\CH11
```

然后利用 javac 命令对文件进行编译：

```
javac HrMS.java
```

之后，利用 java 命令执行程序：

```
java HrMS
```

11.5.3　发布程序

要发布该应用程序，需要将应用程序打包。使用 jar.exe，可以把应用程序中涉及的类和图片压缩成一个 jar 文件，这样便可以发布程序。

首先编写一个清单文件，名为 MANIFEST.MF，其代码如下：

```
Manifest-Version: 1.0
Created-By: 1.6.0 (Sun Microsystems Inc.)
Main-Class: HrMS
```

将清单文件保存到 C:\Javawork\CH11 目录下。

提示： 在编写清单文件时，在 Manifest-Version 和 1.0 之间必须有一个空格。同样，Main-Class 和主类 HrMs 之间也必须有一个空格。

然后，使用如下命令生成 jar 文件：

```
jar cfm HrMS.jar MANIFEST.MF *.class *.png
```

其中，参数 c 表示要生成一个新的 jar 文件；f 表示要生成的 jar 文件的名字；m 表示清单文件的名字。

如果安装过 WinRAR 解压软件，并将.jar 文件与该解压缩软件做了关联，那么 HrMS.jar 文件的类型是 WinRAR，使得 Java 程序无法运行。因此，在发布软件时，还应该再写一个有如下内容的 bat 文件(HrMS.bat)：

```
javaw -jar HrMS.jar
```

可以通过双击 HrMS.bat 文件图标来运行程序。

参 考 文 献

[1] [美]埃克尔．Java 编程思想[M]．4 版．陈昊鹏，译．北京：机械工业出版社，2007．

[2] [美]昊斯特曼．Java 核心技术：卷Ⅰ基础知识[M]．8 版．叶乃文，邝劲筠，杜永萍，译．北京：机械工业出版社，2008．

[3] [美]布洛克．Effective Java 中文版[M]．2 版．杨春花，俞黎敏，译．北京：机械工业出版社，2009．

[4] 魔乐科技(MLDN)软件实训中心．Java 从入门到精通[M]．北京：人民邮电出版社，2010．

[5] 明日科技．Java 从入门到精通[M]．3 版．北京：清华大学出版社，2012．

[6] 李刚．疯狂 Java 讲义[M]．3 版．北京：电子工业出版社，2014．